高等学校土建类专业BIM技术应用"十四五"规划教材
高等学校土建类专业"互联网+"创新教材

BIM造价软件应用

主　编　王英华　陈　沫
副主编　金　英　安凤娟　于海龙　陈慧洁

武汉理工大学出版社
·武　汉·

内 容 简 介

本书依托校企共建案例工程项目，基于造价岗位工作情境展开，分为建筑计量基础、手工建模计量、CAD识别建模计量和工程计价四个篇章，介绍了计量模型建立基础、主体结构工程量计算、二次结构工程量计算、基础及土方工程量计算、装饰装修及其他工程量计算、装配式建筑工程量计算、查看报表及云应用、CAD识别建模准备、CAD识别建模计量、招标控制价编制等内容。各章内容根据项目任务划分，有明确的任务目标及要求，培养学习者独立运用数字信息技术进行建筑工程计量与计价的职业能力。

本书可作为本科、高等职业院校工程造价、工程管理专业的教材，也可以作为“1+X”工程造价数字化应用职业技能等级证书考试培训教材或自学用书。

图书在版编目(CIP)数据

BIM造价软件应用 / 王英华，陈沫主编. -- 武汉 ：武汉理工大学出版社，2024. 7.
ISBN 978-7-5629-7123-8

Ⅰ. TU723.3-39

中国国家版本馆CIP数据核字第2024UF8176号

BIM Zaojia Ruanjian Yingyong
BIM 造 价 软 件 应 用

项目负责人：王利永(027-87290908)　　**责 任 编 辑**：王　思
责 任 校 对：张明华　　**排 版 设 计**：正风图文
出 版 发 行：武汉理工大学出版社
地　　　址：武汉市洪山区珞狮路122号
邮　　　编：430070
网　　　址：http://www.wutp.com.cn
经　销　者：各地新华书店
印　刷　者：湖北金港彩印有限公司
开　　　本：787 mm×1092 mm　1/16
印　　　张：19.75
字　　　数：506千字
版　　　次：2024年7月第1版
印　　　次：2024年7月第1次印刷
定　　　价：58.00元

凡购本书，如有缺页、倒页、脱页等印装质量问题，请向出版社发行部调换。
本社购书热线电话：027-87391631　87523148　87165708(传真)

前　　言

随着建筑行业数字化转型的加速，BIM（建筑信息模型）技术在工程造价领域的应用愈发广泛。BIM技术的应用不仅提高了计算精度和效率，更实现了全过程的协同和信息共享。为了培养更多能在工程造价中应用BIM技术的高素质人才，我们编写了本书。

本书由校企双方合作开发完成，校企共建典型框架结构、装配式结构案例项目，共建教学资源，以行业企业需求为导向，对接职业标准及岗位工作过程，吸收行业发展的新知识、新技术、新工艺、新方法，优化完善教材体系与内容，使之与工程实践及行业发展趋势紧密结合。

本书教学内容以社会企业认可度较高的BIM造价软件为依托，在满足造价岗位需求的基础上，融入BIM造价类竞赛和1+X职业技能等级考试的相关内容，划分为建模计量基础篇、手工建模计量篇、CAD识别建模计量篇和工程计价篇四个部分。本书基于工作情景开展任务驱动式教学，激发学生的学习兴趣和积极性，培养学生的实际操作能力和解决实际问题的能力。

本书配有项目图纸、微课、PPT、项目配套计量模型、计价文件等丰富的数字化教学资源，是新形态教材，教学资源为校企合作开发，贴合工程实践，便于学生预习、复习以及教师实施翻转课堂、推进混合式教学模式改革，有利于进一步促进教学效果的提升。

本书在编写过程中，注重课程思政的融入，从《师说》中“传道、授业、解惑”的角度着眼，再结合“富强、民主、文明、和谐、自由、平等、公正、法治、爱国、敬业、诚信、友善”的社会主义核心价值观，紧紧围绕“知识传授、能力培养、价值塑造”三位一体的课程建设，通过案例、知识点和特别提示等教学素材的设计运用，从而实现践行课程思政的最初目标和根本宗旨。

本书由沈阳城市建设学院王英华、陈沫担任主编，沈阳城市建设学院金英、安凤娟、于海龙、陈慧洁担任副主编，具体编写分工如下：第1章由王英华、陈沫负责编写，第2章由王英华、陈沫、金英以及一砖一瓦科技有限公司张海礁负责编写，第3章由王英华、金英负责编写，第4章由王英华、于海龙负责编写，第5章由陈沫、金英、于海龙负责编写，第6章由一砖一瓦科技有限公司张海礁、艾立特工程管理有限公司马骏骅、沈阳建筑大学蔚筱偲负责编写，第7章由陈沫负责编写，第8、9章由安凤娟、陈慧洁负责编写，第10章由陈沫负责编写。全书由王英华统稿。

本书的编写得到了沈阳建筑大学、一砖一瓦科技有限公司、艾立特工程管理有限公司、广联达科技股份有限公司各位领导和同仁的指导与支持，在此一并表示衷心的感谢！

由于编者水平有限，书中难免存在疏漏之处，恳请广大读者批评指正。

编　者

2024年5月

本书课程思政元素

本书课程思政元素从《师说》中“传道、授业、解惑”的角度着眼，再结合“富强、民主、文明、和谐、自由、平等、公正、法治、爱国、敬业、诚信、友善”的社会主义核心价值观，紧紧围绕“知识传授、能力培养、价值塑造”三位一体的课程建设，通过案例、知识点和特别提示等教学素材的设计运用，从而实现践行课程思政的最初目标和根本宗旨。

融入思政元素的教学活动都设计为以“师说”的形式展开研讨、师生共同参与的模式，以期培养学生的理想信念、价值取向、政治信仰，全面增强学生的使命意识，培养学生的敬业精神和创新能力，使其成为德才兼备、全面发展的人才，成为国家的力量、民族的希望。

师说	章节	分类	内容导引	思政落脚点
传道、授业	1.1	案例	“中国尊”项目建设全生命周期的 BIM 技术应用	行业发展 科学精神
传道、授业、解惑	1.2	特别提示	识读图纸、分析图纸的步骤有哪些？如何建立整体思维，树立全局意识？	全局意识
传道、授业、解惑	1.3	特别提示	工程计量与计价过程中应遵循的规则和标准有哪些？	科学精神 专业能力
传道、授业、解惑	1.4	特别提示	正确绘制轴网的重要性	敬业精神 职业道德
传道、授业	2.1	知识卡	肩负使命，成为国家的中流砥柱	安全意识 责任与使命
传道、授业、解惑	2.2	知识卡	剪力墙结构的优缺点	辩证思维 联系的观点
传道、授业	2.2	知识卡	中国古建筑中的斗栱	文化自信 民族自豪感
传道、授业	2.3	知识卡	成为栋梁，为祖国的建设和发展贡献力量	爱国精神 责任与使命
传道、授业、解惑	2.4	知识卡	现浇式钢筋混凝土楼板的优缺点	辩证思维 行业发展
传道、授业	2.4	知识卡	我国古代力学的发展	文化自信 民族自豪感

续表

师说	章节	分类	内容导引	思政落脚点
传道、授业、解惑	2.4	知识卡	在构件的强度、刚度和稳定性设计中，理解安全性和经济性间的辩证关系	辩证思维 创新精神
传道、授业	2.4	知识卡	廊腰缦回，檐牙高啄；各抱地势，钩心斗角。 ——唐·杜牧《阿房宫赋》	文化自信 民族自豪感
传道、授业	2.4	知识卡	斜板的应用——坡屋顶	文化自信 民族自豪感
传道、授业	2.5	知识卡	中国最早的楼梯雏形——云梯	文化自信 民族自豪感
传道、授业	3.1	知识卡	中华民族的脊梁——长城	文化自信 民族自豪感
传道、授业	3.2	知识卡	中国古代建筑的门	文化自信 民族自豪感
传道、授业、解惑	3.3	知识卡	圈梁的功能及设置位置	整体思维 辩证思维
传道、授业、解惑	3.3	知识卡	过梁的功能及设置位置	与时俱进 创新精神
传道、授业	3.3	知识卡	构造柱的功能及设置位置	科学精神 安全意识
传道、授业	4.1	案例	苏州“东方之门”的筏板浇筑	行业发展 科技兴国
传道、授业	4.1	知识卡	九层之台，起于累土。 树高千尺，唯有根深	正确价值观 职业发展 责任与使命
传道、授业	4.1	知识卡	求木之长者，必固其根本。 ——唐·魏征《谏太宗十思疏》	辩证思维 创新精神
传道、授业	4.1	案例	上海中心大厦的“定海神座”	大国崛起 民族自豪感

续表

师说	章节	分类	内容导引	思政落脚点
传道、授业、解惑	4.1	知识卡	砖胎膜的优点	辩证思维 联系的观点
传道、授业、解惑	4.2	知识卡	垫层的位置与作用	敬业精神 职业道德
传道、授业	4.3	案例	“中国尊”大厦的土方施工	行业发展 敬业精神
传道、授业、解惑	5.1	特别提示	灵活应用自定义类属性建模	辩证思维 创新精神
传道、授业	5.3	知识卡	《建筑业高质量大发展　强基础惠民生创新路——党的十八大以来经济社会发展成就系列报告之四》	行业发展 职业规划
传道、授业	5.3	知识卡	中国古建筑中的散水	文化自信 民族自豪感
传道、授业	5.3	知识卡	《民用建筑通用规范》(GB 55031—2022)中关于栏杆(栏板)的说明	工匠精神 安全意识
传道、授业、解惑	5.3	案例	齐齐哈尔体育馆屋顶坍塌事故	科学精神 安全意识
传道、授业	6	知识卡	装配式建筑及其特点	行业发展 文化自信
传道、授业、解惑	7.1	特别提示	“千里之堤，溃于蚁穴”的启示	全局意识 职业精神
传道、授业	7.2	知识卡	BIM 技术的云应用	行业发展 科技兴国
传道、授业	8.1	知识卡	CAD 识别技术的发展	行业发展 科技兴国
传道、授业、解惑	8.2	知识卡	中国最早建筑图样的产生	文化自信 民族自豪感
传道、授业、解惑	8.3	特别提示	无规矩不成方圆	敬业精神 职业道德
传道、授业	9.1	知识卡	故宫中的柱及中国古建筑中的柱的分类	文化自信 民族自豪感

续表

师说	章节	分类	内容导引	思政落脚点
传道、授业	9.2	知识卡	中国古建筑中的梁	文化自信 民族自豪感
传道、授业	9.3	知识卡	智能建造中的先进技术	行业发展 科技兴国
传道、授业	9.4	案例	广州新电视塔主塔结构体系中的筒体结构	行业发展 创新精神
传道、授业	9.5	知识卡	中国古代建筑的窗	文化自信 民族自豪感
传道、授业	9.6	知识卡	中国古代的装饰装修	文化自信 民族自豪感
传道、授业、解惑	10.1	特别提示	项目在招投标阶段涉及的法律	法律意识 职业道德
传道、授业、解惑	10.2	特别提示	工程计价具有多次性。作为从业者，面对繁复的造价工作时应保持什么样的工作态度？	职业精神 工匠精神
传道、授业、解惑	10.3	特别提示	为什么安全文明施工费不得作为竞争性费用？	环境保护 生命教育
传道、授业、解惑	10.4	特别提示	其他项目费用列支的作用	全局意识 风险意识
传道、授业、解惑	10.5	特别提示	近年来的人材机调整数据列表变动的原因	与时俱进 行业发展
传道、授业	10.6	知识卡	报表输出功能的实现	行业发展 科技兴国

目　录

第一篇　建模计量基础

第二篇　手工建模计量

第三篇 CAD识别建模计量

第四篇　工程计价

第一篇　建模计量基础

1 计量模型建立基础

知识目标

（1）熟悉广联达 BIM 土建计量平台的软件操作基本流程、建模基本流程及计量平台操作界面；

（2）能够正确识读、分析 3#研发楼建筑施工图纸和结构施工图纸，掌握建模相关图纸信息。

能力目标

（1）能够运用 BIM 计量软件进行新建工程、新建楼层操作，并完成楼层混凝土强度等级和锚固搭接设置及钢筋设置；

（2）能够运用 BIM 计量软件，通过手工建模的方式完成轴网的创建。

素质目标

（1）培养全局意识和辩证思维，提高职业道德水平和培养敬业精神；

（2）养成正确的工作逻辑，提升发现问题、分析问题和解决问题的能力。

1.1 BIM 计量软件简介

学习目标

熟悉广联达 BIM 土建计量平台的软件操作基本流程、建模基本流程及计量平台操作界面。

【扫码演示】

1.1.1 广联达 BIM 土建计量平台简介

广联达 BIM 土建计量平台内置《房屋建筑与装饰工程工程量计算规范》(GB 50854—2013)及全国各地清单定额计算规则、G101 系列平法钢筋规则，通过智能识别 CAD 图纸、一键导入 BIM 设计模型、云协同等方式建立 BIM 土建计量模型，帮助工程造价企业和从业者完成土建专业估概算、招投标预算、施工进度变更、竣工结算全过程各阶段的算量、提量、检查、审核全流程业务。

1.1.2 广联达 BIM 土建计量平台软件操作及建模流程

1.1.2.1 广联达 BIM 土建计量平台软件操作流程

广联达 BIM 土建计量平台软件操作基本流程：图纸分析→新建工程→楼层设置→土建、钢筋设置→模型绘制→云检查→汇总计算→查看工程量→查看报表。

1.1.2.2 BIM 土建计量模型建立流程

建立计量模型时一般遵循先地上后地下、先主体后零星的绘制顺序，基本建模流程如下：

砖混结构：砖墙→门窗洞→构造柱→圈梁→装饰装修；

框架结构：柱→梁→板→基础→二次结构→装饰装修；

剪力墙结构：暗柱、端柱→剪力墙→门窗洞→暗梁、连梁→基础→装饰装修；

框剪结构：柱→剪力墙→梁→板→基础→二次结构→装饰装修。

1.1.3 广联达 BIM 土建计量平台界面介绍

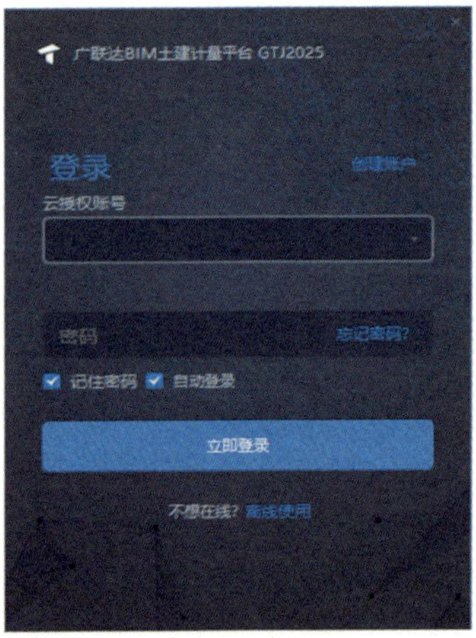

图 1.1.1 软件登录

1.1.3.1 软件登录

双击 广联达BIM土建计量平台 GTJ2025 图标打开软件后，进入登录界面，软件主要有两种使用形式，一是登录云账号，二是离线使用，在做工程时可以按需进行选择，如图 1.1.1 所示。登录云账号，需在连网状态下使用，绘制过程中的工程信息可以上传到云端；离线使用，可以在不连网的状态下使用。

1.1.3.2 软件首页介绍

GTJ2025 软件首页包含工作台、应用中心、优秀案例、课程学习、积分商城、新版提醒六个模块，“应用中心”模块包含造价云、云规则、云对比，如图 1.1.2 所示。

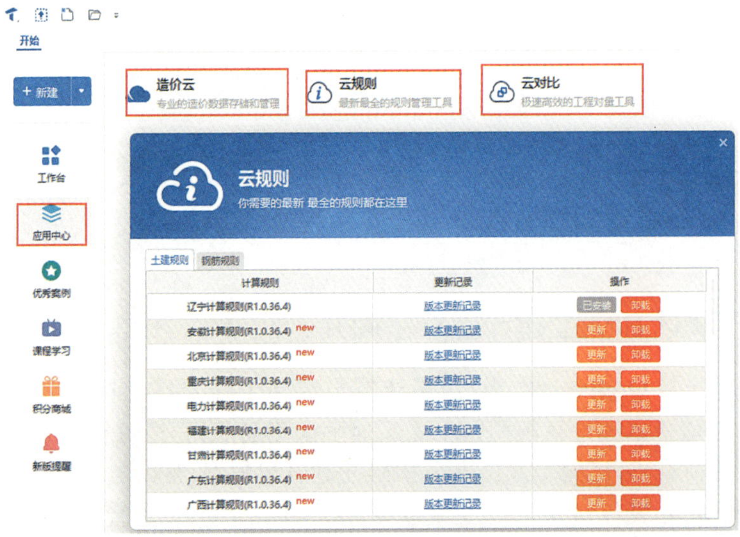

图 1.1.2 软件首页应用中心

(1) 造价云：既可以在造价云平台内保存上传过的所有云工程，也可通过造价云平台对其进行下载及分享。

(2) 云规则：云规则内保存了所有地区的计算规则和更新记录，可自行选择土建或钢筋计算规则进行安装和卸载。点击“版本更新记录”，可以查看对应规则的更新和优化明细。

(3) 云对比：云对比平台支持上传两个工程，后台会自动分析两个工程的钢筋和土建量差的产生原因（属性、计算设置、模型绘制）等，运用这一功能可以在对量阶段快速定位量差位置。

1.1.3.3 软件主界面介绍

软件主界面由 6 个区域组成：导航栏、构件和图纸管理、工具栏、绘图区、状态栏、视图栏，如图 1.1.3 所示。

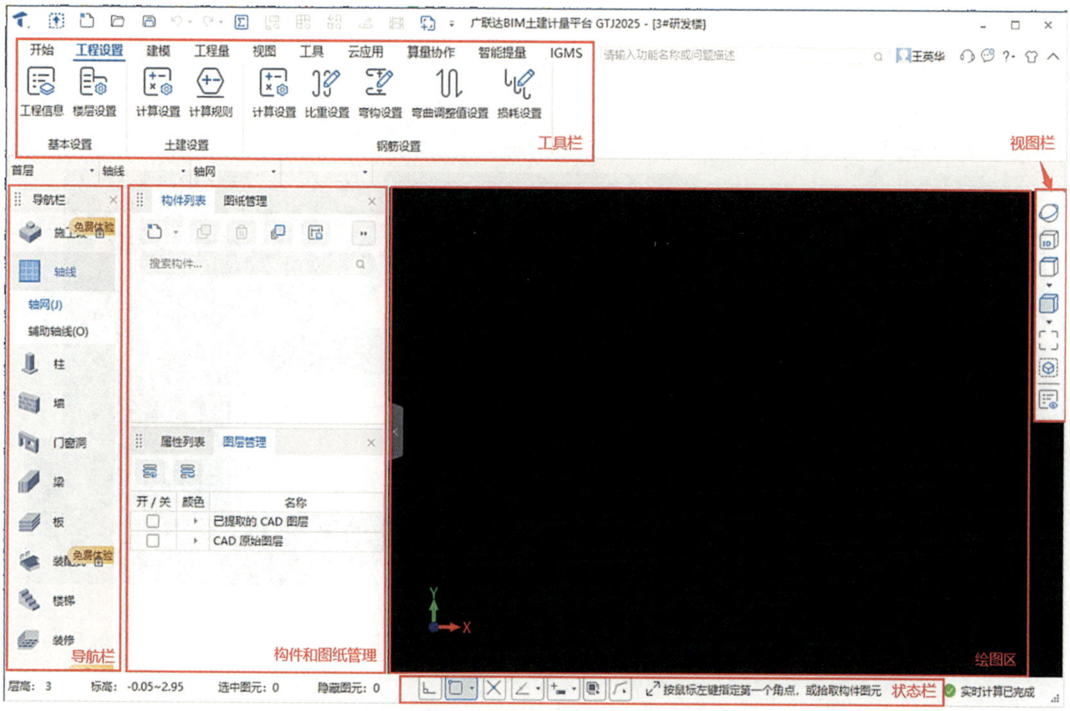

图 1.1.3 软件操作主界面

(1) 导航栏：用于选择构件进行新建及绘制。

(2) 构件和图纸管理：包含构件列表、构件属性列表及图纸管理、图层管理。

(3) 工具栏：包含工程设置、建模、提取工程量、常用工具等。

(4) 绘图区：绘制图元，建立三维计量模型。

(5) 状态栏：用于设置任意点、正交、跨图层选择等，包含层高、标高、选中图元数量、隐藏图元数量、正交、2D 捕捉、交点、对象追踪、动态输入、跨图层选择、折线选择、提示消息、实时计算状态等信息及功能。在实际做工程时尤其要注意绘制图元时的操作提示，按提示步骤进行软件操作。

(6) 视图栏：支持动态观察、各方位视图、控制图元显隐等，包含动态观察、二维/三维切换、视角切换（俯视、左视、前视等）、图元显示样式（实体、线框、边面等）、全屏、局部三维、显示设置等功能。

1.1.4　总结拓展

（1）灵活运用“插入批注”功能，可在算量或者审核的过程中起到提醒的作用。点击“工具”选项卡→“通用操作”分组→“插入批注”，在需要插入批注的地方绘制多边形，以指定需要批注的范围，单击鼠标右键确认，在弹出的窗体中输入批注信息，单击鼠标右键确认即可。如需再次编辑，可双击旗帜图标。点击“批注管理”会在绘图区下方出现批注管理区域，可以查看并编辑所有批注信息，双击可直接定位到绘图区对应批注处。点击“删除批注”，选中旗帜图标，点击鼠标右键删除即可，如图 1.1.4 所示。

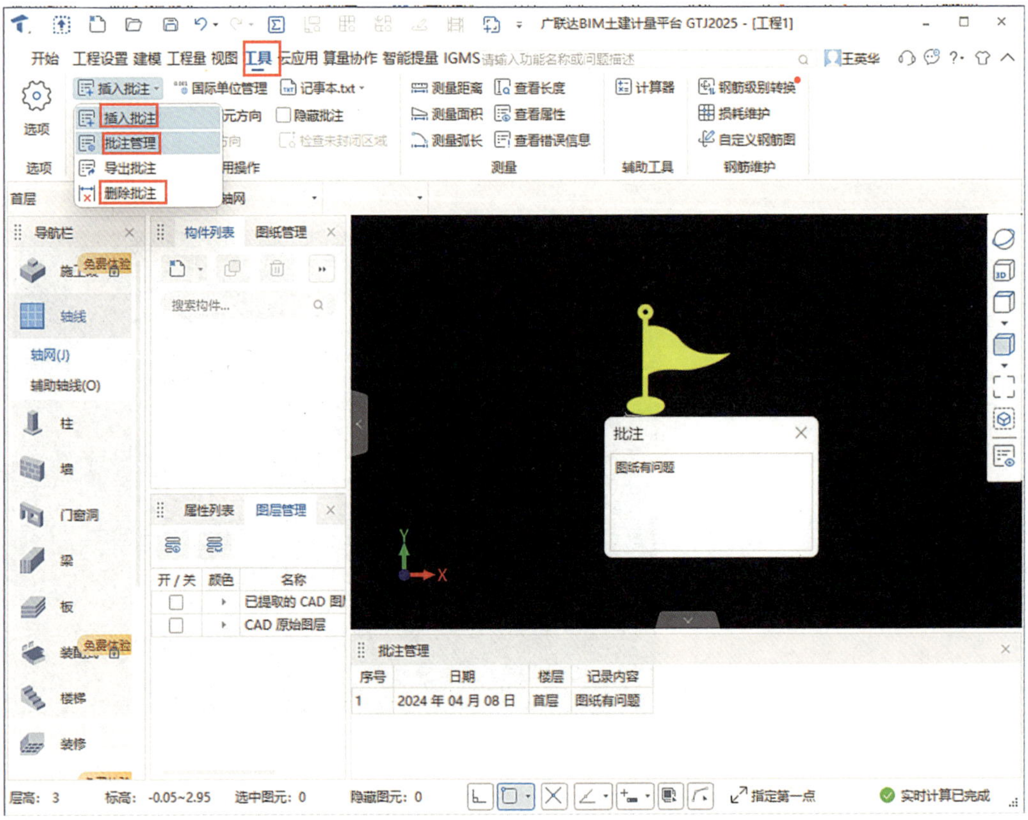

图 1.1.4　插入批注功能

（2）若“图纸管理”“图层管理”等页签被关闭，可以在“视图”选项卡下的“用户界面”内选择相应页签打开，或者点击“恢复默认”，如图 1.1.5 所示。

图 1.1.5　用户界面

师说 案　例

中国当代十大建筑之一的“中国尊”，作为北京市最高的地标建筑，创下了8项世界之最、15项国内纪录，成为能抵御8度地震烈度的世界最高建筑，全球地下室最深的超高层建筑，全球底座面积最大的超高层建筑。在施工过程中，“中国尊”地处CBD核心区，施工进度计划紧张，在垂直运输和施工安全方面都存在较大挑战。该项目通过制定项目建设全生命周期BIM技术应用的基本目标，应用BIM技术整合建筑规划、设计、施工、运营全生命期内的各类数据，以三维模型为载体，加快了项目进度、缩短了项目工期、降低了项目成本，解决了众多难题，也为信息化、数字化建筑管理建立了良好的技术基础。

课后练习与巩固

判断题：

(1) 建立计量模型时一般遵循先地上后地下、先主体后零星的绘制顺序。（　　）

(2) 广联达BIM土建计量平台GTJ2025必须登录云账号才能使用。（　　）

(3) 使用广联达BIM计量软件建立框架结构工程的一般流程为柱→梁→板→基础→二次结构→装饰装修。（　　）

1.2 图纸分析

学习目标

能够正确识读、分析建筑施工图纸和结构施工图纸，掌握图纸关键信息。

【施工图纸】

【扫码演示】

1.2.1 任务描述

(1) 识读、分析3#研发楼工程建筑施工图纸；

(2) 识读、分析3#研发楼工程结构施工图纸；

(3) 掌握3#研发楼工程概况及图纸关键信息。

1.2.2 任务实施

师说 特别提示

识读图纸、分析图纸的步骤有哪些？如何建立整体思维，树立全局意识？

1.2.2.1 建筑施工图纸分析

建筑施工图一般包括建筑设计说明、总平面图、各层平面图、立面图、剖面图、楼梯详图、构造详图等。

(1) 建筑设计说明

建筑设计说明是对建筑物的总体说明，包含的主要内容有设计依据，工程概况，建筑物定位及设计标高，墙体、屋面等建筑构造说明，门窗、电梯等性能要求，以及节能、绿色建筑设计说明等。3＃研发楼工程建施图纸 01a、01b、01c 为建筑设计说明。

通过识读建筑施工图纸可知，3＃研发楼工程的建设地点为辽宁省沈阳市，使用功能为研发办公，设计使用年限 50 年，建筑面积 7170.06 m^2，占地面积 1361.77 m^2，建筑层数 5 层，规划建筑高度 22.6 m，建筑结构形式为框架结构。

在模型创建及招标控制价编制过程中，应注意以下信息：

① 墙体工程：地上外墙采用 190 mm 厚普通混凝土小型空心砌块；地上内墙采用 90 mm 或 190 mm 厚普通混凝土小型空心砌块；所有卫生间、茶水间等经常有水房间的墙体用90 mm 厚普通混凝土小型空心砌块，墙体底部设置距地面完成面 20 mm 高且宽度同墙厚的 C20 现浇混凝土带。防火墙采用 200 mm 厚混凝土小型空心砌块，并用砂石、页岩陶粒或矿渣灌实孔洞。地上外墙保温材料采用 100 mm 厚苯板(燃烧性能等级为 B1 级)及 100 mm 厚岩棉板(燃烧性能等级为 A 级)。

② 屋面工程：屋面防水等级为Ⅰ级，有两道防水设防。防水材料采用 3 mm＋3 mm 厚 SBS 改性沥青防水卷材(Ⅱ型)。钢筋混凝土屋面构造做法详见建施 02 装修、构造做法表和节点详图。

③ 楼地面工程：卫生间、茶水间等有水房间设 1.5 mm 厚 JS-Ⅱ防水涂料层并沿墙面上返 300 mm 高。

④ 门窗工程：外窗采用单框三玻透明断桥铝合金窗(5 透明＋9A＋5 透明＋9A＋5 透明)。

⑤ 装修工程：室内装修详见建施 02 装修、构造做法表；室外装修详见建筑立面图纸和建施 02 装修、构造做法表。

(2) 总平面图

总平面图反映建筑物的位置和朝向，室外场地、道路、绿化等的布置，地形、地貌标高，以及原有环境的关系和邻界情况等。3＃研发楼工程图纸中不包括总平面图。

(3) 平面图

3＃研发楼工程建施图纸 03～09，分别为一层至屋面层平面图。各层平面图反映了各个楼层墙体、门窗及建筑物内部功能布局等情况。

(4) 立面图

3＃研发楼工程建施图纸 10、11 及 12 中的前 2 个图均为立面图。立面图反映了建筑物外貌，Ⓐ—①轴转折立面图、①—Ⓐ轴转折立面图、Ⓕ—Ⓒ轴立面图、⑧—⑪轴立面图分别展示建筑物各个立面的外装修信息。

(5) 剖面图

3＃研发楼工程建施图纸 12 中图 1—1、图 2—2 为剖面图，主要展示建筑物的内部结构、分层情况、各层高度，以及各构件在垂直方向的相互关系等内容。

(6) 楼梯详图

3＃研发楼工程建施图纸 13、14 分别为 1＃、2＃楼梯详图，由楼梯剖面图、平面图组成，反映楼梯的走向、踏步、标高、栏杆等细部信息。

(7) 构件详图

构造详图反映建筑物的细部构造。3＃研发楼工程建施图纸 17～19 为外墙节点详图。

3＃研发楼工程建施图纸16为2＃电梯及1＃卫生间放大图，建施图纸21、22为门窗统计表及门窗放大图。

1.2.2.2　结构施工图纸分析

结构施工图纸一般包括结构设计说明、基础平面布置图及其详图、柱墙定位图及配筋图、各层梁布置及配筋图、各层板布置及配筋图、楼梯结构详图和节点大样图等。

(1) 结构设计说明

结构设计说明主要包括工程概况，设计依据，工程地质条件，结构设计主要技术指标，结构材料类型、规格强度等级，建筑物各部位设计要点、构造，以及需要说明的隐蔽部位的构造详图等。3＃研发楼工程结施图纸01、02、03为结构设计说明。

通过识读结构施工图纸可知，3＃研发楼工程的基础形式为独立基础、条形基础及筏板基础，抗震设防烈度为7度，抗震等级为三级，室外设计标高为－0.300 m。

在模型创建及招标控制价编制过程中，应注意以下信息：

① 混凝土：混凝土强度等级，如表1.2.1所示。

表1.2.1　混凝土强度等级

项目	构件		强度等级
通用项目	基础	垫层（厚度100 mm，不含建筑防水做法）	C15
		筏板、构造底板、独立基础	C30
		承台、承台梁、基础梁	C30
	砌体中圈梁、构造柱、现浇过梁		C25
主楼 裙房 地下室	梁板（地下部分，含地下室顶板）、楼梯（地下部分）		C30
	梁板（地上部分）、建筑造型节点		C30
	剪力墙（连梁）、框架柱		详见有关图纸

② 砌体：外围护墙及潮湿环境内墙的砌块强度等级不宜低于MU5，其余内墙的砌块强度等级不应低于MU3.5，砂浆应为强度等级不低于Mb5的混合砂浆，当处于二a类环境时（如卫生间、水房等）应采用水泥砂浆。室内地坪以下与土接触的墙体，应采用强度等级为MU10的混凝土实心砌块和强度等级为Mb10的水泥砂浆砌筑。

③ 钢筋：

a. 钢筋保护层厚度，如表1.2.2所示。

表1.2.2　钢筋保护层厚度

独立基础、条形基础、筏板基础	40 mm
柱	25 mm
剪力墙、暗柱、连梁	15 mm
梁	20 mm
板	15 mm
构造柱、圈梁、过梁、反坎	20 mm
女儿墙、栏板、挑檐、雨篷等	20 mm

b. 钢筋的锚固和连接详见图集 22G101-1 中第 2-2 至 2-6 页的相应要求。

c. 柱、墙、梁、板的配筋构造做法详见图集 22G101-1。

d. 除图中注明者外，现浇板内分布筋可根据板厚按表 1.2.3 选用。

表 1.2.3 现浇板内分布筋表

板厚/mm	≤80	90～130	140～160	170～210	220～250
分布筋直径间距	ϕ6@200	ϕ8@250	ϕ8@200	ϕ10@250	ϕ10@200

e. 现浇板防裂构造钢筋及温度筋详见各层板配筋图中的注释说明。

(2) 基础平面布置图

3＃研发楼工程结构施工图纸 04 为基础平面布置图，反映基础的定位、尺寸及配筋信息。

(3) 柱平面布置图

3＃研发楼工程结构施工图纸 05～08 为基础顶至屋面柱平面布置图，反映各层柱、剪力墙的定位、尺寸、标高、配筋信息，以及各楼层结构标高、层高。

(4) 结构平面布置图

3＃研发楼工程结构施工图纸 09、11、14、20 为各层结构平面布置图，反映构造柱的定位、截面尺寸、配筋信息及节点详图。

(5) 梁平法施工图

3＃研发楼工程结构施工图纸 10、12、15、18、21、24 为各层梁平法施工图，反映梁的定位、截面尺寸及配筋信息。

(6) 板配筋图

3＃研发楼工程结构施工图纸 13、16、19、22、23 为各层板配筋图，反映板的厚度、配筋等信息。

(7) 楼梯结构详图

3＃研发楼工程结构施工图纸 25、26 为 1＃、2＃楼梯结构详图，反映楼梯梯段、休息平台、梯梁、梯柱的尺寸及配筋信息。

1.2.3 总结拓展

(1) 识读图纸时，应将建筑施工图纸与结构施工图纸相结合，平面图与立面图、剖面图、详图相结合，综合理解图纸设计意图。

(2) 注意图纸设计说明及图纸下方说明中的关键信息，如钢筋接头的设置要求，过梁、构造柱的设置位置及配筋，次梁加筋、吊筋信息，现浇板的负筋长度标注及分布筋信息等。

课后练习与巩固

一、选择题

(1) 3＃研发楼工程图纸中基础的混凝土保护层厚度为(　　) mm。

A. 40　　B. 25　　C. 30　　D. 50

(2) 3＃研发楼工程室外设计地坪标高为(　　) m。

A. −0.15　　B. −0.03　　C. 0.05　　D. −0.3

(3) 3＃研发楼工程＋0.000 以上混凝土小型空心砌块采用的砂浆等级为(　　)。

A. Ma5.0　　B. M5.0　　C. Mb5.0　　D. Mb10.0

二、技能实操题

识读 3＃研发楼工程建筑施工图纸和结构施工图纸,标注图纸关键信息。

1.3　建模准备

学习目标

掌握利用 BIM 计量软件进行新建工程、新建楼层操作的方法,并能准确识读工程图纸相关信息,完成楼层混凝土强度等级和锚固搭接设置及钢筋设置。

1.3.1　任务描述

正确识读 3＃研发楼图纸中的相关信息,运用 BIM 计量软件完成 3＃研发楼工程新建、楼层新建、楼层混凝土强度和锚固搭接设置,以及钢筋的计算设置、比重设置、弯钩设置等。

【扫码演示】

1.3.2　任务实施

> **师说**　　**特别提示**
>
> 工程计量与计价过程中应遵循的规则和标准有哪些?

1.3.2.1　新建工程

双击广联达 BIM 土建计量平台 GTJ2025 图标,启动软件,点击“新建”,如图 1.3.1 所示。进入新建工程界面,根据实际工程情况输入工程名称,选择地区及清单规则、定额规则,软件会根据清单规则、定额规则自动匹配清单库、定额库。根据工程结构设计总说明中的相关说明选择平法规则,钢筋汇总方式需要根据各地清单规则、定额规则进行选择,在辽宁省建设工程计价依据《房屋建筑与装饰工程定额》(2017)中,钢筋长度按中心线计算,因此这里选择“按照钢筋下料尺寸-即中心线汇总”,如图 1.3.2 所示。点击“创建工程”后,进入工程信息编辑界面。

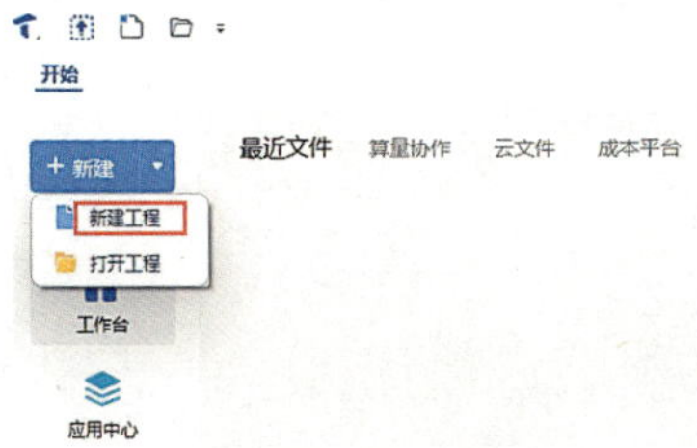

图 1.3.1　新建工程

图 1.3.2　新建工程设置

	属性名称	属性值
1	⊟ 工程概况:	
2	工程名称:	3#科研楼
3	项目所在地:	
4	详细地址:	
5	建筑类型:	居住建筑
6	建筑用途:	住宅
7	地上层数(层):	
8	地下层数(层):	
9	裙房层数:	
10	建筑面积(m²):	
11	地上面积(m²):	
12	地下面积(m²):	(0)
13	人防工程:	无人防
14	檐高(m):	20.7
15	结构类型:	框架结构
16	基础形式:	筏形基础
17	⊟ 建筑结构等级参数:	
18	抗震设防类别:	
19	抗震等级:	三级抗震
20	⊟ 地震参数:	
21	设防烈度:	7
22	基本地震加速度（g）:	
23	设计地震分组:	
24	环境类别:	
25	⊟ 施工信息:	
26	钢筋接头形式:	
27	室外地坪相对±0.000标高(m):	-0.3
28	进场交付施工场地标高相对±0.000...	-0.3
29	基础埋深(m):	
30	标准层高(m):	
31	冻土厚度(mm):	0
32	地下水位线相对±0.000标高(m):	-2
33	实施阶段:	招投标
34	开工日期:	
35	竣工日期:	

图 1.3.3　工程信息

1.3.2.2　工程信息

工程信息(图 1.3.3)中黑色字体信息只起到标识作用,不影响工程量计算,可以不填写;蓝色字体信息影响工程量计算,需要根据工程实际情况填写。檐高、结构类型、设防烈度三者决定抗震等级,抗震等级影响钢筋锚固及搭接长度的确定,上述信息务必填写准确。在无具体进场交付施工场地标高数据时,默认其与室外地坪标高相同,室外地坪相对±0.000 标高可从建筑立面图或剖面图中读取。

1.3.2.3　楼层设置

(1) 楼层建立

在楼层设置界面,需注意第一列首层框的勾选,勾选哪一楼层,该楼层即为首层。鼠标选中首层所在行,点击“插入楼层”创建地上楼层;鼠标选中基础层所在行,点击“插入楼层”创建地下楼层。若在某楼层的相同层数栏输入 2 及以上数值,代表该楼层为标准楼层;若想删除某楼层,可使用“删除楼层”功能进行删除。

依据 3＃研发楼结施 05 中的楼层结构标高、层高表,输入首层底标高－0.15 m,然后依次输入地上各楼层层高,结合建施 12,第 7 层层高可按 0.8 m 输入,基础层层高为首层底标高(结构标高)至基础底的垂直距离,由结施 04 基础平面布置图可知基础底标高为－4.000 m,故基础层层高可按 3.85 m 输入,楼层设置如图 1.3.4 所示。

首层	编码	楼层名称	层高(m)	底标高(m)	相同层数	板厚(mm)	建筑面积(m²)
☐	7	第7层	0.8	24	1	120	(0)
☐	6	第6层	3.7	20.3	1	120	(258.159)
☐	5	第5层	3.9	16.4	1	120	(1409.95)
☐	4	第4层	3.9	12.5	1	120	(1409.95)
☐	3	第3层	3.9	8.6	1	120	(1409.95)
☐	2	第2层	3.9	4.7	1	120	(1327.96)
☑	1	首层	4.85	-0.15	1	120	(1344.39)
☐	0	基础层	3.85	-4	1	500	(0)

图 1.3.4　楼层建立

(2) 楼层混凝土强度和锚固搭接设置

混凝土强度及保护层设置会影响钢筋锚固搭接长度的确定,因此需根据工程实际情况进行设定。根据 3＃研发楼结施 01 中的混凝土强度等级列表(表 1.2.1)及主筋的混凝土保护层厚度表(表 1.2.2)进行各构件混凝土强度等级及保护层厚度的设置。需注意,根据结施 05 中的结构标高、层高表可知,8.600 m 以下柱的混凝土强度等级为 C40,8.600 m 以上为 C30,根据结施 05 至结施 07 中的剪力墙墙身配筋表、连梁配筋表可知,4.700 m 以下剪力墙、连梁的混凝土强度等级为 C40,4.700 m 以上为 C30。首层混凝土强度和锚固搭接设置如图 1.3.5 所示。

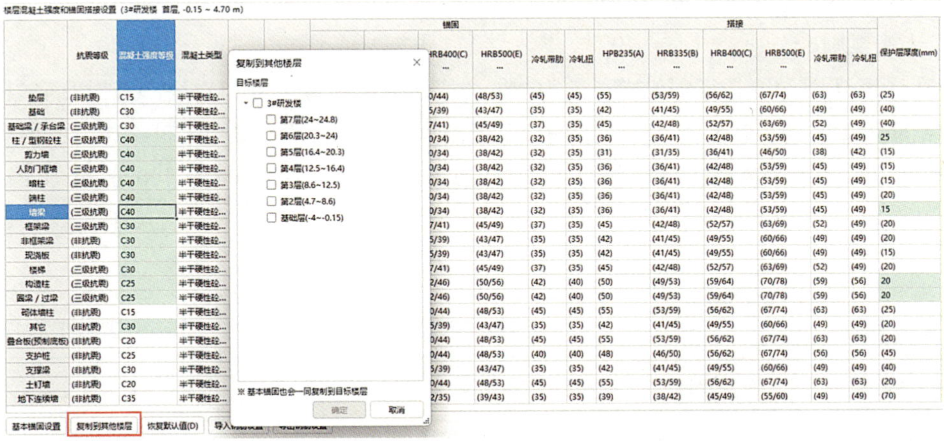

图 1.3.5　首层混凝土强度和锚固搭接设置

完成首层混凝土强度和锚固搭接设置后,可依次设置其他楼层,也可点击“复制到其他楼层”,将首层设置复制到其他楼层,如其他楼层部分构件设置与首层不同,可在复制后进行修改。

1.3.2.4　土建设置

土建设置分为计算设置及计算规则两部分。计算设置包含清单、定额设置,根据工程实际情况进行修改即可;计算规则在新建工程时已完成选择,无须修改,如图 1.3.6 所示。

图 1.3.6　土建设置

1.3.2.5　钢筋设置

钢筋设置分为计算设置、比重设置、弯钩设置、弯曲调整值设置、损耗设置五部分，根据工程实际情况设置即可。

（1）计算设置

钢筋计算设置包含计算规则、节点设置、箍筋设置、搭接设置、箍筋公式五部分，搭接设置、箍筋公式一般按软件默认设置，其余根据工程实际情况设置即可。

① 计算规则

a. 柱计算规则设置。根据结施 04 中的独立基础剖面示意图可知，柱在基础插筋锚固区范围内的箍筋为 2ϕ10。在实际工程应用中，根据国家建筑标准设计图集 22G101-1 中的剪力墙竖向钢筋构造，需要将暗柱/端柱纵筋搭接范围内的箍筋间距修改为 100 mm，如图 1.3.7 所示。

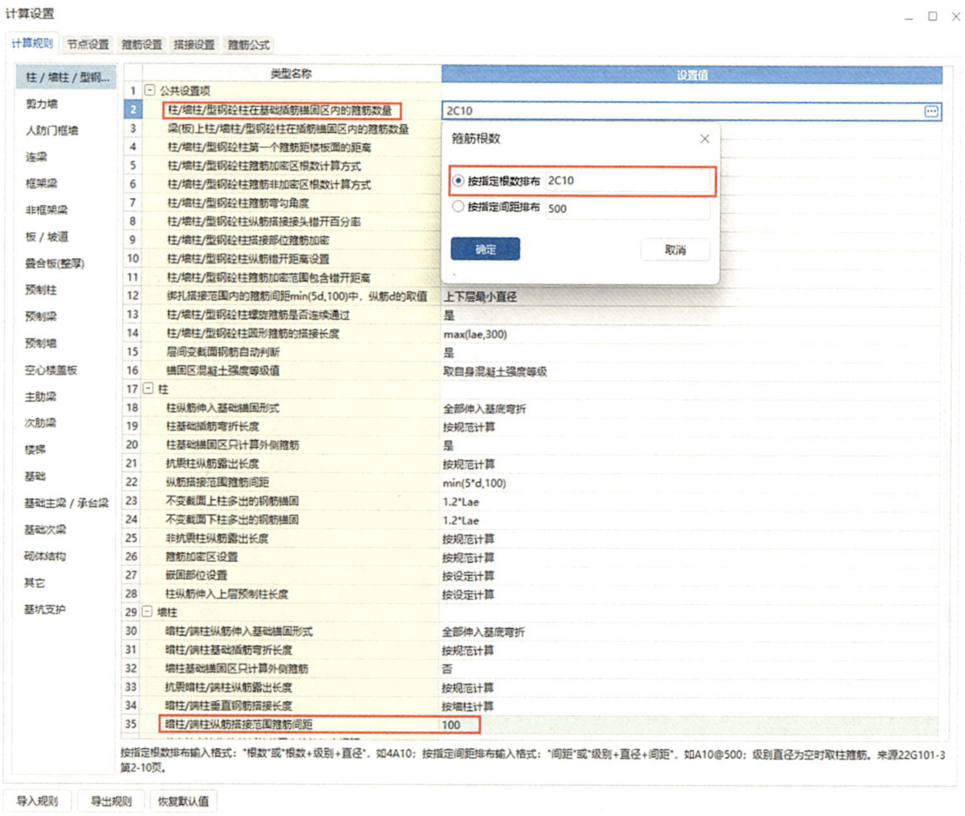

图 1.3.7　柱计算规则设置

b. 框架梁、非框架梁计算规则设置。根据结施 01 中的第 9.5.7 条及各楼层梁平法施工图可知，在主次梁交叉处，主梁两侧及十字梁两侧各增设 3 根附加箍筋，两侧一共 6 根，如图 1.3.8 所示。

c. 板计算规则设置。根据结施 01 中的第 9.6.3 条可知，除图中注明外，现浇板内分布筋可根据板厚按相应表选用。本工程楼板厚度均为 120 mm，可在板计算规则中的分布钢筋配

图 1.3.8 梁计算规则设置

置中直接选择“所有的分布筋相同”，分布筋信息输入为Φ8@250。若工程板厚情况不确定，也可选择“同一板厚的分布筋相同”，按不同板厚分别输入分布钢筋配置，如图 1.3.9 所示。

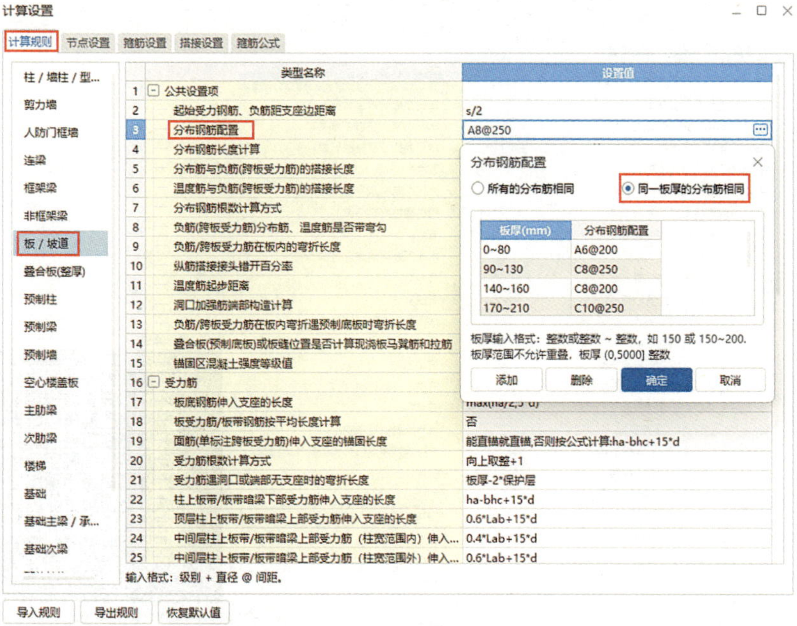

图 1.3.9 板分布钢筋计算规则设置

根据各楼层板配筋图中的板配筋说明可知，支座负筋与温度筋的搭接长度为 300 mm，设置如图 1.3.10 所示。

	类型名称	设置值
1	⊟ 公共设置项	
2	起始受力钢筋、负筋距支座边距离	s/2
3	分布钢筋配置	A8@250
4	分布钢筋长度计算	和负筋(跨板受力筋)搭接计算
5	分布筋与负筋(跨板受力筋)的搭接长度	150
6	温度筋与负筋(跨板受力筋)的搭接长度	300
7	分布钢筋根数计算方式	向下取整+1
8	负筋(跨板受力筋)分布筋、温度筋是否带弯勾	否
9	负筋/跨板受力筋在板内的弯折长度	0
10	纵筋搭接接头错开百分率	50%
11	温度筋起步距离	s
12	洞口加强筋端部构造计算	短跨方向伸入支座，长跨方向不伸入支座
13	负筋/跨板受力筋在板内弯折遇预制底板时弯折长度	到叠合板(预制底板)顶
14	叠合板(预制底板)或板缝位置是否计算现浇板马凳筋和拉筋	否
15	锚固区混凝土强度等级值	取自身混凝土强度等级
16	⊟ 受力筋	
17	板底钢筋伸入支座的长度	max(ha/2,5*d)

图 1.3.10　板温度筋与负筋搭接设置

② 节点设置

根据结施 01 中第 9.4.3 条可知，剪力墙拉筋采用梅花形双向布置，节点设置如图 1.3.11 所示。

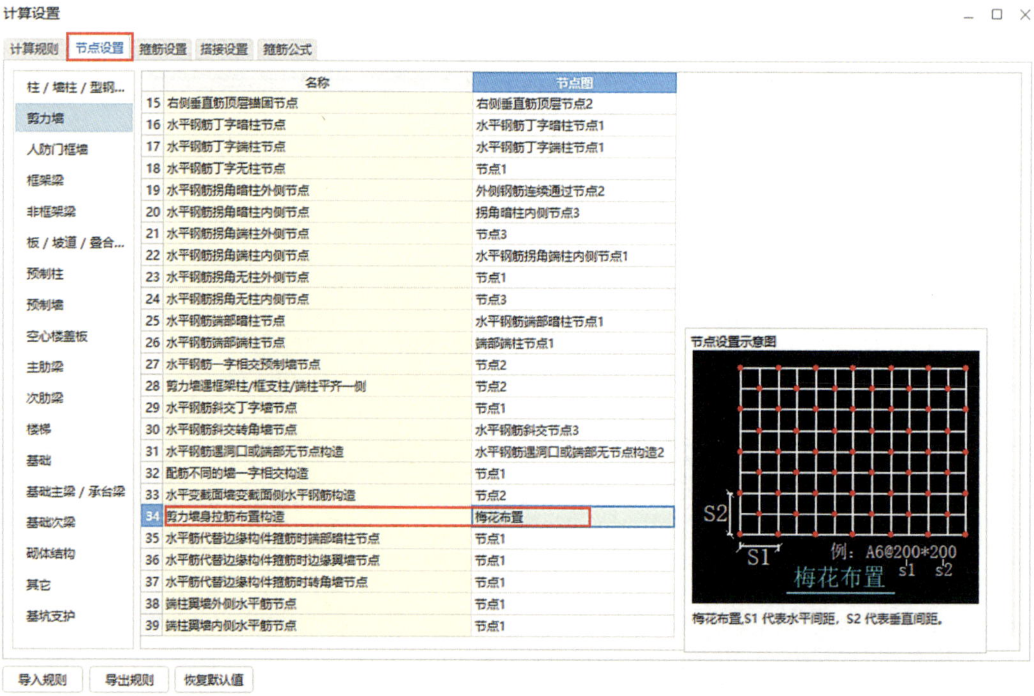

	名称	节点图
15	右侧垂直筋顶层锚固节点	右侧垂直筋顶层节点2
16	水平钢筋丁字暗柱节点	水平钢筋丁字暗柱节点1
17	水平钢筋丁字端柱节点	水平钢筋丁字端柱节点1
18	水平钢筋丁字无柱节点	节点1
19	水平钢筋拐角暗柱外侧节点	外侧钢筋连续通过节点2
20	水平钢筋拐角暗柱内侧节点	拐角暗柱内侧节点3
21	水平钢筋拐角端柱外侧节点	节点3
22	水平钢筋拐角端柱内侧节点	水平钢筋拐角端柱内侧节点1
23	水平钢筋拐角无柱外侧节点	节点1
24	水平钢筋拐角无柱内侧节点	节点3
25	水平钢筋端部暗柱节点	水平钢筋端部暗柱节点1
26	水平钢筋端部端柱节点	端部端柱节点1
27	水平钢筋一字相交预制墙节点	节点2
28	剪力墙遇框架柱/框支柱/端柱平齐一侧	节点2
29	水平钢筋斜交丁字墙节点	节点1
30	水平钢筋斜交转角墙节点	水平钢筋斜交节点3
31	水平钢筋遇洞口或端部无节点构造	水平钢筋遇洞口或端部无节点构造2
32	配筋不同的墙一字相交构造	节点1
33	水平变截面墙变截面侧水平钢筋构造	节点2
34	剪力墙身拉筋布置构造	梅花布置
35	水平筋代替边缘构件箍筋时端部暗柱节点	节点1
36	水平筋代替边缘构件箍筋时边缘翼墙节点	节点1
37	水平筋代替边缘构件箍筋时转角墙节点	节点1
38	端柱翼墙外侧水平筋节点	节点1
39	端柱翼墙内侧水平筋节点	节点1

图 1.3.11　剪力墙节点设置

③ 搭接设置

钢筋搭接设置，即工程中不同构件钢筋连接形式的设置。在实际工程建模时，钢筋具体连接方式一般在结构设计说明中体现，或者需要查看合同中有无相关规定，然后按需进行更改即可。

(2) 比重设置

以普通钢筋为例，不同直径的钢筋对应不同的钢筋比重，如需修改，在钢筋比重中输入相应数值即可。一般情况下需将直径 6 mm 的钢筋比重修改为 0.26 kg/m，与直径 6.5 mm 的钢筋比重相同，如图 1.3.12 所示。

图 1.3.12 比重设置

(3) 弯钩设置

弯钩设置是按照新建工程所选平法规则预先内置的，一般情况下不需要进行更改，如有特殊要求，可以按要求输入。箍筋弯钩平直段可按照图元抗震、工程抗震两种形式考虑。若选择"图元抗震考虑"，则按图元属性中的抗震等级计算；若选择"工程抗震考虑"，则按工程信息设置的抗震等级计算。本工程结构设计说明中结构构件抗震等级为三级，此处选择"图元抗震考虑"，如图 1.3.13 所示。

(4) 弯曲调整值设置

软件中弯曲调整值为默认数据，可根据实际情况调整。

(5) 损耗设置

对于所做工程的损耗系数，可按钢筋直径或自定义进行修改。

图 1.3.13　弯钩设置

1.3.3　总结拓展

(1) 计算规则的更改

在工程新建后，如要修改清单规则、定额规则、平法规则、清单库、定额库，可点击“工程设置”选项卡下的“工程信息”，在弹出的窗口中点击“计算规则”，在修改规则后点击“立即导出”即可，如图 1.3.14 所示。

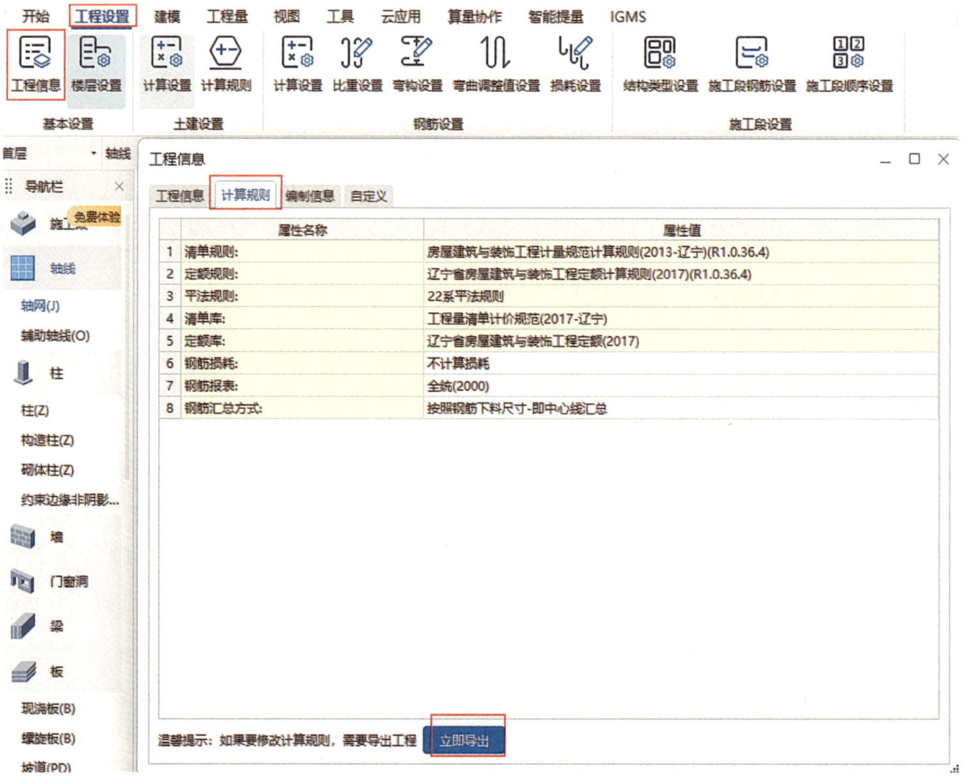

图 1.3.14　工程信息修改

需注意，工程导出后，楼层设置中的楼层混凝土强度和锚固搭接设置，以及钢筋设置中的计算设置需要根据工程实际情况重新进行设置，原设置信息不会随模型导出，需要在导出的模型中重新进行设置，如图 1.3.15 所示。

图 1.3.15　工程导出

在工程导出后，楼层混凝土强度和锚固搭接设置信息可通过“导出钢筋设置”“导入钢筋设置”快速导入到其他工程，如图 1.3.16 所示。

楼层混凝土强度和锚固搭接设置 (3#研发楼 首层, -0.15 ~ 4.70 m)

	抗震等级	混凝土强度等级	混凝土类型	砂浆标号	砂浆类型	锚固 HPB235(A) ...	锚固 HRB335(B) ...	锚固 HRB400(C) ...	锚固 HRB500(E) ...	锚固 冷轧带肋	锚固 冷轧扭	搭接 HPB235(A) ...	搭接 HRB335(B) ...	搭接 HRB400(C) ...	搭接 HRB500(E) ...	搭接 冷轧带肋	搭接 冷轧扭	保护层厚度(mm)
垫层	(非抗震)	C15	半干硬性砼...	M5	混合砂浆	(39)	(38/42)	(40/44)	(48/53)	(45)	(45)	(55)	(53/59)	(56/62)	(67/74)	(63)	(63)	(25)
基础	(非抗震)	C30	半干硬性砼...	M5	混合砂浆	(30)	(29/32)	(35/39)	(43/47)	(35)	(35)	(42)	(41/45)	(49/55)	(60/66)	(49)	(49)	(40)
基础梁 / 承台梁	(三级抗震)	C30	半干硬性砼...			(32)	(30/34)	(37/41)	(45/49)	(37)	(35)	(45)	(42/48)	(52/57)	(63/69)	(52)	(49)	(40)
柱 / 型钢砼柱	(三级抗震)	C40	半干硬性砼...	M5	混合砂浆	(26)	(26/29)	(30/34)	(38/42)	(32)	(35)	(36)	(36/41)	(42/48)	(53/59)	(45)	(49)	25
剪力墙	(三级抗震)	C40	半干硬性砼...			(26)	(26/29)	(30/34)	(38/42)	(32)	(35)	(31)	(31/35)	(36/41)	(46/50)	(38)	(42)	(15)
人防门框墙	(三级抗震)	C40	半干硬性砼...			(26)	(26/29)	(30/34)	(38/42)	(32)	(35)	(36)	(36/41)	(42/48)	(53/59)	(45)	(49)	(15)
暗柱	(三级抗震)	C40	半干硬性砼...			(26)	(26/29)	(30/34)	(38/42)	(32)	(35)	(36)	(36/41)	(42/48)	(53/59)	(45)	(49)	(15)
端柱	(三级抗震)	C40	半干硬性砼...			(26)	(26/29)	(30/34)	(38/42)	(32)	(35)	(36)	(36/41)	(42/48)	(53/59)	(45)	(49)	(20)
墙梁	(三级抗震)	C40	半干硬性砼...			(26)	(26/29)	(30/34)	(38/42)	(32)	(35)	(36)	(36/41)	(42/48)	(53/59)	(45)	(49)	15
框架梁	(三级抗震)	C30	半干硬性砼...			(32)	(30/34)	(37/41)	(45/49)	(37)	(35)	(45)	(42/48)	(52/57)	(63/69)	(52)	(49)	(20)
非框架梁	(非抗震)	C30	半干硬性砼...			(30)	(29/32)	(35/39)	(43/47)	(35)	(35)	(42)	(41/45)	(49/55)	(60/66)	(49)	(49)	(20)
现浇板	(非抗震)	C30	半干硬性砼...			(30)	(29/32)	(35/39)	(43/47)	(35)	(35)	(42)	(41/45)	(49/55)	(60/66)	(49)	(49)	(15)
楼梯	(三级抗震)	C30	半干硬性砼...			(32)	(30/34)	(37/41)	(45/49)	(37)	(35)	(45)	(42/48)	(52/57)	(63/69)	(52)	(49)	(20)
构造柱	(三级抗震)	C25	半干硬性砼...			(36)	(35/38)	(42/46)	(50/56)	(42)	(40)	(50)	(49/53)	(59/64)	(70/78)	(59)	(56)	20
圈梁 / 过梁	(三级抗震)	C25	半干硬性砼...			(36)	(35/38)	(42/46)	(50/56)	(42)	(40)	(50)	(49/53)	(59/64)	(70/78)	(59)	(56)	20
砌体墙柱	(非抗震)	C15	半干硬性砼...	M5	混合砂浆	(39)	(38/42)	(40/44)	(48/53)	(45)	(45)	(55)	(53/59)	(56/62)	(67/74)	(63)	(63)	(25)
其它	(非抗震)	C30	半干硬性砼...	M5	混合砂浆	(30)	(29/32)	(35/39)	(43/47)	(35)	(35)	(42)	(41/45)	(49/55)	(60/66)	(49)	(49)	(20)
叠合板(预制底板)	(非抗震)	C20	半干硬性砼...			(39)	(38/42)	(40/44)	(48/53)	(45)	(45)	(55)	(53/59)	(56/62)	(67/74)	(63)	(63)	(20)
支护桩	(非抗震)	C25	半干硬性砼...			(34)	(33/36)	(40/44)	(48/53)	(40)	(40)	(48)	(46/50)	(56/62)	(67/74)	(56)	(56)	(45)
支撑梁	(非抗震)	C30	半干硬性砼...			(30)	(29/32)	(35/39)	(43/47)	(35)	(35)	(42)	(41/45)	(49/55)	(60/66)	(49)	(49)	(40)
土钉墙	(非抗震)	C20	半干硬性砼...			(39)	(38/42)	(40/44)	(48/53)	(45)	(45)	(55)	(53/59)	(56/62)	(67/74)	(63)	(63)	(20)
地下连续墙	(非抗震)	C35	半干硬性砼...			(28)	(27/30)	(32/35)	(39/43)	(35)	(35)	(39)	(38/42)	(45/49)	(55/60)	(49)	(49)	(70)

基本锚固设置　复制到其他楼层　恢复默认值(D)　导入钢筋设置　导出钢筋设置

图 1.3.16　楼层混凝土强度和锚固搭接设置信息导入/导出

在工程导出后，可利用钢筋“计算设置”中的“导出规则”“导入规则”快速完成钢筋计算设置的导入,如图 1.3.17 所示。

图 1.3.17　钢筋计算规则导入/导出

(2) 在板及板筋的计算设置中,除板分布钢筋设置外,一般还需根据工程实际情况对跨板受力筋标注长度位置、板中间支座负筋标注是否含支座、单边标注支座负筋标注长度位置进行设置,如图 1.3.18 所示。

图 1.3.18　板筋计算规则设置

课后练习与巩固

一、选择题

(1) 新建楼层时下列(　　)数据不可以修改。

A. 楼层层数　　B. 楼层层高　　C. 首层底标高　　D. 楼层编码

(2) 下列(　　)属于墙身拉筋的布置构造方式。

A. 梅花布置　　B. 隔一布一布置　　C. 双层双向布置　　D. XY 方向布置

(3) 室外地坪相对+0.000 标高一般不会影响以下(　　)的计算。

A. 首层室外装修工程量　　B. 首层混凝土构件超高工程量

C. 首层脚手架工程量　　D. 柱的体积工程量

二、技能实操题

利用 BIM 计量软件完成 3＃研发楼工程的新建、楼层的新建,以及楼层混凝土强度和锚固搭接设置、钢筋设置。

1.4 轴网建立

学习目标

能够运用 BIM 计量软件,通过手工建模的方式创建 3＃研发楼工程的轴网。

1.4.1 任务描述

正确识读 3＃研发楼轴网相关图纸信息,并根据图纸以手工建模的方式完成轴网的创建。

【扫码演示】

1.4.2 任务实施

1.4.2.1　图纸分析

任选一张图纸,例如结施 05 基础顶～4.700 m 柱平面布置图,识图可知,3＃研发楼工程轴网由两个正交轴网拼接而成,分别为①～⑪/Ⓐ～Ⓕ轴网、x1～x6/y1～y4轴网,x1～x6/y1～y4轴网的旋转角度为－45°。

1.4.2.2　创建轴网

(1) 创建①～⑪/Ⓐ～Ⓕ轴网

在“建模”选项卡下,点击左侧导航栏中的“轴线”→“轴网(J)”,在“构件列表”中点击“新建”下拉菜单,选择“新建正交轴网”,如图 1.4.1 所示。

图 1.4.1　新建轴网

点击“新建正交轴网”,进入轴网定义界面,在“添加”下面的方框内输入轴距后回车,或者使用选择“常用值”的方式,根据图纸从左到右的顺序依次输入下开间轴距:

8200,8200,8200,8200,8200,8200,8400,6000,2000,7000,如图 1.4.2 所示;切换至左进深,使用相同的方式,按照图纸从下到上的顺序依次输入左进深轴距:8800,8400,8400,2000,4600,如图 1.4.3 所示。若上开间、右进深轴距分别与下开间、左进深相同,可不输入。关闭定义界面,弹出“请输入角度”窗口,默认为 0,点击“确定”。

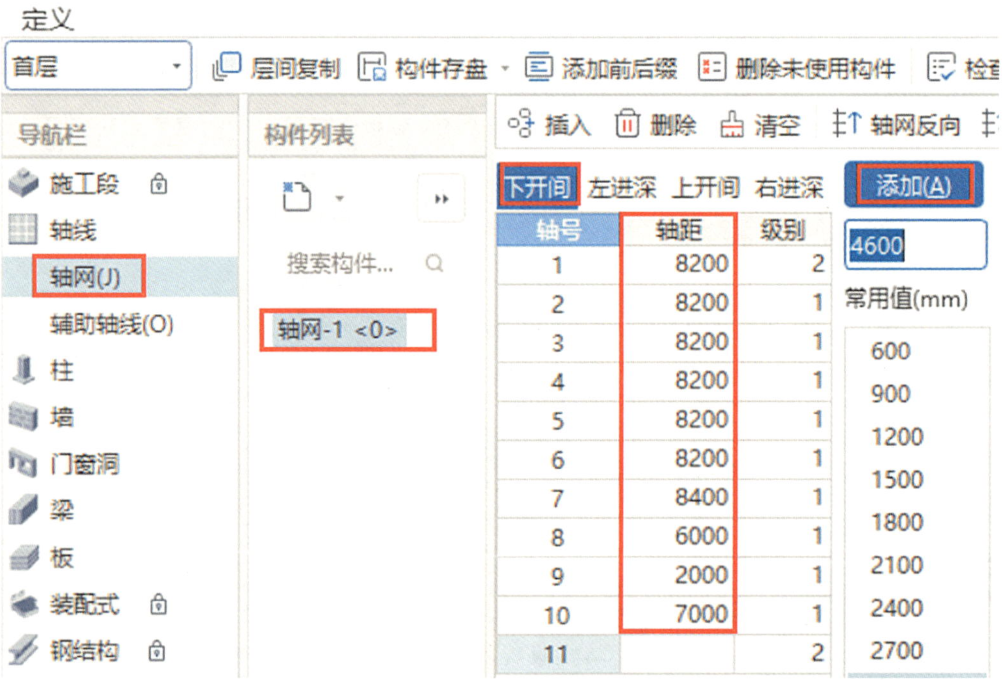

图 1.4.2　轴网下开间输入

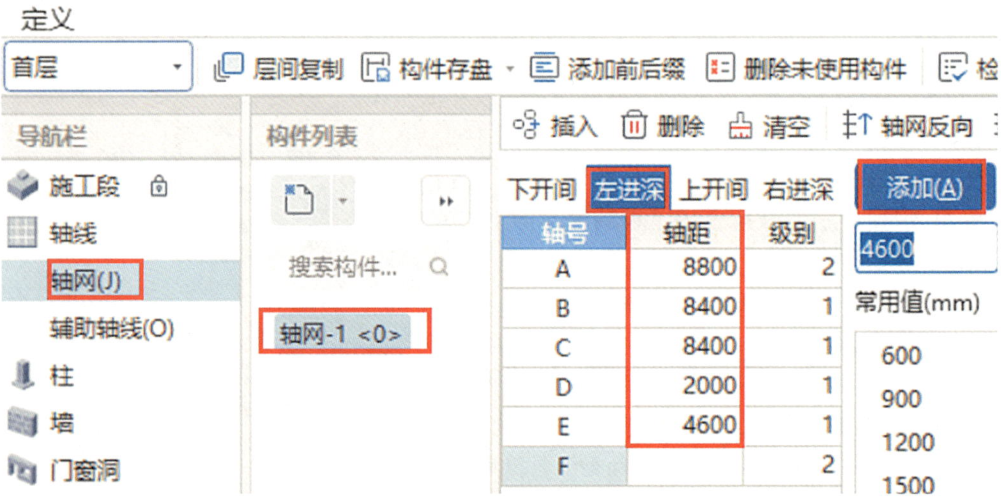

图 1.4.3　轴网左进深输入

点击“建模”选项卡下“轴网二次编辑”面板中的“修改轴号位置”,选择“两端标注”,上开间及右进深轴号即可自动标注,如图 1.4.4 所示,完成轴网的创建。

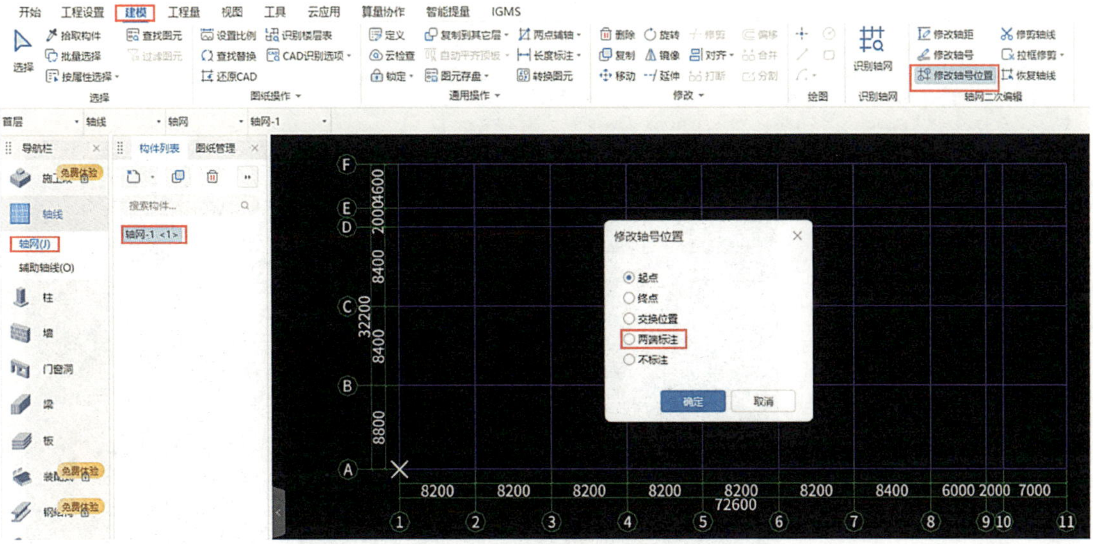

图 1.4.4 修改轴号位置

（2）创建 x1～x6/y1～y4 轴网

点击“新建正交轴网”，进入轴网定义界面，在“添加”下面的方框内输入轴距后回车，或者使用选择“常用值”的方式，根据图纸从左到右的顺序依次输入上开间轴距：3106，3000，9000，3000，3106，并分别修改轴号为 x1～x6；切换至左进深，使用相同的方式，按照图纸从下到上的顺序依次输入左进深轴距：5940，2207，8400，并分别修改轴号为 y1～y4。点击定义界面的“设置插入点”，选择 y4 轴与 x6 轴的交点，如图 1.4.5 所示，关闭定义界面。

图 1.4.5 x1～x6/y1～y4 轴网定义

在构件列表中选择轴网-2，选择“建模”选项卡下“绘图”面板中的“点”式绘制，勾选“旋转点”，角度输入－45°，点击⑪/Ⓒ轴交点，完成轴网绘制，如图 1.4.6 所示。

在①～⑪/Ⓐ～Ⓕ轴网、x1～x6/y1～y4 轴网拼接完成后，可利用“轴网二次编辑”面板中的各类编辑功能进行轴网编辑，以使建立的轴网与图纸完全一致。

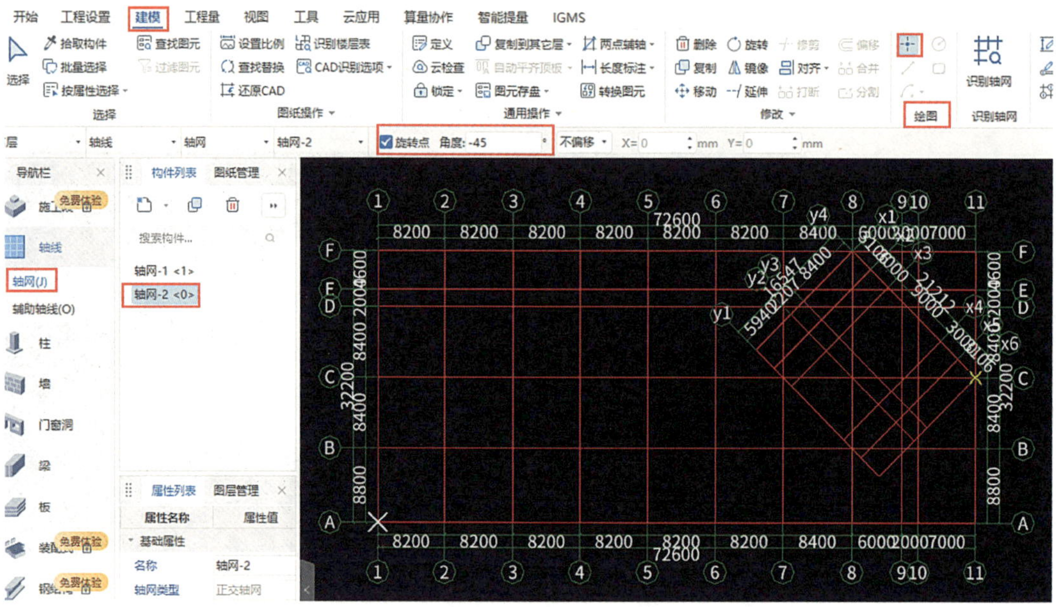

图 1.4.6　轴网绘制

1.4.3　总结拓展

（1）在实际工程建模时，轴网主要起到定位的作用，需要做到轴距准确，其形式是否完全与图纸一致不影响建模的准确度及工程量的计算，故在实际工程应用中，为了提高建模效率，不建议花费大量时间修改不影响建模准确度的轴网细节部分。

（2）为了快速定位并绘制不在轴网上的图元，可使用“建模”选项卡下“通用操作”面板中的辅助轴线功能辅助绘图，辅助轴线的绘制有两点辅轴、平行辅轴、点角辅轴等 8 种方式，绘制后也可利用“删除辅轴”进行删除，如图 1.4.7 所示。

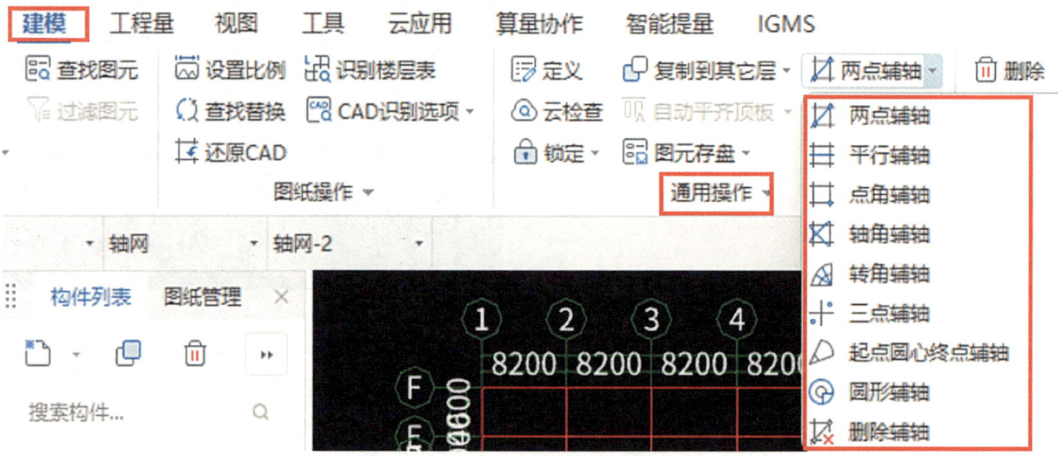

图 1.4.7　新建辅助轴线

师说

特别提示

工程设计中的轴网绘制错误和施工过程中的放线错误，都会导致巨大损失。因此在学习和工作中，应秉承严谨认真的职业态度，坚守职业道德底线，培养敬业精神。

课后练习与巩固

一、选择题

(1) 轴网二次编辑中不包含(　　)。

A. 修改轴距　　B. 修剪轴线　　C. 修改轴号　　D. 设置插入点

(2) 在完成轴网下开间、左进深轴距输入后，可在轴网绘制后使用“修改轴号位置”中的(　　)完成上开间、右进深的自动生成。

A. 不标注　　B. 两端标注　　C. 交换位置　　D. 起点

(3) 为了快速定位并绘制不在轴网上的图元，可使用(　　)功能辅助绘图。

A. 辅助轴线　　B. 修剪轴线　　C. 拉框修剪　　D. 设置插入点

二、技能实操题

根据图纸，以手工建模的方式完成3#研发楼工程轴网的定义及绘制。

第二篇　手工建模计量

2 主体结构工程量计算

知识目标

(1) 通过识读工程图纸，掌握框架柱、剪力墙、剪力墙柱、梁、连梁、板、楼梯等主体构件的图纸信息；

(2) 掌握框架柱、剪力墙、剪力墙柱、梁、连梁、板、楼梯等主体构件的平法基本知识；

(3) 掌握框架柱、剪力墙、剪力墙柱、梁、连梁、板、楼梯等主体构件的定义、绘制及查看工程量的方法。

能力目标

(1) 能够运用 BIM 计量软件，通过手工建模的方式创建框架柱、剪力墙、剪力墙柱、梁、连梁、板、楼梯等主体构件的三维模型；

(2) 能够运用 BIM 计量软件辅助统计框架柱、剪力墙、剪力墙柱、梁、连梁、板、楼梯等主体构件的工程量。

素质目标

(1) 培养认真思考、严于律己的职业素养；

(2) 树立正确的价值观和职业发展观，培养责任与使命意识。

2.1 柱工程量计算

学习目标

能够运用 BIM 计量软件，通过手工建模的方式创建柱的三维模型，并基于三维模型辅助进行柱的土建及钢筋工程量的统计。

【扫码演示】

【扫码演示】

2.1.1 任务描述

(1) 正确识读首层柱(不含梯柱)(−0.150～4.700 m)钢筋平法及其他相关图纸信息；

(2) 根据图纸，以手工建模的方式完成首层柱(不含梯柱)(−0.150～4.700 m)的属性编辑及三维模型绘制；

(3) 完成首层柱(不含梯柱)(−0.150～4.700 m)的土建及钢筋工程量统计。

2.1.2 任务实施

2.1.2.1 图纸分析

在3#研发楼结施图纸中,结施05至结施08均为柱结构平面布置图,具体柱标高信息详见各柱结构平面布置图。通过识读结施05中的基础顶～4.700 m柱平面布置图可知,首层柱包含框架柱KZ及剪力墙柱(约束边缘构件YBZ)两种,需要注意的是KZ9、KZ10、KZ11为基础层柱,标高为基础～−0.150 m;KZ9a、KZ10a、KZ11a为首层柱,标高为−0.150～4.700 m。

2.1.2.2 平法知识

(1) 柱平法知识

柱平法施工图的表示方法分为列表注写方式、截面注写方式两种。

① 列表注写方式

列表注写方式系在柱平面布置图上,分别在同一编号的柱中选择一个(有时需要选择几个)截面标注几何参数代号;在柱表中注写柱编号、柱段起止标高、几何尺寸(含柱截面对轴线的定位情况)与配筋的具体数值,并配以柱截面形状及其箍筋类型的方式来表达柱平法施工图,如图2.1.1所示。

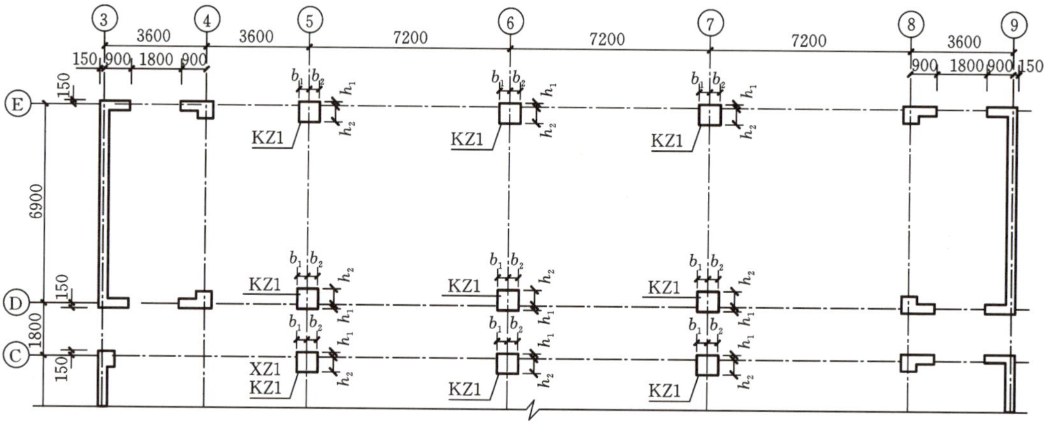

柱 表

柱编号	标高(m)	$b\times h$(mm×mm)(圆柱直径D)	b_1(mm)	b_2(mm)	h_1(mm)	h_2(mm)	全部纵筋	角筋	b边一侧中部筋	h边一侧中部筋	箍筋类型号	箍筋	备注
KZ1	−4.530~−0.030	750×700	375	375	150	550	28⌀25				1(6×6)	Φ10@100/200	—
	−0.030~19.470	750×700	375	375	150	550	24⌀25				1(5×4)	Φ10@100/200	
	19.470~37.470	650×600	325	325	150	450		4⌀22	5⌀22	4⌀20	1(4×4)	Φ10@100/200	
	37.470~59.070	550×500	275	275	150	350		4⌀22	5⌀22	4⌀20	1(4×4)	Φ8@100/200	
XZ1	−4.530~8.670						8⌀25				按标准构造详图	Φ10@100	⑤×Ⓒ轴KZ1中设置

−4.530~59.070柱平法施工图(局部)

图2.1.1 柱列表注写方式

箍筋类型如表2.1.1所示,柱箍筋用斜线"/"区分柱端箍筋加密区与柱身非加密区长度范围内箍筋的不同间距。当箍筋沿柱全高为一种间距时,则不使用"/"线。

表 2.1.1　箍筋类型表

箍筋类型编号	箍筋肢数	复合方式	箍筋类型编号	箍筋肢数	复合方式
1	$m\times n$	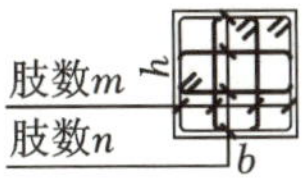	3	—	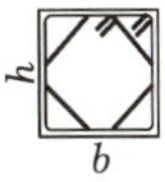
2	—	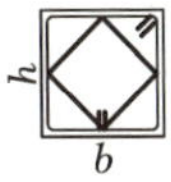	4	Y+$m\times n$ 圆形箍	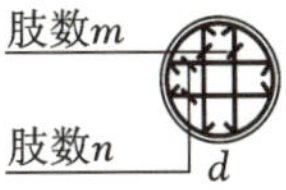

非焊接矩形箍筋复合方式如图 2.1.2 所示。

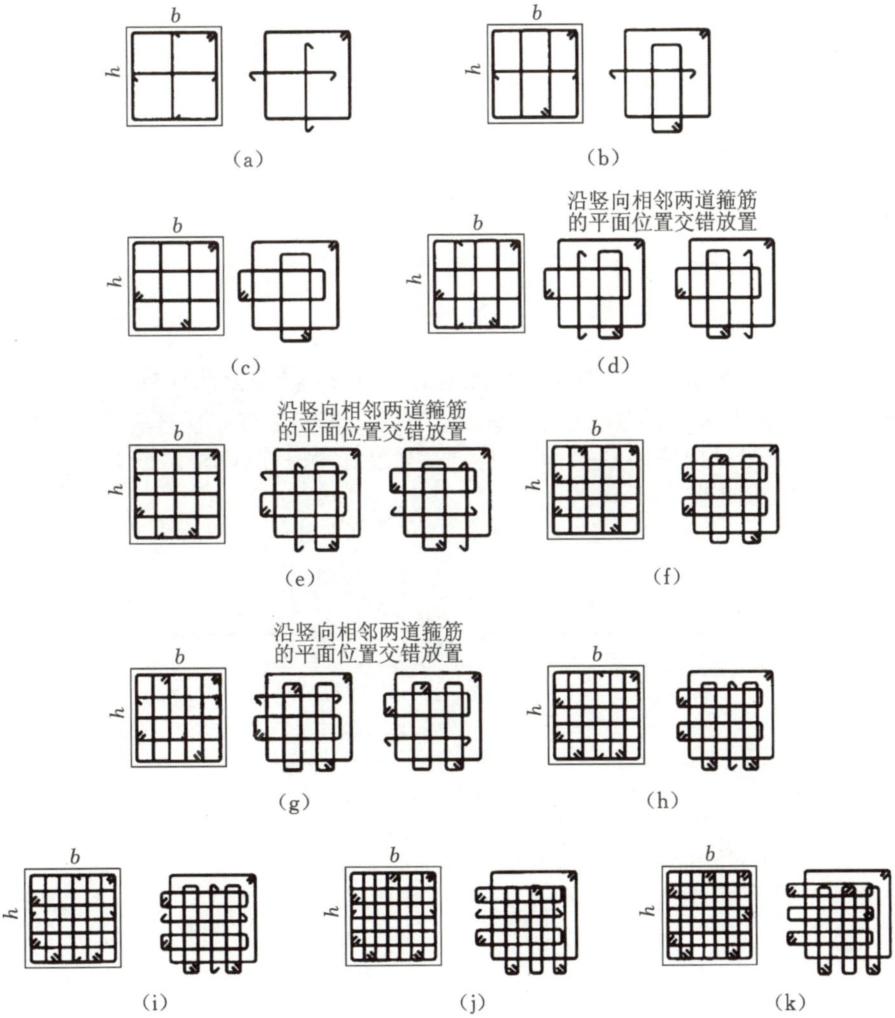

图 2.1.2　非焊接矩形箍筋复合方式

(a) 3×3；(b) 4×3；(c) 4×4；(d) 5×4；(e) 5×5；(f) 6×6；(g) 6×5；(h) 7×6；(i) 7×7；(j) 8×7；(k) 8×8

② 截面注写方式

截面注写方式系在柱平面布置图的柱截面上，分别在同一编号的柱中选择一个截面，以直接注写截面尺寸和配筋具体数值的方式来表达柱平法施工图，如图 2.1.3 所示。

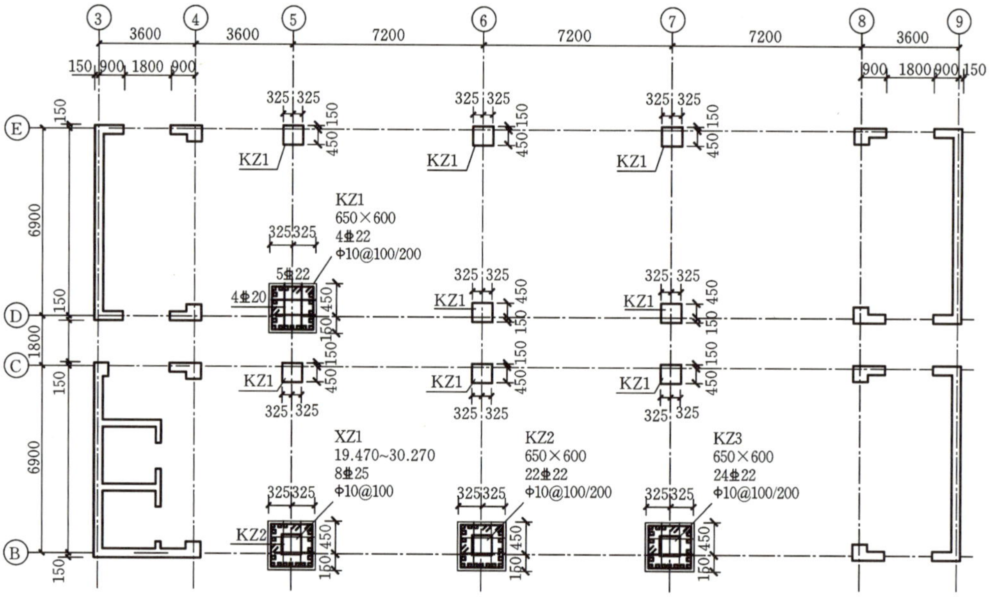

19.470~37.470柱平法施工图（局部）

图 2.1.3　截面注写

（2）剪力墙柱平法知识

剪力墙平法施工图系在剪力墙平面布置图上采用列表注写方式或截面注写方式表达。剪力墙由剪力墙柱、剪力墙身和剪力墙梁三类构件构成。墙柱编号由墙柱类型代号和序号组成，墙柱类型分为约束边缘构件(YBZ)（图 2.1.4）、构造边缘构件(GBZ)（图 2.1.5）、非边缘暗柱(AZ)、扶壁柱(FBZ)四种。

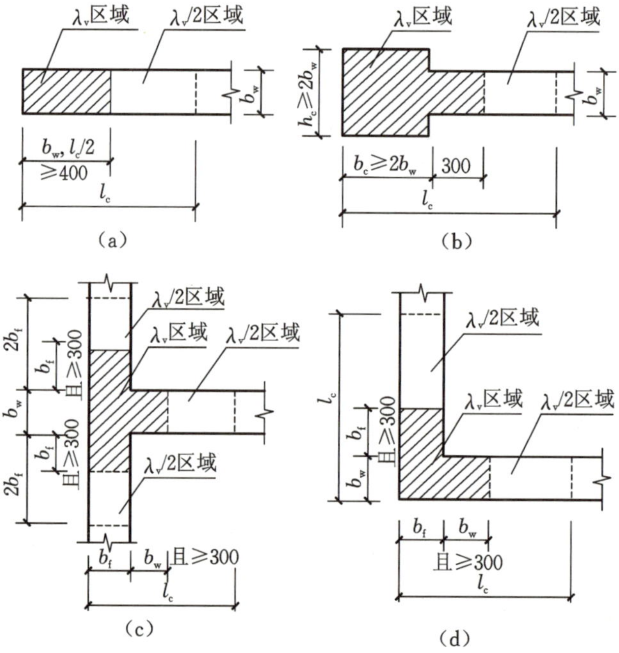

图 2.1.4　约束边缘构件

(a) 约束边缘暗柱；(b) 约束边缘端柱；(c) 约束边缘翼墙；(d) 约束边缘转角墙

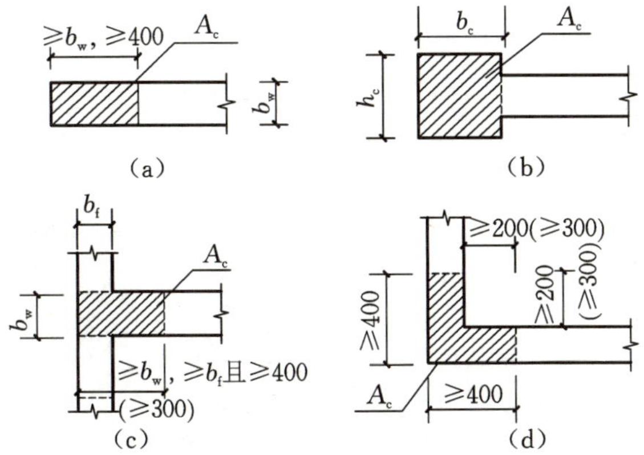

图 2.1.5 构造边缘构件

(a) 构造边缘暗柱；(b) 构造边缘端柱；(c) 构造边缘翼墙；(d) 构造边缘转角墙

2.1.2.3 创建柱模型

(1) 定义矩形框架柱

① 新建柱

以结施 05 中的 KZ1 为例，在“建模”选项卡下，点击左侧导航栏中的“柱”→“柱(Z)”，在“构件列表”中点击“新建”下拉菜单，选择“新建矩形柱”，如图 2.1.6 所示。

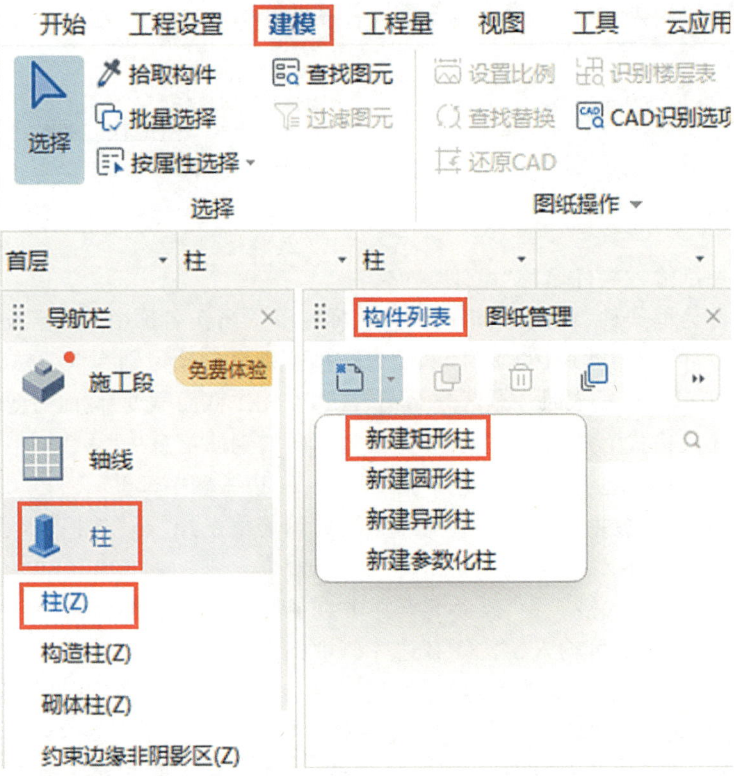

图 2.1.6 新建矩形柱

② 编辑柱属性信息

通过识读图纸，在“属性列表”中输入相应信息，如图 2.1.7 所示。

属性列表

属性名称	属性值
基础属性	
名称	KZ1
结构类别	框架柱
定额类别	普通柱
截面宽度(B边)(mm)	400
截面高度(H边)(m...	400
全部纵筋	
角筋	4Φ25
B边一侧中部筋	2Φ22
H边一侧中部筋	2Φ22
箍筋	Φ8@100/200(4*4)
节点区箍筋	
箍筋肢数	4*4
柱类型	角柱
材质	现浇混凝土
混凝土类型	(半干硬性砼砾石粒径(2...
混凝土强度等级	(C40)
混凝土外加剂	(无)
抗渗等级	无
泵送类型	(混凝土泵)
泵送高度(m)	
截面面积(m²)	0.16
截面周长(m)	1.6
顶标高(m)	3.3
底标高(m)	层底标高
备注	

钢筋业务属性	
其它钢筋	
其它箍筋	
抗震等级	(三级抗震)
锚固搭接	按默认锚固搭接计算
计算设置	按默认计算设置计算
节点设置	按默认节点设置计算
搭接设置	按默认搭接设置计算
汇总信息	(柱)
保护层厚度(mm)	25
芯柱截面宽(mm)	
芯柱截面高(mm)	
芯柱箍筋	
芯柱纵筋	
上加密范围(mm)	
下加密范围(mm)	
插筋构造	设置插筋
插筋信息	
土建业务属性	
计算设置	按默认计算设置
计算规则	按默认计算规则
做法信息	按构件做法
超高底面标高	按默认计算设置
支模高度	按默认计算设置
是否为短肢剪力墙	否
显示样式	
填充颜色	
不透明度	(100)

图 2.1.7　柱属性列表

名称：根据图纸输入构件名称“KZ1”。

结构类别：分为框架柱、转换柱、暗柱、端柱、梯柱等。当在名称中输入匹配类型代号时，软件会自动选择相应的结构类别，例如输入 KZ1，结构类别会自动识别为框架柱。

截面宽度、截面高度：输入时注意区分 B 边、H 边。KZ1 截面宽度、截面高度均为 400 mm。

全部纵筋：输入格式为“数量＋级别＋直径”，不同的钢筋信息用“＋”连接。注意此处应输入柱截面内的全部纵筋，包含角筋、B 边一侧中部筋、H 边一侧中部筋。

角筋：输入格式为“数量＋级别＋直径”，不同的钢筋信息用“＋”连接，注意当“全部纵筋”为空时此处才可输入。KZ1 角筋为 4Φ25。

B 边一侧中部筋：输入格式为“数量＋级别＋直径”，不同的钢筋信息用“＋”连接，注意当“全部纵筋”为空时此处才可输入。KZ1 B 边一侧中部筋为 2Φ22。

H 边一侧中部筋：输入格式为“数量＋级别＋直径”，不同的钢筋信息用“＋”连接，注意当“全部纵筋”为空时此处才可输入。KZ1 H 边一侧中部筋为 2Φ22。

箍筋：输入格式为“数量＋级别＋直径＋肢数”，肢数不输入时按肢数属性中的数据计算。KZ1 箍筋信息为Φ8@100/200(4×4)。

箍筋肢数：根据结施 05 中的 KZ1 截面注写信息可知，KZ1 箍筋肢数为 4×4，也可点击属性框中的 3 点按钮进行 B 边、H 边箍筋肢数设定。

混凝土强度等级：默认为楼层混凝土强度和锚固搭接设置中设定的混凝土强度等级，若与默认不同，可根据图纸实际情况进行修改。根据结施 05 中的楼层结构标高、层高表可知，首层 KZ1 混凝土强度等级为 C40。

柱类型：柱类型的设定影响顶层柱的钢筋工程量计算，在其他楼层无影响，可不设定，在顶层利用软件“判断边角柱”即可。根据结施 11 可知，首层 KZ1 顶标高为 3.300 m，因其只存在于首层，故此处应对其柱类型进行设定，柱类型为角柱。

顶标高：根据结施 11 可知，首层 KZ1 顶标高为 3.300 m。

底标高：首层 KZ1 柱底标高默认为层底标高。

保护层厚度：默认为楼层混凝土强度和锚固搭接设置中设定的保护层厚度，若与默认不同，可根据图纸实际情况进行修改。

上加密范围、下加密范围：若图纸中有对加密范围的特殊说明，可根据实际情况进行输入；若为空，默认按规范计算。

(2) 定义参数化柱

① 新建参数化柱

以结施 05 中的 YBZ1 为例，在“建模”选项卡下，点击左侧导航栏中的“柱”→“柱(Z)”，在“构件列表”中点击“新建”下拉菜单，选择“新建参数化柱”，如图 2.1.8 所示。

图 2.1.8 新建参数化柱

在“选择参数化图形”对话框中，选择结施 05 YBZ1 截面形状为 L-a 形，并设置具体尺寸，如图 2.1.9 所示，点击“确定”。

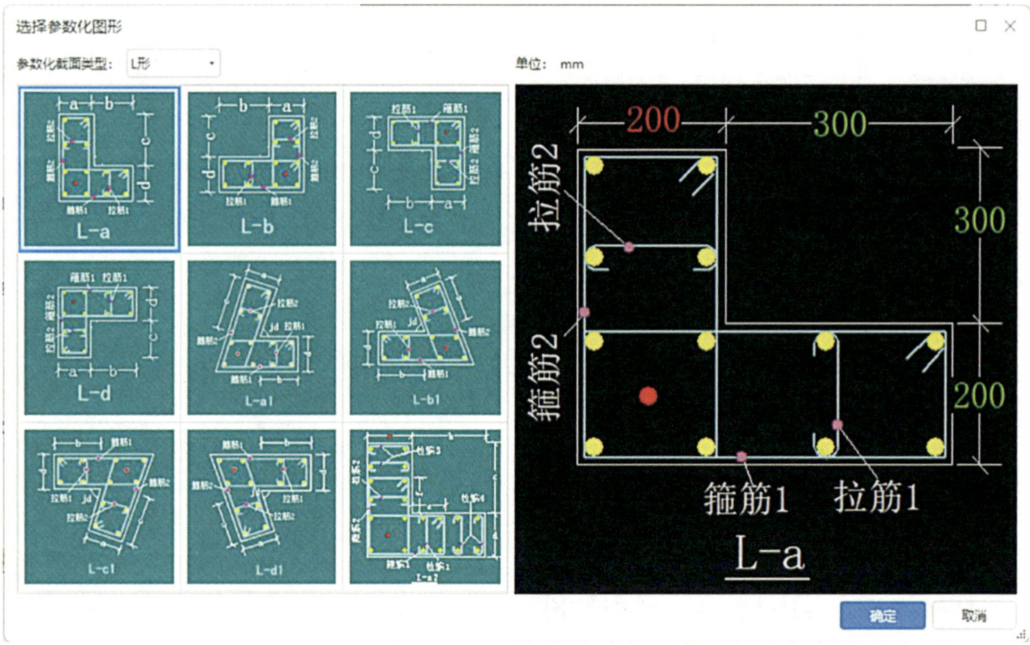

图 2.1.9　参数化图形选择

图 2.1.10　参数化柱属性列表

② 编辑参数化柱属性信息

通过识读图纸，在“属性列表”中输入相应信息，如图 2.1.10 所示。

名称：根据图纸输入构件名称“YBZ1”。

截面形状：点击属性框中的 3 点按钮可进行截面形状及具体尺寸的修改。

结构类别：根据图纸实际情况选择暗柱。

全部纵筋：根据图纸 YBZ1 配筋信息输入 12⏀14。

顶标高、底标高：分别默认为层顶标高、层底标高。

③ 截面编辑

点击属性列表左下角的“截面编辑”，可以发现 YBZ1 纵筋设置正确，但是箍筋配筋信息错误，未绘制单肢箍。选择“箍筋”，修改箍筋钢筋信息为⏀8@150，采用“直线”方式绘制单肢箍，单击鼠标左键点选起点、终点，单击鼠标右键确认，如图 2.1.11 所示。

(3) 定义异形柱

① 新建异形柱

以结施 05 中的 YBZ2 为例，在“建模”选项卡下，点击左侧导航栏中的“柱”→“柱(Z)”，在“构件列表”中点击“新建”下拉菜单，选择“新建异形柱”，如图 2.1.12 所示。

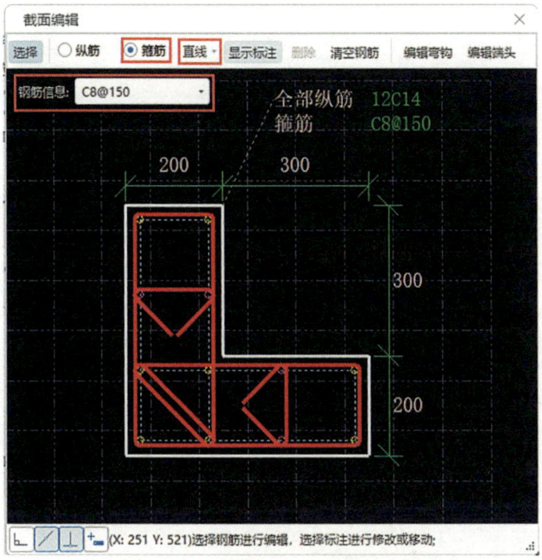

图 2.1.11　参数化柱截面编辑

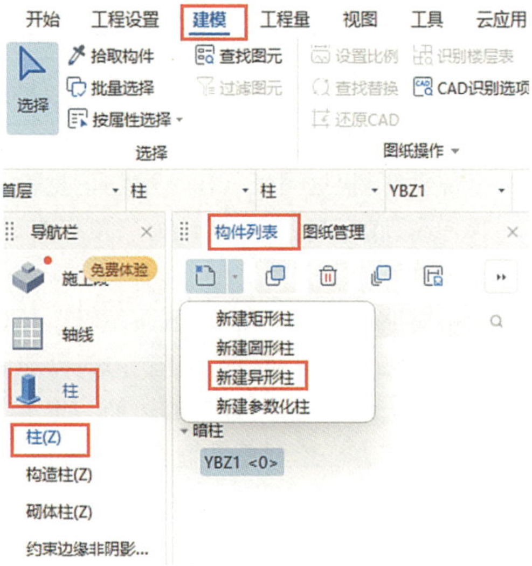

图 2.1.12　新建异形柱

② 异形截面编辑

在弹出的“异形截面编辑器”中，根据结施 05 中 YBZ2 的平面布置进行截面编辑。截面绘制可采用点、直线、矩形、多边形、弧形、圆形等多种绘制方法，既可在给定原始网格中根据 YBZ2 的截面尺寸直接进行绘制，也可重新设置网格。例如，点击“设置网格”，设定水平方向间距为 200，535；垂直方向间距为 300，200；点击“确定”。采用直线方式绘制 YBZ2，绘制完成后可通过“设置插入点”功能选择有利于快速绘制的插入点，红色×号代表设置的插入点位置。截面编辑完成后点击“确定”，如图 2.1.13 所示。

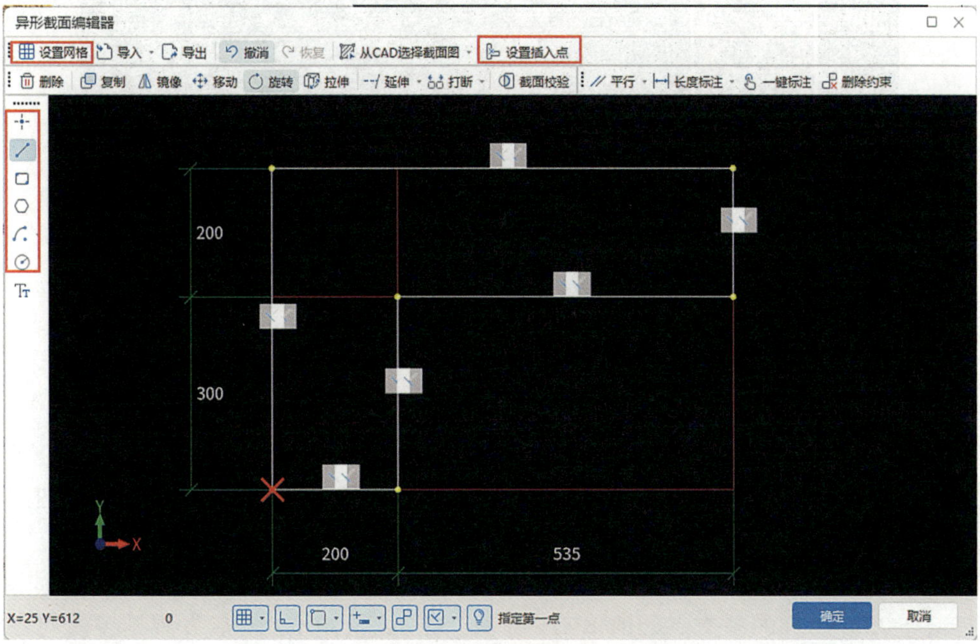

图 2.1.13　异形截面编辑器

③ 编辑异形柱属性信息

名称:根据图纸输入构件名称"YBZ2"。

截面形状:点击属性框中的3点按钮可进行截面形状及具体尺寸的修改。

结构类别:根据图纸实际情况选择暗柱。

全部纵筋:根据图纸YBZ2配筋信息输入14ф14。

顶标高、底标高:分别默认为层顶标高、层底标高。

④ 截面编辑

点击属性列表左下角的"截面编辑",可以发现YBZ2纵筋部分设置错误,鼠标左键选择多余或者布置错误的纵筋进行删除。选择"纵筋",输入需要布置的纵筋信息,选择"布边筋",鼠标移动选择边线,单击左键生成边筋。选择"箍筋",修改箍筋钢筋信息为ф8@150,分别采用"直线""矩形"方法绘制单肢箍及矩形箍筋,如图2.1.14所示。

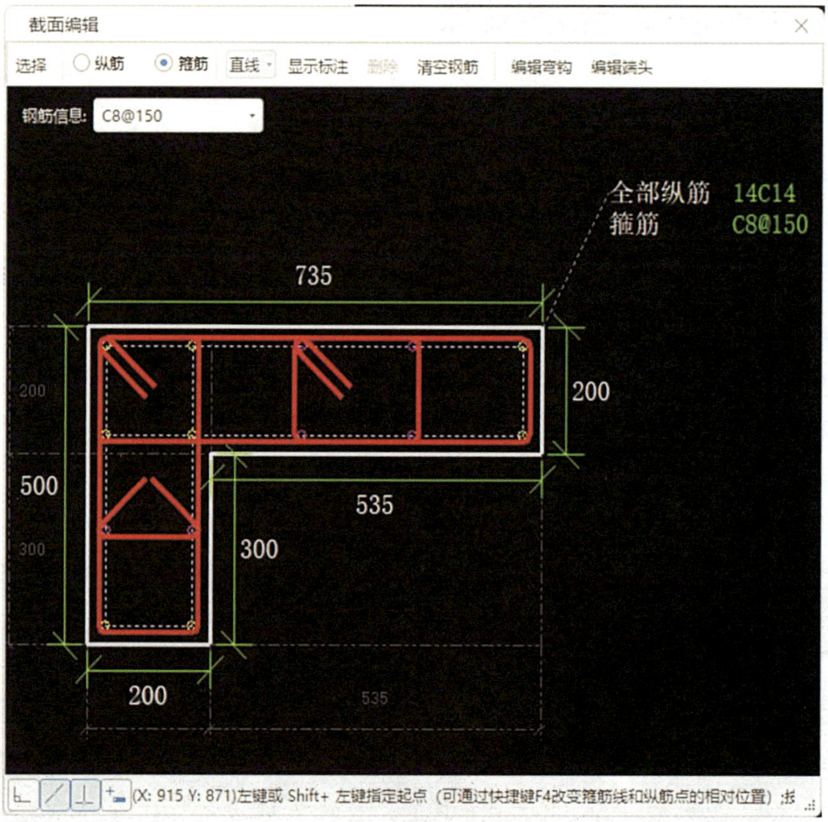

图2.1.14　异形柱截面编辑

(4) 绘制柱

在构件列表中选择相应的柱,结合结施05中的基础顶~4.700 m柱平面布置图进行绘制,柱的绘制均为"点"式绘制。

① "点"式绘制

以结施05中①和Ⓕ轴交点处的KZ16为例,"点"式绘制KZ16后发现其位置与图纸不符,通过"查改标注"输入偏移尺寸,调整KZ16位置,如图2.1.15所示。

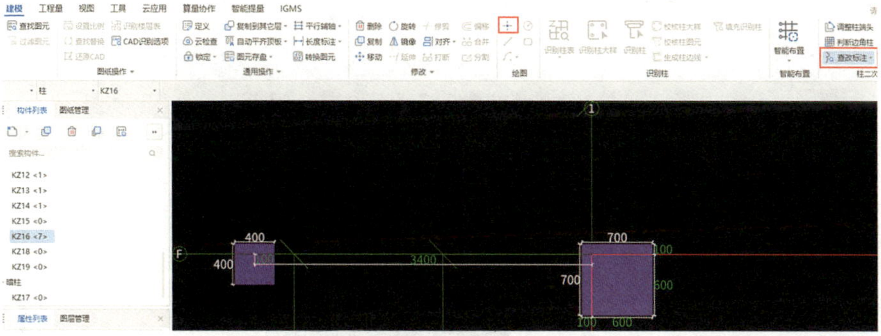

图 2.1.15　查改标注

② 偏移绘制

偏移绘制常用于不在轴线交点处的柱的绘制，需要使用“Shift 键＋鼠标左键”相对于基准点进行偏移绘制。以结施 05 中①和Ⓕ轴交点左侧的 KZ1 为例，若 KZ1 插入点为构件中心点，将鼠标放于①和Ⓕ轴交点处，同时按下“Shift 键＋鼠标左键”，在弹出的“请输入偏移值”对话框中，输入 X＝－3200－200 或 X＝－3400，Y＝－100，如图 2.1.16 所示。注意输入的偏移值与选择的偏移基准点及构件绘制的插入点有关。

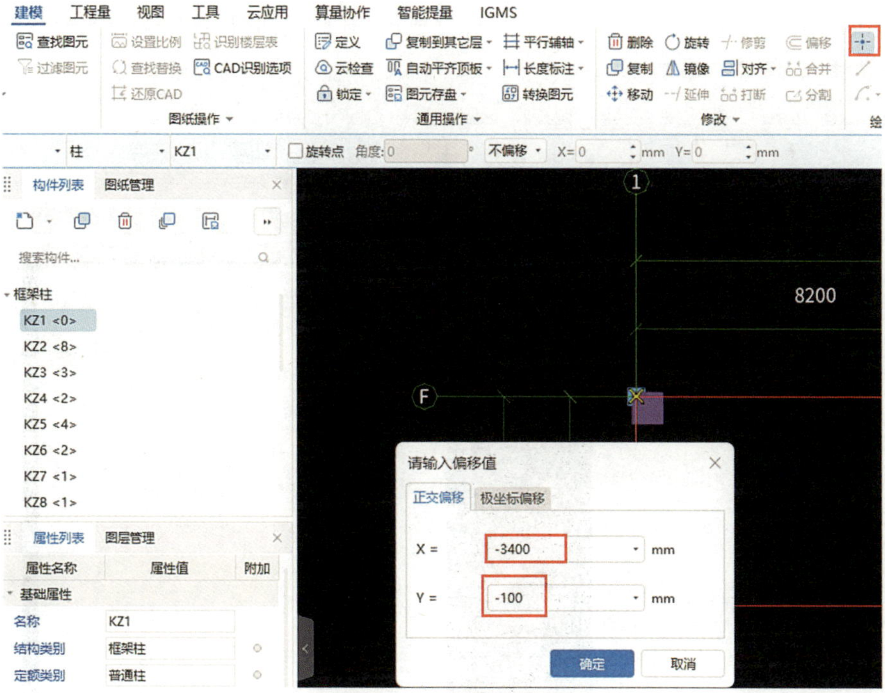

图 2.1.16　偏移绘制

③ 利用辅轴辅助绘制

以结施 05 中(x3)轴左侧的 YBZ1 为例。在“建模”选项卡下，选择“平行辅轴”，如图 2.1.17 所示。以(y2)轴为基准轴线，点击(y2)轴，向下偏移 1300＋200＋2200＋200/2＝3800，偏移值输入－3800。以(x3)轴为基础准线，点击(x3)轴，向上偏移 200/2＋565＋1100＋535＋200/2＝2400，偏移值输入 2400。插入点确定后，选择 YBZ1，选择“点”式绘制，选择“旋转点”，利用辅轴交点，完成 YBZ1 的绘制。

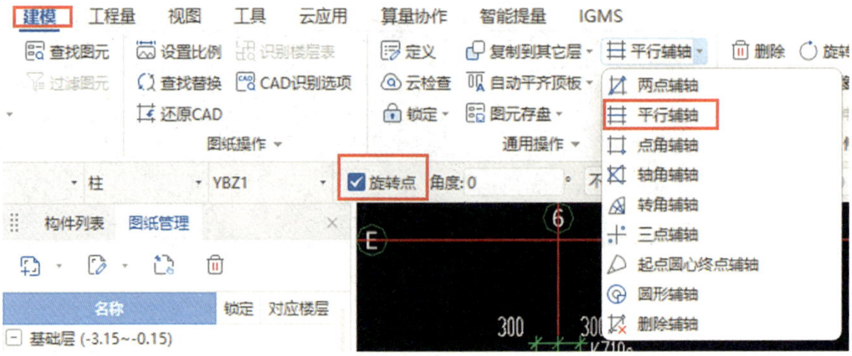

图 2.1.17　创建辅助轴线

2.1.2.4　汇总查看工程量

(1) 汇总计算

选择“工程量”选项卡下的“汇总计算”，选择要计算的楼层，也可以勾选需要计算的图元，点击“确定”后进行图元工程量汇总计算。“汇总选中图元”可使用鼠标左键点选或者拉框选择图元，右键确认进行汇总计算。全楼汇总计算完成后，开启“实时计算”，当图元绘制修改后，可实现实时计算，如图 2.1.18 所示。

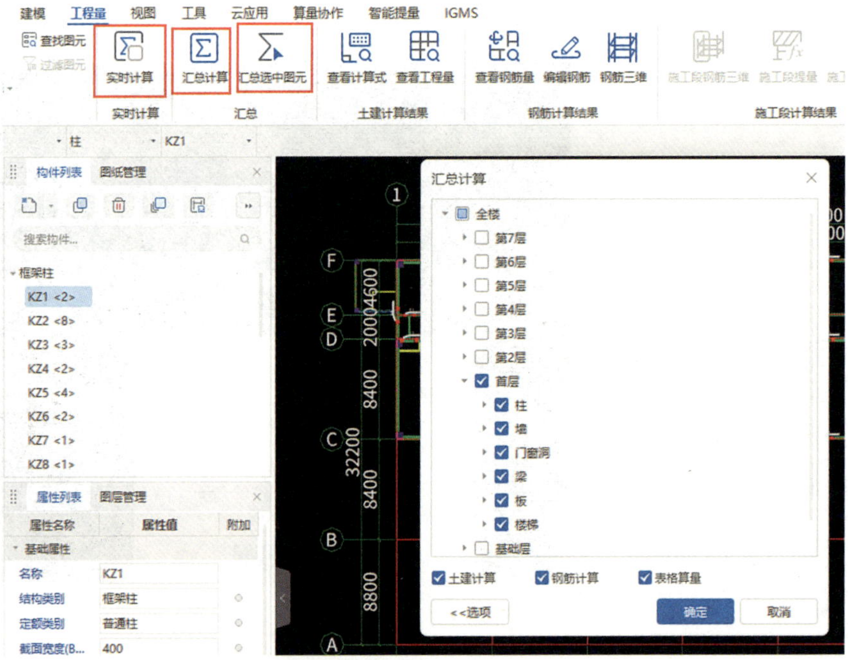

图 2.1.18　汇总计算

(2) 查看柱的土建工程量

以查看首层①和Ⓕ轴交点处左侧 KZ1 的土建计算结果为例。汇总计算完成后，可在“土建计算结果”面板中点击“查看工程量”命令，点选或拉框选择需要查看的柱，软件可同时显示多个柱的清单及定额土建工程量计算结果；也可根据工程量统计需要，通过“设置分类及工程量”来选择分类条件及需要统计的构件工程量，如图 2.1.19 所示。

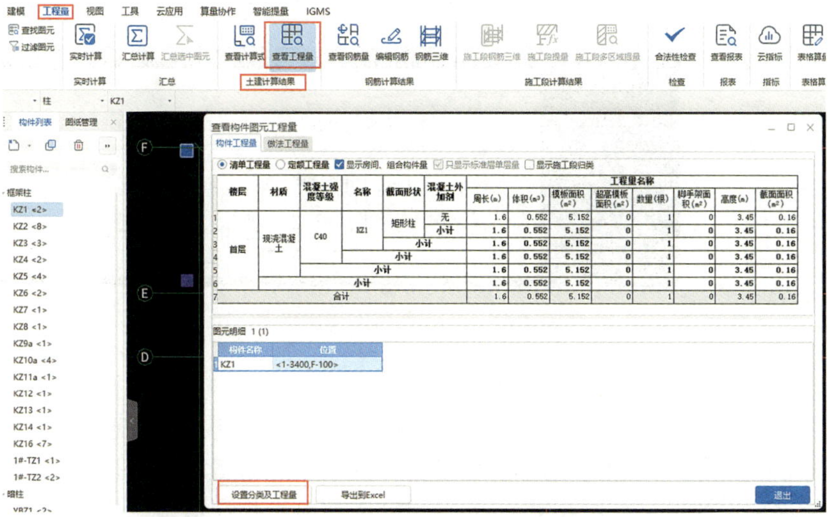

图 2.1.19　KZ1 土建工程量查看

点击“土建计算结果”面板中的“查看计算式”命令，可查看选中的单个柱土建工程量的计算过程，如图 2.1.20 所示。点击下方的“查看计算规则”，可显示计算规则描述及扣减关系；点击“查看三维扣减图”，可显示三维构件相交的扣减图形；点击“显示详细计算式”，可显示详细的计算过程。

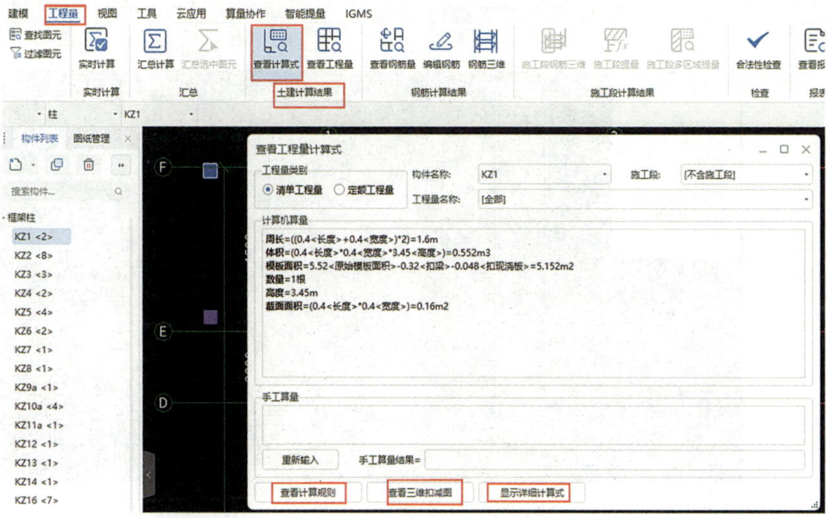

图 2.1.20　KZ1 计算式查看

(3) 查看柱的钢筋工程量

汇总计算完成后，可在“钢筋计算结果”面板中点击“查看钢筋量”命令，点选或拉框选择需要查看的柱，软件可同时显示多个柱的钢筋工程量计算结果。首层①和Ⓕ轴交点处左侧 KZ1 的钢筋量如图 2.1.21 所示。

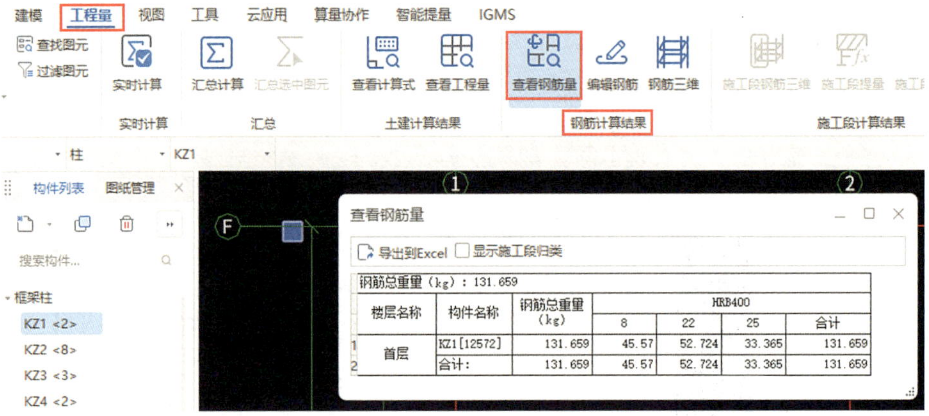

图 2.1.21　KZ1 钢筋工程量查看

点击“钢筋计算结果”面板中的“编辑钢筋”命令，可查看选中的单个柱每根钢筋的详细信息，“编辑钢筋”中的数据可根据实际需要进行修改，然后锁定该构件。点击“钢筋计算结果”面板中的“钢筋三维”命令，即可查看选中的单个柱的钢筋三维布置图，通过动态观察，可以全方位查看当前构件钢筋的三维显示效果。通过选择“钢筋显示控制面板”中的钢筋类型，可以控制当前构件三维显示的钢筋种类，如图 2.1.22 所示。建议结合使用“编辑钢筋”“钢筋三维”功能，在钢筋三维显示状态下，在“编辑钢筋”界面中点击某根钢筋，即可在钢筋三维中亮显该钢筋并显示其长度计算公式。

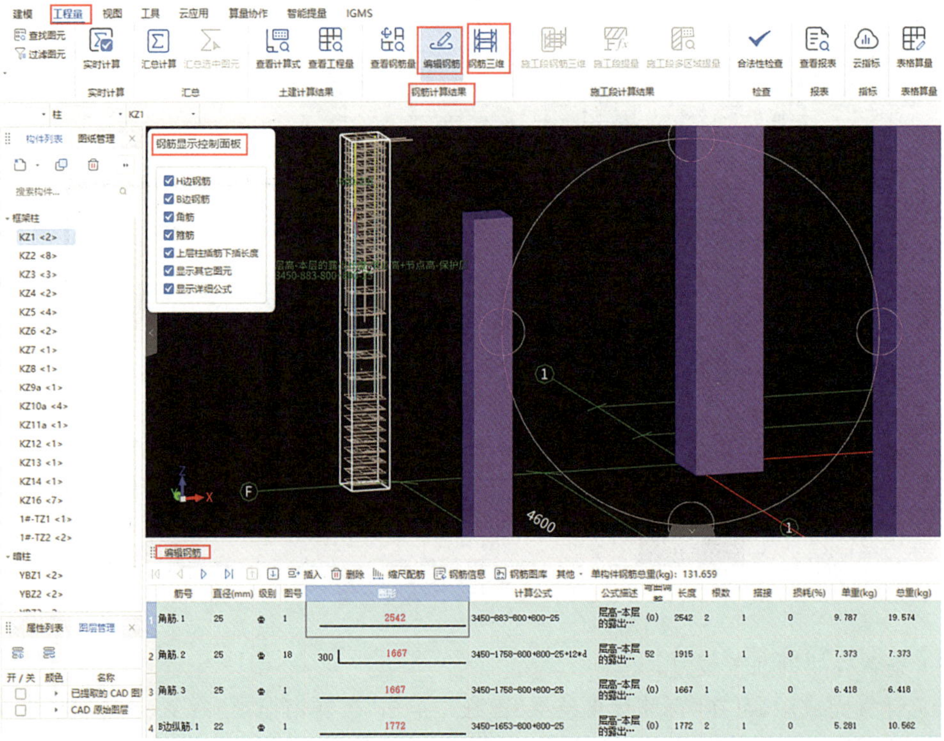

图 2.1.22　KZ1“编辑钢筋”及“钢筋三维”界面

2.1.3 总结拓展

(1) 构件属性编辑

在构件属性列表中,属性名称分为蓝色和黑色字体,蓝色字体代表构件的公有属性,黑色字体代表构件的私有属性。若对构件的蓝色字体属性进行修改,已绘制的所有同名称构件的相应属性全都随之更改;若对构件的黑色字体属性进行修改,只影响当前构件及修改后绘制的构件属性。

(2) 快捷键定义

点击左上角图标,在“选项”中点击“快捷键定义”,可进行各种命令的快捷键定义,如图 2.1.23 所示。在绘图过程中合理使用快捷键,可提高建模效率。

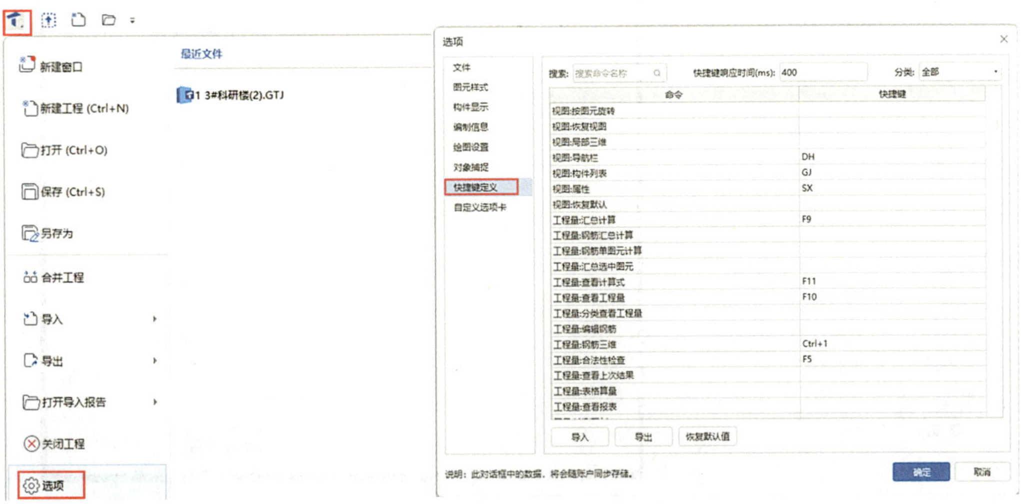

图 2.1.23 快捷键定义

(3) 层间复制

可通过“建模”选项卡下的“复制到其它层”“从其它层复制”命令进行楼层间图元的复制,如图 2.1.24 所示。

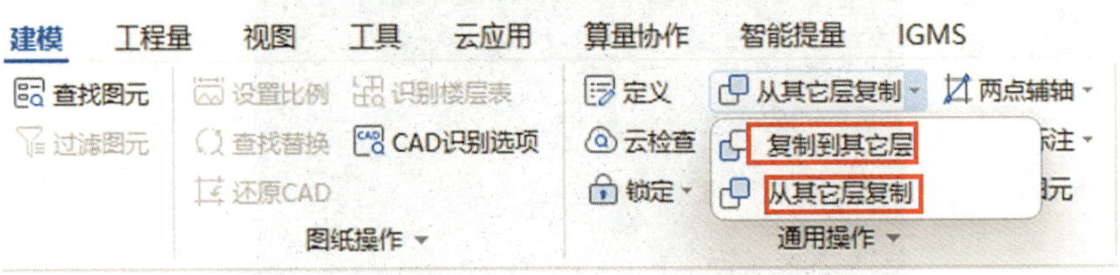

图 2.1.24 楼层间图元复制

构件列表中的“层间复制”只能复制构件属性,而不能复制已绘制的图元,如图 2.1.25 所示。

(4) 图元显示设置

在“视图”选项卡下点击“显示设置”,可进行图元及名称显示的勾选设置,还可进行楼层显示的设置,如图 2.1.26 所示。

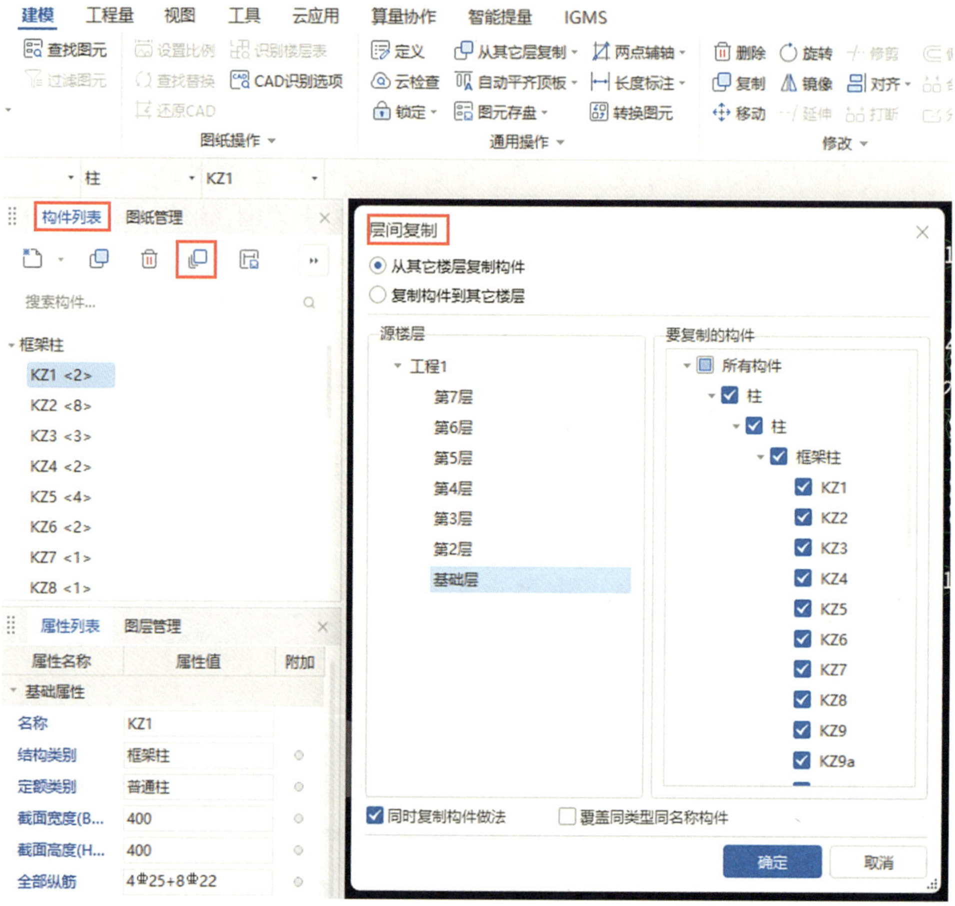

图 2.1.25 层间复制

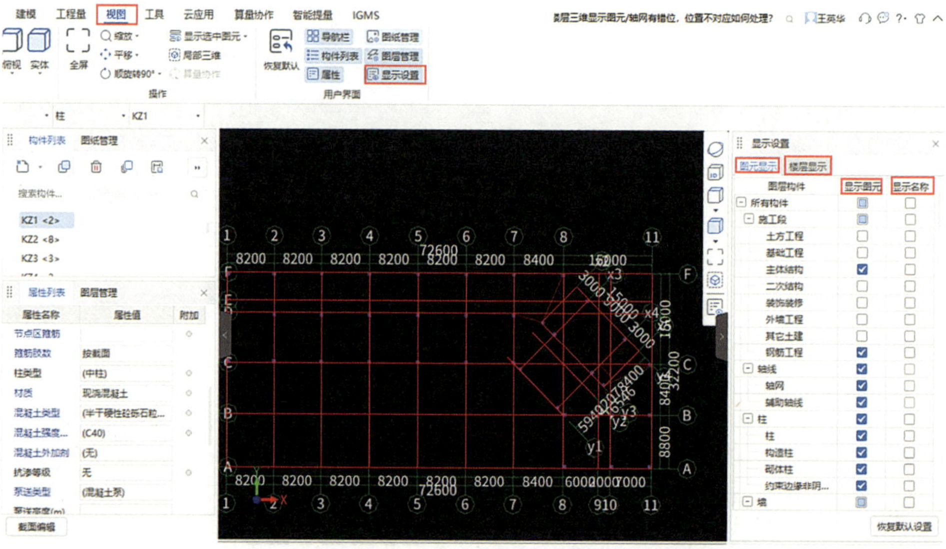

图 2.1.26 显示设置

(5) 批量选择的使用

在“建模”选项卡下点击“批量选择”或者“按属性选择”,可按要求批量选择图元,如图 2.1.27 所示。

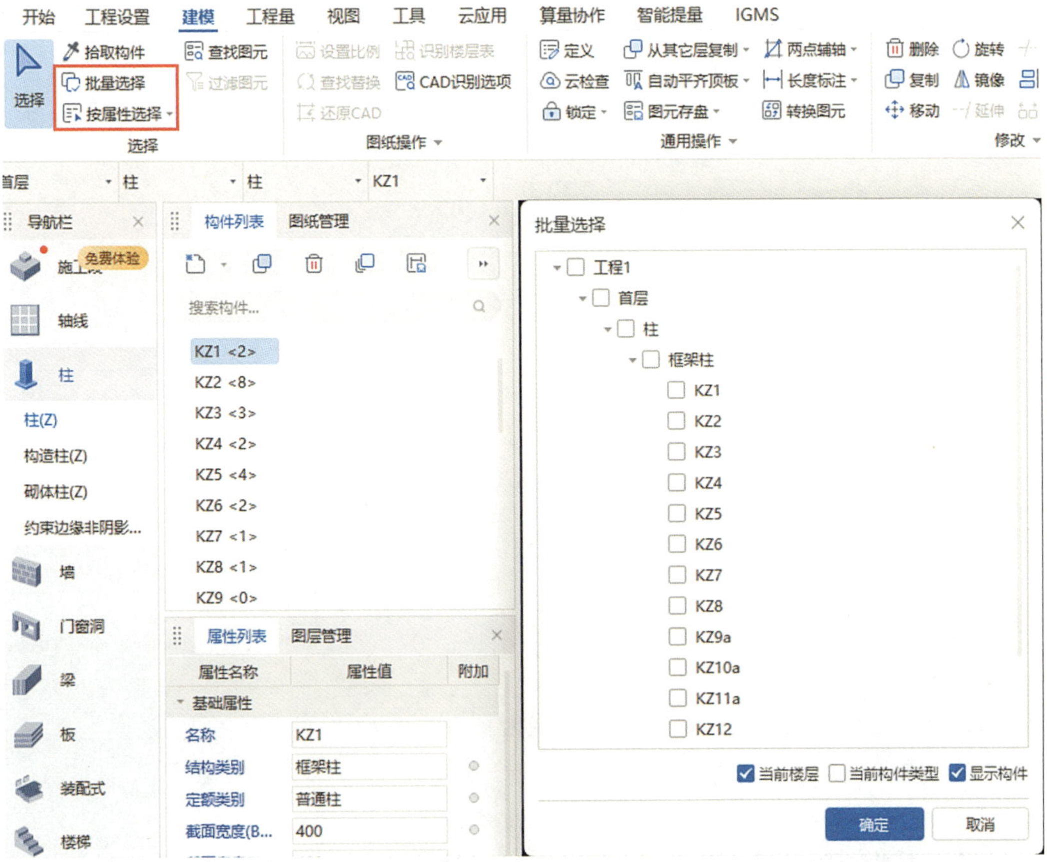

图 2.1.27　图元批量选择

(6) 柱的智能布置

对于柱的绘制,软件内置了多种智能布置方法,也可使用“批量查改标注”方式,如图 2.1.28 所示。上述方法可根据工程实际情况合理选用,以提高建模效率。

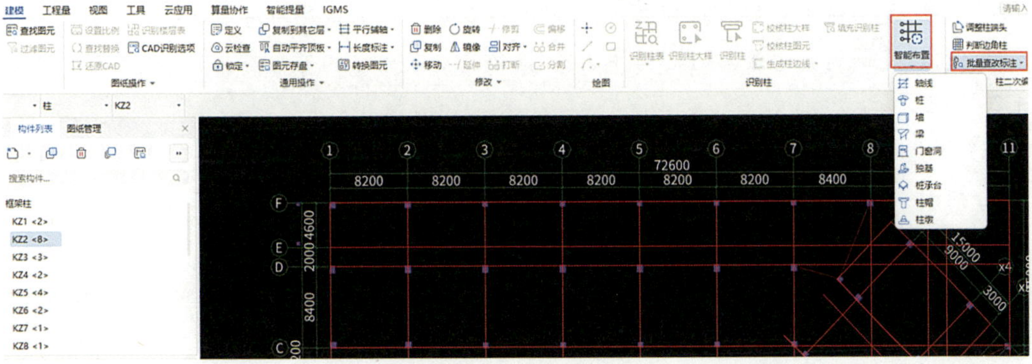

图 2.1.28　批量查改标注

师说　　　　**知　识　卡**

柱，按《说文解字注》：楹也。柱之言主也。屋之主也。

柱一直是承受垂直荷载的最重要构件之一，其稳定性是设计和施工中须考虑的第一要素。同学们日后也将走入工作岗位，成为国家的中流砥柱，肩负着振兴中华的伟大使命，因此要做到自身本领过硬，扛得起压力、担得起重任，成为支撑起家国梦想的顶梁柱。

课后练习与巩固

一、选择题

(1) 图 2.1.29 中矩形箍筋肢数为(　　)。

A. 4×4

B. 2×2

C. 2×4

D. 4×2

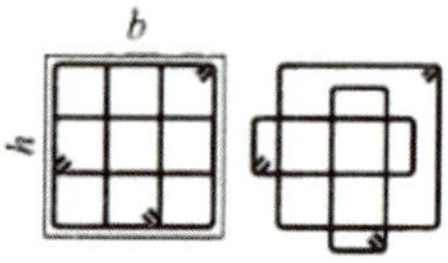

图 2.1.29　习题图

(2) 在 GTJ2025 软件中(　　)不属于柱的智能布置方式。

A. 旋转点　　B. 梁　　C. 墙　　D. 轴线

(3) 在 GTJ2025 软件中下面修改偏心柱的方法错误的是(　　)。

A. 属性中直接修改　　B. 移动　　C. 单对齐　　D. 查改标注

(4) 2 层框架柱绘制完成，3 层框架柱定义完成，若想将 2 层的框架柱图元复制到 3 层，在 GTJ2025 软件中应该如何处理？　　(　　)

A. 使用“复制到其它层”，同名构件选择“新建构件，名称＋n”

B. 使用“复制到其它层”，同名构件选择“覆盖目标层同名构件所有属性”

C. 使用“复制到其它层”，同名构件选择“保留目标层同名构件所有属性”

D. 使用“复制到其它层”，同名构件选择“保留目标层同名构件公有属性，私有属性取当前图元”

(5) 柱截面编辑中绘制箍筋的方式不包括(　　)。

A. 矩形　　B. 直线　　C. 点　　D. 三点画弧

二、技能实操题

根据图纸，以手工建模的方式完成首层柱(不含梯柱)(－0.150～4.700 m)的定义及绘制，并统计其土建及钢筋工程量。

2.2 剪力墙工程量计算

学习目标

能够运用 BIM 计量软件，通过手工建模的方式创建剪力墙及连梁的三维模型，并基于三维模型辅助进行剪力墙、连梁的土建及钢筋工程量统计。

2.2.1 任务描述

(1) 正确识读首层剪力墙、连梁钢筋平法及其他相关图纸信息；
(2) 根据图纸，以手工建模的方式完成首层剪力墙、连梁的属性编辑及三维模型绘制；
(3) 完成首层剪力墙、连梁的土建及钢筋工程量统计。

2.2.2 任务实施

2.2.2.1 图纸分析

在 3＃研发楼结施图纸中，剪力墙及连梁配筋信息需要在柱平面布置图中识读，由结施 05 中的基础顶～4.700 m 柱平面布置图可确定首层剪力墙、连梁的位置，通过剪力墙墙身配筋表可识读 Q1、Q2 的编号、墙厚、分布筋、拉结筋及混凝土标号等信息，通过连梁配筋表可识读连梁截面、配筋以及混凝土标号等信息。

2.2.2.2 平法知识

剪力墙平法施工图的表示方法分为列表注写方式和截面注写方式两种。为表达清楚、简便，剪力墙可视为由剪力墙柱、剪力墙身和剪力墙梁三类构件构成。

(1) 列表注写方式

列表注写方式系分别在剪力墙柱表、剪力墙身表和剪力墙梁表中，对应剪力墙平面布置图上的编号，用绘制截面配筋图并注写几何尺寸与配筋具体数值的方式，来表达剪力墙平法施工图，如 3＃研发楼结施 05 中的剪力墙、连梁平面布置及剪力墙墙身配筋表、连梁配筋表。

① 墙身列表注写

墙身编号一般由墙身代号(Q)、序号及墙身所配置的水平与竖向分布钢筋的排数组成，其中排数注写在括号内。当墙身所设置的水平与竖向分布钢筋的排数为 2 时可不注写。列表中需注写各段墙身起止标高，自墙身根部往上，以变截面位置或截面未变但配筋改变处为界分段注写。墙身根部标高一般指基础顶面标高(部分框支剪力墙结构则为框支梁的顶面标高)。列表中需注写水平分布钢筋、竖向分布钢筋和拉结筋的具体数值。注写数值为一排水平分布钢筋和竖向分布钢筋的规格与间距，具体设置几排在墙身编号后的括号内表达。当内外排竖向分布钢筋配筋不一致时，应单独注写内、外排钢筋的具体数值。拉结筋应注明布置方式，如“矩形”或“梅花”布置，用于说明剪力墙分布钢筋的拉结方式，该信息一般在结构设计说明中予以表述。

② 墙梁列表注写

墙梁编号由墙梁类型代号和序号组成，如 LL1 代表 1 号连梁，AL1 代表 1 号暗梁，BKL1 代表 1 号边框梁。墙梁列表注写主要包括以下内容：注写墙梁所在楼层号；注写墙梁顶面标高高差(指相对于墙梁所在结构层楼面标高的高差值,高于者为正值,低于者为负值,当无高差时不注);注写墙梁截面尺寸 $b \times h$,上部纵筋、下部纵筋和箍筋的具体数值;注写墙梁侧面纵筋的配置,当墙身水平分布钢筋满足连梁和暗梁侧面纵向构造钢筋的要求时,该筋配置同墙身水平分布钢筋,表中不注,施工时按标准构造详图的要求操作即可。当墙身水平分布钢筋不满足连梁侧面纵向构造钢筋的要求时,应在表中补充注明设置的梁侧面纵筋的具体数值,纵筋沿梁高方向均匀布置;当采用平面注写方式时,梁侧面纵筋以大写字母“N”打头。梁侧面纵向钢筋在支座内的锚固要求同连梁中的受力钢筋。

(2) 截面注写方式

截面注写方式系在按标准层绘制的剪力墙平面布置图上,以直接在墙柱、墙身、墙梁上注写截面尺寸和配筋具体数值的方式来表达剪力墙平法施工图,如图 2.2.1 所示。

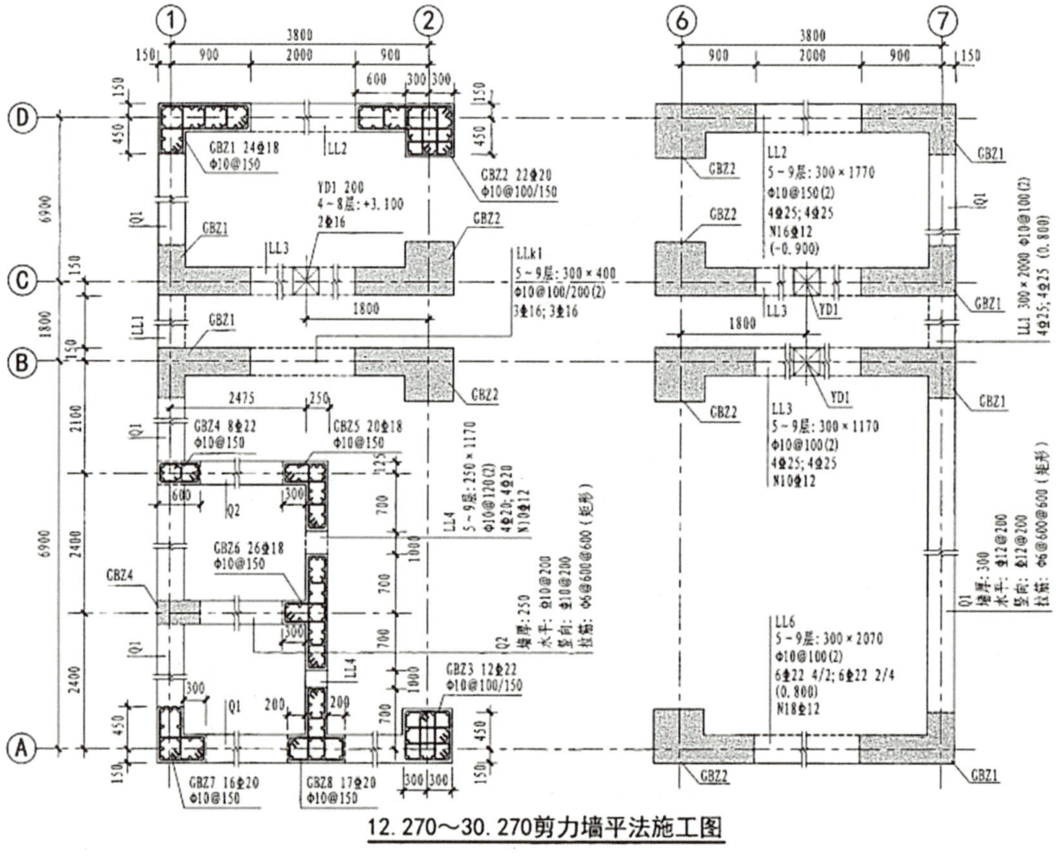

图 2.2.1　剪力墙平法施工图截面注写方式

2.2.2.3　创建剪力墙模型

(1) 定义剪力墙

① 新建剪力墙

以结施 05 中的 Q1 为例,在“建模”选项卡下,点击左侧导航栏中的“墙”→“剪力墙(Q)”,在“构件列表”中点击“新建”下拉菜单,选择“新建内墙”,如图 2.2.2 所示。

【扫码演示】

② 编辑剪力墙属性信息

通过识读结施 05，在剪力墙“属性列表”中输入相应信息，如图 2.2.3 所示。

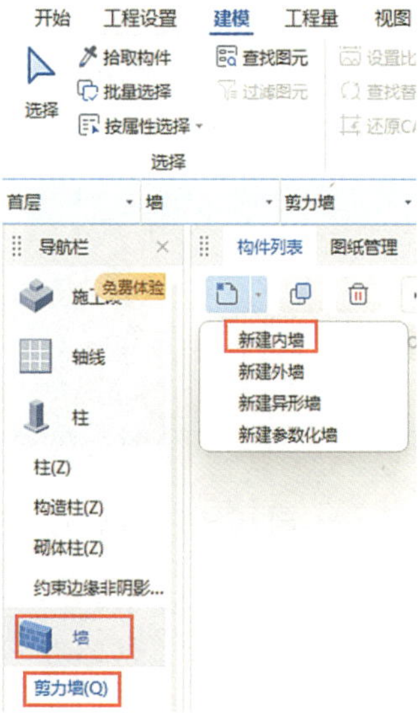

图 2.2.2 新建剪力墙

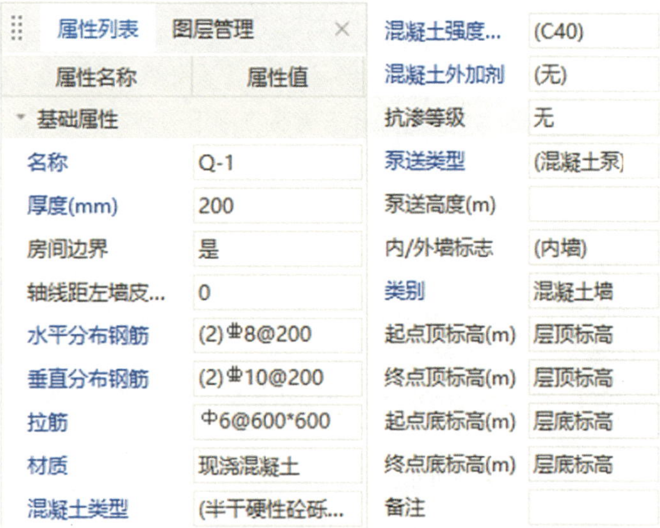

图 2.2.3 剪力墙属性列表

（2）绘制剪力墙

在构件列表中选择相应剪力墙，结合结施 05 中的基础顶～4.700 m 柱平面布置图进行绘制，剪力墙的绘制采用“直线”绘制方式。注意绘制剪力墙时需覆盖剪力墙柱，如图 2.2.4 所示。

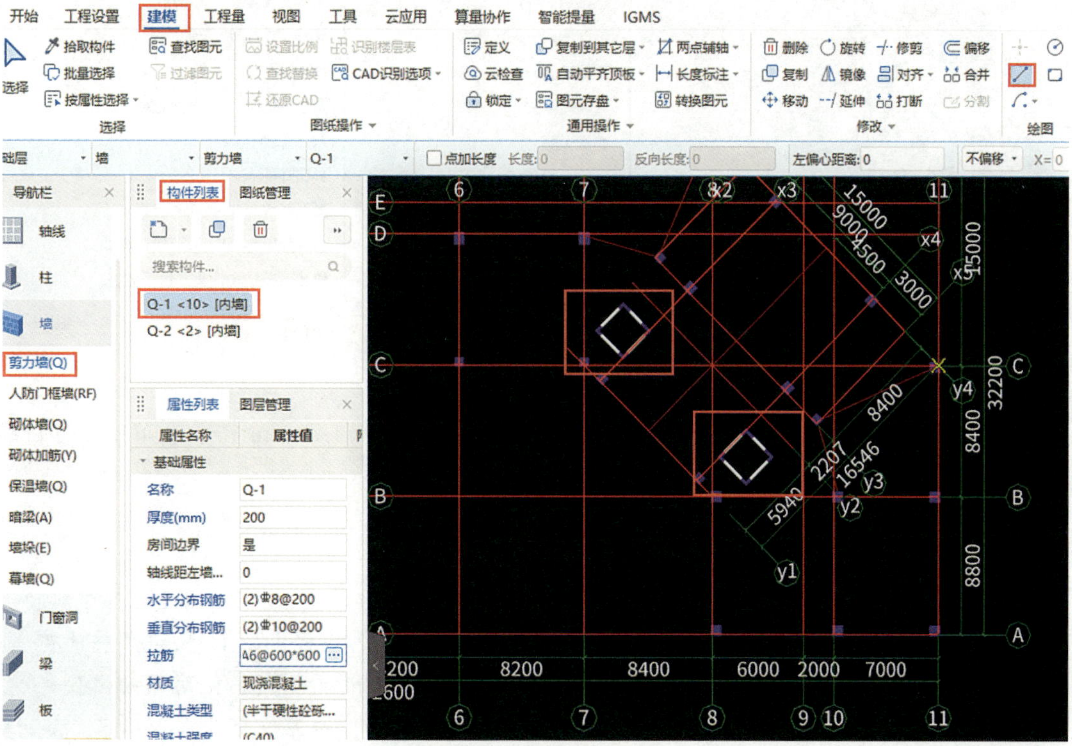

图 2.2.4 绘制剪力墙

师说　　**知　识　卡**

剪力墙一般为钢筋混凝土墙，既能承受竖向荷载，又能承受水平荷载，其厚度不小于 160 mm，墙段长度不宜大于 8 m，适用于高层建筑（高度 180 m 以内）。

优点：侧向刚度大，水平荷载作用下侧移小。

缺点：平面布置不灵活、结构自重大、剪力墙间距小，不适用于大开间或大空间公共建筑。

2.2.2.4　创建连梁模型

【扫码演示】

（1）定义连梁

① 新建连梁

以结施 05 中的 LL1 为例，在"建模"选项卡下，点击左侧导航栏中的"梁"→"连梁(G)"，在"构件列表"中点击"新建"下拉菜单，选择"新建矩形连梁"，如图 2.2.5所示。

② 编辑连梁属性信息

通过识读结施 05，在连梁"属性列表"中输入相应信息，如图 2.2.6 所示。

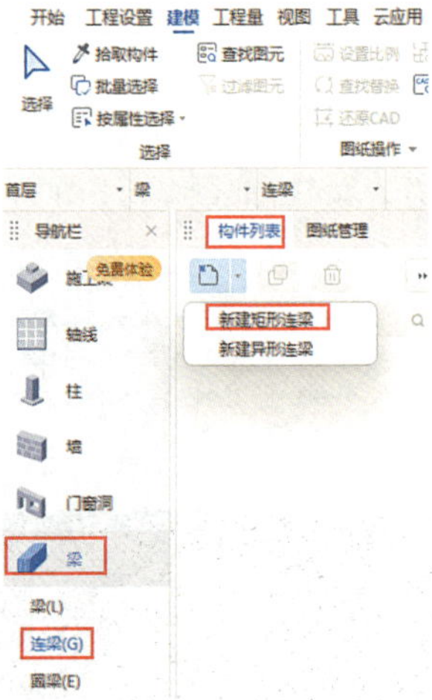

图 2.2.5　新建连梁

图 2.2.6　连梁属性列表

（2）绘制连梁

在构件列表中选择相应的连梁，结合结施 05 中的基础顶～4.700 m 柱平面布置图进行绘制，连梁的绘制采用"直线"绘制方式。

师说　　**知　识　卡**

在中国古建筑中位于柱与梁之间的一个重要构件——斗栱，又作斗拱，别称斗科、欂栌，由方形的斗、升、拱、翘、昂组成。斗栱在横梁和立柱之间挑出以承重，将屋檐的荷载经自身传递到立柱。它向外出挑，可把最外层的桁檩挑出一定距离，使建筑物出檐更加深远，造型更加优美、壮观，具有一定的装饰作用，是中国古典建筑的显著特征之一。

2.2.2.5 汇总查看工程量

(1)查看剪力墙工程量

① 查看剪力墙土建工程量

以首层⊗3轴左侧 Q1 为例,工程量汇总计算完成后,查看土建工程量,如图 2.2.7 所示。

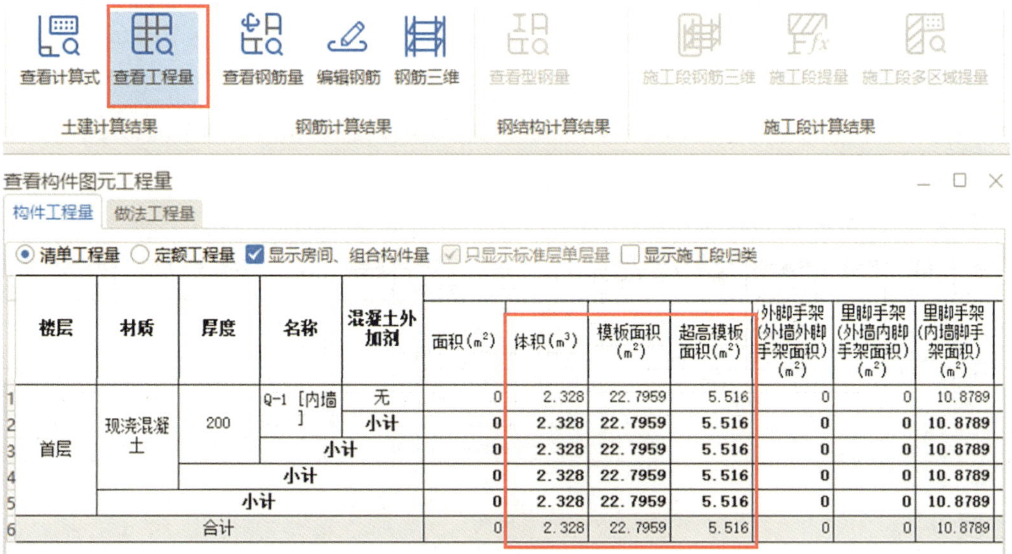

	楼层	材质	厚度	名称	混凝土外加剂	面积(m²)	体积(m³)	模板面积(m²)	超高模板面积(m²)	外脚手架(外墙外脚手架面积)(m²)	里脚手架(外墙内脚手架面积)(m²)	里脚手架(内墙脚手架面积)(m²)
1	首层	现浇混凝土	200	Q-1 [内墙]	无	0	2.328	22.7959	5.516	0	0	10.8789
2					小计	0	2.328	22.7959	5.516	0	0	10.8789
3				小计		0	2.328	22.7959	5.516	0	0	10.8789
4			小计			0	2.328	22.7959	5.516	0	0	10.8789
5		小计				0	2.328	22.7959	5.516	0	0	10.8789
6	合计					0	2.328	22.7959	5.516	0	0	10.8789

图 2.2.7 首层剪力墙土建工程量查看

② 查看剪力墙钢筋工程量

以首层⊗3轴左侧 Q1 为例,查看"编辑钢筋"及"钢筋三维"界面,如图 2.2.8 所示。

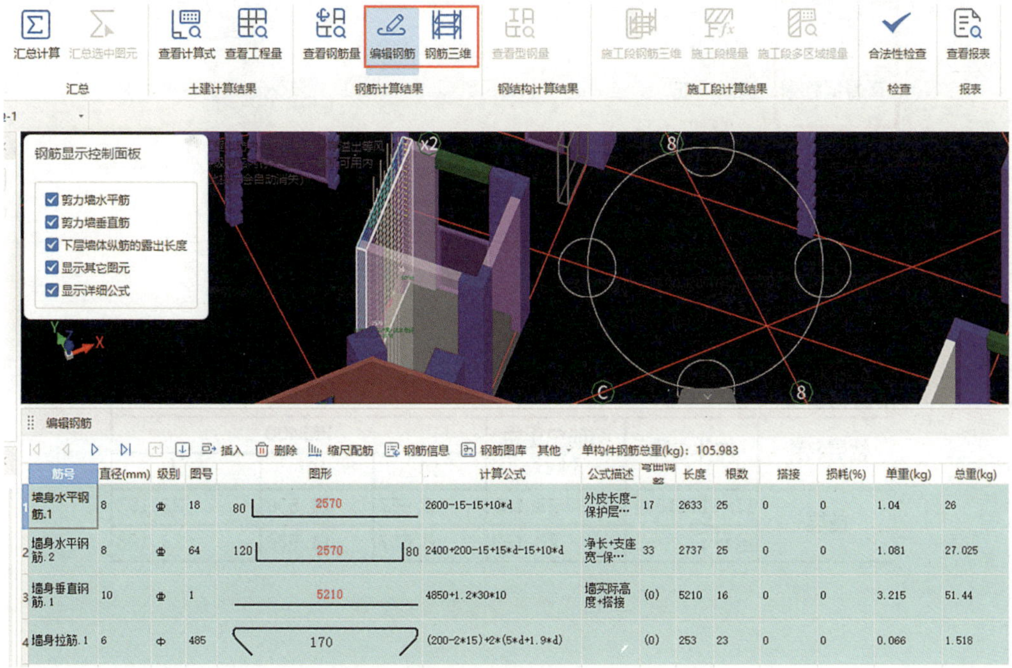

	筋号	直径(mm)	级别	图号	图形	计算公式	公式描述	弯曲调整	长度	根数	搭接	损耗(%)	单重(kg)	总重(kg)
1	墙身水平钢筋.1	8	⌀	18	80 2570	2600-15-15+10*d	外皮长度-保护层…	17	2633	25	0	0	1.04	26
2	墙身水平钢筋.2	8	⌀	64	120 2570 80	2400+200-15+15*d-15+10*d	净长+支座宽-保…	33	2737	25	0	0	1.081	27.025
3	墙身垂直钢筋.1	10	⌀	1	5210	4850+1.2*30*10	墙实际高度+搭接	(0)	5210	16	0	0	3.215	51.44
4	墙身拉筋.1	6	⌀	485	170	(200-2*15)+2*(5*d+1.9*d)		(0)	253	23	0	0	0.066	1.518

图 2.2.8 首层剪力墙"编辑钢筋"及"钢筋三维"界面

(2) 查看连梁工程量

① 查看连梁土建工程量

以首层⑬轴左侧 LL1 为例，工程量汇总计算完成后，查看土建工程量，如图 2.2.9 所示。

查看构件图元工程量

构件工程量　做法工程量

◉ 清单工程量　○ 定额工程量　☑ 显示房间、组合构件量　☑ 只显示标准层单层量　☐ 显示施工段归类

	楼层	名称	截面宽度	截面高度	混凝土外加剂	混凝土强度等级	工程量名称								
							体积(m³)	模板面积(m²)	超高模板面积(m²)	截面周长(m)	梁净长(m)	轴线长度(m)	梁侧面面积(m²)	截面面积(m²)	截面高度(m²)
1	首层	LL-1	200	400	无	C40	0.088	0.9679	0.9679	1.2	1.0999	1.0999	0.8799	0.08	0.4
2						小计	0.088	0.9679	0.9679	1.2	1.0999	1.0999	0.8799	0.08	0.4
3					小计		0.088	0.9679	0.9679	1.2	1.0999	1.0999	0.8799	0.08	0.4
4				小计			0.088	0.9679	0.9679	1.2	1.0999	1.0999	0.8799	0.08	0.4
5			小计				0.088	0.9679	0.9679	1.2	1.0999	1.0999	0.8799	0.08	0.4
6		小计					0.088	0.9679	0.9679	1.2	1.0999	1.0999	0.8799	0.08	0.4
7	合计						0.088	0.9679	0.9679	1.2	1.0999	1.0999	0.8799	0.08	0.4

图 2.2.9　首层 LL1 土建工程量查看

② 查看连梁钢筋工程量

广联达 BIM 计量软件无法显示连梁钢筋三维，以首层⑬轴左侧 LL1 为例，点击“查看钢筋量”及“编辑钢筋”，如图 2.2.10、图 2.2.11 所示。

查看钢筋量

导出到Excel　☐ 显示施工段归类

钢筋总重量（kg）：23.193

	楼层名称	构件名称	钢筋总重量(kg)	HRB400		
				10	16	合计
1	首层	LL-1[16154]	23.193	8.657	14.536	23.193
2		合计：	23.193	8.657	14.536	23.193

图 2.2.10　查看首层连梁钢筋量

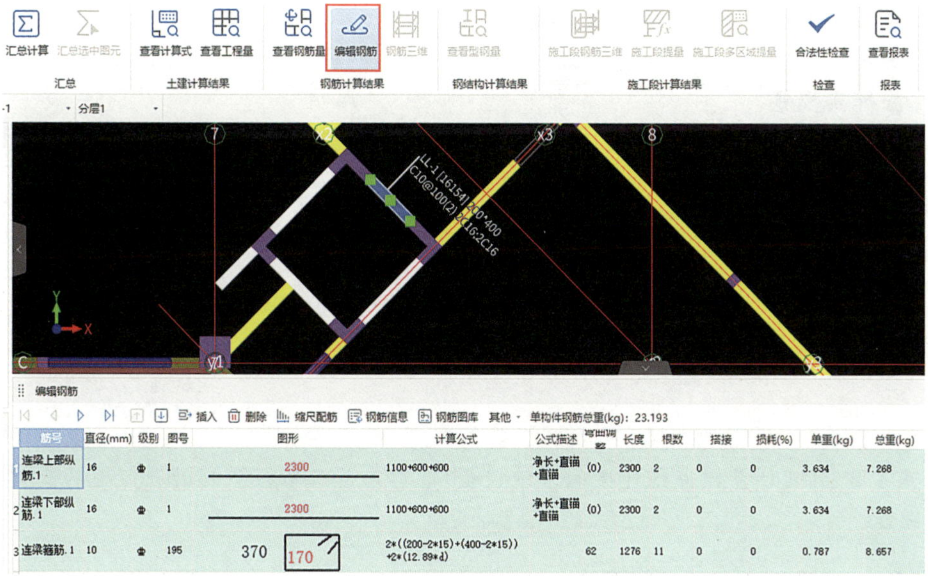

图 2.2.11　首层连梁编辑钢筋界面

2.2.3　总结拓展

辽宁省建设工程计价依据《房屋建筑与装饰工程定额》(2017)规定:墙按设计图示尺寸以体积计算,未凸出墙面的暗梁、暗柱合并到墙体积计算。故在绘制剪力墙时需覆盖所有暗柱,软件中暗柱体积计算为0,其体积全部并入剪力墙。如未覆盖,未覆盖的暗柱部分会单独计算体积,与辽宁省《房屋建筑与装饰工程定额》(2017)规定的计算规则不符。

课后练习与巩固

一、选择题

(1) 关于剪力墙分布钢筋的输入,下列说法错误的是(　　)。

A. (排数)+级别+直径+@+间距,排数没有输入时默认为2

B. 左右侧配筋不同,用"+"连接,"+"前表示右侧的配筋,"+"后表示左侧的配筋。左右侧指绘制剪力墙方向的左右两侧

C. 三排或多排钢筋时,"+"最前为左侧钢筋,"+"最后为右侧钢筋,中间为中间层钢筋

D. 同排存在隔一布一的钢筋间距不同时,钢筋信息用"/"隔开

(2) 图2.2.12所示剪力墙拉筋的布置构造为(　　)。

A. 矩形布置

B. 双向布置

C. 梅花布置

D. 单向布置

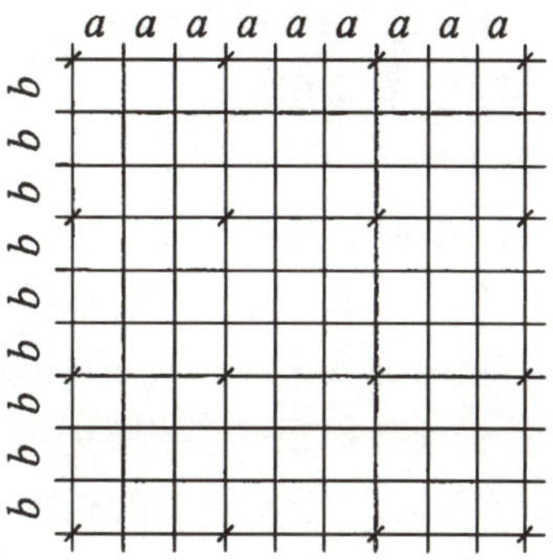

图 2.2.12　剪力墙拉筋布置构造

(3) 剪力墙的智能布置方式不包括(　　)。

A. 轴线　　　B. 条基轴线　　　C. 梁轴线　　　D. 连梁中心线

二、技能实操题

根据图纸，以手工建模的方式完成首层剪力墙及连梁的定义及绘制，并统计其土建及钢筋工程量。

2.3 梁工程量计算

学习目标

能够运用 BIM 计量软件创建梁的三维模型，能够基于三维模型辅助进行梁的土建及钢筋工程量统计。

【扫码演示】

2.3.1 任务描述

(1) 正确识读首层梁钢筋平法及其他相关图纸信息；

(2) 根据图纸，以手工建模的方式完成首层梁的属性编辑及三维模型绘制；

(3) 完成首层梁的土建及钢筋工程量统计。

2.3.2 任务实施

2.3.2.1　图纸分析

通过识读结施图纸 12 中的标高 4.700 m 梁平法施工图，掌握首层梁的平面布置及配筋信息。本层梁有框架梁和非框架梁两种，①轴上Ⓓ轴至Ⓕ轴有双层梁，梁顶标高分别为 3.300 m 和4.700 m，结施 12 的图纸说明明确了以下内容：

(1) 梁的平面定位：除图中已注明或贴墙(柱)边外，以轴线为梁中心线。

(2) 主、次梁交叉处的主梁两侧及十字梁两侧各增设 3Φ*D* 附加箍筋(*D* 为主梁内箍筋直径)。附加箍筋肢数同主梁箍筋肢数，间距为 50 mm，图中“”表示主、次梁相交处主梁内设置的附加吊筋。

(3) 框架梁内未注明的吊筋均为 2Φ12。

2.3.2.2　梁平法知识

梁类型有楼层框架梁 KL、屋面框架梁 WKL、框支梁 KZL、非框架梁 L、悬挑梁 XL 等。梁平法施工图采用平面注写方式或截面注写方式表达。

(1) 平面注写方式

在梁平面布置图上，分别在不同编号的梁中各选一根梁，通过在其上注写截面尺寸和配筋具体数值的方式来表达梁平法施工图，如图 2.3.1 所示。集中标注表达梁的通用数值，原位标注表达梁的特殊数值。当集中标注中的某项数值不适用于梁的某部位时，则将该项数值原位标注，施工时原位标注取值优先。

以图 2.3.1 中的 KL2 为例，识读梁平法标注信息，详见表 2.3.1。

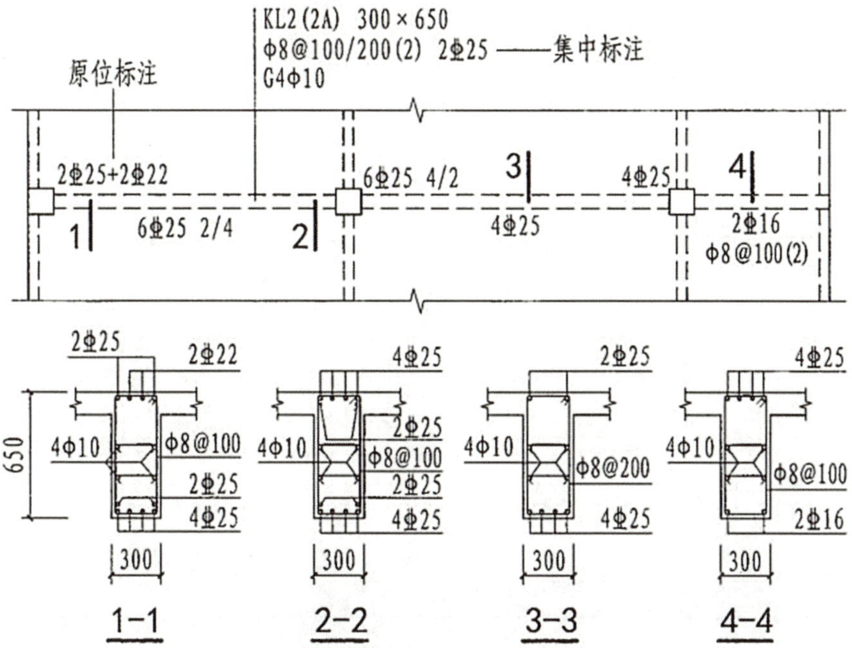

图 2.3.1 平面注写

表 2.3.1 梁平法标注信息及说明

序号	梁标注信息	代表含义	说明
1	KL2(2A)	梁编号	表示第 2 号框架梁，共两跨，一端有悬挑
2	300 mm×650 mm	截面尺寸	表示梁宽 300 mm，梁高 650 mm
3	φ8@100/200 (2)	箍筋	表示箍筋为 HPB300 钢筋，直径为 8 mm，加密区间距为 100 mm，非加密区间距为 200 mm，两肢箍
4	2⏀25	梁上部通长筋	表示梁上部有 2⏀25 通长钢筋；当同排上部钢筋中既有通长筋又有架立筋时，用加号“+”将通长筋和架立筋相连，角部纵筋写在加号的前面，架立筋写在加号后面的括号内，例如“2⏀22+(2⏀12)”，其中 2⏀22 为通长筋，2⏀12 为架立筋。 当梁的上部纵向钢筋和下部纵向钢筋为全跨相同时，此项需加注下部纵筋的配筋值，用分号“;”将上部与下部纵筋的配筋值分隔开来，例如“3⏀22；3⏀20”，表示梁的上部配置 3⏀22 的通长筋，梁的下部配置 3⏀20 的通长筋
5	G4φ10	构造钢筋	表示梁的两个侧面共配置 4φ10 的纵向构造钢筋，每侧各配置 2φ10
6	2⏀25+2⏀22	第一跨左支座上部纵筋	表示左支座上部有 4 根纵筋，2⏀25 放在角部，2⏀22 放在中部

续表2.3.1

序号	梁标注信息	代表含义	说明
7	6ф25 4/2	第二跨左支座上部纵筋	表示上一排纵筋为 4ф25，下一排纵筋为 2ф25
8	4ф25	第二跨右支座上部纵筋	表示梁中间支座两边的上部纵筋均为 4ф25，当梁中间支座两边的上部纵筋不同时，需在支座两边分别标注
9	6ф25 2/4	第一跨下部纵筋	表示上排纵筋为 2ф25，下排纵筋为 4ф25，全部伸入支座
10	4ф25	第二跨下部纵筋	表示下部纵筋 4ф25 全部伸入支座，当梁下部纵筋不全部伸入支座时，需将不伸入梁支座的下部纵筋数量写在括号内，如 6ф25 2(−2)/4，表示上排纵筋为 2ф25，且不伸入支座；下排纵筋为 4ф25，全部伸入支座
11	2ф16	第三跨下部纵筋	表示下部纵筋 2ф16 全部伸入支座
12	ф8@100(2)	第三跨箍筋	表示箍筋为 HPB300 钢筋，直径为 8 mm，间距为 100 mm，两肢箍

（2）截面注写方式

在分标准层绘制的梁平面布置图上，分别在不同编号的梁中各选择一根梁，用剖面号引出其配筋图，并在其上注写截面尺寸和配筋具体数值，以此来表达梁平法施工图，如图 2.3.2 所示。

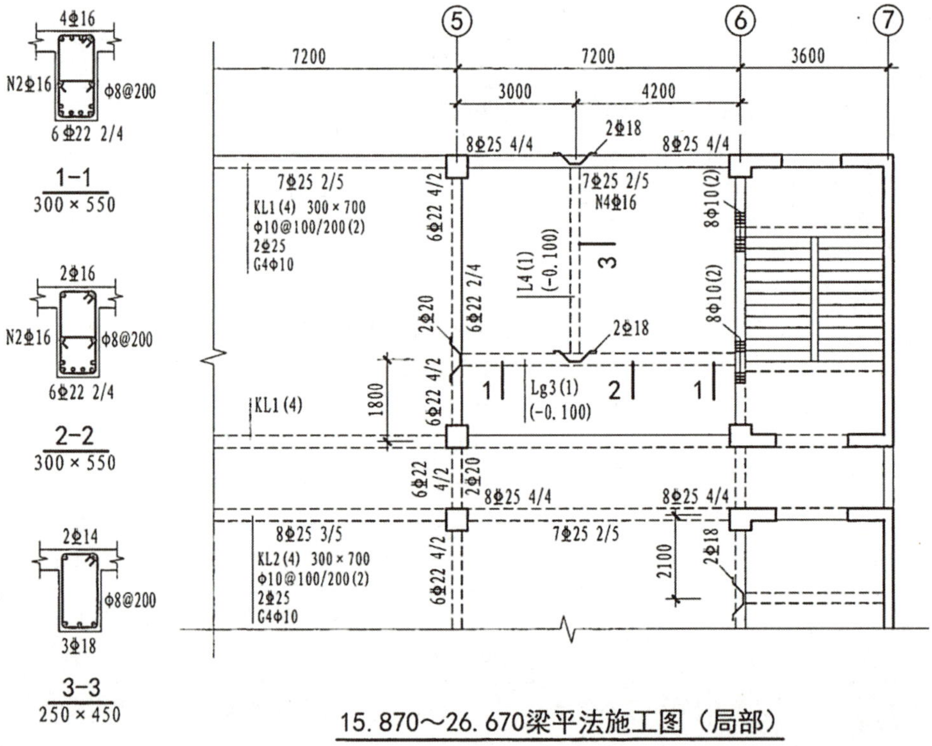

图 2.3.2　截面注写

2.3.2.3　创建梁模型

创建梁模型的基本流程:新建梁→编辑梁属性信息→绘制梁→编辑原位标注→生成吊筋、次梁加筋。

(1) 新建梁

在“建模”选项卡下,点击左侧导航栏中的“梁”→“梁(L)”,如图 2.3.3 所示。在“构件列表”中点击“新建”下拉菜单,选择“新建矩形梁”,如图 2.3.4 所示。

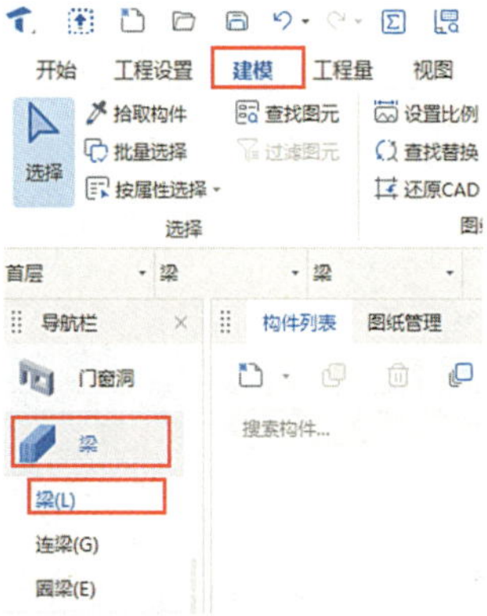

图 2.3.3　梁

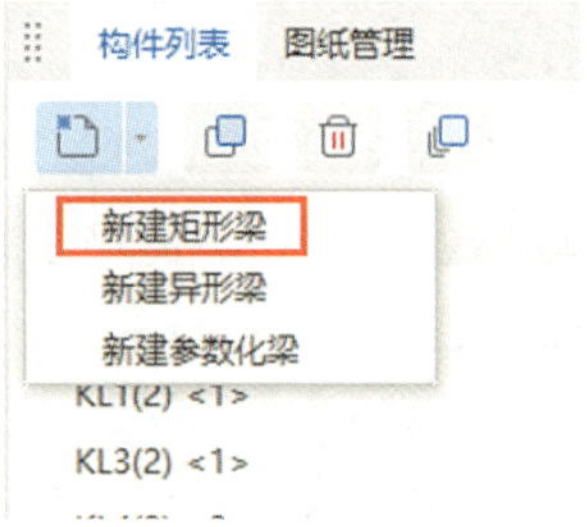

图 2.3.4　新建矩形梁

(2) 编辑梁属性信息

以首层②轴上的 KL3 为例,通过识读图纸,在“属性列表”中输入相应信息,如图 2.3.5 所示。

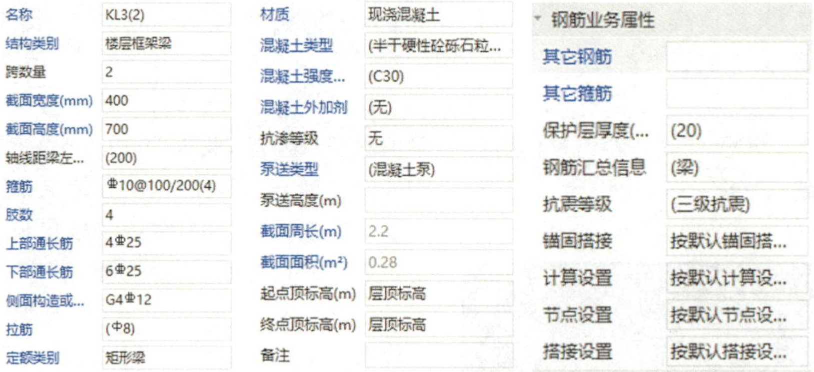

图 2.3.5　梁属性列表

名称:根据图纸输入构件名称 KL3(2),名称在当前楼层的当前构件类型中唯一。

结构类别:结构类别会根据构件名称中的字母自动生成,也可根据实际情况进行选择,KL3 结构类别应选择“楼层框架梁”。

跨数量:梁的跨数量会根据构件名称中括号内的数字自动生成,没有输入时,软件在提取梁跨后会自动读取跨数量,也可以根据图纸直接输入跨数量。

截面宽度:梁的宽度,KL3 的梁宽为 400 mm。

截面高度:梁的高度,KL3 的梁高为 700 mm。

轴线距梁左边线距离：按默认即可。

箍筋：KL3 的箍筋信息为Φ10@100/200(4)。

肢数：单击按钮选择肢数类型，KL3 为 4 肢箍。

上部通长筋：KL3 的上部通长筋为 4Φ25；不同的钢筋信息用“＋”连接，当存在多排钢筋时，使用斜线“/”将各排钢筋自上而下分开；当有架立筋时，架立筋信息输入加号后面的括号中。

下部通长筋：KL3 下部通长筋为 6Φ25。

侧面构造或受扭筋(总配筋值)：格式为“(G 或 N)数量＋级别＋直径”，其中 G 表示构造钢筋，N 表示抗扭构造筋，根据图纸集中标注，KL3 有 4 根直径 12 mm 的 HRB400 级构造钢筋(G4Φ12)。

拉筋：当有侧面纵筋时，软件按“计算设置”中的设置自动计算拉筋信息。当前构件需要特殊处理时，可根据实际情况输入。

定额类别：可按照实际情况选择，此处选择“矩形梁”。

材质：有现浇混凝土、商品混凝土和预制混凝土三种类型，可根据工程实际情况选择，该工程选用“现浇混凝土”。

混凝土类型：当前构件的混凝土类型，可根据实际情况进行调整。这里的默认取值与楼层设置里的混凝土类型一致。

混凝土强度等级：混凝土的抗压强度。默认取值与楼层设置里的混凝土强度等级一致，根据图纸可知，框架梁的混凝土强度等级为 C30。

混凝土外加剂、抗渗等级、泵送类型、泵送高度：按照实际情况输入。

截面周长、截面面积：软件自动按照梁的截面宽度和高度计算。

起点顶标高、终点顶标高：按照实际情况输入，软件默认为当前楼层的层顶标高。

其它钢筋、其它箍筋：除了当前构件中已经输入的钢筋、箍筋外，若还有需要计算的，则可通过其它钢筋、其它箍筋来输入。

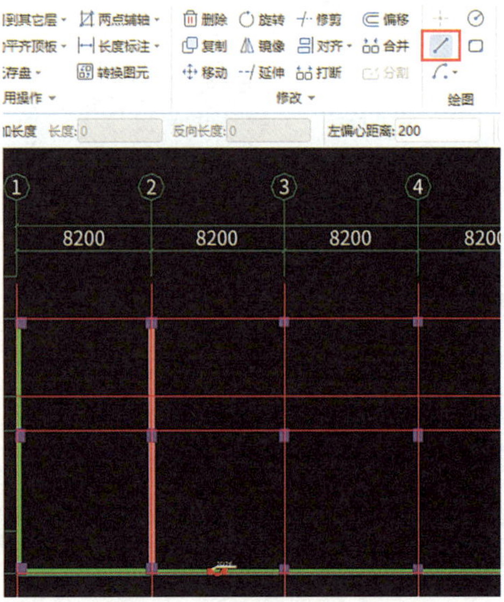

图 2.3.6 “直线”命令绘制 KL3

保护层厚度：软件自动读取楼层设置中框架梁的保护层厚度，此处为 20 mm，如果当前构件需要特殊处理，则可根据实际情况进行输入。

抗震等级：软件自动读取楼层设置中框架梁的抗震等级，此处为三级抗震。

锚固搭接、计算设置、节点设置、搭接设置：软件均按工程设置中的默认设置设定，可根据实际情况进行修改。

(3) 绘制梁

梁的绘制一般按照先主梁后次梁、先上后下、先左后右的顺序进行。

① “直线”命令

利用“绘图”面板中的“直线”命令绘制，在“构件列表”中选择 KL3，点击②轴与Ⓒ轴的交点，再点击②轴与Ⓕ轴的交点，即可完成 KL3 的绘制，如图 2.3.6 所示。

② “对齐”命令

以“直线”命令绘制梁时，软件默认居中绘制，但在实际图纸中，有些梁与框架柱的一侧平齐，其中心线不与轴线重合，如 KL1，可利用“修改”面板中的“对齐”命令进行修改，如图 2.3.7 所示。点击“对齐”命令，根据软件下方提示，先选择对齐目标柱边线，再选择需要对齐的梁边线，即可完成梁柱对齐。

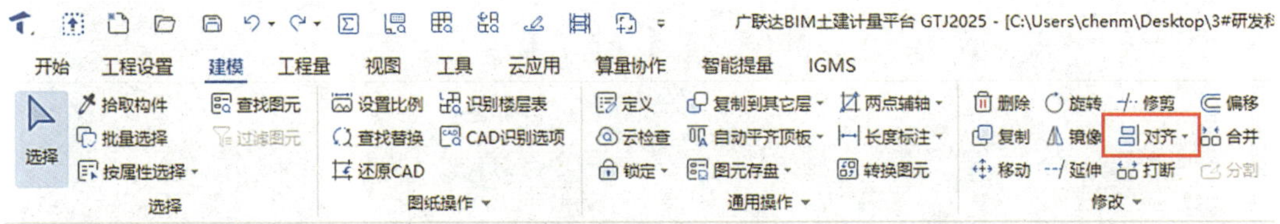

图 2.3.7 “对齐”命令

③ “镜像”命令

若图纸中有梁处于对称位置，可利用“修改”面板中的“镜像”命令绘制。先绘制一侧的梁，然后点选或框选已绘制完成的梁，点击“镜像”命令，通过交点捕捉绘制镜像轴，软件弹出“是否要删除原来的图元”窗口，选择“否”，完成梁的镜像绘制，如图 2.3.8 所示。

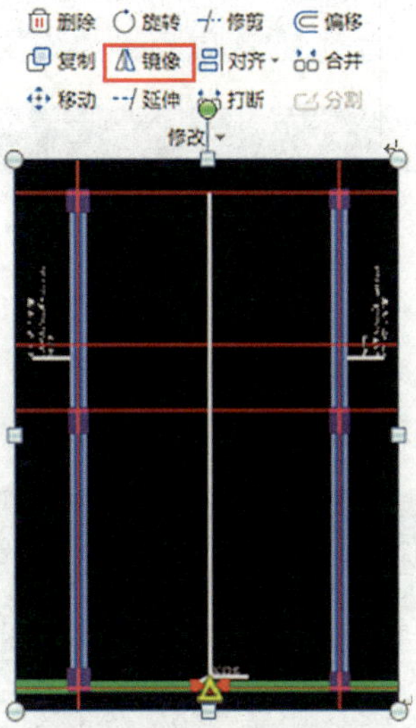

图 2.3.8 “镜像”命令

(4) 编辑原位标注

梁在绘制完毕后仅包含了梁的集中标注信息，还需要输入原位标注信息。未进行原位标注的梁的颜色为粉色，编辑原位标注后，梁的颜色变成绿色。

软件中，编辑梁的原位标注一般采用两种方式：“原位标注”和“平法表格”，如图 2.3.9 所示。

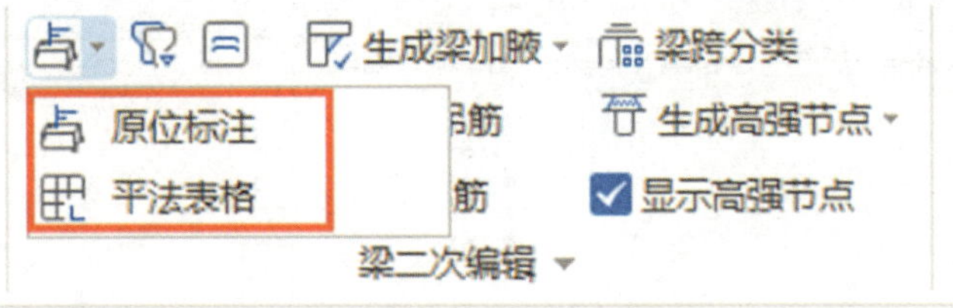

图 2.3.9 梁原位标注和平法表格

① 原位标注

以 KL18 为例，在“梁二次编辑”面板中点击“原位标注”命令，鼠标左键单击 KL18，按照图纸中标注的原位信息，在“1 跨左支座筋”位置输入 11 ⌀20 6/5，按“Enter”键跳转到“1 跨跨中筋”位置，输入 4 ⌀20，如图 2.3.10 所示。若此处没有原位标注信息，不用输入，直接按“Enter”键跳转到下一个输入框，继续输入，直到此根梁的所有原位标注输入完毕。

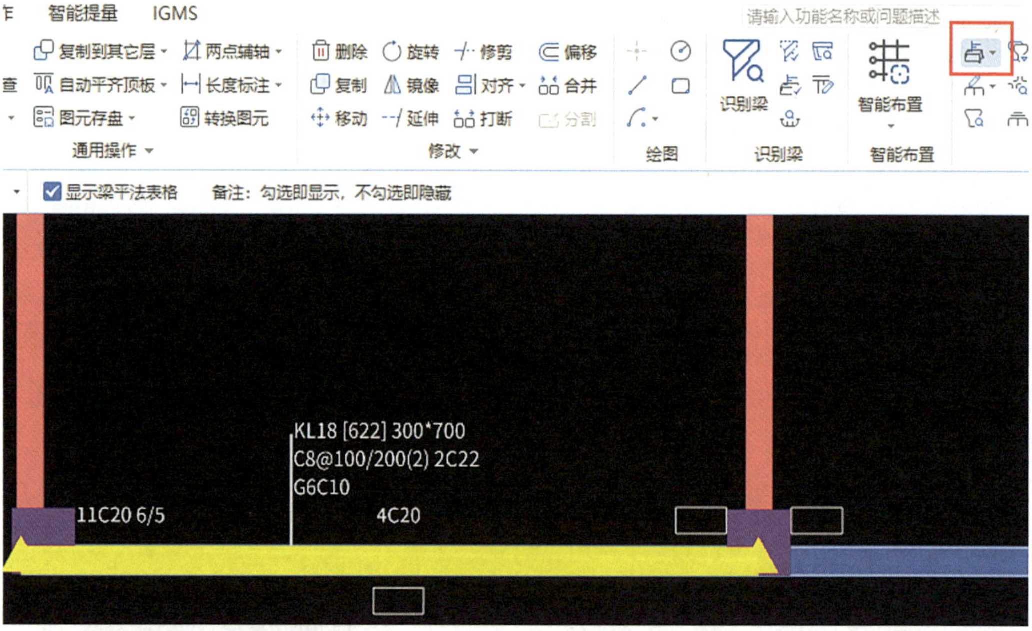

图 2.3.10　梁原位标注

② 平法表格

在“梁二次编辑”面板中点击“平法表格”命令，鼠标左键单击 KL18，屏幕下方出现梁平法表格，根据图纸信息，在表格中依次输入钢筋数据，如图 2.3.11 所示。

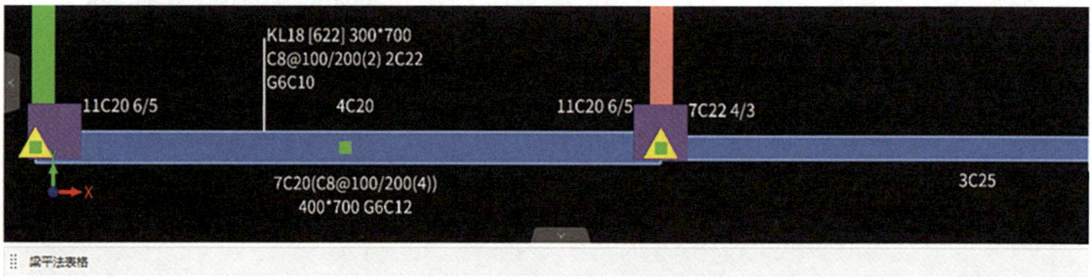

	位置	名称	跨号	距左边线距离	上通长筋	上部钢筋 左支座钢筋	上部钢筋 跨中钢筋	上部钢筋 右支座钢筋	下部钢筋 下通长筋	下部钢筋 下部钢筋	侧面钢筋 侧面通长筋	侧面钢筋 侧面原位标注筋	侧面钢筋 拉筋	箍筋
1	<y1-112831,x4-540867;y1-63631,x4-540867>	KL18	1	(200)	2⏀22	11⏀20 6/5	4⏀20	11⏀20 6/5		7⏀20	G6⏀10	G6⏀12	(Φ8)	⏀8@100/200(4)
2			2	(150)		7⏀22 4/3		7⏀22 4/3		3⏀25			(Φ6)	⏀8@100/200(2)
3			3	(150)				7⏀22 4/3		3⏀25			(Φ6)	⏀8@100/200(2)
4			4	(150)				7⏀22 4/3		4⏀25			(Φ6)	⏀8@100/200(2)
5			5	(150)				7⏀22 4/3		3⏀25			(Φ6)	⏀8@100/200(2)
6			6	(150)				7⏀22 4/3		3⏀25			(Φ6)	⏀8@100/200(2)

图 2.3.11　梁平法表格

KL18 第一跨的梁截面尺寸、箍筋肢数与侧面钢筋信息均与集中标注不同，可在梁平法表格里的相应位置输入原位标注信息。

对于图纸中没有原位标注的梁，可点击“原位标注”命令，单击鼠标左键选择此梁，再单击鼠标右键完成梁的提取，或者通过“梁二次编辑”面板中的“重提梁跨”命令完成梁的提取，如图 2.3.12 所示。

图 2.3.12　“重提梁跨”命令

(5) 生成吊筋、次梁加筋

通过识读结施 12 的图纸说明可知：主、次梁交叉处的主梁两侧及十字梁两侧各增设 3 根直径及肢数同主梁内箍筋的附加箍筋，图中“╲＿╱”表示主、次梁相交处主梁内设置的附加吊筋，吊筋为 2⌀12。

在“梁二次编辑”面板中单击“生成吊筋”命令，在弹出的窗口中，根据图纸设计选择“生成位置”，输入吊筋、次梁加筋的钢筋信息，可以按照“选择图元”或“选择楼层”的方式生成，单击“确定”按钮，完成吊筋及次梁加筋的生成，如图 2.3.13 所示。

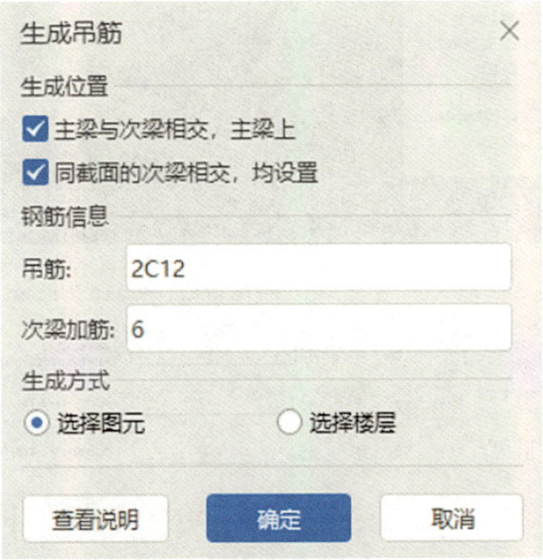

图 2.3.13　生成吊筋、次梁加筋

2.3.2.4　汇总查看工程量

(1) 查看梁土建工程量

以首层②轴上的 KL3 为例，工程量汇总计算完成后，查看土建工程量，如图 2.3.14 所示。

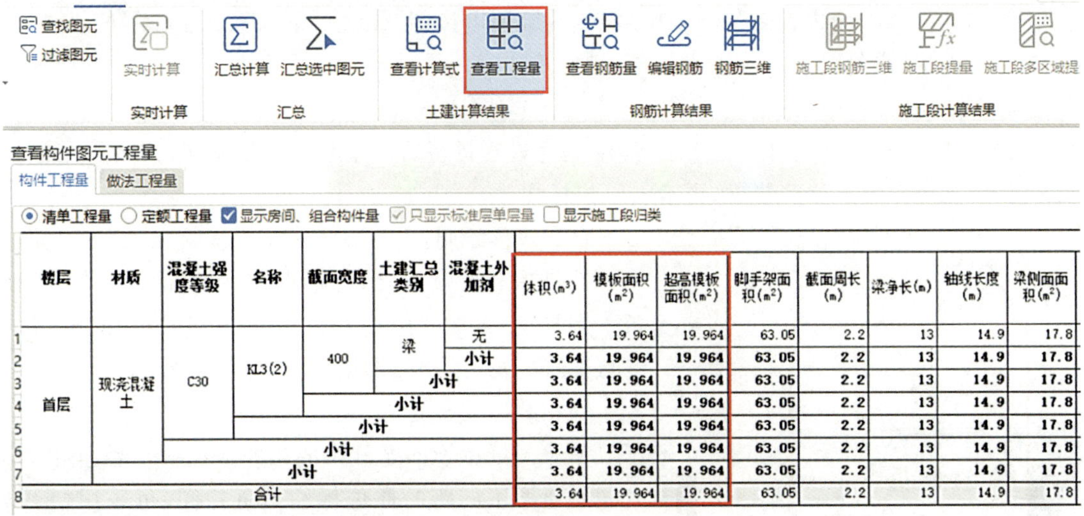

	楼层	材质	混凝土强度等级	名称	截面宽度	土建汇总类别	混凝土外加剂	体积(m³)	模板面积(m²)	超高模板面积(m²)	脚手架面积(m²)	截面周长(m)	梁净长(m)	轴线长度(m)	梁侧面面积(m²)
1	首层	现浇混凝土	C30	KL3(2)	400	梁	无	3.64	19.964	19.964	63.05	2.2	13	14.9	17.8
2							小计	3.64	19.964	19.964	63.05	2.2	13	14.9	17.8
3						小计		3.64	19.964	19.964	63.05	2.2	13	14.9	17.8
4					小计			3.64	19.964	19.964	63.05	2.2	13	14.9	17.8
5				小计				3.64	19.964	19.964	63.05	2.2	13	14.9	17.8
6			小计					3.64	19.964	19.964	63.05	2.2	13	14.9	17.8
7		小计						3.64	19.964	19.964	63.05	2.2	13	14.9	17.8
8	合计							3.64	19.964	19.964	63.05	2.2	13	14.9	17.8

图 2.3.14　首层 KL3 土建工程量查看

（2）查看梁钢筋工程量

以首层②轴上的 KL3 为例，查看“编辑钢筋”及“钢筋三维”界面，如图 2.3.15 所示。

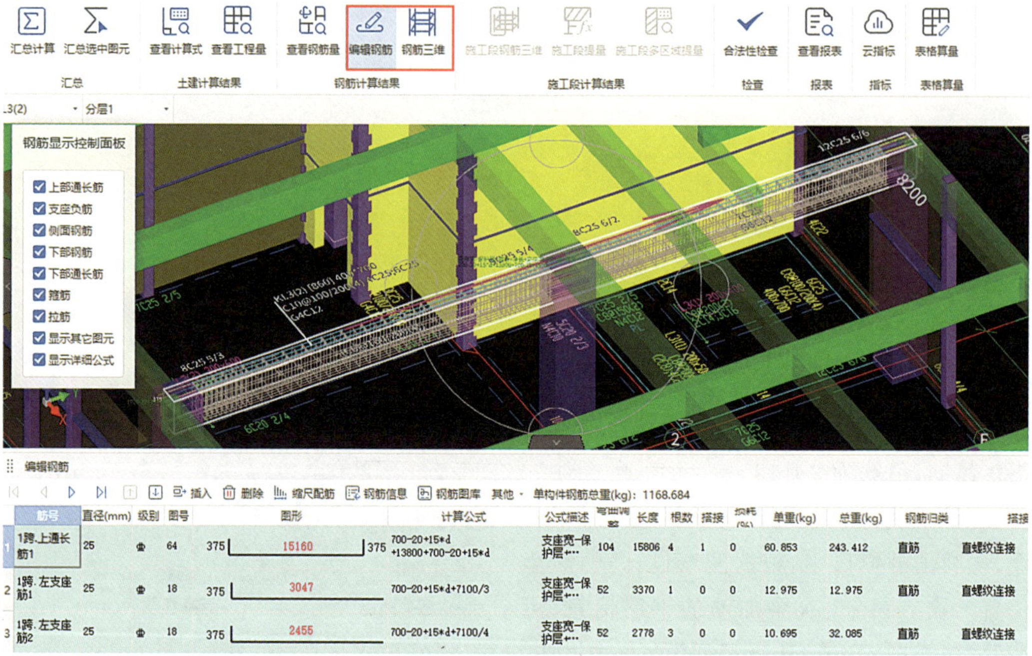

图 2.3.15　首层 KL3“编辑钢筋”及“钢筋三维”界面

2.3.3　总结拓展

（1）创建梁模型的流程

创建梁模型的一般流程为“新建梁→编辑梁属性信息→绘制梁→编辑原位标注→生成吊筋、次梁加筋”。梁的标注包括集中标注和原位标注，集中标注在属性列表中输入，原位标注可通过“原位标注”或“平法表格”方式填写。梁的绘制可按照“先主梁后次梁、先上后下、先左后右”的顺序进行，避免遗漏。

（2）梁绘制及原位标注注意事项

梁的绘制需在其支座（柱、剪力墙等）绘制完成后进行。若梁与其他梁相交，或者存在有次梁的情况，需要先绘制相关的梁，再输入原位标注。

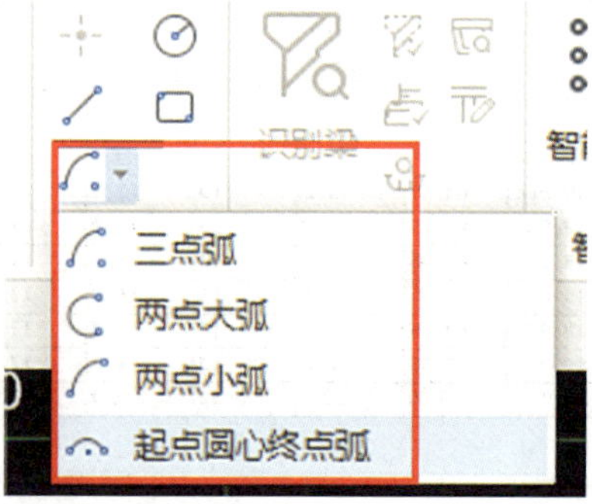

图 2.3.16　弧形梁绘制

（3）弧形绘制

图纸中若有弧形梁，可根据实际情况，在“绘图”面板下选择“三点弧”“两点大弧”“两点小弧”或“起点圆心终点弧”的方式绘制弧形梁，如图 2.3.16 所示。

（4）梁跨数据复制

如果图纸中不同名称梁的梁跨原位标注信息相同，或同一道梁不同跨的原位标注信息相同，可采用“梁二次编辑”面板下的“梁跨数据复制”命令，将当前选中的梁跨数据复制到目标梁跨上，如图 2.3.17 所示。

（5）应用到同名梁

如果图纸中存在多个同名称的梁，且其原位标注信息完全一致，可采用“梁二次编辑”面板下的“应用到同名梁”命令，将梁截面尺寸、钢筋等信息同步复制到其他同名称梁，如图 2.3.18 所示。

图 2.3.17　“梁跨数据复制”命令

图 2.3.18　“应用到同名梁”命令

（6）捕捉点的设置

使用“直线”命令或其他绘制方式，都需要捕捉绘图区的点，以确定点的位置和线的端点。软件提供了多种类型点的捕捉功能，可以点击“工具”选项卡，在“选项”面板中点击“选项”命令，选择“对象捕捉”，在弹出的窗口中进行设置，如图 2.3.19 所示；也可以绘图时在屏幕下方的“捕捉工具栏”中直接选择要捕捉的点类型，方便绘制图元时选取点，如图 2.3.20 所示。

图 2.3.19　“对象捕捉”选项设置

图 2.3.20　捕捉工具栏

师说

知　识　卡

南朝·宋·刘义庆《世说新语·赏誉》：“庾子嵩目和峤：‘森森如千丈松，虽磊砢有节目，施之大厦，有栋梁之用。’”栋：脊檩，正梁，能做房屋大梁的木材，比喻能担当国家重任的人才。

希望同学们都能努力学习，积蓄能量，成为栋梁，为祖国的建设和发展贡献力量。

课后练习与巩固

一、选择题

(1) 下列(　　)钢筋不属于梁的原位标注。

A. 支座负筋　　B. 上部通长筋　　C. 架立筋　　D. 下部钢筋

(2) 连梁在软件中属于(　　)构件类型。

A. 墙　　B. 门窗洞　　C. 梁　　D. 柱

(3) (　　)情况下须在梁中配置纵向构造筋。

A. 梁腹板高度 $h_w \geqslant 650$ mm　　B. 梁腹板高度 $h_w \geqslant 550$ mm

C. 梁腹板高度 $h_w \geqslant 450$ mm　　D. 梁腹板高度 $h_w \geqslant 350$ mm

二、技能实操题

根据图纸,以手工建模的方式完成首层梁的定义及绘制,并统计其土建及钢筋工程量。

2.4　板工程量计算

学习目标

能够运用 BIM 计量软件,通过手工建模的方式创建板的三维模型,并基于三维模型辅助进行板的土建及钢筋工程量统计。

2.4.1　任务描述

(1) 正确识读首层板(4.700 m)钢筋平法及其他相关图纸信息;

(2) 根据图纸,以手工建模的方式完成首层板(4.700 m)与板筋的属性编辑及三维模型绘制;

(3) 完成首层板(4.700 m)的土建及钢筋工程量统计。

2.4.2　任务实施

2.4.2.1　图纸分析

板及板筋可通过结施 01 中结构设计总说明中的第 9.6.3 条、结施 11 中标高4.700 m首层结构平面布置图、结施 13 中标高 4.700 m 首层板配筋图进行识读。

(1) 现浇板

由结施 11、结施 13 中的楼板配筋表可知,未注明的板厚度均为 120 mm。在结施 11 中的标高4.700 m首层结构平面布置图中,现浇板标注 $H-0.050$,为降板,其标高为 $4.700-0.050=4.650$ m。图中　　标识表示设备间二次浇筑,建模时需单独命名,便于提取工程量。

(2) 受力筋及负筋

在识读结施 13 中的标高 4.700 m 首层板配筋图时,应注意未注明的板底受力钢筋均为Φ8@200,未注明的板底通长钢筋均为Φ8@150。以①～②/Ⓒ～Ⓓ轴之间的板为例,板钢筋虽未绘制 Y 向受力筋,但应按楼板配筋表中的信息设置为Φ8@150。同时还应注意板内负筋长度示意图中尺寸的标注起点，单边标注支座负筋从支座内边线开始计算，板中间支座负筋不含支座，跨板受力筋的标注位置为支座外边线。

(3) 温度筋

由结施 13 中标高 4.700 m 首层板配筋图中的设计说明可知，在 X 向板顶负筋间可设置ф6@150的板面温度应力抗裂钢筋，支座筋与温度筋的搭接长度为 300 mm。

(4) 节点

结施 11 中标高 4.700 m 首层结构平面布置图中的 11b-11b 为①轴左侧板的节点详图。

(5) 分布筋

根据结施 01 的结构设计总说明第 9.6.3 条中现浇板内分布筋信息表可知，当现浇板厚度在 90～130 mm 之间时，分布筋为ф8@250。

2.4.2.2　*平法知识*

板平法施工图的表示方法分为集中标注和原位标注两种。

板的集中标注包括板编号、板厚、贯通纵筋。贯通纵筋按板块的下部和上部分别注写，以 B 代表下部，以 T 代表上部，为方便设计表达和施工识图，规定当定位轴网正交布置时，图面从左至右为 X 向，从下至上为 Y 向。

板的原位标注：在垂直于板支座（梁或墙）处绘制一段适宜长度的中实线，以该线段代表板支座上部的非贯通纵筋，并在线段上方注写钢筋编号、配筋等。

图 2.4.1 为钢筋混凝土现浇板的平法配筋图。其中板的集中标注中“LB3”表示编号为 3 的楼板，“h＝100”表示板厚为 100 mm；图中“B：X&Yф8@150”表示板的下部贯通纵筋 X、Y 向均为直径 8 mm 的 HRB400 级钢筋，间距为 150 mm。“T：Xф8@150”表示板的上部贯通纵筋 X 向为直径 8 mm 的 HRB400 级钢筋，间距为 150 mm。图中③号钢筋为板上部非贯通纵筋（负筋），钢筋信息为ф12@125，线段下方注写的数字表示该钢筋自支座中线或边线向跨内延伸的长度，需根据工程实际情况进行判定。

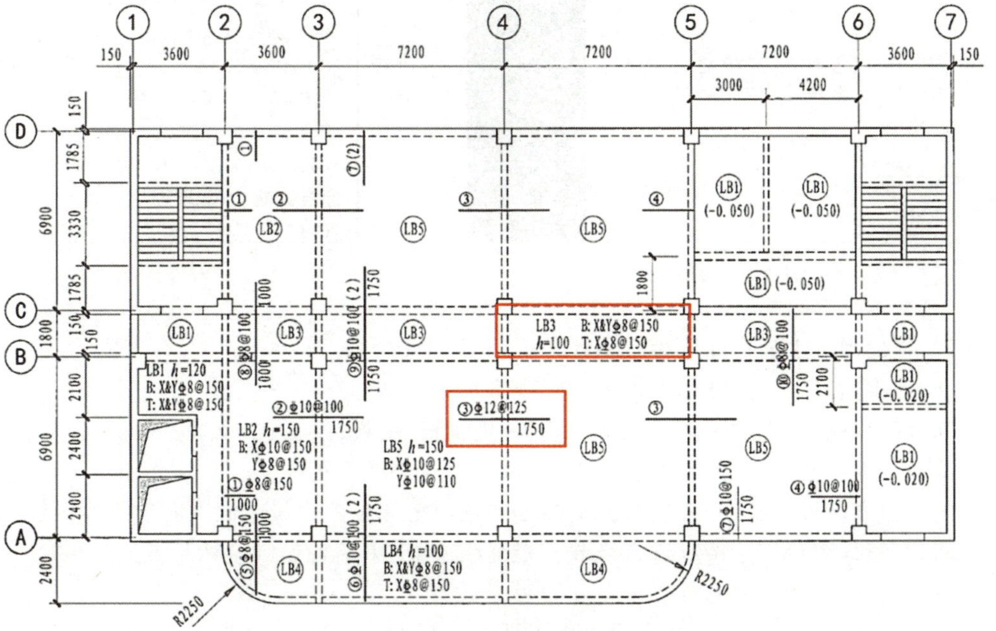

图 2.4.1　板平法配筋图

2.4.2.3 创建现浇板模型

师说 知 识 卡

现浇式钢筋混凝土楼板的优缺点：

优点：整体性好、刚度大、利于抗震、楼板布置灵活等。

缺点：湿作业、工序繁多、需养护、模板材料耗用量大、施工进度慢、工期较长等。

【扫码演示】

(1) 定义现浇板

① 新建现浇板

在“建模”选项卡下，点击导航栏中的“板”→“现浇板(B)”，在“构件列表”中点击“新建”下拉菜单，选择“新建现浇板”，如图 2.4.2 所示。

② 编辑现浇板属性信息

通过识读图纸，在“属性列表”中输入相应信息，如图 2.4.3 所示。

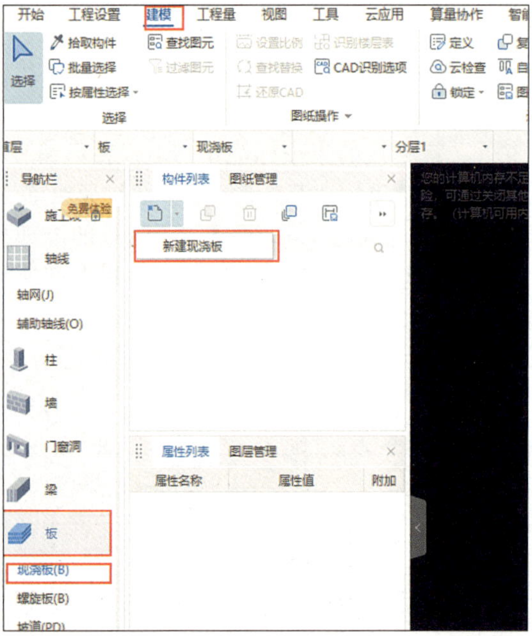

图 2.4.2 新建现浇板

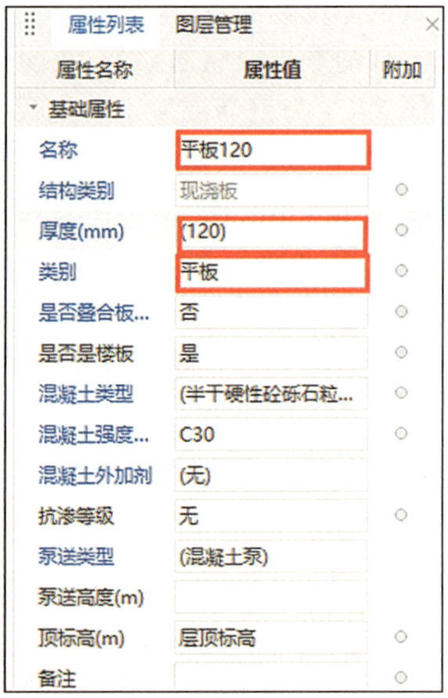

图 2.4.3 现浇板属性列表

名称：根据图纸中的板厚度输入构件名称“平板 120”。

厚度：根据图纸中的厚度信息输入实际现浇板厚度。

类别：可以根据工程实际情况选择有梁板、无梁板、平板、拱板、空调板。根据辽宁省《房屋建筑与装饰工程定额》(2017)中的定额规定，本工程应选择平板。

混凝土强度等级：默认为楼层混凝土强度和锚固搭接设置中设定的混凝土强度等级，若与默认不同，可根据图纸实际情况进行修改。根据结施 01 中结构设计说明第 6.1.1 条中的混凝土强度等级表可知，首层板的混凝土强度等级为 C30。

混凝土外加剂、抗渗等级：按实际工程图纸中的图纸规定修改，本层平板无外加剂及抗渗等级，无须修改。

顶标高：根据结施13可知，首层大部分现浇板的顶标高为4.700 m，结施11中个别现浇板为$H-0.050$，需将顶标高修改为层顶标高-0.050。

(2) 绘制现浇板

结合结施13中的标高4.700 m首层板配筋图进行绘制，以结施13中①～②/Ⓔ～Ⓕ轴之间的两块板为例，选择板构件列表中的“120平板”，单击“点绘”，单击①～②/Ⓔ～Ⓕ轴之间的两块板即可，其中右侧现浇板为降板$H-0.050$，选中降板图元后更改其顶标高为4.650 m。在绘制现浇板的过程中，遇到封闭区域可以采用点绘方式，非封闭区域可采用直线或矩形方式绘制，不规则图形可采用直线、圆形、三点弧等方式绘制。

2.4.2.4 创建板受力筋模型

(1) 板底受力筋

① 新建板底受力筋

【扫码演示】

以结施13中①～②/Ⓔ～Ⓕ左侧板为例，其在水平方向X轴与垂直方向Y轴均采用Φ10@200的底筋，如图2.4.4所示。在导航栏中选择板→板受力筋→新建板受力筋，编辑属性信息，如图2.4.5所示。板面筋的定义及绘制方法同底筋，需注意在钢筋属性列表中更改其钢筋类别为面筋。

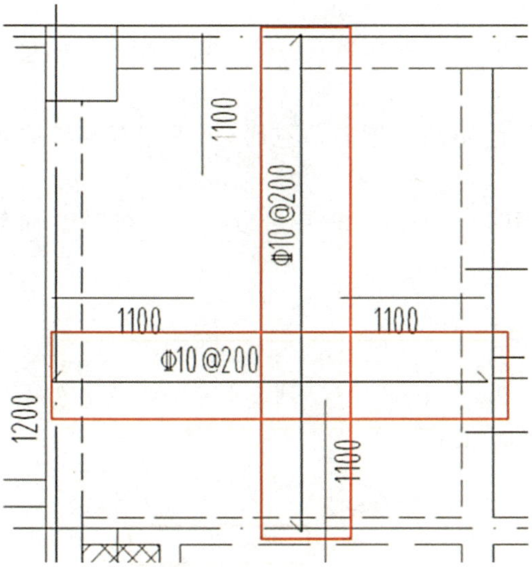

图2.4.4 ①～②/Ⓔ～Ⓕ左侧板板底受力筋

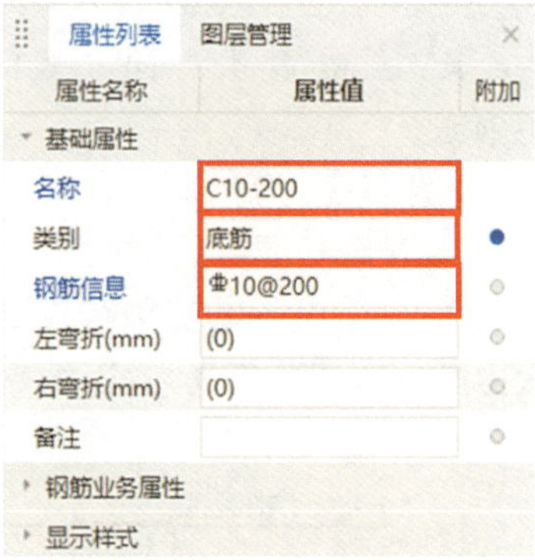

图2.4.5 板底受力筋属性列表

名称：根据图纸中受力筋的钢筋信息输入构件名称。

类别：①～②/Ⓔ～Ⓕ左侧板的受力筋类别为底筋。

钢筋信息：根据图纸信息可知，左侧板受力筋钢筋为Φ10@200。

② 绘制板底受力筋

板底受力筋的布置范围可选择单板、多板、自定义、按受力筋范围，布置方向可选择XY方向、水平、垂直、两点、平行边等，可按工程实际情况进行选择。以①～②/Ⓔ～Ⓕ左侧板板底受力筋为例，本工程采用单板沿XY方向布置。

在“建模”选项卡下选择“布置受力筋”，点选单板，选择XY方向(也可X、Y方向分开布置)，在弹出的“智能布置”对话框中选择“双向布置”，底筋选择Φ10@200，鼠标左键单击绘图区的①～②/Ⓔ～Ⓕ左侧板即可完成绘制，如图 2.4.6 所示。

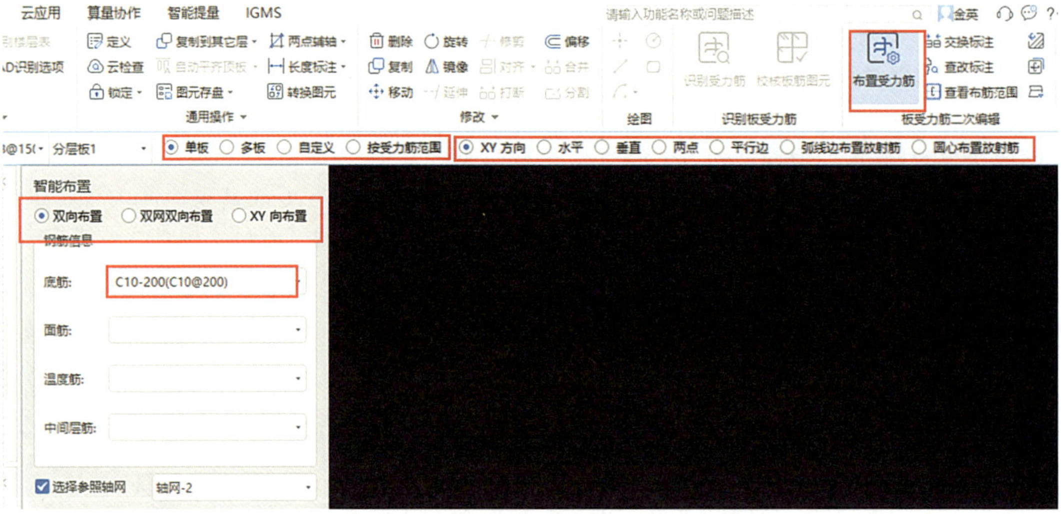

图 2.4.6　板受力筋的绘制

“智能布置”对话框中的布置方式有如下三种：

a. 双向布置：当 XY 方向钢筋信息相同时可以选用，双向布置方式下可根据图纸信息选择布置底筋、面筋、温度筋、中间层筋。

b. 双网双向布置：当 XY 方向的底筋与面筋使用同一钢筋信息时，可采用双网双向布置方式。

c. XY 向布置：当 X 向与 Y 向配筋信息不同时，可通过这种布置方式分别布置 X 向与 Y 向的钢筋。

(2) 跨板受力筋

① 新建跨板受力筋

以①～②/Ⓓ～Ⓔ板中跨板受力筋⌀8@100 为例，如图 2.4.7 所示，在导航栏中选择板→板受力筋→新建跨板受力筋，编辑属性信息，如图 2.4.8 所示。

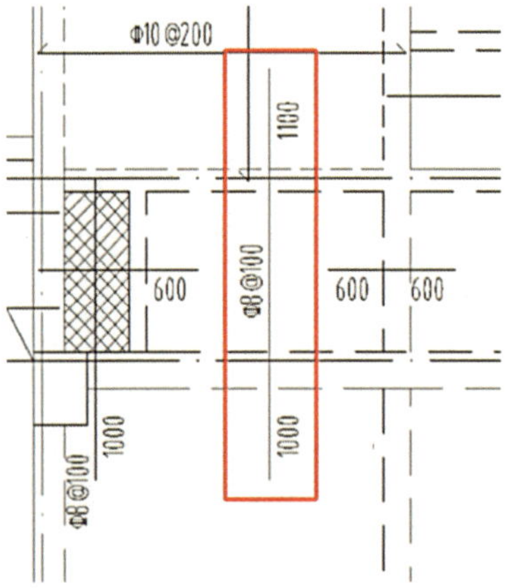

图 2.4.7　①～②/Ⓓ～Ⓔ跨板受力筋

图 2.4.8　跨板受力筋的定义

名称：根据图纸中跨板受力筋的钢筋信息输入构件名称。

类别：①～②/Ⓓ～Ⓔ左侧板中跨板受力筋的类别为面筋。

钢筋信息：根据图纸信息可知，左侧跨板钢筋为ф8@100。

左标注、右标注：若跨板受力筋绘制后左右标注与图纸不一致，可使用“板受力筋二次编辑”界面中的“交换标注”命令修改。

② 绘制跨板受力筋

跨板受力筋的布置方式同板底受力筋。

师说　　**知识卡**

我国古代有丰富的有关力学的生产和工程实践。

春秋战国时期的《考工记》记录了我国古代农具、水利、建筑等手工艺规范，其中“置而摇之，以眡其蜎也；炙诸墙，以眡其桡之均也；横而摇之，以眡其劲也”，以及堤坝设计的经验尺寸等都反映了我国当时的生产技术水平和经验知识水平。公元前400年，由墨翟及其弟子所著的《墨经》给出了比较科学的力的定义：“力，形之所以奋也”。

《易经》中的“夫乾，其静也专，其动也直”，也相当于牛顿第一定律。两汉到五代时期利用力学知识制造的水运浑天仪，以及隋朝利用力的合成与分解知识建造的安济桥，都说明了我国当时实用力学的发展水平。

公元31年，杜诗创造了水排，表明当时的人们已经很清楚地知道如何利用拉压杆、弯曲梁、扭转轴等构件设计出一个完整的工程结构。《考工记·弓人》中写到“量其力，有三均”，即从弓箭弹力的测量中发现了作用力与弹性形变的定量规律，这就是胡克定律，但其提出比胡克早了约1500年。明代宋应星的《天工开物》也谈及弓拉力与拉长的线弹性关系。

我国北宋李诫在《营造法式》中推荐了最佳强度设计和最佳刚度设计，表明我国古代建筑技术中力学知识的科学性和合理性。

2.4.2.5　创建板负筋模型

(1) 新建板负筋

由结施13可知，①～②/Ⓔ～Ⓕ板的负筋如图2.4.9所示，负筋的钢筋信息未标注，根据结施13中的设计说明可知，未标注负筋均为ф8@200。

【扫码演示】

在导航栏中选择板→板负筋→新建板负筋，以图2.4.9所示①～②/Ⓔ～Ⓕ板中的①、②号负筋为例，①为单边支座负筋，编辑属性信息如图2.4.10所示；②为双边支座负筋，当钢筋信息相同、标注尺寸不一致时无须新建构件，可在绘制前或绘制后对标注尺寸进行修改，②号负筋只需在属性列表中修改ф8@200负筋的尺寸标注即可，如图2.4.11所示。

名称：根据图纸中负筋的钢筋信息输入构件名称。

钢筋信息：根据图纸信息可知，①号负筋为ф8@200。

左标注、右标注：若负筋绘制后左右标注与图纸不一致，可使用“板负筋二次编辑”界面中的“交换标注”命令修改。

(2) 绘制板负筋

板负筋有按梁布置、按圈梁布置、按连梁布置、按墙布置、按板边布置、画线布置等绘制方式，可按工程实际情况进行选择，如图2.4.12所示。

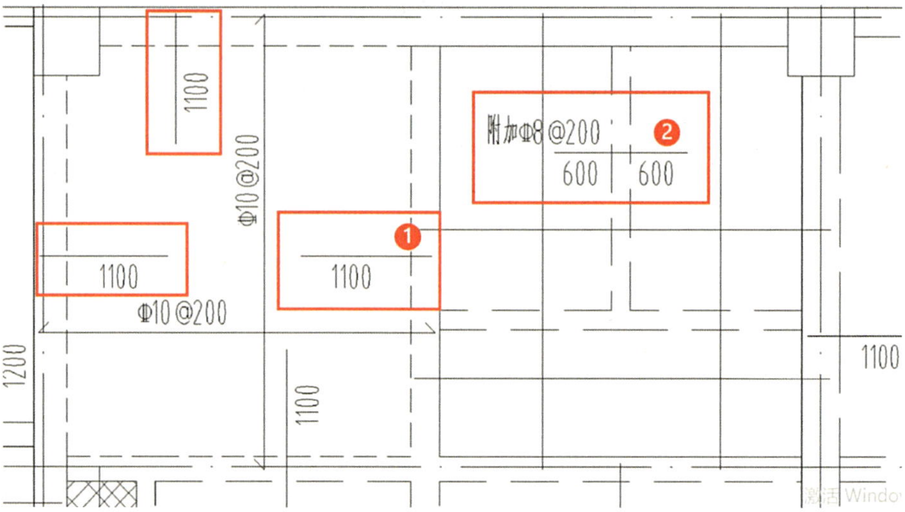

图 2.4.9　①～②/Ⓔ～Ⓕ板负筋

图 2.4.10　①号负筋属性列表

图 2.4.11　②号负筋属性列表

以图 2.4.9 所示①号单边标注支座负筋为例，在导航栏中选择板→板负筋，选择⌀8@200，点击“按梁布置”，鼠标左键单击需要布置负筋的梁图元即可完成绘制。②号中间支座负筋的绘制方式同①号负筋。

负筋绘制后如需修改尺寸标注，可采用以下两种处理方法：一是选中构件列表中的相应负筋，在属性列表中修改标注信息；二是在已绘制的图元中选中要修改的钢筋图元，点击尺寸标注进行修改。

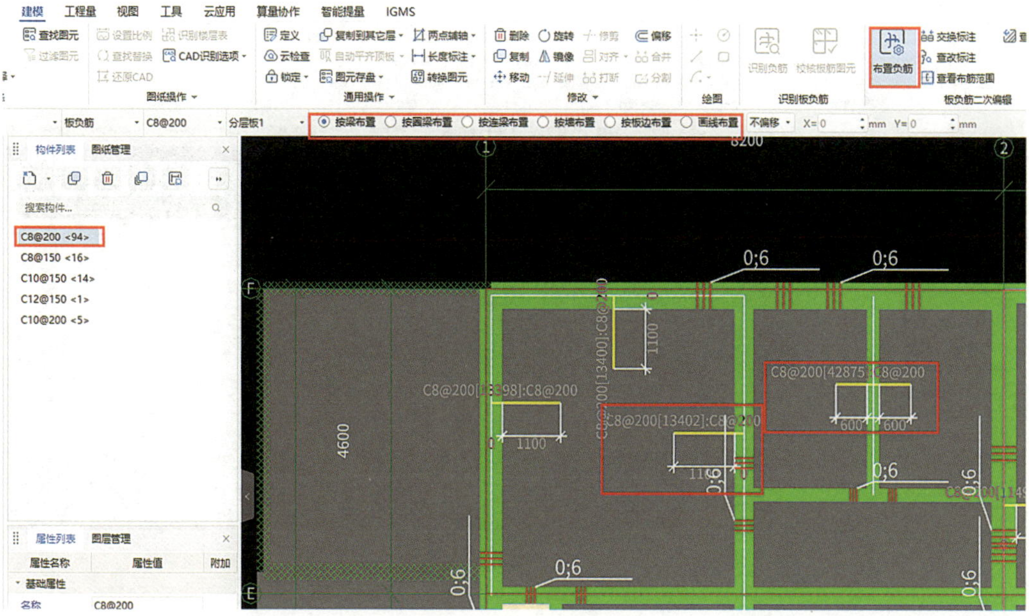

图 2.4.12　绘制板负筋

师说

知　识　卡

在构件结构设计阶段，要充分分析构件基本变形的强度、刚度和稳定性，通过科学解决构件安全性和经济性间的矛盾问题，实现既安全又经济的设计目标，揭示理论与实际工程的对立统一辩证关系，要使用科学的手段、创新的思路解决工程实际问题，将所学与实践相结合，用所学服务实践。

2.4.2.6　创建温度筋模型

(1) 新建温度筋

根据结施 13 中的设计说明可知，X 向板顶负筋间设置ф 6@150 的温度筋，支座筋与温度筋的搭接长度为 300 mm，需在计算设置“板/坡道”中进行修改。以①～②/Ⓔ～Ⓕ左侧板为例，在导航栏中选择板→板受力筋→新建板受力筋，属性编辑方式同板底受力筋，类别选择温度筋即可。

(2) 绘制温度筋

在“建模”选项卡下选择“布置受力筋”，点选“单板”，选择“水平”，在构件列表中选择ф 6@150的温度筋，鼠标左键单击绘图区的①～②/Ⓔ～Ⓕ左侧板，温度筋绘制完成，如图 2.4.13 所示。

2.4.2.7　自定义节点

以结施 11 中标高 4.700 m 首层结构平面布置图中的 11b-11b 节点为例，进行自定义节点的定义与绘制。

【扫码演示】

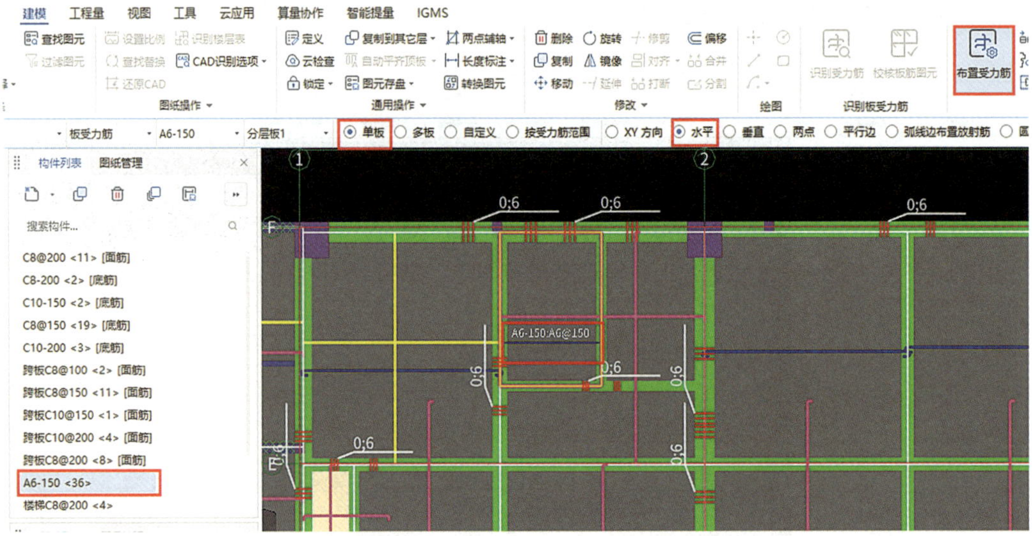

图 2.4.13　绘制温度筋

(1) 新建节点

选择导航栏中的“其它”,点击“新建”→“新建线式异形挑檐”,在异形截面编辑器中设置网格,输入水平和垂直方向的间距,如图 2.4.14、图 2.4.15 所示。11b-11b 节点水平方向间距为 1200 mm,垂直方向间距为 120 mm,因网格间距不能输入 0,间距可按图 2.4.15 输入。

图 2.4.14　新建挑檐

图 2.4.15　设置网格

按照图纸中的节点详图,使用直线方式绘制出对应的截面形状,在挑檐属性列表中修改名称为“挑檐 11b-11b”,混凝土强度等级为 C30,起点和终点顶标高为 3.300 m,如图 2.4.16 所示。

(2) 截面编辑

点击属性列表最下方的“截面编辑”，根据结施 11 中的 11b-11b 节点详图可知，该节点配筋同板配筋，均为Φ8@200 双层双向通长布置。选择“纵筋”，输入需要布置的纵筋信息Φ8@200，可选择直线或点式的绘制方式完成节点横筋的绘制；选择“横筋”，输入需要布置的横筋信息Φ8@200，可选择直线绘制方式完成节点横筋的绘制。由节点详图可知，横筋锚入梁内长度为 l_a，在绘制横筋后，鼠标右键点击“编辑端头”，选中对应的横筋，在框内输入 l_a，点击左下角的“正交”打开后按下回车键。设定钢筋锚固后需要编辑横筋末端弯钩，鼠标右键点击“编辑弯钩”，选中需要编辑的弯钩后点击鼠标右键确认，将弯钩角度设置为无弯钩，弯钩长度自动变为 0，点击鼠标右键确认即可，如图 2.4.17 所示。

属性名称	属性值
基础属性	
名称	挑檐11b-11b
形状	异形
截面形状	异形
截面宽度(mm)	1200
截面高度(mm)	120
轴线距左边...	(600)
材质	现浇混凝土
混凝土类型	(半干硬性砼砾石粒...
混凝土强度...	C30
截面面积(m²)	0.144
起点顶标高(m)	3.3
终点顶标高(m)	3.3

图 2.4.16 挑檐 11b-11b 属性列表

(3) 绘制自定义节点

在构件列表中选择挑檐 11b-11b，采用直线绘制方式。节点从Ⓓ轴开始，距离梁边 1200 mm，所以挑檐的中心点到梁边的距离为 600 mm，将鼠标放在Ⓓ轴与梁边线的交点，按“Shift＋鼠标左键”向左偏移，X 轴输入－600，点击“确定”，鼠标左键点击绘制的终点即可。

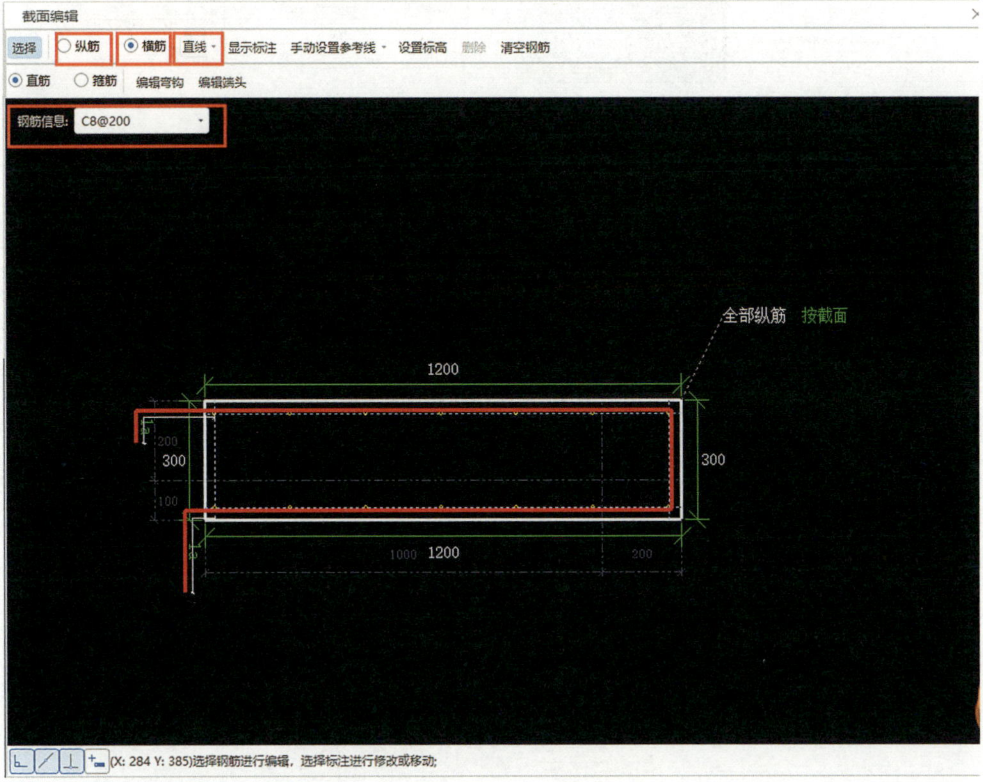

图 2.4.17 挑檐 11b-11b 截面编辑

师说　　　　**知　识　卡**

廊腰缦回，檐牙高啄；各抱地势，钩心斗角。

——唐·杜牧《阿房宫赋》

中式设计古建筑的室内外结构精巧工整，这里的“心”指宫室中心；“角”指宫室的檐角。古代杰出的中式设计建筑师们为了使宫室的檐角伸向天空最远处，让头上雕有龙头的那根木头能承受住飞檐，便在另一头采用榫卯结构勾住屋心，这一结构与横向同其相扣的短木头统称为斗角。就这样一不用铁钉，二不用粘胶，而凭着传统的榫卯结构技术，便巧妙地把许多木头组合成构件，结合成一个上翘的、具有浓厚民族风格的飞檐三角。

2.4.2.8　汇总查看工程量

(1) 查看板土建工程量

以首层①～②/Ⓔ～Ⓕ左侧板为例，工程量汇总计算完成后，查看土建工程量，如图 2.4.18 所示。

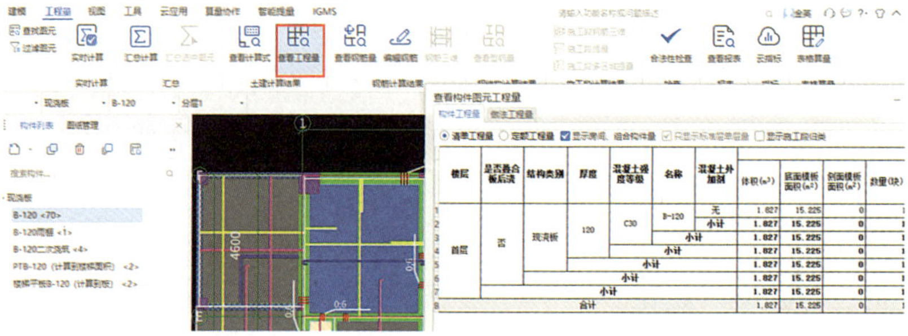

图 2.4.18　首层①～②/Ⓔ～Ⓕ左侧板土建工程量

(2) 查看板钢筋工程量

以首层①～②/Ⓔ～Ⓕ左侧板为例，查看水平受力筋的“编辑钢筋”及“钢筋三维”界面，如图 2.4.19 所示。负筋及温度筋的查看方式同受力筋。

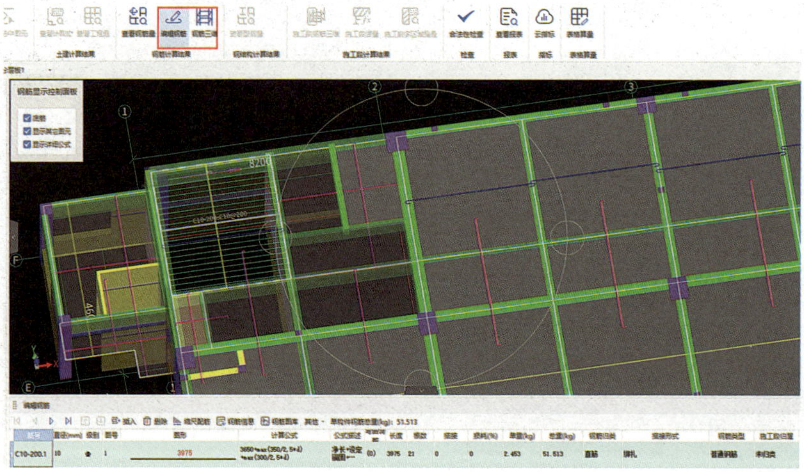

图 2.4.19　首层①～②/Ⓔ～Ⓕ左侧板水平受力筋“编辑钢筋”及“钢筋三维”界面

2.4.3 总结拓展

(1) 查看布筋情况

完成首层现浇板及板筋绘制后,可点击“板受力筋二次编辑”中的“查看布筋情况”“查看布筋范围”,对照图纸检查是否布置完整,可分别对底筋、面筋、温度筋、中间层筋进行检查。

(2) 斜板的绘制

斜板可采用“现浇板二次编辑”中的三点变斜、抬起点变斜、坡度变斜功能进行绘制,斜板的具体绘制方法可扫描右侧二维码查看。

(3) 其他特殊板的绘制

特殊板可采用“现浇板二次编辑”中的设置拱板、设置球板、设置锥板功能进行绘制,特殊板的具体绘制方法可扫描右侧二维码查看。

【扫码演示】

师说

知 识 卡

斜板的应用——坡屋顶

《诗经》里就有“作庙翼翼”之句,说明三千年前的诗人就已经在诗中歌颂祖庙舒展如翼的屋顶。到了汉朝,后世的五种基本屋顶式样也相继出现——四面坡的“庑殿顶”,四面、六面、八面坡或圆形的“攒尖顶”,两面坡但两山墙与屋面齐的“硬山顶”,两面坡而屋面挑出到山墙之外的“悬山顶”,以及上半是悬山而下半是四面坡的“歇山顶”。

古建筑中的坡屋顶展现了中国古代建筑的技术之高超、艺术之精湛、风格之独特,在世界建筑史上自成系统,独树一帜,是我国古代灿烂文化的重要组成部分。

(4) 马凳筋

板的马凳筋设置一般需要参考施工方案,如需设置可在现浇板属性列表中操作。

课后练习与巩固

一、选择题

(1) 在 GTJ2025 软件中,下列不属于受力筋布置的范围是( )。

A. 多板 B. 最小板 C. 自定义范围 D. 选择受力筋范围

(2) 如何查看某根受力筋的布置范围?( )

A. 板负筋二次编辑 B. 查看布筋范围 C. 布置受力筋 D. 查改标注

(3) 在 GTJ2025 软件中,如有多块名称相同的板,且布置的钢筋相同,当首块板钢筋布置完成后,使用( )功能可以快速完成其他板的钢筋布置。

A. 复制钢筋 B. 应用同名板 C. 镜像 D. 复制

二、技能实操题

利用 BIM 计量软件完成首层板的绘制,以及板的土建与钢筋工程量统计。

2.5 楼梯工程量计算

学习目标

能够运用 BIM 计量软件，通过手工建模的方式创建楼梯的三维模型，并基于三维模型辅助进行楼梯土建及钢筋工程量的统计。

2.5.1 任务描述

(1) 正确识读 1＃楼梯详图及其他相关图纸信息；

(2) 根据图纸，以手工建模的方式完成首层 1＃楼梯的属性编辑及三维模型绘制；

(3) 完成首层 1＃楼梯的土建及钢筋工程量统计。

2.5.2 任务实施

2.5.2.1 图纸分析

在 3＃研发楼结施图纸中，结施 25 为 1＃楼梯详图，通过识读结施 25 中的 A—A 剖面图可知：一层楼梯为双跑楼梯，AT1 和 AT2 型楼梯梯段上下均与梯梁连接；二层及以上均为 ATb1 型楼梯，其上端与梯梁连接，下端为带滑动支座的楼梯。

2.5.2.2 现浇混凝土板式楼梯平法知识

(1) 楼梯类型

在国家建筑标准设计图集 22G101-2 中，楼梯包含 14 种类型。楼梯编号由梯板代号和序号组成，如 AT××、BT××、ATa××等。3＃研发楼首层 1＃楼梯梯段为 AT 型板式楼梯，AT 代号代表一段无滑动支座的楼梯，梯板的主体为踏步段；二层及以上楼梯梯段为带滑动支座的 ATb 型板式楼梯，梯板全部由踏步段构成，其梯板高端均支承在梯梁上。ATa 型梯板低端带滑动支座，支承在梯梁上；ATb 型梯板低端带滑动支座，支承在挑板上。

(2) 平面注写方式

楼梯平法施工图有平面注写、剖面注写和列表注写三种表达方式。楼梯的平面布置图应采用适当比例集中绘制，并需要绘制其剖面图。

平面注写方式，系在楼梯平面布置图上注写截面尺寸和配筋具体数值的方式来表达楼梯施工图，包括集中标注和原位标注。

楼梯集中标注的内容有五项，具体规定如下：

① 梯板类型代号与序号，如 AT××。

② 梯板厚度，注写为 h＝×××。踏步段板厚度和平板厚度不同时，可在梯板厚度后面的括号内以字母 P 打头注写平板厚度。例如：h＝130(P150)，130 表示梯板踏步段厚度，150 表示梯板平板的厚度。

③ 踏步段总高度和踏步级数，二者之间以“/”分隔。

④ 梯板上部纵向钢筋(纵筋)、下部纵向钢筋(纵筋)之间以“；”分隔。

⑤ 梯板分布筋：以 F 打头注写分布钢筋具体值，该项也可在图中统一说明。

例如：AT1，$h=120$　梯板类型及编号，梯板板厚

1800/12　踏步段总高度/踏步级数

Φ10@200；Φ12@150　上部纵筋；下部纵筋

F Φ8 @250　梯板分布筋（可统一说明）

2.5.2.3　创建楼梯模型

【扫码演示】

(1) 定义参数化楼梯

以结施 25 中首层 1＃楼梯为例，在“建模”选项卡下，点击左侧导航栏“楼梯”，在“构件列表”中点击“新建”下拉菜单，选择“新建参数化楼梯”，如图 2.5.1 所示。

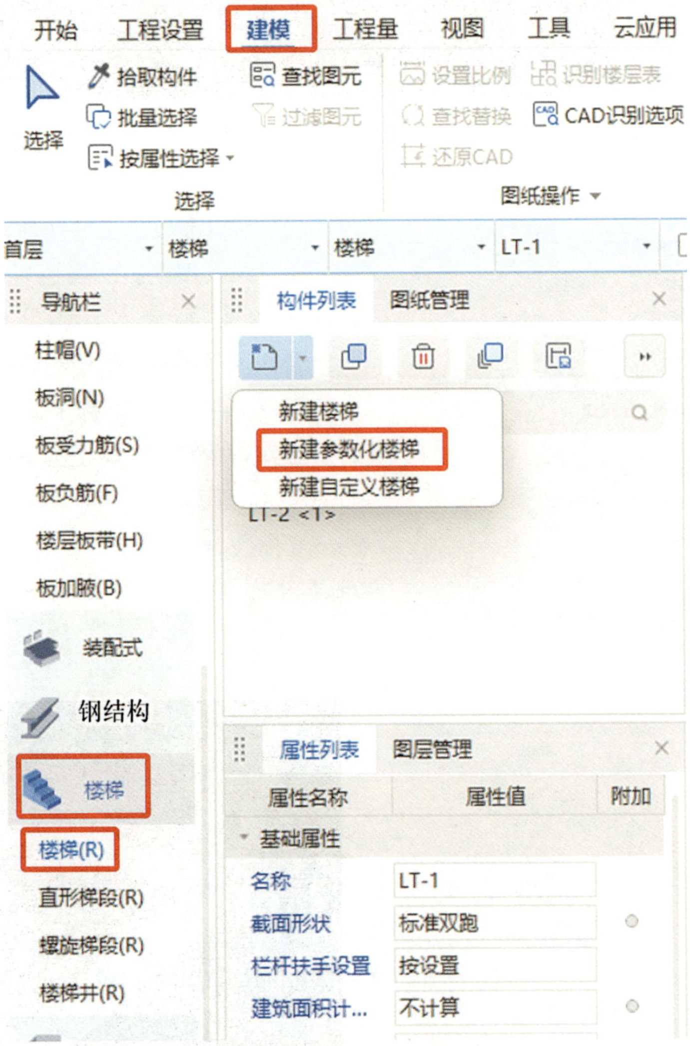

图 2.5.1　新建参数化楼梯

在“选择参数化图形”窗口中，选择参数化截面类型为“标准双跑”，并设置具体尺寸，如图 2.5.2所示，点击“确定”。

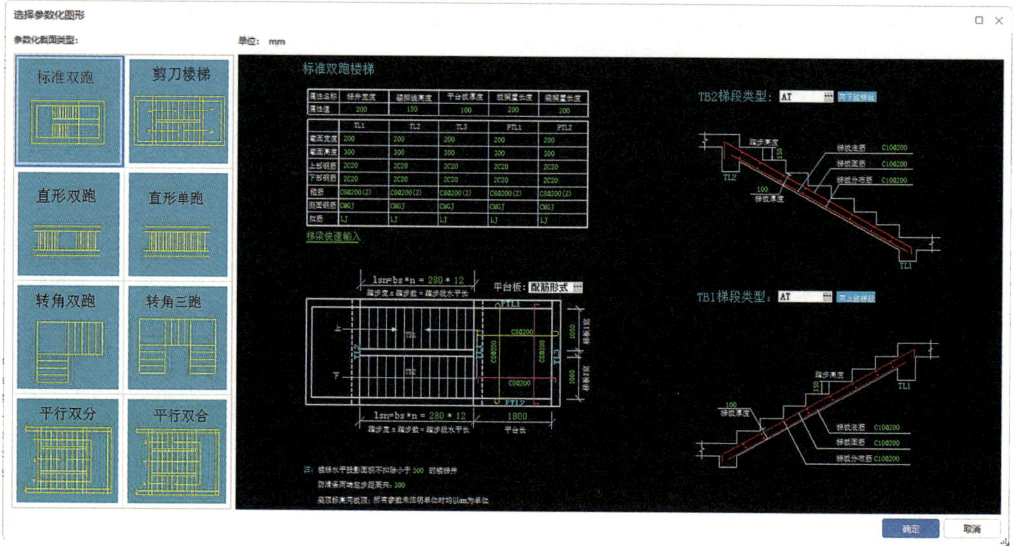

图 2.5.2　参数化图形选择

图 2.5.3　参数化楼梯属性列表

(2) 编辑参数化楼梯属性信息

通过识读图纸，在“属性列表”中输入相应信息，如图 2.5.3 所示。

名称：根据图纸输入构件名称“1＃楼梯”。

栏杆扶手设置：根据建施 13 中的 A—A 剖面图可知，栏杆扶手高度为 900 mm，设置方式如图 2.5.4 所示。

底标高：根据结施 25 中的 A—A 剖面图可知，本楼梯底标高为－0.100 m。

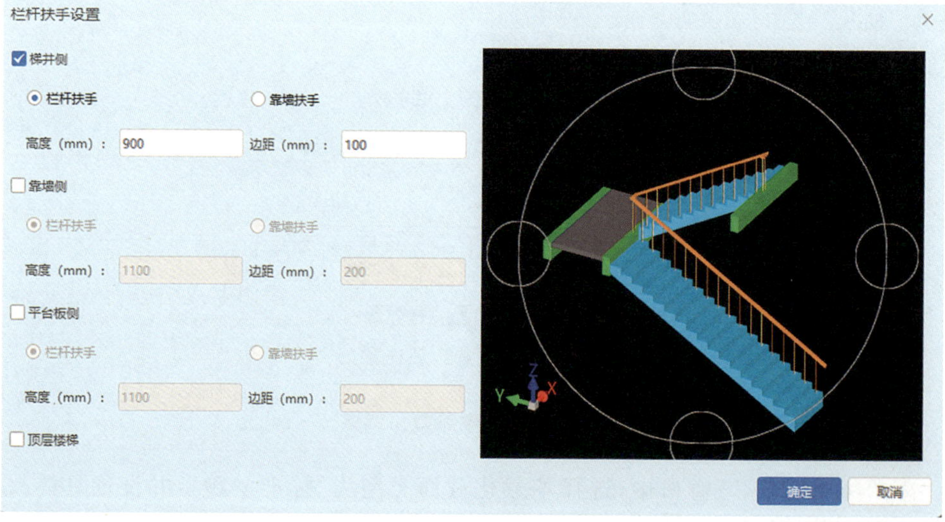

图 2.5.4　栏杆扶手设置

(3) 绘制楼梯

在构件列表中选择相应的楼梯,结合结施 25 中 1＃楼梯标高－0.100 m 层平面图进行绘制,参数化楼梯的绘制均为“点”式绘制。以结施 25 中 ⓧ4与 ⓨ4轴交点处的 1＃楼梯为例,点击“点”式绘制,勾选“旋转点”功能,利用“F4”键改变插入点,绘制完成后如图 2.5.5 所示。

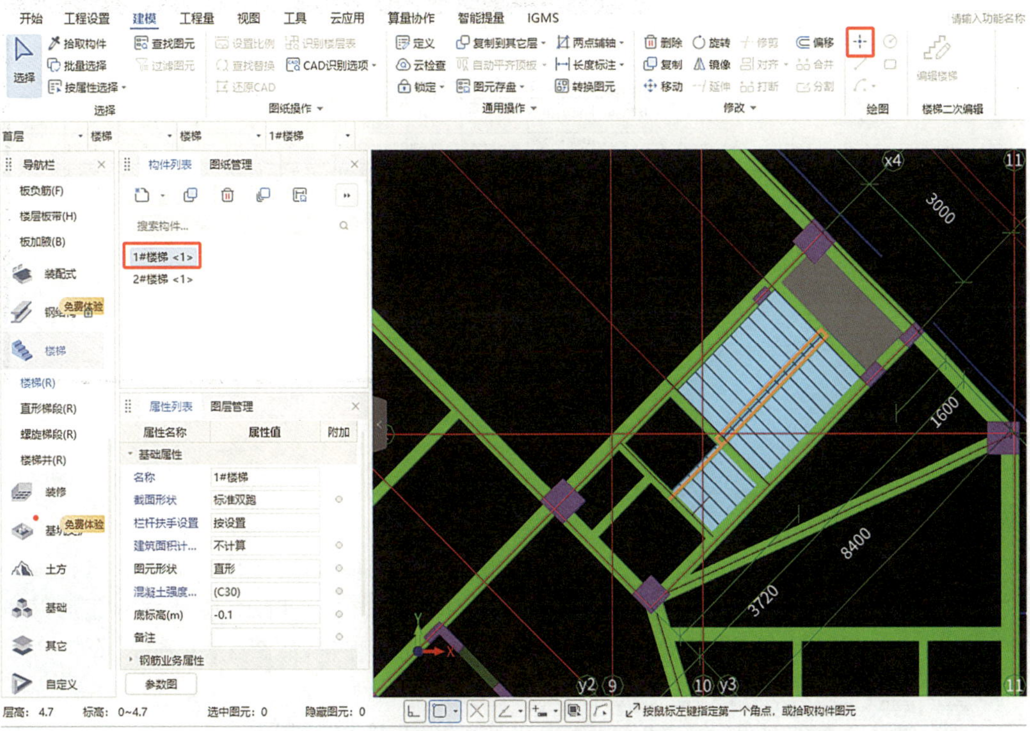

图 2.5.5 绘制楼梯

2.5.2.4 汇总查看工程量

(1) 查看楼梯土建工程量

以首层 1＃楼梯为例,工程量汇总计算完成后,查看土建工程量,如图 2.5.6 所示。

查看构件图元工程量

构件工程量 做法工程量

◉ 清单工程量 ○ 定额工程量 ☑ 只显示标准层单层量 ☐ 显示施工段归类

	楼层	名称	混凝土外加剂	混凝土强度等级	工程量名称																
					水平投影面积(m²)	体积(m³)	模板面积(m²)	底部抹灰面积(m²)	梯段侧面面积(m²)	踏步立面面积(m²)	踏步平面面积(m²)	踢脚线长度(直)(m²)	靠墙扶手长度(m)	栏杆扶手长度(m)	防滑条长度(m)	踢脚线面积(斜)(m²)	踢脚线长度(斜)(m)	梯段体积(m³)	梯段底部面积(m²)	梯段底部抹灰面积(m²)
1	首层	1#楼梯	-	C30	15.942	4.3655	33.9233	22.9163	4.5031	6.5039	10.892	13.5841	0	10.0053	32.7	1.7298	8.167	3.3031	12.5449	12.5449
2				小计	15.942	4.3655	33.9233	22.9163	4.5031	6.5039	10.892	13.5841	0	10.0053	32.7	1.7298	8.167	3.3031	12.5449	12.5449
3			小计		15.942	4.3655	33.9233	22.9163	4.5031	6.5039	10.892	13.5841	0	10.0053	32.7	1.7298	8.167	3.3031	12.5449	12.5449
4		小计			15.942	4.3655	33.9233	22.9163	4.5031	6.5039	10.892	13.5841	0	10.0053	32.7	1.7298	8.167	3.3031	12.5449	12.5449
5	合计				15.942	4.3655	33.9233	22.9163	4.5031	6.5039	10.892	13.5841	0	10.0053	32.7	1.7298	8.167	3.3031	12.5449	12.5449

图 2.5.6 首层 1＃楼梯土建工程量查看

(2) 查看楼梯钢筋工程量

汇总计算完成后,可在“钢筋计算结果”面板中点击“查看钢筋量”命令,点选或拉框选择需要查看的楼梯,软件可同时显示多个楼梯的钢筋工程量计算结果。首层 1＃楼梯查看钢筋量界面如图 2.5.7 所示。

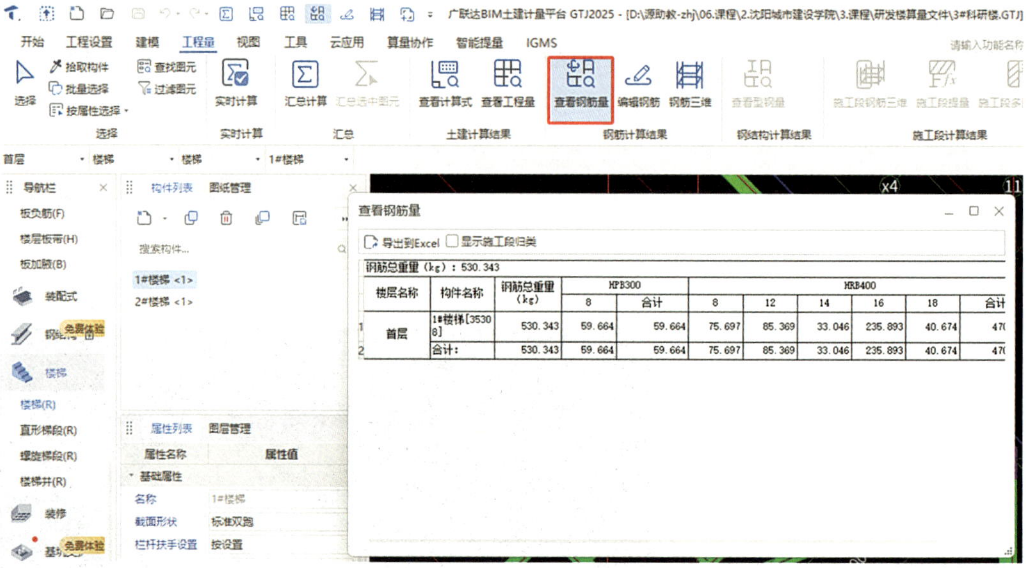

图 2.5.7　首层 1＃楼梯钢筋工程量查看

2.5.3　总结拓展

【扫码演示】

除新建参数化楼梯外，还可以通过新建楼梯或自定义楼梯的方式进行楼梯的绘制，新建楼梯只能统计楼梯的投影面积，如图 2.5.8 所示；除此之外还可以通过表格算量中的参数输入功能统计楼梯的钢筋工程量，如图 2.5.9 所示。

图 2.5.8　新建楼梯

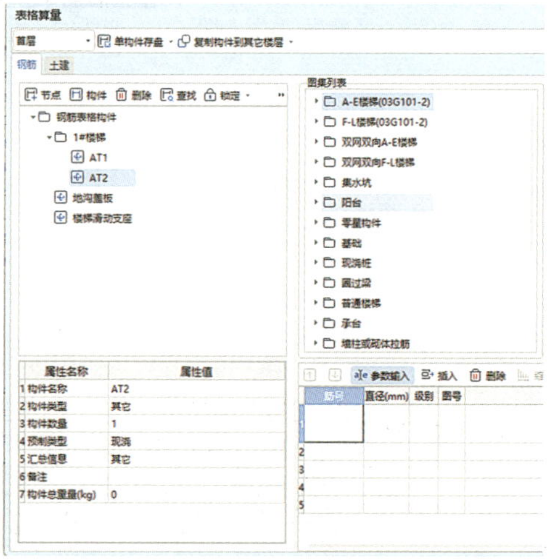

图 2.5.9　表格算量

师说　　**知　识　卡**

中国是最早拥有楼梯雏形——云梯的国家，《墨子·公输》记载："公输盘为楚造云梯之械，成，将以攻宋。"楼梯（云梯）是我国土木建筑鼻祖——鲁班大师最先发明的。

课后练习与巩固

一、选择题

(1) 参数化楼梯的绘制方式为(　　)。

A. “点”式绘制　　B. 直线绘制　　C. 矩形绘制　　D. 三点绘制

(2) 在 GTJ2025 软件中,如果只计算楼梯钢筋应该使用(　　)功能。

A. 建模　　B. 表格算量　　C. 非建模　　D. Excel

3. 在 GTJ2025 软件中,如果只算楼梯投影面积,需要新建(　　)。

A. 楼梯　　B. 参数化楼梯　　C. 自定义楼梯　　D. 直行楼梯

二、技能实操题

根据图纸,以手工建模的方式完成首层 2# 楼梯的定义及绘制,并统计其土建及钢筋工程量。

3 二次结构工程量计算

知识目标

(1) 通过识读工程图纸,掌握砌体墙、门窗洞口、圈梁、过梁、构造柱等二次结构构件的图纸信息;

(2)掌握砌体墙、门窗洞口、圈梁、过梁、构造柱等二次结构构件的平法基本知识。

能力目标

(1) 能够运用 BIM 计量软件,通过手工建模的方式创建砌体墙、门窗洞口、圈梁、过梁、构造柱等二次结构构件的三维模型;

(2) 能够运用 BIM 计量软件准确统计砌体墙、门窗洞口、圈梁、过梁、构造柱等二次结构构件的工程量。

素质目标

(1) 培养认真思考、严于律己的职业素养;

(2) 树立正确的价值观和职业发展观,培养责任心与使命意识。

3.1 砌体墙工程量计算

学习目标

能够运用 BIM 计量软件,通过手工建模的方式创建砌体墙的三维模型,并基于三维模型辅助进行砌体墙土建及钢筋工程量的统计。

3.1.1 任务描述

【扫码演示】

(1) 正确识读一层平面图及其他相关图纸信息;

(2) 根据图纸,以手工建模的方式完成首层砌体墙的属性编辑及三维模型绘制;

(3) 完成首层砌体墙的土建及钢筋工程量统计。

3.1.2 任务实施

3.1.2.1 图纸分析

在3#研发楼建筑图纸中，建施03至建施09为各层建筑平面图，根据建筑设计说明中的墙体工程说明，内墙为90 mm和190 mm厚的混凝土小型空心砌块，外墙为190 mm厚的混凝土小型空心砌块。根据结施02中的结构设计说明第10.1.3条可知，本工程有砌体通长筋，其为提高砌体墙整体性而设置，一般在墙内横向通长布置。本工程后砌填充墙应沿框架柱或混凝土墙全高设置2φ6拉结筋，当墙厚大于240 mm时为3φ6，间距不大于500 mm，拉结筋沿墙全长贯通设置，无横向短筋。

3.1.2.2 创建砌体墙模型

(1) 新建砌体墙

以本工程建施03中的一层平面图为例，点击导航栏"墙"→"砌体墙(Q)"，在"构件列表"中点击"新建"下拉菜单，根据墙体位置选择新建内墙/外墙，如图3.1.1所示。

本工程内墙为90 mm、190 mm厚的混凝土小型空心砌块，外墙为190 mm厚的混凝土小型空心砌块，但是在实际操作中需依据图纸分别按100 mm、200 mm厚建模，不同材质、不同厚度的砌体墙应分别新建构件，便于后期工程量的计算。新建墙体后，在砌体墙的"属性列表"中输入相应信息。以200 mm厚外墙为例，按图纸分析修改属性列表，如图3.1.2所示。

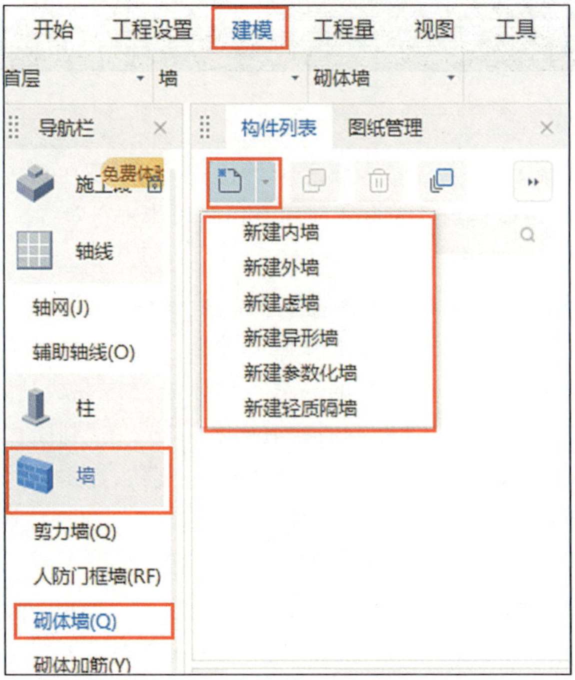

图3.1.1 新建砌体墙

图3.1.2 砌体墙属性列表

名称：根据建筑设计说明中的砌体墙特征命名，如200外墙。

结构类别：分为普通墙、间壁墙、填充墙、虚墙、轻质隔墙。其中，虚墙主要为起分割作用的墙体，不进行工程量计算。本工程应选择普通墙。

厚度：按图纸中的墙厚填写即可。

砌体通长筋：根据结构设计说明第 10.1.3 条可知，本工程墙厚小于 240 mm，应设置 2φ6@500通长筋。

横向短筋：结构设计说明中没有横向短筋，无须填写。

内/外墙标志：根据图纸中墙体所处的位置自行判断。

起点顶标高、终点顶标高：默认为层顶标高。若起点、终点顶标高不同，则墙体为斜墙。

（2）绘制砌体墙

砌体墙的绘制方法分为“直线”“三点弧”“矩形”“圆”等，以一层建筑平面图①～⑦轴/Ⓒ轴的 200 mm 厚外墙为例，在构件列表中选择“200 外墙”，采用直线绘制即可，如图 3.1.3 所示。

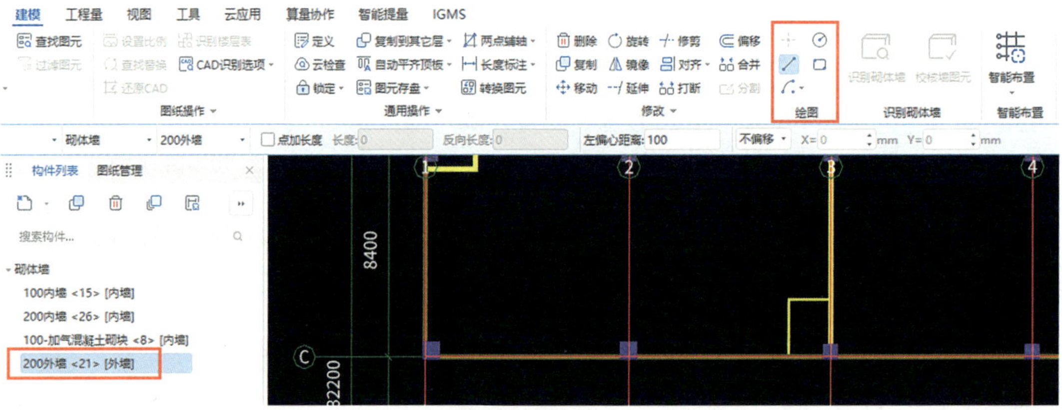

图 3.1.3　绘制砌体墙

图 3.1.4　判断内外墙

绘制时需注意柱与砌体墙之间的位置关系，可在点击起点后按“F4”切换绘制插入点或使用“对齐”功能进行对齐。

（3）内外墙判断

内外墙的标识会影响散水等构件的智能布置，影响平整场地、装饰装修、建筑面积等工程量的计算，因此需要将工程中的墙图元进行内外墙标志的区分。砌体墙绘制完成后，选择“砌体墙二次编辑”面板中的“判断内外墙”，在“判断内外墙”的对话框中选择“当前楼层”或者“选择楼层”，点击“确定”即可，如图 3.1.4 所示。

3.1.2.3　汇总查看工程量

（1）查看砌体墙土建工程量

以首层①～⑦轴/Ⓒ轴的 200 mm 厚外墙为例，工程量汇总计算完成后，点击“查看工程量”，如图 3.1.5 所示。

（2）查看砌体墙钢筋工程量

以首层①～⑦轴/Ⓒ轴的 200 mm 厚外墙为例，点击“查看钢筋量”及“编辑钢筋”，砌体墙无钢筋三维图，如图 3.1.6、图 3.1.7所示。

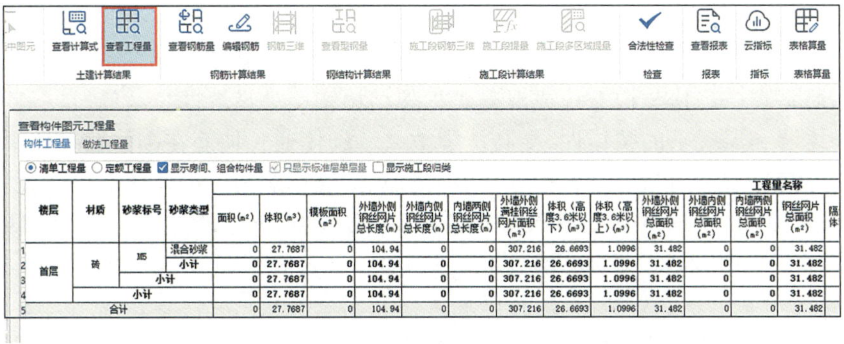

	楼层	材质	砂浆标号	砂浆类型	面积(m²)	体积(m³)	模板面积(m²)	外墙外侧钢丝网片总长度(m)	外墙内侧钢丝网片总长度(m)	内墙两侧钢丝网片总长度(m)	外墙外侧满挂钢丝网片面积(m²)	体积（高度3.6米以下）(m³)	体积（高度3.6米以上）(m³)	外墙外侧钢丝网片总面积(m²)	外墙内侧钢丝网片总面积(m²)	内墙两侧钢丝网片总面积(m²)	钢丝网片总面积(m²)
1	首层	砖	M5	混合砂浆	0	27.7687	0	104.94	0	0	307.216	26.6693	1.0996	31.482	0	0	31.482
2				小计	0	27.7687	0	104.94	0	0	307.216	26.6693	1.0996	31.482	0	0	31.482
3			小计		0	27.7687	0	104.94	0	0	307.216	26.6693	1.0996	31.482	0	0	31.482
4		小计			0	27.7687	0	104.94	0	0	307.216	26.6693	1.0996	31.482	0	0	31.482
5	合计				0	27.7687	0	104.94	0	0	307.216	26.6693	1.0996	31.482	0	0	31.482

图 3.1.5　首层①～⑦轴/Ⓒ轴的 200 mm 厚外墙土建工程量

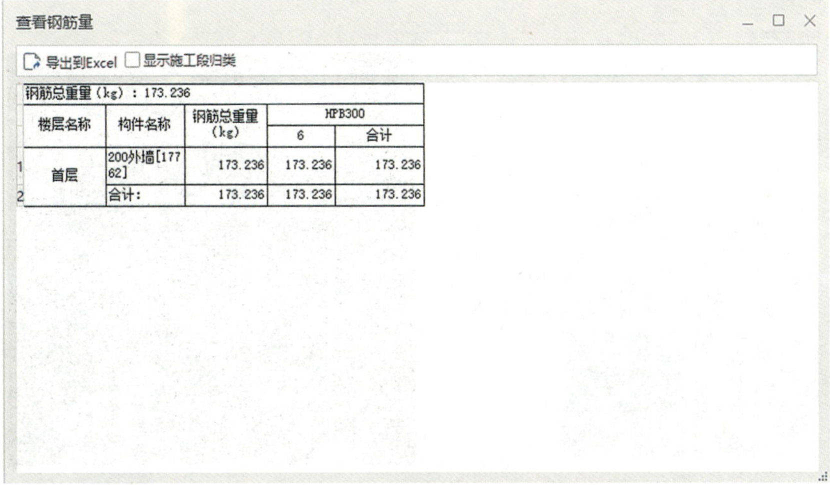

钢筋总重量（kg）：173.236

	楼层名称	构件名称	钢筋总重量(kg)	HPB300 6	HPB300 合计
1	首层	200外墙[17762]	173.236	173.236	173.236
2		合计：	173.236	173.236	173.236

图 3.1.6　首层①～⑦轴/Ⓒ轴外墙钢筋量

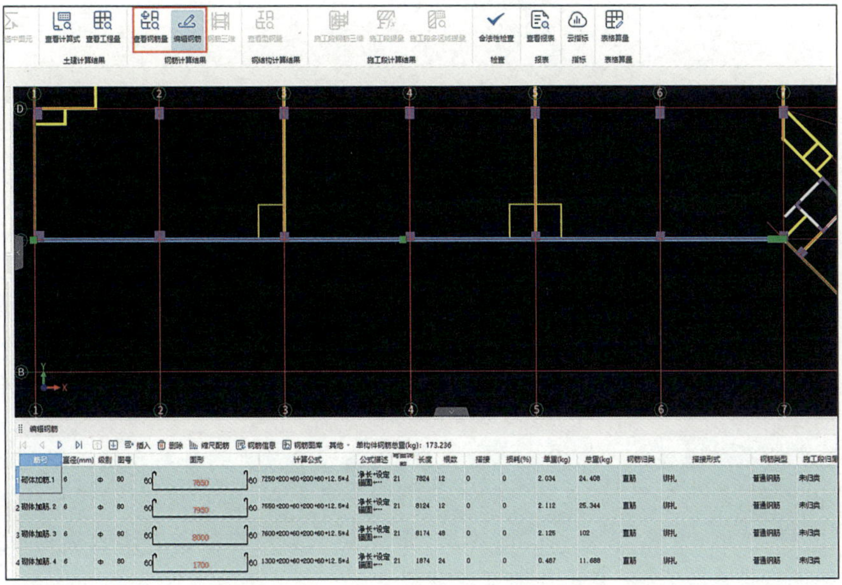

	筋号	直径(mm)	级别	图号	图形	计算公式	公式描述	弯曲调整	长度	根数	搭接	损耗(%)	单重(kg)	总重(kg)	钢筋归类	搭接形式	钢筋类型
1	砌体加筋.1	6	Φ	80	60 7650 60	7250+200+60+200+60+12.5*d	净长+设定锚固+…	21	7824	12	0	0	2.034	24.408	直筋	绑扎	普通钢筋
2	砌体加筋.2	6	Φ	80	60 7950 60	7550+200+60+200+60+12.5*d	净长+设定锚固+…	21	8124	12	0	0	2.112	25.344	直筋	绑扎	普通钢筋
3	砌体加筋.3	6	Φ	80	60 8000 60	7600+200+60+200+60+12.5*d	净长+设定锚固+…	21	8174	48	0	0	2.125	102	直筋	绑扎	普通钢筋
4	砌体加筋.4	6	Φ	80	60 1700 60	1300+200+60+200+60+12.5*d	净长+设定锚固+…	21	1874	24	0	0	0.487	11.688	直筋	绑扎	普通钢筋

图 3.1.7　首层①～⑦轴/Ⓒ轴外墙编辑钢筋界面

3.1.3 总结拓展

砌体加筋是在砖砌体与构造柱或混凝土框架结构相交处设置的拉结筋，是一种构造措施，用来加强砌体墙和混凝土的整体性，提高抗震效果。砌体通长加筋在砌体墙属性中设置，砌体非通长加筋可在导航栏的“砌体墙”中选择“砌体加筋”进行绘制。砌体加筋根据设置部位不同分为十字形、L 形、T 形、一字形。选择导航栏中的“砌体墙”→“砌体加筋”→“新建砌体加筋”，在参数化截面类型中选择所需加筋形式，如 L-1 形，在对话框右侧输入各段钢筋长度后单击“确定”，在属性列表中修改加筋信息，并以点画的方式绘制到相应位置，如图 3.1.8、图 3.1.9 所示。当工程中砌体加筋形式较多时，可选择“砌体加筋二次编辑”中的“生成砌体加筋”，设置各类加筋形式参数后生成即可。

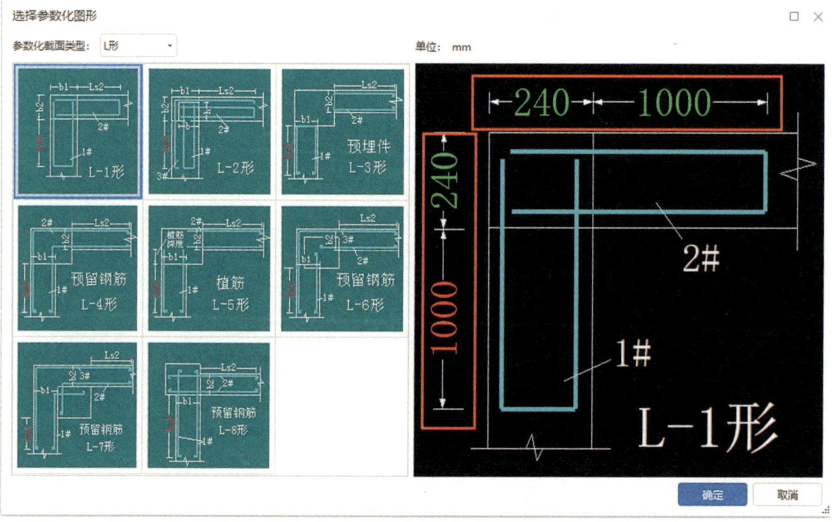

图 3.1.8 砌体加筋参数化图形

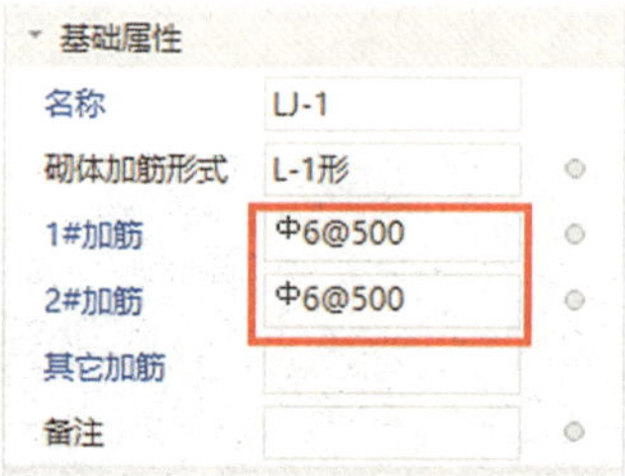

图 3.1.9 砌体加筋属性列表

师说

知 识 卡

中华民族的脊梁——长城

万里长城是中国也是世界上修建时间最长、工程量最大的一项砌筑工程，其建筑布局遵循“因地形、用制险塞”的原则，材料上遵循“就地取材、因材施用”的原则，结构上是由城墙、敌楼、关城、墩堡、营城、卫所、镇城、烽火台等多种防御工事所组成的一个完整的军事防御工程体系，是中华民族的建筑瑰宝。

课后练习与巩固

一、选择题

(1) 剪力墙两排钢筋信息的输入方式为(　　)。

A.(1)Φ12/(1)Φ14@100+(1)Φ12/Φ10@100

B.(1)Φ12/(1)Φ14@100/(1)Φ12/Φ10@100

C.(1)Φ12/(1)Φ14@100\(1)Φ12/Φ10@100

D.(1)Φ12/(1)Φ14@100,(1)Φ12/Φ10@100

(2) 通过判断内外墙功能成功判断内外墙后,内外墙区分的标志是(　　)。

A. 内外墙颜色显示不同　　B. 内外墙颜色相同

C. 内外墙图元样显示不同　　D. 内外墙形状显示不同

(3) 在 GTJ2025 软件中,在砌体墙与框架柱、构造柱、剪力墙相交位置生成砌体加筋,以下(　　)形式无法生成。

A. T 形　　B. L 形　　C. 一字形　　D. U 形

二、技能实操题

利用 BIM 计量软件完成首层砌体墙的绘制与工程量统计。

3.2 门窗洞口工程量计算

学习目标

能够运用 BIM 计量软件,通过手工建模的方式创建门窗洞口的三维模型,并基于三维模型辅助进行门窗工程量的统计。

【扫码演示】

3.2.1 任务描述

(1) 正确识读图纸中的门、窗构件相关信息;

(2) 根据图纸,以手工建模的方式完成首层门窗构件的属性编辑及三维模型绘制;

(3) 完成首层门、窗构件的工程量统计。

【扫码演示】

3.2.2 任务实施

3.2.2.1 图纸分析

在 3#研发楼建施图纸中,建施 03 至建施 09 为建筑平面图,通过建筑平面图可识读每层门窗的位置及宽度、数量等信息。建施 21 至建施 22 为门窗统计表与大样图。

在图纸中,编号 C 表示窗,编号 M 表示门,编号根据需要可组合使用。如 C0821 表示窗户宽 800 mm、高 2100 mm。但也要注意带后缀的情况,如 C0821a、C0821′、C0821-1、C0821+,这类编号可能不表示整数尺寸,需要根据门窗表确认具体尺寸。常见的门窗编号有防火门 FM、铝合金窗 LC、门联窗 MLC、外门 WM 等。

3.2.2.2　创建门窗模型

(1) 定义门窗

① 新建门窗

以建施 21 中门窗统计表中的 LC2410 为例,在“建模”选项卡下,点击导航栏中的“门窗洞”→“门(M)”或“窗(C)”,在“构件列表”中点击“新建”下拉菜单,选择“新建矩形窗”,如图 3.2.1所示。根据实际工程中门窗的形式,还可定义异形门窗、参数化门窗、标准门窗。

② 编辑门窗属性信息

根据建施 21 中的门窗统计表,在“属性列表”中输入 LC2410 相应信息,如图 3.2.2 所示。

图 3.2.1　新建矩形窗

图 3.2.2　窗 LC2410 属性列表

名称:根据门窗统计表输入构件名称,如 LC2410。

洞口宽度:未安装门窗的洞口净空宽度,根据门窗统计表填写。

洞口高度:未安装门窗的洞口净空高度,根据门窗统计表填写。

离地高度:门窗底标高至本层楼层底标高之间的距离,可通过剖面图、立面图确认离地高度。

(2) 绘制门窗

门窗的常用绘制方法分为“点”式绘制、“智能布置”及“精确布置”三种。

① “点”式绘制

在构件列表中选择要绘制的门窗构件,一般配合“Shift+鼠标左键”的偏移功能指定插入点,按图纸位置单击“点”绘即可。

② 智能布置

在构件列表中选择要绘制的门窗构件,单击“智能布置”下的“墙段中点”,选择需要居中布置的门窗墙段，单击鼠标右键即可。

③ 精确布置

在构件列表中选择要绘制的门窗构件，单击“精确布置”，将需要布置门窗的墙段设置为参考点，在“偏移”对话框中输入距离，按下回车键即完成绘制。以 LC2410 为例，在“建模”选项卡下，点击导航栏中的“门窗洞”→“窗(C)”，在“构件列表”中选择 LC2410，单击智能布置中的“精确布置”按钮，单击⑦轴/Ⓒ轴的交点，向左偏移 850 mm(测量距离)，将偏移值填入“偏移值”对话框中，按下回车键确定。

3.2.2.3 汇总查看工程量

以 LC2410 为例，工程量汇总计算完成后，查看门窗工程量，如图 3.2.3 所示。

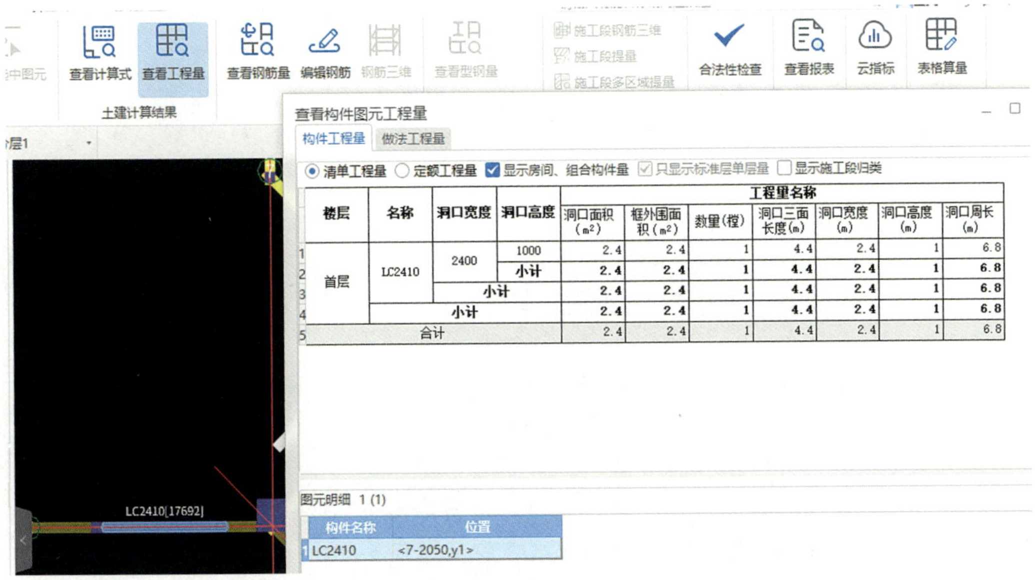

图 3.2.3 查看门窗工程量

师说

知 识 卡

中国古代建筑的门，在不同的地区有着不同的特点和风格，门的样式、造型各异。由于门的造型、装饰也是身份、地位的象征，因此有着十分明确的区别。如皇家贵族才有大门，还有金柱大门、如意门等多种等级，而一般平民百姓居住的则都是普通小门楼。

3.2.3 总结拓展

BIM 计量软件中的“门窗洞”模块，除了可进行门、窗绘制外，还可进行门联窗、墙洞、带形窗、带形洞、飘窗、老虎窗、过梁及壁龛的绘制，在实际工程建模时可按需选用。在本节门窗的绘制中，应注意窗户离地高度的准确设定，其高度设定会影响过梁的绘制及工程量统计，离地高度应为当前楼层底标高(结构标高)至窗底标高的距离。

课后练习与巩固

一、选择题

(1) 在GTJ2025软件中,下列关于门窗的表述错误的是(　　)。

A. 门窗洞构件属于墙的附属构件,必须绘制在墙上

B. 门构件按照洞口形状可以分为矩形门、异形门、参数化门、标准门四种类型

C. 窗构件按照洞口形状可以分为矩形窗、异形窗、参数化窗、标准窗四种类型

D. 离地高度:门或窗底部的标高,单位为m

(2) 在GTJ2025软件中,无法使用精确布置功能的构件是(　　)。

A. 门　　B. 窗　　C. 柱　　D. 墙洞

(3) 在GTJ2025软件中,门窗可以使用(　　)功能键进行布置。

A. 矩形绘制　　B. 线式绘制　　C. 智能布置　　D. 识别门窗表

二、技能实操题

利用BIM计量软件完成首层门窗的绘制与工程量统计。

3.3　圈梁、过梁、构造柱工程量计算

学习目标

能够运用BIM计量软件,通过手工建模的方式创建圈梁、过梁、构造柱的三维模型,并基于三维模型辅助进行圈梁、过梁、构造柱的土建及钢筋工程量统计。

【扫码演示】

3.3.1　任务描述

(1) 正确识读结构设计说明中圈梁、过梁、构造柱的相关图纸信息;

(2) 根据图纸,以手工建模的方式完成首层圈梁、过梁、构造柱的属性编辑及三维模型绘制;

(3) 完成首层圈梁、过梁、构造柱的土建及钢筋工程量统计。

【扫码演示】

3.3.2　任务实施

3.3.2.1　图纸分析

(1) 圈梁

通过3#研发楼结构设计说明中的第10.1.7条可识读本工程圈梁的尺寸及钢筋信息,如图3.3.1所示。

【扫码演示】

(2) 过梁

3#研发楼结构设计说明中的第10.1.8条为过梁信息,如图3.3.2所示。

10.1.7 后砌填充墙中水平系梁的构造

1)当后砌填充墙高度超过4m时,应在墙高中部或洞口顶部设置一道与框架柱、混凝土墙及构造柱整浇,且沿墙长贯通的水平系梁。

2)水平系梁截面高度不宜小于60mm,与墙同宽。纵筋不宜小于2Φ10,拉筋为Φ8@300。

3)当墙顶部未砌至上方的梁板时,应在墙顶部设置一道压顶圈梁或压顶现浇带。当墙厚>120mm时,压顶圈梁截面尺寸为墙厚X120mm,纵筋不宜小于4Φ10,箍筋为Φ8@200;当墙厚≤120mm时,压顶现浇带截面尺寸为墙厚X60mm,纵筋不宜小于2Φ10,拉筋为Φ8@200。

4)框架柱或混凝土墙预留压顶圈梁或压顶现浇带钢筋做法同水平系梁,预留水平系梁钢筋做法详见国际图集12G614-1第10页。预留压顶圈梁钢筋做法同水平系梁。

图 3.3.1　圈梁说明

10.1.8 门窗过梁构造

1)后砌填充墙门窗洞口顶部应设置钢筋混凝土过梁,过梁可按国标图集12SG121-1第29页"现浇钢筋混凝土过梁"图和"过梁选用表"选用。

过梁选用表

洞宽L_n(mm)	h(mm)	①	②	③
≤1000	120	2Φ8	2Φ8	Φ6@200
1000≤L_n≤1500	120	2Φ10	2Φ8	Φ6@150
2100≤L_n≤2100	180	2⌽12	2Φ8	Φ6@150
2100≤L_n≤2700	180	2⌽14	2Φ10	Φ6@150
2700≤L_n≤3300	240	3⌽14	2Φ10	Φ6@150
3300≤L_n≤4200	300	3⌽16	2⌽12	Φ6@150

注：1.过梁混凝土强度等级为C20。
2.计算时仅考虑过梁自重和过梁上240厚、L_n/3高度的普通砖墙或L_n/2高度的空心砌块墙体均布荷载，当超过此荷载或过梁上作用有其他荷载时，应另行计算。

2)当洞口上方有梁通过,且该梁底与门窗洞顶的距离小于过梁梁高时,可直接在上方梁下挂板;做法可参照国标图集12SG121-1第29页"梁底挂板做法示意"图。

3)当过梁遇柱或混凝土墙,其搁置长度不满足要求时,在柱或混凝土墙中预留过梁钢筋,做法详见国标图集12G614-1中第10页。

图 3.3.2　过梁说明

(3) 构造柱

在结施 11 中有本层构造柱大样图 GZ1～GZ6,其标高同框架柱,为－0.150～4.700 m。构造柱的位置依据结构设计说明中的第 10.1.4 条进行设置,如图 3.3.3 所示。

10.1.4 后砌填充墙中构造柱的构造要求(适用于墙高不超过6米、顶部为非自由端的情况;如超限,见10.1.13条)

1)外墙构造柱的布置详见结施图,内墙参照国标图集12 G614-1第18~20页,按以下要求设置构造柱:

a.内外墙交接处和转角处设置;

b.当墙长度超过5m或层高的2倍时,应在填充墙中部设置,且间距不宜大于4m。

c.当填充墙顶部未砌至上方的梁板时,应在墙内设置,间距不应大于3.0m;且应按10.1.13条第 1)款规定设置压顶圈梁。

d.当填充墙端部无主体结构或垂直墙体与之拉结时,应在端部设置;

e.当洞口宽度大于3.0m时,或抗震设计洞口宽度大于2.1m(6,7度)、1.5m(8度)时应在洞口两侧设置;

f.当外围护墙砌筑在悬挑梁上时,应在墙体端部设置;

g.当电梯井道采用砌体时,应在电梯井道四角设置;

h.当填充墙设置水平带形窗时,应在带形窗下填充墙内设置,间距不大于2.5m,构造柱顶与带形窗台高度处的钢筋混凝土压顶圈梁整浇;

j.外窗间墙中无框架柱处设置。

2)构造柱截面尺寸不小于填充墙厚X200mm,纵筋不应小于4 Φ10 (墙厚>120mm),箍筋为Φ6 @200或纵筋不应小于2 Φ10 (墙厚≤120mm),拉筋为Φ6 @200。

3)构造柱纵筋的锚固做法详见国标图集12 G614-1第10、15页。

4)构造柱与填充墙的拉结做法详见国标图集12 G614-1第16、26页。

5)构造柱施工应满足国标图集12 G614-1第6.10条要求,填充墙中的构造柱应先砌墙后浇构造柱。

图 3.3.3 构造柱说明

3.3.2.2 创建圈梁、过梁、构造柱模型

(1) 圈梁

师说 知 识 卡

圈梁是沿建筑物的外墙、内纵墙和部分横墙设置的连续封闭的梁,用来加强房屋的空间刚度和整体性,防止由基础不均匀沉降、振动荷载等引起的墙体开裂。

不同抗震设防烈度要求下,现浇钢筋混凝土圈梁的设置范围、位置和要求不同,要坚持具体问题具体分析,坚持普遍性与特殊性相结合。

① 新建圈梁

点击导航栏中的"梁"→"圈梁(E)",在"构件列表"中点击"新建"下拉菜单,选择"新建矩形圈梁",如图 3.3.4 所示。由于本工程墙体宽度分为 100 mm、200 mm 两种,在墙高超过 4 m 时,需要新建 2 种圈梁,圈梁宽度分别为 100 mm、200 mm。下面以"墙高大于 4 m 圈梁-200"为例进行圈梁的新建及绘制。

根据结构设计说明中第 10.1.7 条可知,该水平系梁高度不宜小于 60 mm,厚度与墙的厚度相同,纵筋不宜小于 2 ⌀ 10,拉筋为⌀ 8@300,箍筋肢数为 1,"墙高大于 4 m 圈梁-200"的属性信息编辑如图 3.3.5 所示。

图 3.3.4　新建圈梁

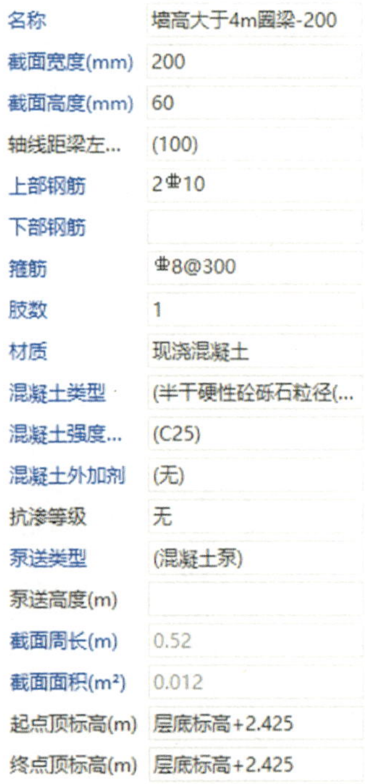

名称	墙高大于4m圈梁-200
截面宽度(mm)	200
截面高度(mm)	60
轴线距梁左...	(100)
上部钢筋	2⌀10
下部钢筋	
箍筋	⌀8@300
肢数	1
材质	现浇混凝土
混凝土类型	(半干硬性砼砾石粒径(...
混凝土强度...	(C25)
混凝土外加剂	(无)
抗渗等级	无
泵送类型	(混凝土泵)
泵送高度(m)	
截面周长(m)	0.52
截面面积(m²)	0.012
起点顶标高(m)	层底标高+2.425
终点顶标高(m)	层底标高+2.425

图 3.3.5　定义 200 圈梁

名称：根据墙厚修改构件名称。

截面宽度、截面高度：截面宽度同墙厚，为 200 mm；截面高度为 60 mm。

上部钢筋：输入 2⌀10。

箍筋：输入格式为“数量＋级别＋直径＋肢数”，肢数不输入时按肢数属性中的数据计算。圈梁的箍筋信息为⌀8@300。

箍筋肢数：根据结构设计说明中第 10.1.7 条可知，箍筋肢数应为 1。

混凝土强度等级：默认为楼层混凝土强度和锚固搭接设置中设定的混凝土强度等级，若与默认不同，可根据图纸实际情况进行修改。根据结构设计说明中第 6.1.3 条中的混凝土强度表可知，圈梁的混凝土强度等级为 C25。

起点、终点顶标高：根据结构设计说明中的第 10.1.7 条确定圈梁在图纸中的位置。当后砌填充墙高度超过 4 m 时，应在墙高中部或洞口顶部设置一道与框架柱、混凝土墙及结构柱整浇且沿墙长贯通的水平系梁。本工程按墙高中部进行设置，首层层高为－0.150～4.700 m，故将圈梁起点顶标高和终点顶标高设置为层底标高＋2.425 m。

② 绘制圈梁

圈梁的绘制方式分为“直线”绘制、“智能布置”“生成圈梁”三种。本工程建议采用“智能布置”或“生成圈梁”的方式绘制圈梁。

a. 智能布置：点击左侧导航栏中的“梁”→“圈梁(E)”，在构件列表中选择“墙高大于 4 m 圈梁-200”，点击“智能布置”后选择“墙中心线”，单击要布置的砌体，单击鼠标右键确定即可，如图 3.3.6 所示。

b. 生成圈梁：点击左侧导航栏中的“梁”→“圈梁(E)”，点击“圈梁二次编辑”面板中的“生

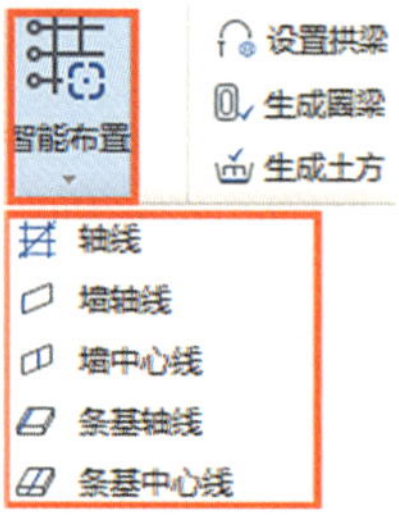

图 3.3.6　圈梁智能布置

成圈梁”，弹出的“生成圈梁”窗口包含三部分内容：第一部分为“生成位置”，第二部分为“圈梁属性”，第三部分为“生成方式”。根据结构设计说明中第 10.1.7 条，“生成位置”选择墙净高大于 4 m 时，在墙半高或洞口顶设置圈梁。“圈梁属性”中依次输入圈梁高、圈梁宽、钢筋信息等，有不同属性的圈梁，还可以添加行。以本工程 2 个水平系梁为例，设置如图 3.3.7 所示。“生成方式”可以选择图元也可以选择楼层，如果选择图元则在点击确定后需要框选或点选要生成圈梁的砌体墙图元，满足条件的圈梁就会自动生成。生成圈梁时若有圈梁不符合自动生成的条件，在自动生成完圈梁后，可用“直线”“智能布置”等方式补充绘制其他条件下需要生成的圈梁。

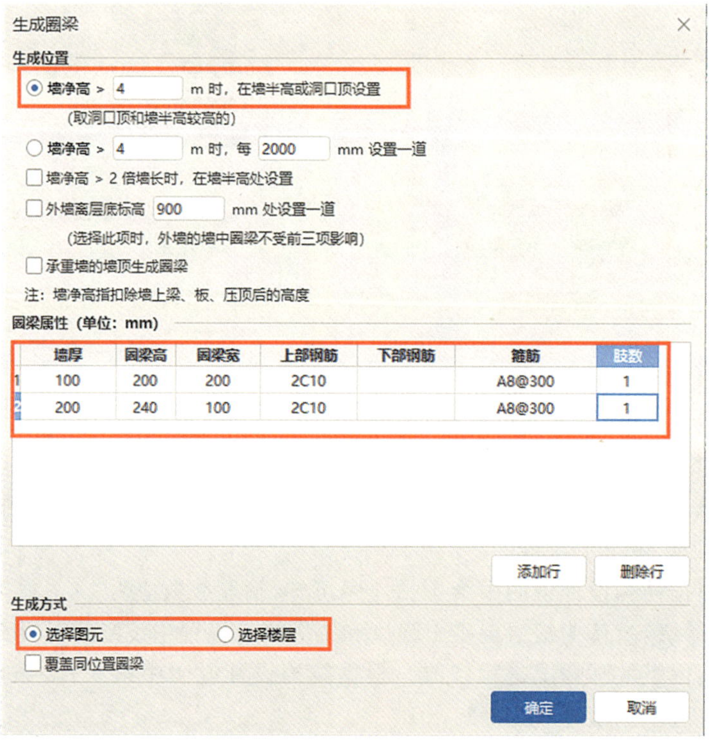

图 3.3.7　生成圈梁

（2）过梁

师说

知　识　卡

过梁是为了支撑洞口上部砌体所传来的各种荷载而在门窗洞口上设置的横梁。应根据墙体荷载和振动荷载的不同来设计过梁的结构类型和形式。在古代，没有钢筋混凝土或者钢材，能用作过梁的只有石材和木材。但石材加工比较困难，力学性能也参差不齐，木材则耐久性不好，存在火灾隐患。而且这两种材料的力学性能并不出色，很难应对宽度很大的窗洞。因此，石材过梁、木材过梁只能用在比较次要的小型窗户上。

① 新建过梁

点击导航栏中的"门窗洞"→"过梁(G)",在"构件列表"中点击"新建"下拉菜单,选择"新建矩形过梁",如图3.3.8所示。

以图3.3.2所示过梁选用表中的过梁 $1000<L_n\leqslant1500$ 为例,在"属性列表"中输入相应信息,如图3.3.9所示。

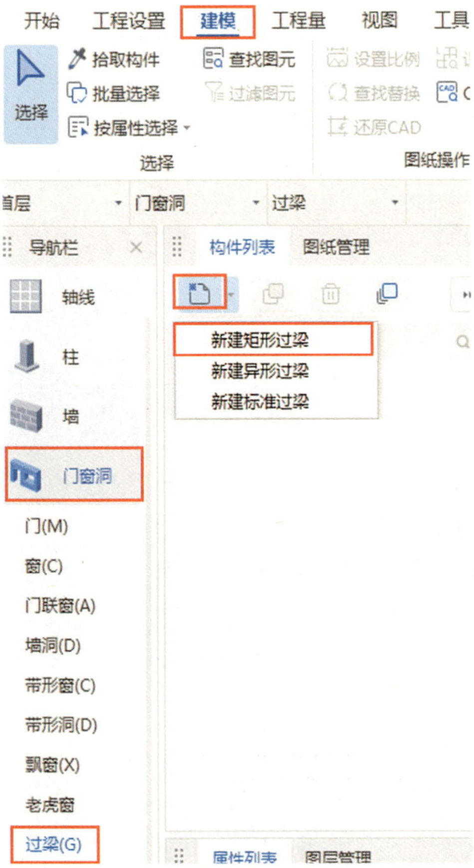

图3.3.8 新建过梁

图3.3.9 定义过梁 $1000<L_n\leqslant1500$

名称:根据图纸输入构件名称 $1000<L_n\leqslant1500$。

截面宽度:无须填写,自动按墙厚计算。

全部纵筋:输入格式为"数量+级别+直径",不同的钢筋信息用"+"连接。注意此处应输入截面内的全部纵筋。

上部纵筋、下部纵筋:输入格式为"数量+级别+直径",不同的钢筋信息用"+"连接,注意当"全部纵筋"为空时此处才可输入。过梁 $1000<L_n\leqslant1500$ 的上部纵筋为2ϕ10、下部纵筋为2ϕ8。

箍筋:输入格式为"数量+级别+直径+肢数",肢数不输入时按肢数属性中的数据计算。

混凝土强度等级:默认为楼层混凝土强度和锚固搭接设置中设定的混凝土强度等级,若与默认不同,可根据图纸实际情况进行修改。根据结构设计说明中第6.1.3条中的混凝土强度表可知,过梁的混凝土强度等级为C25。

② 绘制过梁

过梁的绘制方式分为“点”式绘制与“智能布置”方式绘制，建议使用“智能布置”方式绘制。智能布置有四种不同条件，见图 3.3.10，可根据图纸中的具体情况选择。以 FM 乙 1521 的过梁为例，在构件列表中选择过梁 $1000<L_n\leqslant1500$，点击“智能布置”，选择“门、窗、门联窗、墙洞、带型窗、带型洞”，点选需要布置的门窗，或按“F3”键在批量选择对话框中选择 FM 乙 1521，单击“确定”，检查高亮显示的蓝色门窗，无误后单击鼠标右键确认。

图 3.3.10　过梁智能布置

(3) 构造柱

① 新建构造柱

以结施 11 中的 GZ1 为例，在“建模”选项卡下，点击左侧导航栏中的“柱”→“构造柱(Z)”，在“构件列表”中点击“新建”下拉菜单，选择“新建矩形构造柱”，如图 3.3.11 所示。

根据结施 11 中的 GZ1 详图，在“属性列表”中输入相应信息，如图 3.3.12 所示。

图 3.3.11　新建构造柱

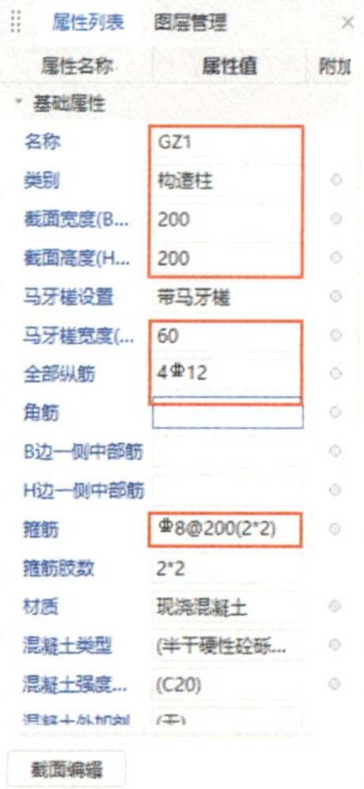

图 3.3.12　定义构造柱

名称：根据图纸输入构件名称 GZ1。

类别：分为构造柱与抱框，GZ1 为构造柱。

截面宽度、截面高度：输入时注意区分 B 边、H 边。GZ1 截面宽度、截面高度均为 200 mm。

马牙槎设置：构造柱与填充墙连接处应砌成马牙槎，按规范每隔 300 mm 的高度增加 300 mm

高、60 mm 宽的马牙槎，结构设计说明中若无特殊要求则按规范处理。

全部纵筋：输入格式为“数量＋级别＋直径”，不同的钢筋信息用“＋”连接。注意此处应输入构造柱截面内的全部纵筋，包含角筋、B 边一侧中部筋、H 边一侧中部筋。

角筋：输入格式为“数量＋级别＋直径”，不同的钢筋信息用“＋”连接，注意当“全部纵筋”为空时此处才可输入。GZ1 角筋为 4⌀12。

B 边一侧中部筋：输入格式为“数量＋级别＋直径”，不同的钢筋信息用“＋”连接，注意当“全部纵筋”为空时此处才可输入。GZ1 无 B 边一侧中部筋，此处不填。

H 边一侧中部筋：输入格式为“数量＋级别＋直径”，不同的钢筋信息用“＋”连接，注意当“全部纵筋”为空时此处才可输入。GZ1 无 H 边一侧中部筋，此处不填。

箍筋：输入格式为“数量＋级别＋直径＋肢数”，肢数不输入时按肢数属性中的数据计算。GZ1 箍筋信息为⌀8@200(2×2)。

箍筋肢数：根据结施 11 中的 GZ1 截面注写可知，GZ1 箍筋肢数为 2×2，也可点击属性框中的 3 点按钮进行箍筋 B 边、H 边箍筋肢数设定。

混凝土强度等级：默认为楼层混凝土强度和锚固搭接设置中设定的混凝土强度等级，若与默认不同，可根据图纸实际情况进行修改。根据结构设计说明中第 6.1.3 条中的混凝土强度表可知，构造柱的混凝土强度等级为 C20。

顶标高、底标高：默认为层底标高、层顶标高。

② 绘制构造柱

在构件列表中选择相应的构造柱，采用“点”式绘制。结合结构设计说明中第 10.1.4 条中的构造柱说明确定构造柱位置，也可通过“构造柱二次编辑”面板中的“生成构造柱”定义构造柱属性，根据说明条件选择构造柱布置位置即可自动生成。

师说

知　识　卡

构造柱的功能及设置位置

在唐山大地震之前，我国建筑行业是没有构造柱的概念的。但有一位很有心的结构师在设计唐山的一栋多层砖混结构时，坚持设计了 9 根构造柱。就是这 9 根构造柱，使得该建筑经受住了唐山大地震的考验，尽管它裂缝很严重，但没有坍塌，可见这 9 根构造柱的强大作用。

砌体结构中设置钢筋混凝土柱被正式纳入我国抗震设计规范，始于 1978 年的《工业与民用建筑抗震设计规范》(TJ 11—78)。当时唐山大地震刚过，总结和试验工作刚刚开始，但是为了及时吸取唐山大地震中的经验教训，国家基本建设委员会责成建筑科学研究院尽快修订 1974 年的抗震设计规范，编制了 1978 年的抗震设计规范。

3.3.2.3　汇总查看工程量

(1) 查看圈梁工程量

① 查看圈梁土建工程量

以首层①～⑦轴/Ⓒ轴圈梁为例，工程量汇总计算完成后，查看土建工程量，如图 3.3.13 所示。

② 查看圈梁钢筋工程量

以首层①～⑦轴/Ⓒ轴圈梁为例，点击“查看钢筋量”及“编辑钢筋”，如图 3.3.14、图 3.3.15 所示。

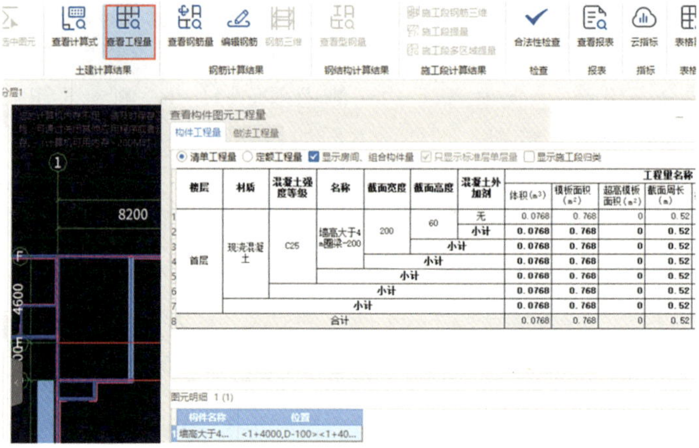

图 3.3.13 ①～⑦轴/Ⓒ轴圈梁土建工程量

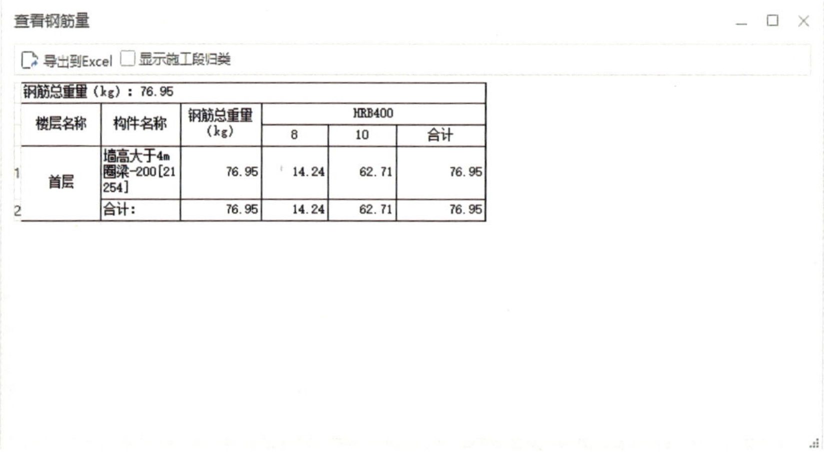
查看钢筋量

导出到Excel 显示施工段归类

钢筋总重量（kg）：76.95

	楼层名称	构件名称	钢筋总重量（kg）	HRB400 8	HRB400 10	HRB400 合计
1	首层	墙高大于4m圈梁-200[21254]	76.95	14.24	62.71	76.95
2		合计：	76.95	14.24	62.71	76.95

图 3.3.14 ①～⑦轴/Ⓒ轴圈梁钢筋量

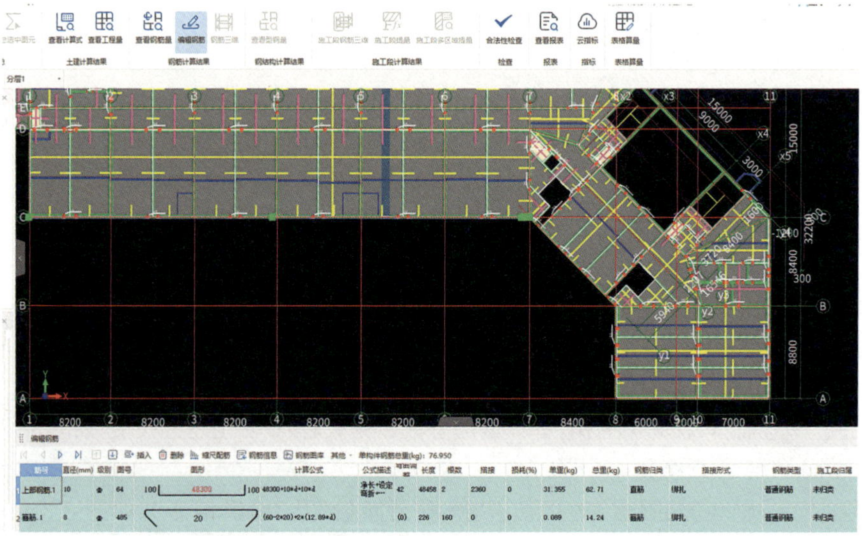

图 3.3.15 ①～⑦轴/Ⓒ轴圈梁“编辑钢筋”界面

（2）查看过梁工程量

① 查看过梁土建工程量

以首层 LC2410 上的过梁为例，工程量汇总计算完成后，查看土建工程量，如图 3.3.16 所示。

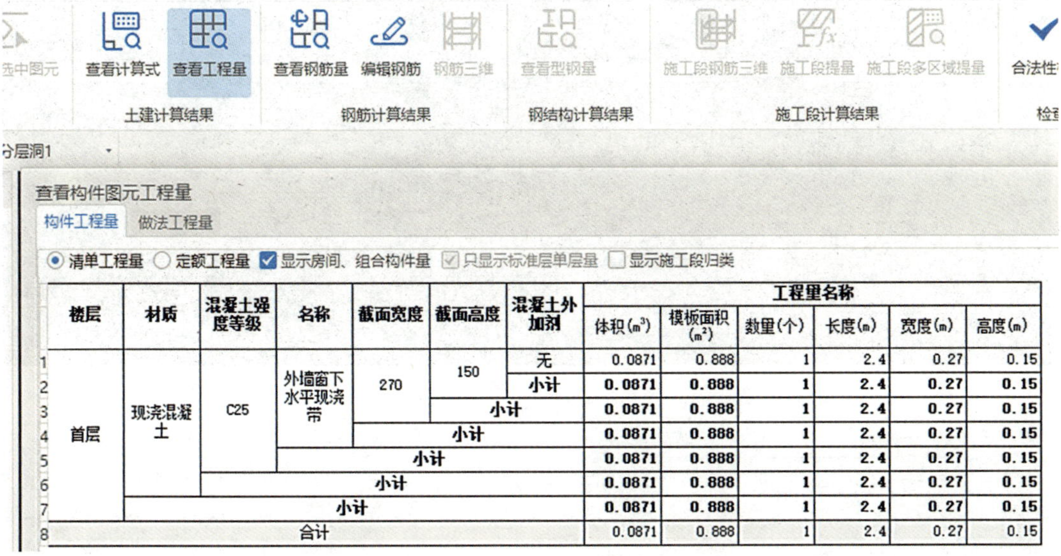

	楼层	材质	混凝土强度等级	名称	截面宽度	截面高度	混凝土外加剂	体积(m^3)	模板面积(m^2)	数量(个)	长度(m)	宽度(m)	高度(m)
1	首层	现浇混凝土	C25	外墙窗下水平现浇带	270	150	无	0.0871	0.888	1	2.4	0.27	0.15
2							小计	0.0871	0.888	1	2.4	0.27	0.15
3						小计		0.0871	0.888	1	2.4	0.27	0.15
4					小计			0.0871	0.888	1	2.4	0.27	0.15
5				小计				0.0871	0.888	1	2.4	0.27	0.15
6			小计					0.0871	0.888	1	2.4	0.27	0.15
7		小计						0.0871	0.888	1	2.4	0.27	0.15
8	合计							0.0871	0.888	1	2.4	0.27	0.15

图 3.3.16　首层 LC2410 过梁土建工程量

② 查看过梁钢筋工程量

以首层 LC2410 上的过梁为例，点击“查看钢筋量”及“编辑钢筋”，如图 3.3.17、图 3.3.18 所示。

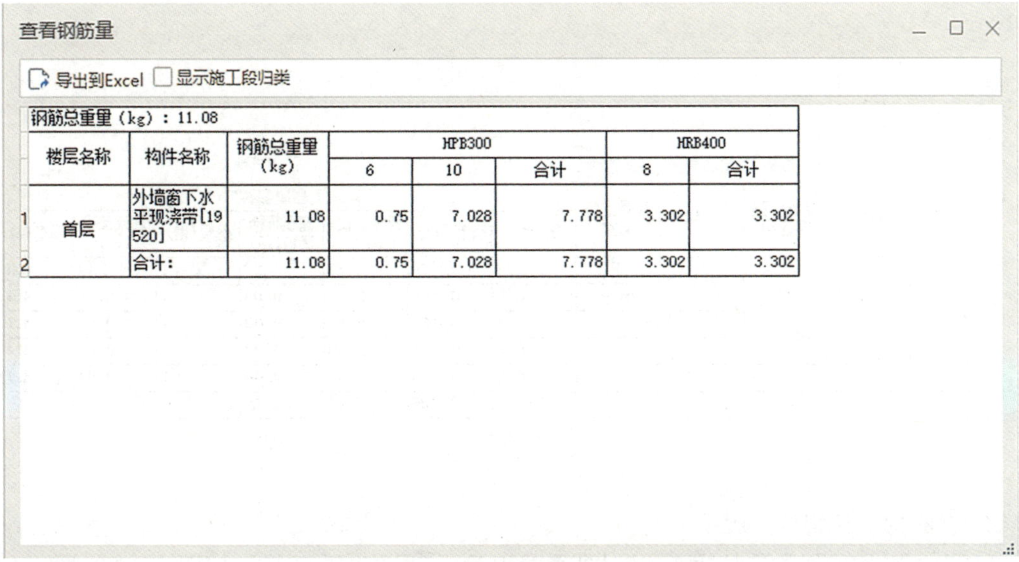

钢筋总重量（kg）：11.08

	楼层名称	构件名称	钢筋总重量(kg)	HPB300			HRB400	
				6	10	合计	8	合计
1	首层	外墙窗下水平现浇带[19520]	11.08	0.75	7.028	7.778	3.302	3.302
2		合计：	11.08	0.75	7.028	7.778	3.302	3.302

图 3.3.17　首层 LC2410 过梁钢筋量

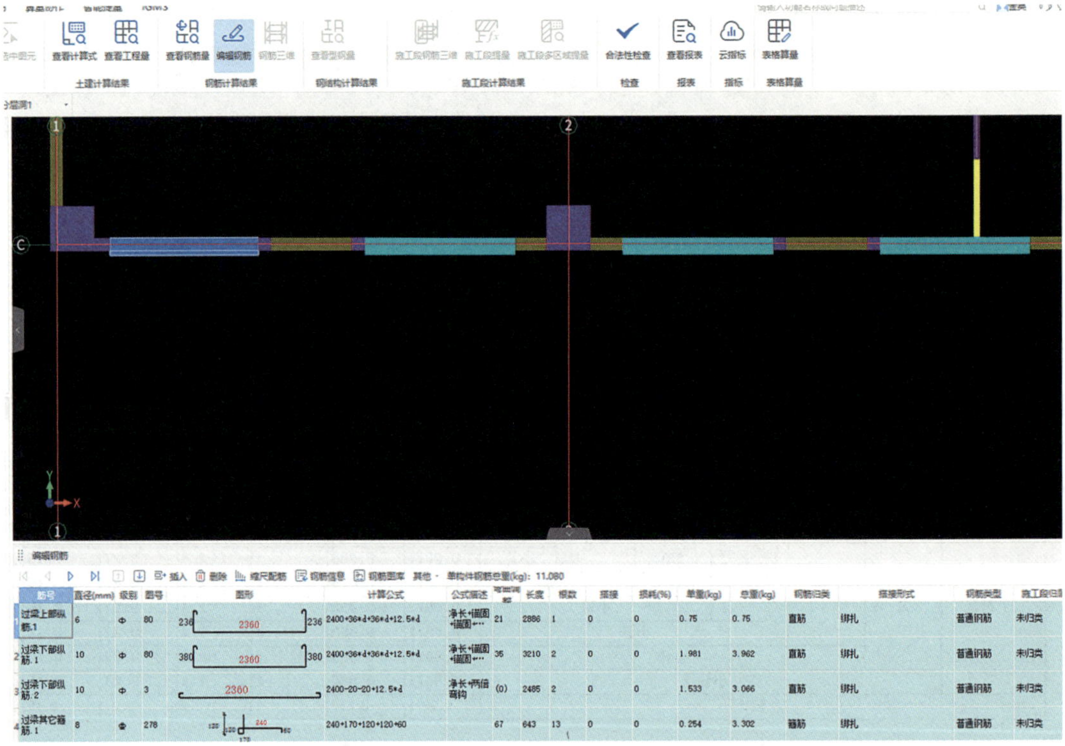

图 3.3.18　首层 LC2410 过梁“编辑钢筋”界面

（3）查看构造柱工程量

① 查看构造柱土建工程量

以①～②轴/Ⓕ轴构造柱为例，工程量汇总计算完成后，查看土建工程量，如图 3.3.19 所示。

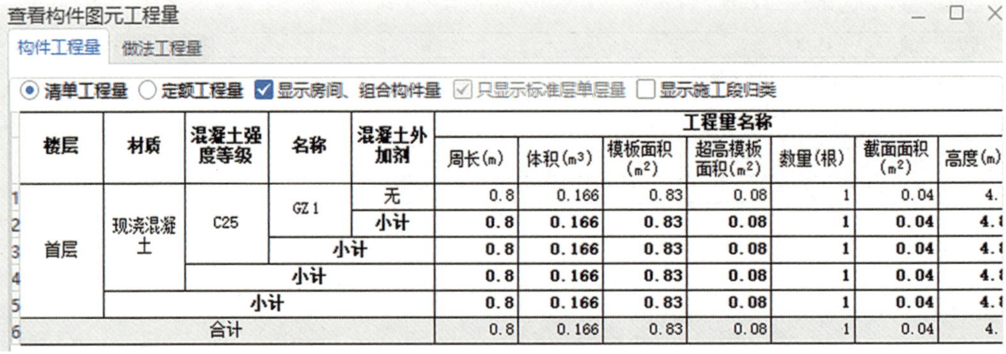

查看构件图元工程量

构件工程量　做法工程量

◉ 清单工程量　○ 定额工程量　☑ 显示房间、组合构件量　☑ 只显示标准层单层量　☐ 显示施工段归类

	楼层	材质	混凝土强度等级	名称	混凝土外加剂	工程量名称						
						周长(m)	体积(m³)	模板面积(m²)	超高模板面积(m²)	数量(根)	截面面积(m²)	高度(m)
1	首层	现浇混凝土	C25	GZ 1	无	0.8	0.166	0.83	0.08	1	0.04	4.
2					小计	0.8	0.166	0.83	0.08	1	0.04	4.(
3				小计		0.8	0.166	0.83	0.08	1	0.04	4.(
4			小计			0.8	0.166	0.83	0.08	1	0.04	4.(
5		小计				0.8	0.166	0.83	0.08	1	0.04	4.(
6	合计					0.8	0.166	0.83	0.08	1	0.04	4.

图 3.3.19　首层①～②轴/Ⓕ轴构造柱土建工程量

② 查看构造柱钢筋工程量

以①～②轴/Ⓕ轴构造柱为例，点击“查看钢筋量”及“编辑钢筋”，如图 3.3.20、图 3.3.21 所示。

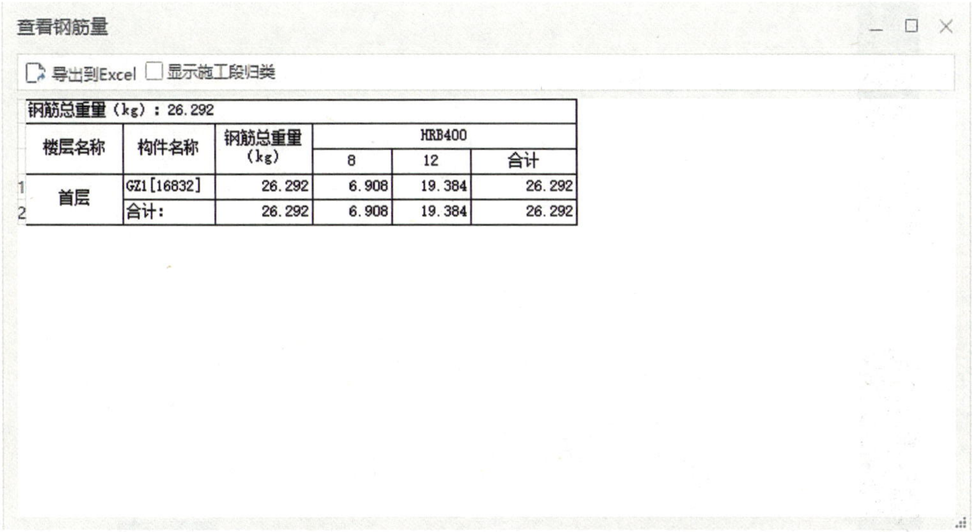

查看钢筋量

导出到Excel　显示施工段归类

钢筋总重量（kg）：26.292

	楼层名称	构件名称	钢筋总重量（kg）	HRB400		
				8	12	合计
1	首层	GZ1[16832]	26.292	6.908	19.384	26.292
2		合计：	26.292	6.908	19.384	26.292

图 3.3.20　首层①～②轴/Ⓕ轴构造柱钢筋量

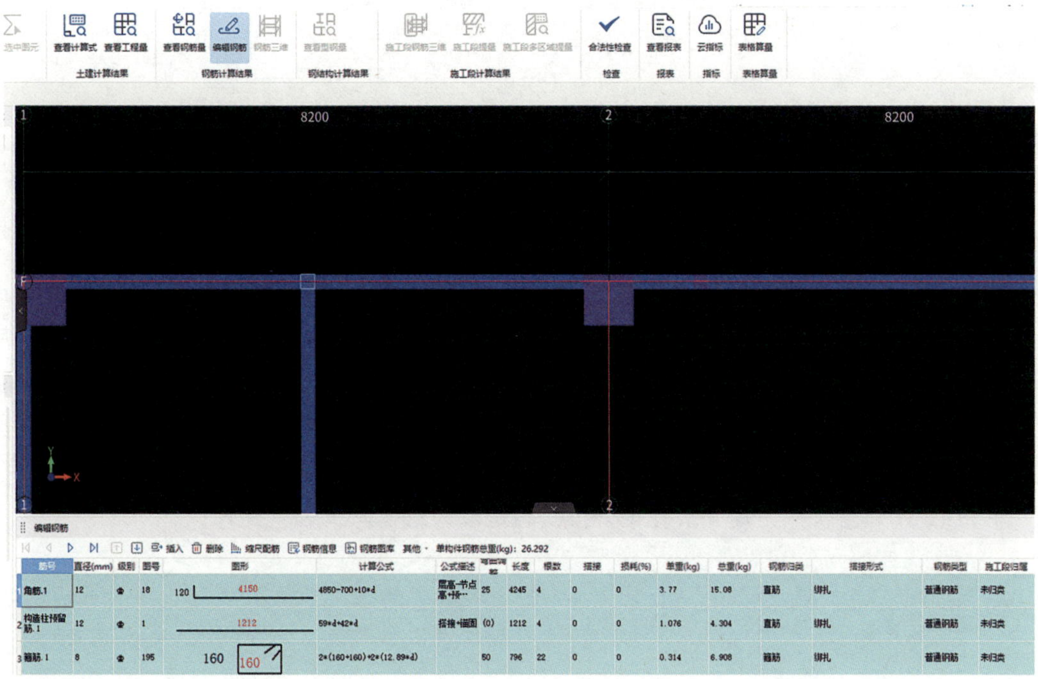

图 3.3.21　首层①～②轴/Ⓕ轴构造柱“编辑钢筋”界面

3.3.3　总结拓展

在创建过梁模型时，可根据工程实际情况选择“生成过梁”功能进行创建，如图 3.3.22 所示。根据过梁选用表，按不同厚度填写过梁的尺寸及钢筋信息，过梁宽度会自动拾取墙厚，通过添加行可增加过梁构件，生成方式可选择图元或楼层。过梁绘制包含“点”式、“智能布置”“生成过梁”等绘制方式，绘制方式较多，可根据工程实际情况选择。

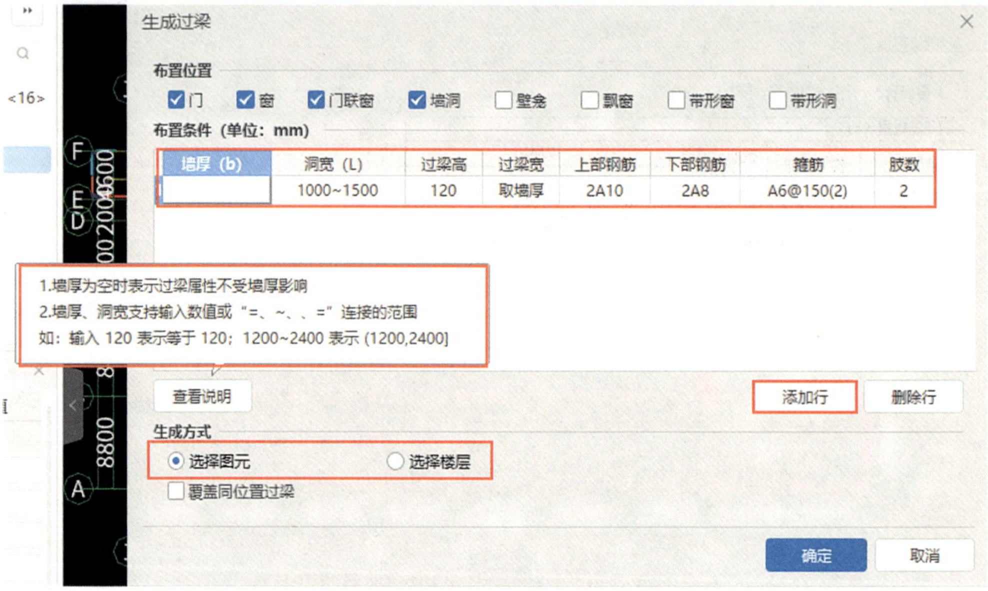

图 3.3.22　生成过梁

课后练习与巩固

一、选择题

(1) 在 GTJ2025 软件中，下列不支持使用“自动生成”功能的构件是（　　）。

A. 过梁　　B. 圈梁　　C. 连梁　　D. 构造柱

(2) 在 GTJ2025 软件中，梁、圈梁、连梁、基础梁、过梁显示隐藏的快捷键分别是（　　）。

A. L、E、F、L、G　　B. L、G、E、F、G　　C. L、L、L、L、G　　D. L、E、G、F、G

(3) 在 GTJ2025 软件中，不属于二次结构构件的是（　　）。

A. 构造柱　　B. 圈梁　　C. 栏板　　D. 过梁

二、技能实操题

利用 BIM 计量软件完成首层过梁、圈梁、构造柱的绘制与工程量统计。

4 基础及土方工程量计算

知识目标

（1）通过识读工程图纸，掌握筏板基础、独立基础、集水坑、条形基础、桩承台、垫层、土方构件的图纸信息；

（2）掌握筏板基础、独立基础、条形基础、桩承台等主体构件的平法基本知识；

（3）掌握筏板基础、独立基础、集水坑、条形基础、桩承台、垫层、土方构件的定义、绘制及工程量查看方法。

能力目标

（1）能够运用 BIM 计量软件，通过手工建模的方式创建筏板基础、独立基础、集水坑、条形基础、桩承台、垫层、土方构件的三维模型；

（2）能够运用 BIM 计量软件辅助统计筏板基础、独立基础、集水坑、条形基础、桩承台、垫层、土方构件的工程量。

素质目标

（1）培养认真思考、严于律己的职业素养；

（2）培养敬业精神和辩证思维，增强创新意识。

4.1 基础工程量计算

学习目标

能够运用 BIM 计量软件，通过手工建模的方式创建筏板基础、独立基础、集水坑、条形基础、桩承台的三维模型，并基于三维模型辅助进行相关工程量的统计。

4.1.1 任务描述

（1）正确识读 3＃研发楼基础平面布置图中筏板基础、独立基础、条形基础等构件的钢筋平法及相关图纸信息，拓展识读指定案例工程图纸中基础平面布置图中的桩承台相关图纸信息；

（2）结合图纸信息，以手工建模的方式完成筏板基础、独立基础、集水坑、条形基础、桩承台的属性编辑与三维模型绘制；

（3）完成筏板基础、独立基础、集水坑、条形基础、桩承台构件的相关工程量统计。

4.1.2 任务实施

4.1.2.1 图纸分析

在 3＃研发楼结构施工图纸中，结施 04 为“基础平面布置图”。通过识读结施 04 可知，筏板基础、独立基础、集水坑、条形基础、桩承台的主要信息如下：

（1）筏板基础信息

在基础平面布置图中，共有 3 处筏板基础，以①～③轴/Ⓒ～Ⓕ轴处筏板基础为例（图 4.1.1），筏板厚度为 800 mm，配筋为⌀18@150 双层双向布置，筏板基础底标高为－4.000 m；由基础平面布置图图纸说明或结构设计总说明可知，筏板基础的混凝土强度等级为 C30。

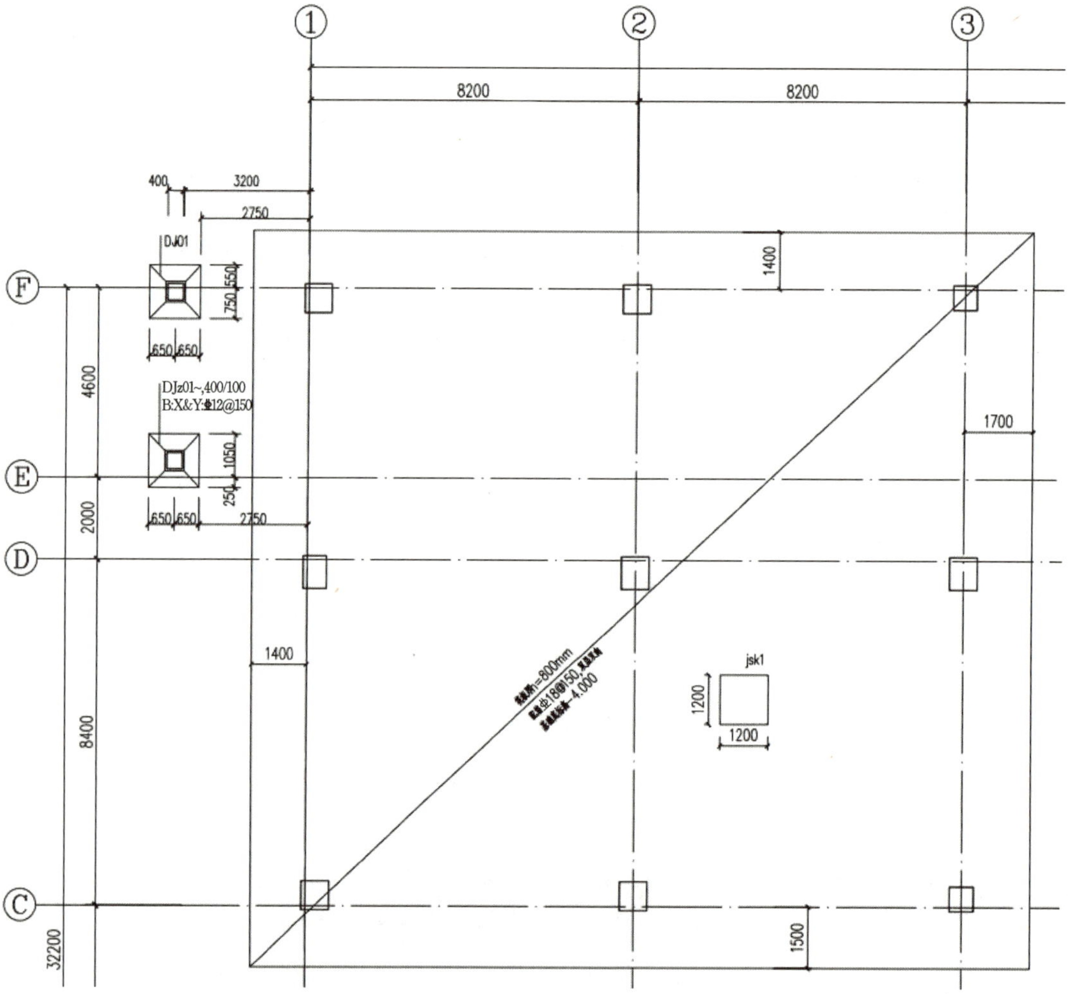

图 4.1.1 ①～③轴/Ⓒ～Ⓕ轴处筏板基础平面布置

（2）独立基础信息

在基础平面布置图中，独立基础包含 DJz01～DJz12 共 12 种基础编号，由结施 04 中的独立基础平法标注信息或独立基础剖面示意图可知，图纸中的独立基础底板截面形状为锥形；由独立基础的平法标注可知各独立基础截面竖向尺寸、独立基础配筋、独立基础平面尺寸等信息；由独立基础剖面示意图可知，独立基础底标高为－4.000 m；由基础平面布置图图纸说明或结构设计总说明可知，独立基础的混凝土强度等级为C30。以①轴/Ⓕ轴左侧独立基础DJz01为例，图纸平面布置信息如图4.1.2所示。

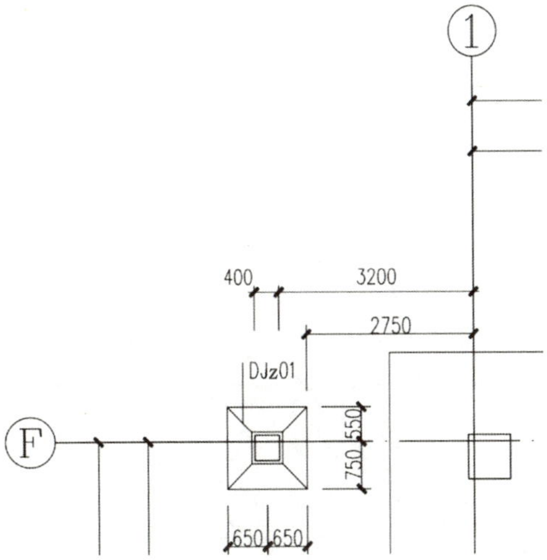

图 4.1.2　①轴/Ⓕ轴左侧独立基础平面布置

（3）集水坑信息

在基础平面布置图中，集水坑位于①～③轴/Ⓒ～Ⓕ轴筏板基础处，如图4.1.1所示。通过识读基础平面布置图可知，集水坑的名称为jsk1，集水坑水平投影的截面长度、截面宽度均为1200 mm；由集水坑节点示意图可知，集水坑顶标高为构造板顶标高，集水坑坑深1200 mm，集水坑底部出边距离为构造板厚或筏板厚，钢筋信息可同筏板钢筋等；由图纸中的基础说明可知，集水坑基底放坡角度为45°。

（4）条形基础信息

在基础平面布置图中，条形基础位于Ⓕ轴/④～⑥轴相交处，如图4.1.3所示。由条形基础平法标注可知，本工程条形基础底板编号为TJBp01，截面形状为坡形，截面竖向尺寸h_1＝400 mm、h_2＝400 mm，条形基础底板底部配筋为B:ф18@100/16@150。

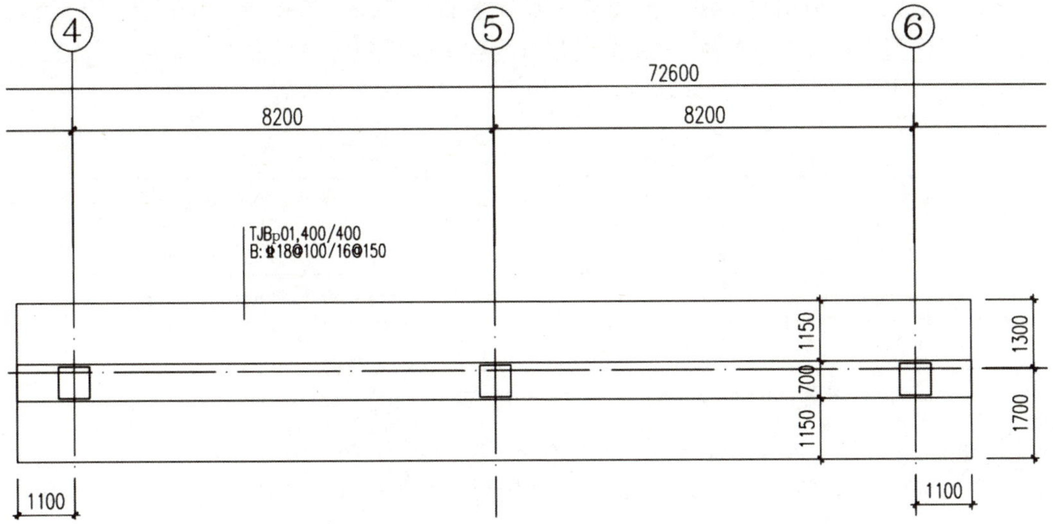

图 4.1.3　Ⓕ轴/④～⑥轴相交处条形基础平面布置

（5）桩承台信息

3＃研发楼基础类型不包含桩承台基础，以图4.1.4所示某工程桩承台基础CT1为例进行说明。由图4.1.4所示桩承台CT1平面布置及剖面图可知，该桩承台截面形状为矩形，CT1水平投影的截面长度与截面宽度均为800 mm，CT1截面高度为700 mm，钢筋形式为三面环箍，钢筋信息均为⌀12@150，CT1顶标高为−5.210 m，底标高为−5.910 m，混凝土强度等级及其他相关信息可查看案例工程图纸中的基础说明等。

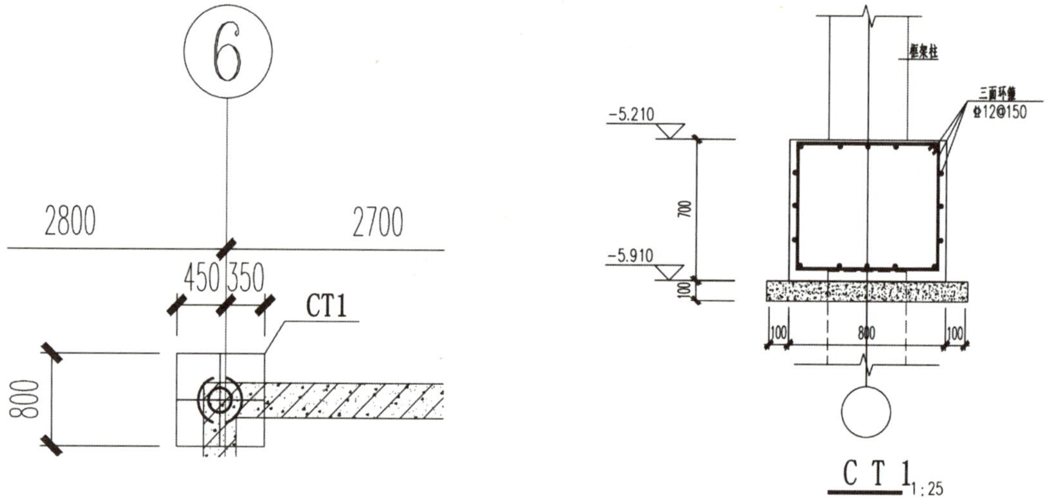

图 4.1.4　桩承台CT1平面布置及剖面图

4.1.2.2　平法知识

(1) 筏板基础平法知识

在国家建筑标准设计图集22G101-3中，筏板基础包括“梁板式筏形基础”与“平板式筏形基础”两类。下面将结合3#研发楼图纸中的筏板基础信息，侧重简述平板式筏形基础的平法相关知识。平板式筏形基础平法施工图是在基础平面布置图上采用平面注写方式进行表达的。其平面注写表达方式有两种，一是通过划分为柱下板带和跨中板带进行表达，二是通过按基础平板进行表达。平板式筏形基础构件编号按表4.1.1的规定设置。

表 4.1.1　平板式筏形基础构件编号

构件类型	代号	序号	跨数及有无外伸
柱下板带	ZXB	××	(××)或(××A)或(××B)
跨中板带	KZB	××	(××)或(××A)或(××B)
平板式筏形基础平板	BPB	××	—

注：(××A)为一端有外伸，(××B)为两端有外伸，外伸不计入跨数。

① 柱下板带(ZXB)、跨中板带(KZB)的平面注写方式

柱下板带(ZXB)、跨中板带(KZB)的平面注写包含集中标注与原位标注两部分内容，其中集中标注主要注写编号、截面尺寸、底部与顶部贯通筋信息，原位标注内容主要为底部附加非贯通纵筋信息。柱下板带与跨中板带标注的平面注写方式如图4.1.5、图4.1.6所示。

② 平板式筏形基础平板(BPB)的平面注写方式

平板式筏形基础平板(BPB)的平面注写分为集中标注与原位标注两部分，其中集中标注主要表达基础平板编号、基础平板厚度、底部与顶部贯通筋信息，原位标注主要表达板底部附加非贯通纵筋信息等。平板式筏形基础平板的平面注写方式如图4.1.7所示。

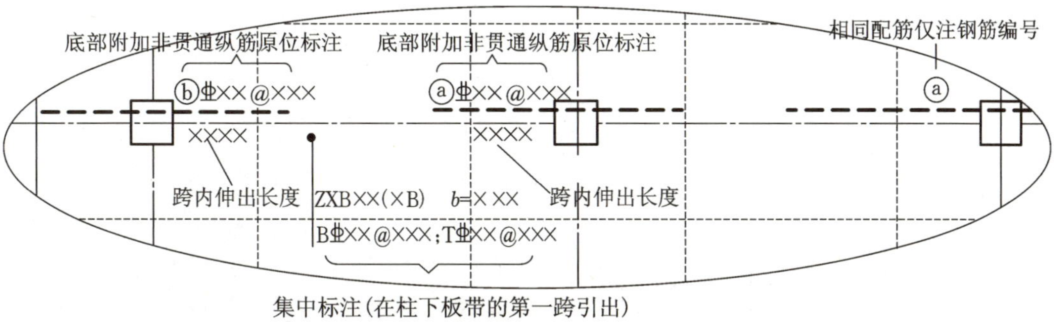

图 4.1.5 柱下板带(ZXB)标注图示

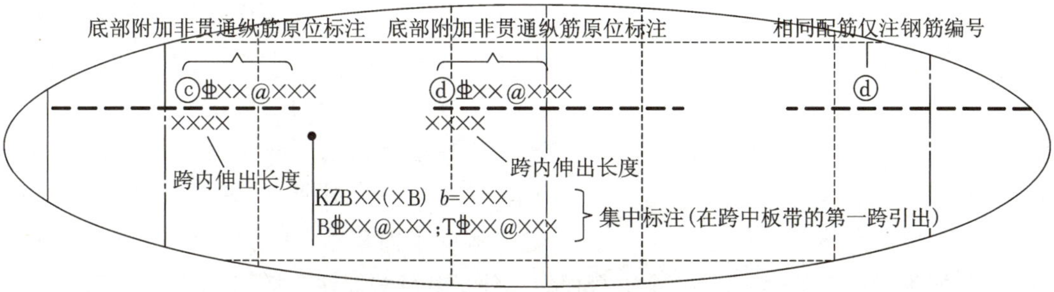

图 4.1.6 跨中板带(KZB)标注图示

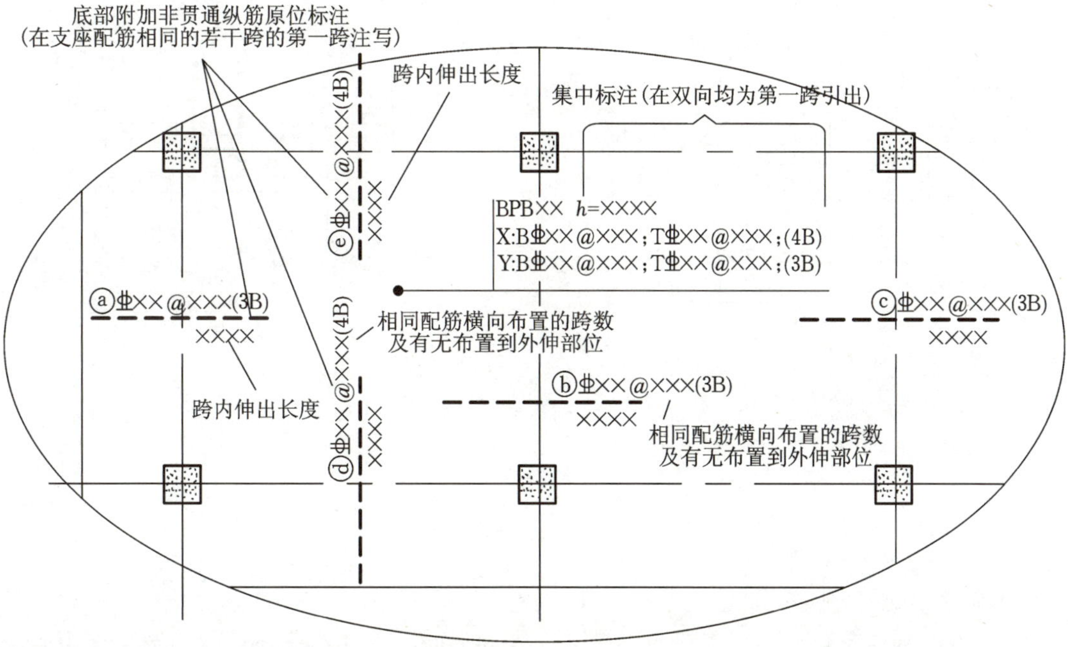

图 4.1.7 平板式筏形基础平板(BPB)标注图示

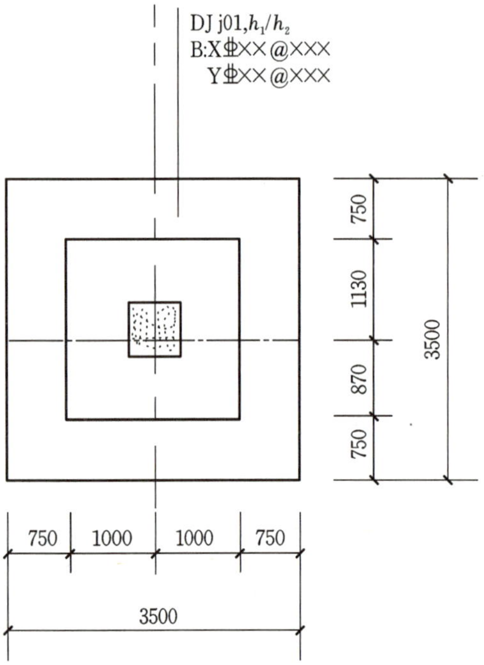

图 4.1.8 独立基础平面注写样例

(2) 独立基础平法知识

独立基础平法施工图有平面注写、截面注写、列表注写三种表达方式。

① 独立基础平面注写方式

独立基础的平面注写包含集中标注与原位标注两部分内容。普通独立基础的集中标注，系在基础平面图上集中引注基础编号、截面竖向尺寸、配筋三项必注内容，以及基础底面标高(与基础底面基准标高不同时标注)和必要的文字注解两项选注内容；钢筋混凝土独立基础的原位标注，系在基础平面布置图上标注独立基础的平面尺寸。独立基础平面注写样例如图 4.1.8 所示。

② 独立基础截面注写方式

当独立基础采用截面注写方式时，应在基础平面布置图上对所有基础进行编号，标注独立基础的平面尺寸，并用剖面号引出对应的截面图；对相同编号的基础，可选择一个进行标注。独立基础截面注写样例如图 4.1.9 所示。

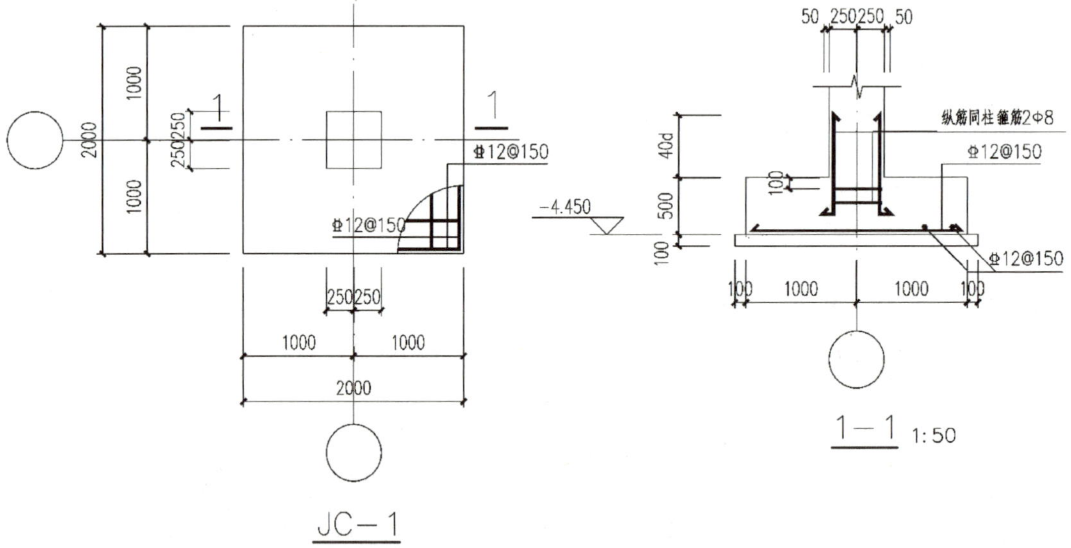

图 4.1.9 独立基础截面注写样例

③ 独立基础列表注写方式

对多个同类独立基础，可采用列表注写的方式进行集中表达，表中的内容主要包括基础截面的几何尺寸和配筋等。独立基础列表注写样例如表 4.1.2 所示。

表 4.1.2 独立基础列表注写样例

基础编号/截面号	截面几何尺寸						底部配筋(B)	
	x	y	x_i	y_i	h_1	h_2	x 向	y 向

(3) 条形基础平法知识

条形基础整体上可分为两类，即“梁板式条形基础”和“板式条形基础”，下面将结合 3＃研发楼图纸中的条形基础信息，侧重简述“板式条形基础”的平法相关知识。

条形基础底板的平面注写包含集中标注和原位标注两部分内容。条形基础底板的集中标注内容为条形基础底板编号、截面竖向尺寸、配筋三项必注内容，以及条形基础底板底面标高(与基础底面基准标高不同时标注)、必要的文字注解两项选注内容；条形基础底板的原位标注主要注写条形基础底板的平面定位尺寸。

条形基础底板平面注写样例如图 4.1.10 所示。

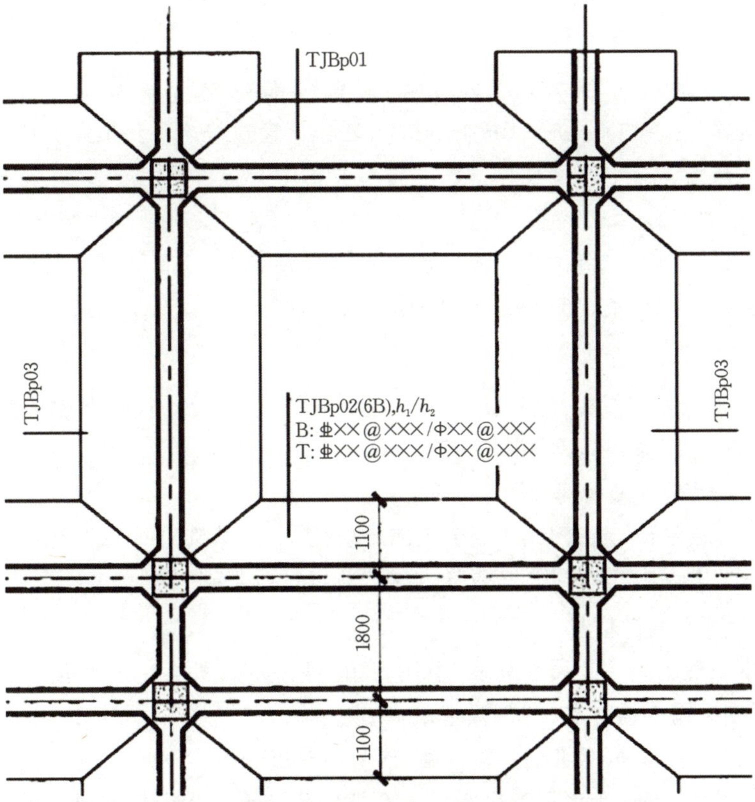

图 4.1.10 条形基础底板平面注写样例

(4) 桩承台平法知识

桩承台平法施工图有平面注写、截面注写、列表注写三种表达方式。

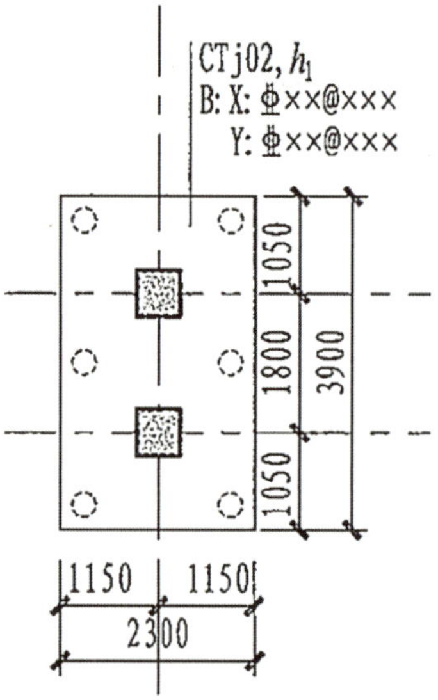

图 4.1.11　独立承台平面注写样例

① 独立承台的平面注写方式

独立承台的平面注写包含集中标注与原位标注两部分内容，独立承台的集中标注系在承台平面图上集中引注独立承台编号、截面竖向尺寸、配筋三项必注内容，以及承台板底面标高（与承台底面基准标高不同时标注）和必要的文字注解两项选注内容；独立承台的原位标注系在桩承台平面布置图上标注独立承台的平面尺寸。独立承台的平面注写样例如图 4.1.11 所示。

② 桩承台的截面注写方式和列表注写方式

桩承台的截面注写和列表注写（结合截面示意图）应在桩平面布置图上对所有桩承台进行编号，可参照独立基础的注写方式进行施工图的表达。

4.1.2.3　创建基础模型

(1) 创建筏板基础模型

师说　　**案　　例**

苏州“东方之门”的筏板浇筑

从 2008 年 11 月 20 日开始，历时 52 天，累计耗用钢筋总量约 1.2 万 t、混凝土总量约6.5 万 m^3 的东方之门基坑底板浇筑工程全部完成。为确保底板混凝土连续浇筑，现场共配备 100 辆混凝土运输车，另备汽车泵一台。底板混凝土采取“斜面分层、自然流淌、连续推进、一次到顶”的方案浇筑。在基坑浇筑过程中，施工方攻克了如地下水压问题、大体积混凝土水化热问题等多个技术难关。

【扫码演示】

以 3＃研发楼结施 04 中①～③轴/Ⓒ～Ⓕ轴处的筏板基础为例，进行筏板基础的定义与绘制，具体操作如下：

① 新建筏板基础

在“建模”选项卡下，点击左侧导航栏中的“基础”→“筏板基础(M)”，在“构件列表”中点击“新建”下拉菜单，选择“新建筏板基础”，如图 4.1.12 所示。

② 编辑筏板基础属性信息

通过识读本工程图纸，在“属性列表”中输入相应信息，如图 4.1.13 所示。

名称：根据图纸输入构件名称“筏板基础-800”。

厚度：单位为 mm，依据图纸信息输入筏板厚度“800” mm。

混凝土强度等级：默认为楼层混凝土强度和锚固搭接设置中设定的混凝土强度等级，若与默认不同，可根据图纸实际情况进行修改。

抗渗等级：根据结施 01 中混凝土结构设计总说明中第 6.1.2 条的相关信息，基础、底板等均采用抗渗混凝土，抗渗等级为 P6 级。

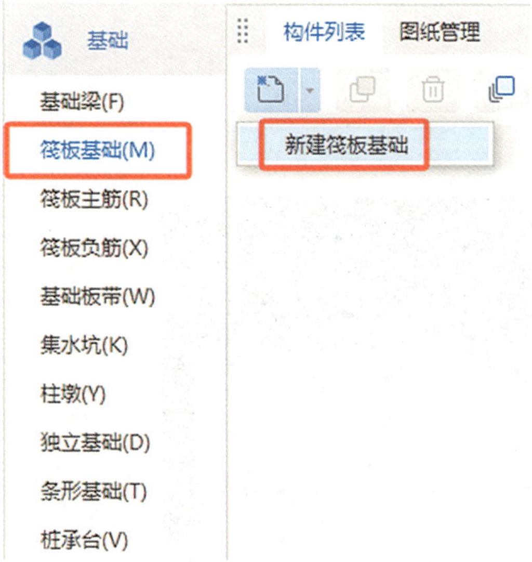

图 4.1.12　新建筏板基础

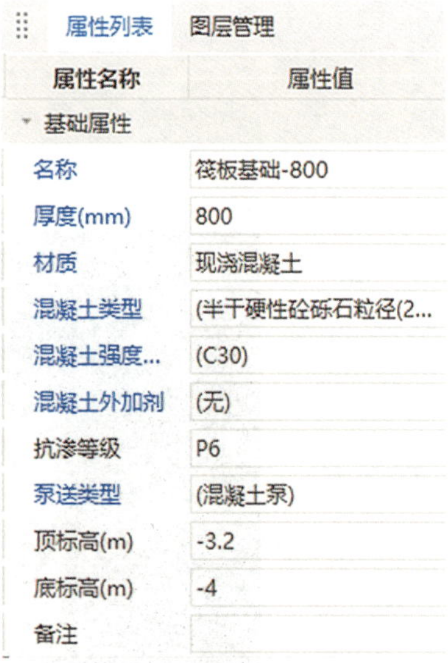

图 4.1.13　筏板基础属性列表

顶标高：单位为 m，筏板板顶的标高可根据实际情况进行调整，此处筏板顶标高可根据筏板厚度及筏板底标高信息进行计算，为“－3.200” m。

底标高：单位为 m，根据结施 04 可知，该案例筏板基础底标高为“－4.000” m。

保护层厚度：默认为楼层混凝土强度和锚固搭接设置中设定的保护层厚度，若与默认不同，则可根据图纸实际情况进行修改。

③ 绘制筏板基础

3＃研发楼筏板基础水平投影为矩形，呈现面式构件的特点，因此筏板基础的绘制方式与楼板的绘制方式类似，可以通过直线或者矩形绘制方式，依照图纸尺寸等信息完成筏板图元的绘制。

①～③轴/Ⓒ～Ⓕ轴处筏板基础的四个角点均不在轴网交点上，此处可先利用“绘图”面板中的“矩形”命令绘制。在“构件列表”中选择“筏板基础-800”，依次选择①轴与Ⓕ轴的交点、③轴与Ⓒ轴的交点，绘制出由①轴、③轴、Ⓒ轴、Ⓕ轴围成的封闭矩形区域；再运用“修改”面板中的“偏移”功能，偏移方式选择“多边偏移”，点击该筏板基础，单击鼠标右键确定，再选择该筏板基础的上边线及左边线，单击鼠标右键确定，此时将鼠标向外侧移动，在数据框内输入“1400”，按回车键确认即可；同理，将筏板下边线向下偏移 1500 mm，将筏板右边线向右偏移 1700 mm，即可完成该案例筏板基础的绘制，如图 4.1.14 所示。

④ 新建筏板主筋

在“建模”选项卡下，点击左侧导航栏中的“基础”→“筏板主筋(R)”，在“构件列表”中点击“新建”下拉菜单，选择“新建筏板主筋”，如图 4.1.15 所示。

⑤ 绘制筏板主筋

在构件列表中选择要布置的筏板主筋，选择 XY 方向布置受力筋，则会弹出“智能布置”窗口。筏板主筋布置包括双向布置、双网双向布置和 XY 向布置三种方式，下面以“XY 向布置”方式为例进行相关操作。

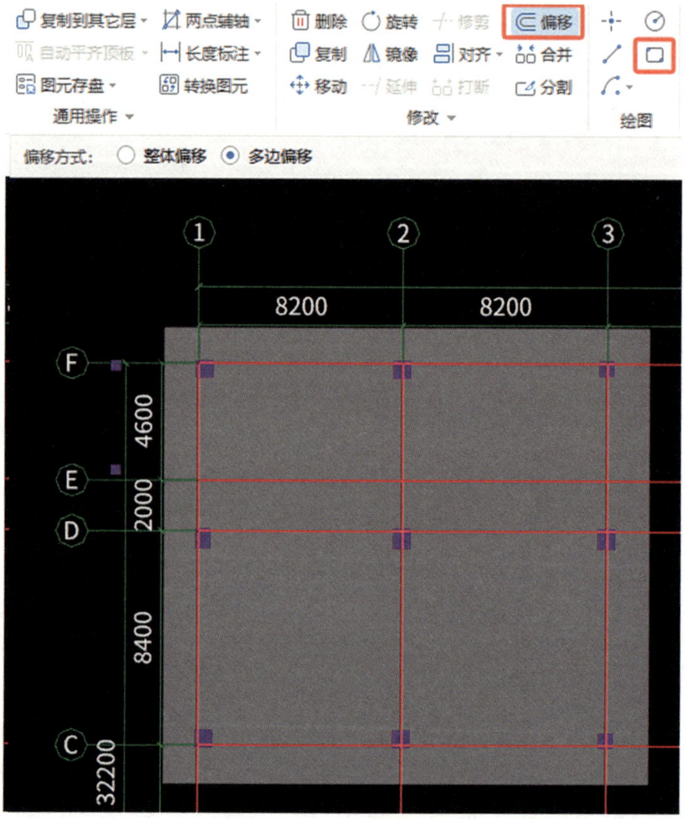

图 4.1.14　筏板基础绘制

点击“XY 向布置”，根据图纸信息输入底筋 X 方向、Y 方向，以及面筋 X 方向、Y 方向的钢筋信息，此处均为Φ18@150，如图 4.1.16 所示。

图 4.1.15　新建筏板主筋

图 4.1.16　筏板主筋智能布置

鼠标左键单击该筏板，即可完成该筏板主筋的绘制，如图 4.1.17 所示。

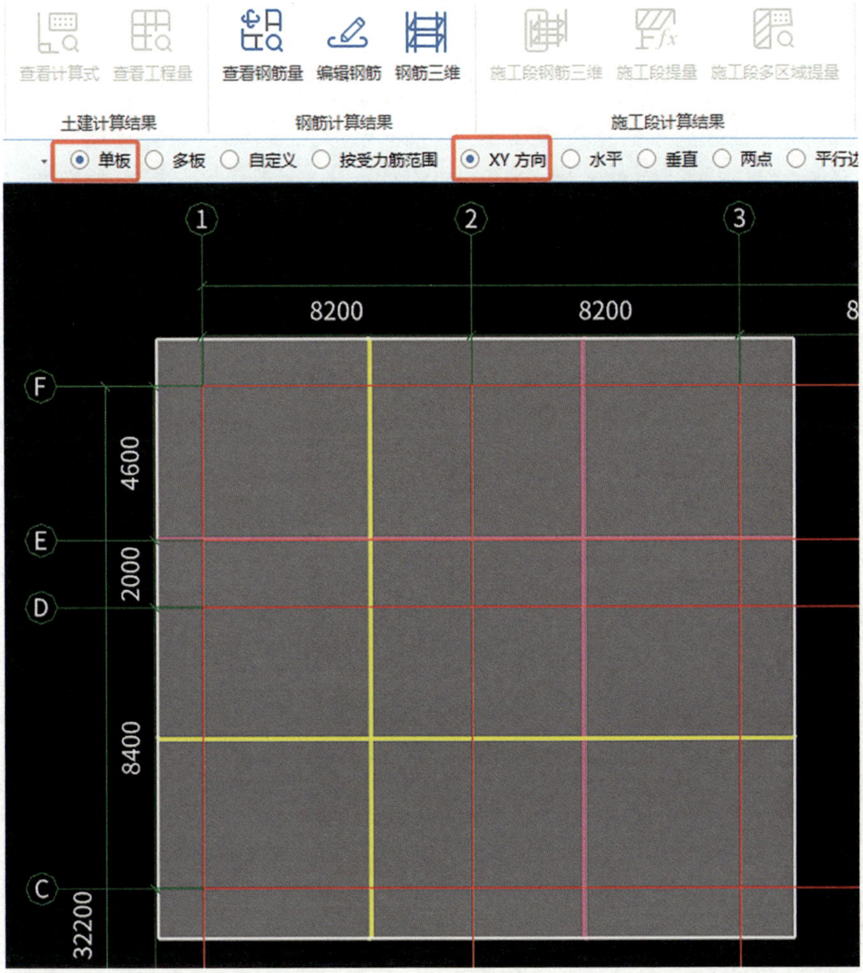

图 4.1.17　绘制筏板主筋

(2) 创建独立基础模型

师说

知　识　卡

九层之台，起于累土。树高千尺，唯有根深。

如果急于求成、急功近利，重显功轻潜功、重短期效益轻长远发展，就无法打牢地基，那么所谓大厦就只能是毫无根基的空中楼阁。只有保持足够定力，树立正确价值观，处理好稳和进、立和破、虚和实、标和本、近和远的关系，才能不驰于空想、不骛于虚声，踏踏实实从打基础入手推动事业发展。繁花满树、枝繁叶茂，最终是因为根深蒂固。以甘坐冷板凳、甘吃清苦饭的耐心和定力扎下根去，甘做“栽树人”“挖井人”“拓荒人”，善于做基础性、铺垫性工作，那么事业的大厦必将会一砖一瓦地牢固矗立起来，为国家富强、民族复兴助力。

【扫码演示】

以 3＃研发楼结施 04 中①轴/Ⓕ轴左侧的独立基础 DJz01 为例，进行独立基础的定义与绘制，具体操作如下：

① 新建独立基础

独立基础通常又称作独立柱基，常见于框架结构的基础形式中。结施 04 中 DJz01 基础的参数化类型属于“四棱锥台形独立基础”，在“建模”选项卡下，点击左侧导航栏中的“基础”→“独立基础(D)”，在“构件列表”中点击“新建”下拉菜单，选择“新建独立基础”，如图 4.1.18 所示。注意此时仅可修改基础名称和标高，对应的尺寸和钢筋等信息需要在独立基础单元中进行设定。

在完成新建独立基础之后，再次在“构件列表”中点击“新建”下拉菜单，选择“新建参数化独立基础单元”，如图 4.1.19 所示。在弹出的“选择参数化图形”窗口中，根据图纸信息选择“四棱锥台形独立基础”。通过识读图纸信息可知，DJz01的基础底部截面长度与截面宽度均为 1300 mm，基础截面竖向尺寸 $h_1=400$ mm、$h_2=100$ mm；通过查看柱平面布置图可知，DJz01顶部框架柱 KZ1 的截面尺寸为 400 mm×400 mm，通过查看基础剖面示意图可知，基础顶面边长比框架柱边每侧宽出 50 mm，因此 DJz01 的顶部水平截面尺寸为 500 mm×500 mm。将上述信息输入“选择参数化图形”窗口的右侧区域，点击“确定”，如图 4.1.20 所示。

图 4.1.18　新建独立基础

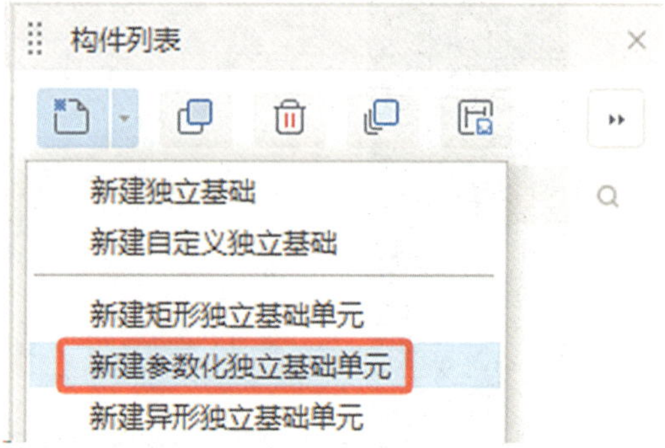

图 4.1.19　新建参数化独立基础单元

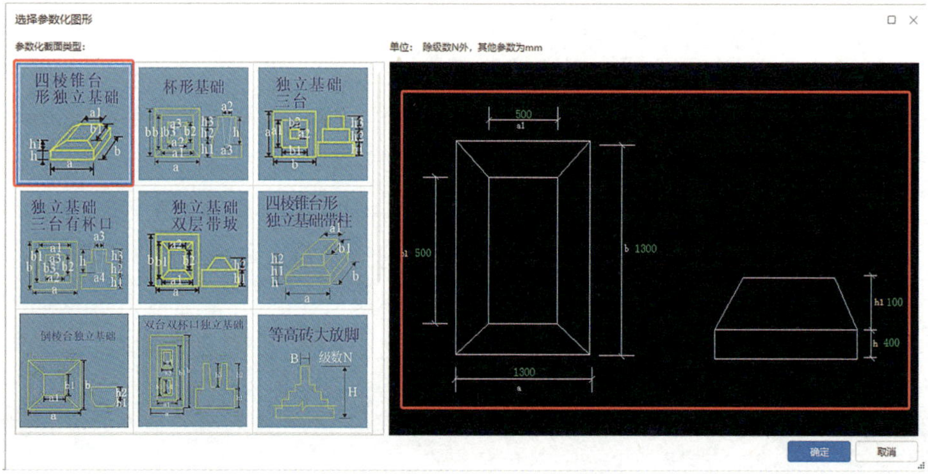

图 4.1.20　选择参数化图形

② 编辑独立基础属性信息

在“属性列表”中输入“新建独立基础”的属性信息，如图 4.1.21 所示；输入“新建参数化独立基础单元”的属性信息，如图 4.1.22 所示。

属性名称	属性值
▾ 基础属性	
名称	DJz01
长度(mm)	1300
宽度(mm)	1300
高度(mm)	500
顶标高(m)	-3.5
底标高(m)	-4
备注	

图 4.1.21　独立基础属性列表

属性名称	属性值
▾ 基础属性	
名称	DJ-1-1
截面形状	四棱锥台形独立基础
截面长度(mm)	1300
截面宽度(mm)	1300
高度(mm)	500
横向受力筋	Φ12@150
纵向受力筋	Φ12@150
材质	现浇混凝土
混凝土类型	(半干硬性砼砾石粒径(2...
混凝土强度...	(C30)
混凝土外加剂	(无)
抗渗等级	P6
泵送类型	(混凝土泵)
相对底标高(m)	(0)
截面面积(m^2)	1.69
备注	

图 4.1.22　参数化独立基础单元属性列表

名称：根据图纸输入构件名称 DJ-1-1。

长度、宽度、高度：单位为 mm，依据图纸信息在“选择参数化图形”窗口中进行设定，本工程中 DJz01 基础长度为 1300 mm、基础宽度为 1300 mm、基础总高度为 500 mm。

顶标高：单位为 m，独立基础顶标高可根据实际情况进行调整，此处独立基础顶标高可根据基础高度及独立基础底标高信息进行计算，为“－3.500” m。

底标高：单位为 m，根据结施 04 中的独立基础剖面示意图可知，独立基础底标高为“－4.000” m。

截面形状：可以点击当前框中的“三点”按钮，在弹出的“选择参数化图形”对话框中再次进行编辑。

横向受力筋：输入格式为“数量＋级别＋直径”，或“级别＋直径＋@＋间距”，通过识读结施 04 中 DJz01 基础的平法信息可知，该基础横向受力筋的信息为Φ12@150。

纵向受力筋：输入格式为“数量＋级别＋直径”，或“级别＋直径＋@＋间距”，同理，DJz01 基础纵向受力筋的信息为Φ12@150。

混凝土强度等级：默认为楼层混凝土强度和锚固搭接设置中设定的混凝土强度等级，若与默认不同，可根据图纸实际情况进行修改。

抗渗等级：根据结施 01 中混凝土结构设计总说明中第 6.1.2 条的相关信息，基础、底板等均采用抗渗混凝土，抗渗等级为 P6 级。

③ 绘制独立基础

独立基础常采用"点"式绘制或者"智能布置"的方式进行绘制,"点"式绘制默认以独立基础的中心点为基准,既可通过"Shift＋鼠标左键"来确定绘制点,也可通过创建辅助轴线来确定绘制点,鼠标左键单击确定即可完成绘制。"智能布置"绘制可以轴线、柱等为参照,进而完成基础的绘制。

在"构件列表"中选择独立基础 DJz01,选择"绘图"面板中"点"式绘制,将鼠标放置在①轴与Ⓕ轴的交点位置,同时按下"Shift＋鼠标左键",这时会弹出"请输入偏移值"窗口。以①轴和Ⓕ轴的交点为基准点,X 轴向左偏移为负值,向右为正值;Y 轴向下偏移为负值,向上为正值。这里 X 轴向左偏移,输入－(2650＋1300/2)＝－3300;Y 轴向下偏移,输入－(1300/2－550)＝－100,如图 4.1.23 所示。单击鼠标左键确定,完成该独立基础的绘制,如图 4.1.24 所示。

图 4.1.23　正交偏移设定

图 4.1.24　独立基础绘制

(3) 创建集水坑模型

建筑工程在基坑开挖时,如果地下水位比较高,且基底标高在地下水位之下,则常需要设置集水坑进行排水。以 3＃研发楼结施 04 基础平面布置图中的集水坑 jsk1 为例,进行集水坑的定义与绘制,具体操作如下:

【扫码演示】

① 新建集水坑

在"建模"选项卡下,点击左侧导航栏中的"基础"→"集水坑(K)",在"构件列表"中点击"新建"下拉菜单,选择"新建矩形集水坑",如图 4.1.25 所示。

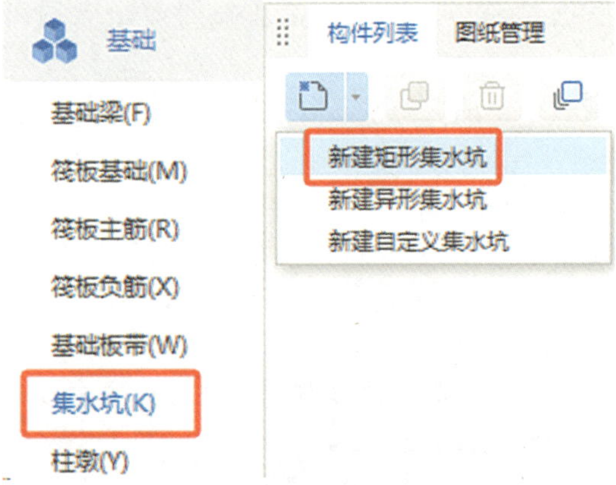

图 4.1.25　新建集水坑

② 编辑集水坑属性信息

识读本工程图纸，可知集水坑截面长度 1200 mm，截面宽度 1200 mm，坑底出边距离800 mm，坑底板厚度 800 mm，坑板顶标高（单位为 m）输入“筏板底标高－1.2”，放坡输入方式选择放坡角度，放坡角度为 45°，集水坑内的 X 向底筋、X 向面筋、Y 向底筋、Y 向面筋、坑壁水平筋、X 向斜面钢筋、Y 向斜面钢筋均取 ⏀18@150。根据上述内容，在“属性列表”中输入“集水坑”的相应属性信息，如图 4.1.26 所示。

属性名称	属性值
基础属性	
名称	jsk1
截面长度(mm)	1200
截面宽度(mm)	1200
坑底出边距...	800
坑底板厚度(...	800
坑板顶标高(m)	筏板底标高-1.2
放坡输入方式	放坡角度
放坡角度	45
X向底筋	⏀18@150
X向面筋	(⏀18@150)
Y向底筋	⏀18@150
Y向面筋	(⏀18@150)
坑壁水平筋	⏀18@150
X向斜面钢筋	⏀18@150
Y向斜面钢筋	(⏀18@150)
材质	现浇混凝土
混凝土类型	(半干硬性砼砾石粒径(2...
混凝土强度...	(C30)
混凝土外加剂	(无)
抗渗等级	P6
泵送类型	(混凝土泵)
备注	

图 4.1.26　集水坑属性列表

名称：根据图纸输入构件名称“jsk1”。

截面长度、截面宽度：单位为 mm，依据结施 04 中的图纸信息进行设定。

坑底出边距离：单位为 mm，可参照属性列表下方参数图（图 4.1.27）中的示例，结合结施 04 中的“集水坑节点示意”进行确定。

坑底板厚度：单位为 mm，可参照属性列表下方参数图（图 4.1.27）中的示例，结合结施 04 中的“集水坑节点示意”进行确定。

坑板顶标高：单位为 m，输入“筏板底标高－1.2”。

放坡输入方式及放坡角度：可参照属性列表下方参数图（图 4.1.27）中的示例，结合结施 04 中的“集水坑节点示意”与“基础说明”进行确定。

X 向底筋、X 向面筋、Y 向底筋、Y 向面筋、坑壁水平筋、X 向斜面钢筋、Y 向斜面钢筋：输入格式为“级别＋直径＋@＋间距”，通过识读结施 04 中的“集水坑节点示意”信息可知，此处钢筋信息同相应筏板钢筋，均为⏀18@150。

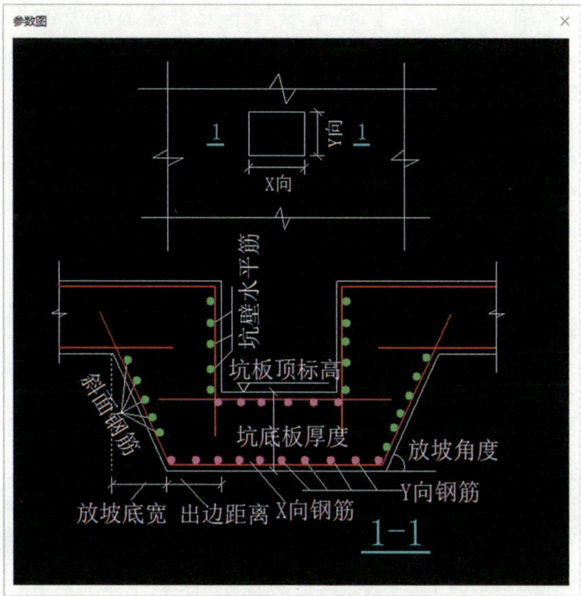

图 4.1.27　集水坑属性列表下方参数图

混凝土强度等级：默认为楼层混凝土强度和锚固搭接设置中设定的混凝土强度等级，若与默认不同，可根据图纸实际情况进行修改。

抗渗等级：根据结施 01 混凝土结构设计总说明中第 6.1.2 条的相关信息，基础、底板等均采用抗渗混凝土，抗渗等级为 P6 级。

③ 绘制集水坑

本工程中集水坑采用“点”式进行绘制，可通过“Shift＋鼠标左键”确定绘制点，单击鼠标左键确定即可完成绘制。3＃研发楼结施 04 基础平面布置图中 jsk1 的位置尺寸信息未明确给出，可通过在 CAD 图中测量的方式确定，集水坑左上角相对②轴/Ⓓ轴的交点向下偏移 2773 mm、向右偏移 2149 mm。选择“点”式绘制，以②轴/Ⓓ轴的交点为基准点，同时按住“Shift＋鼠标左键”，在弹出的“请输入偏移值”窗口中输入偏移数值（图 4.1.28），单击鼠标左键确定，完成该集水坑的绘制，如图 4.1.29 所示。

图 4.1.28　正交偏移设定

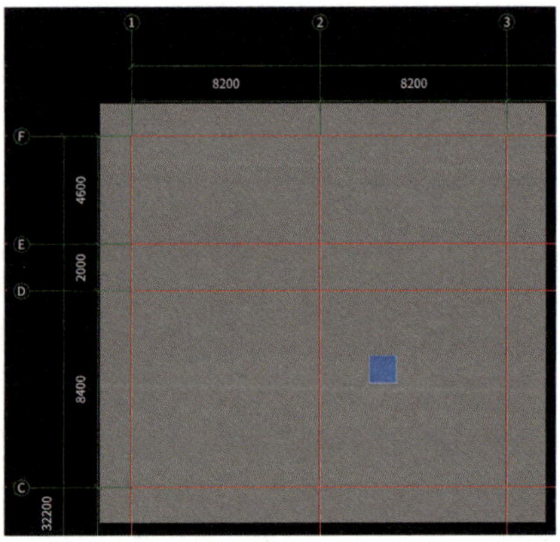

图 4.1.29　集水坑绘制

④ 集水坑二次编辑

在“集水坑二次编辑”模块中选择“调整放坡”，单击要调整放坡的集水坑构件，选择要调整放坡的集水坑边线，单击鼠标右键确定，在弹出的“设置集水坑边坡”窗口中，根据实际情况更改其放坡角度和出边距离。

在“集水坑二次编辑”模块中选择“调整钢筋方向”，单击要调整钢筋方向的集水坑构件，在弹出的“调整钢筋方向”对话框中有五种调整方式可供选择，可以按照图纸信息完成集水坑钢筋方向的调整。

（4）创建条形基础模型

师说　　**知　识　卡**

求木之长者，必固其根本。

——唐·魏征《谏太宗十思疏》

条形基础相较于独立基础，更适用于地基土不均匀且土质变化大、上部荷载相差大、柱网密集的情况。随着建筑技术的发展和人们物质文化生活需求的日益提高，适配于更复杂地质情况和超高层建筑的基础类型或多类型基础组合被设计出来，引领着建筑行业向更加科学化的方向发展，建造更多的超级工程。

以 3＃研发楼结施 04 中Ⓔ轴/④～⑥轴相交处的条形基础 TJBp01 为例，进行条形基础的定义与绘制，具体操作如下：

【扫码演示】

① 新建条形基础

根据图纸信息，条形基础 TJBp01 的参数化类型属于“四棱锥台截面条基”，在“建模”选项卡下，点击左侧导航栏中的“基础”→“条形基础（T）”，在“构件列表”中点击“新建”下拉菜单，选择“新建条形基础”，如图 4.1.30 所示。注意此时仅可修改基础名称和标高，对应的尺寸和钢筋等信息需要在条形基础单元中进行设定。

在完成新建条形基础之后，再次在“构件列表”中点击“新建”下拉菜单，选择“新建参数化条形基础单元”，如图 4.1.31 所示。在弹出的“选择参数化图形”窗口中，根据图纸信息选择“四棱锥台截面条基”，通过识读图纸信息可知，TJBp01 的基础底部截面宽度为 3000 mm，基础顶部截面宽度为 700 mm，基础截面竖向尺寸 $h_1=400$ mm、$h_2=400$ mm。将上述信息输入“选择参数化图形”窗口的右侧区域，点击“确定”，如图 4.1.32 所示。

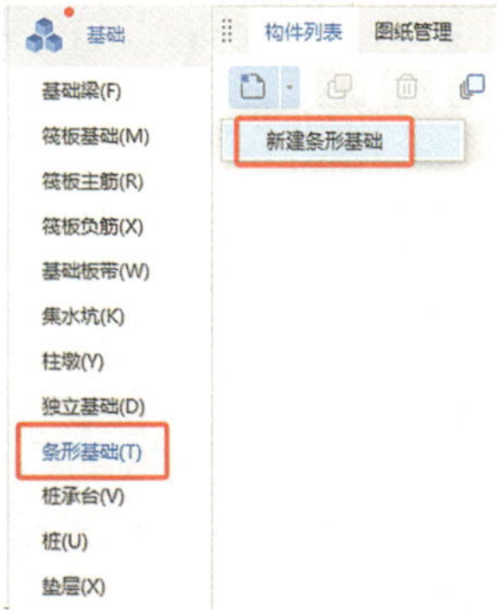

图 4.1.30　新建条形基础

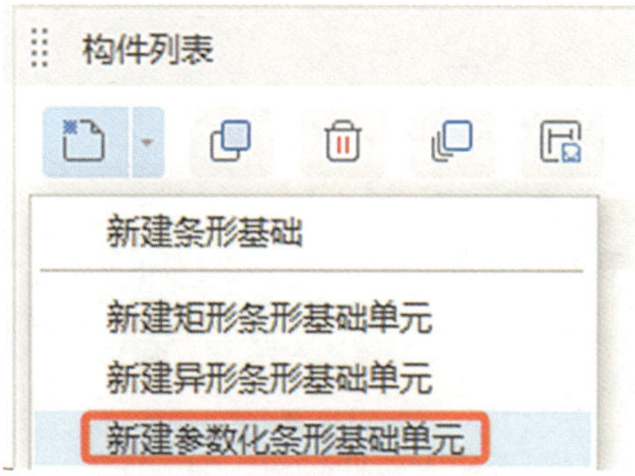

图 4.1.31　新建参数化条形基础单元

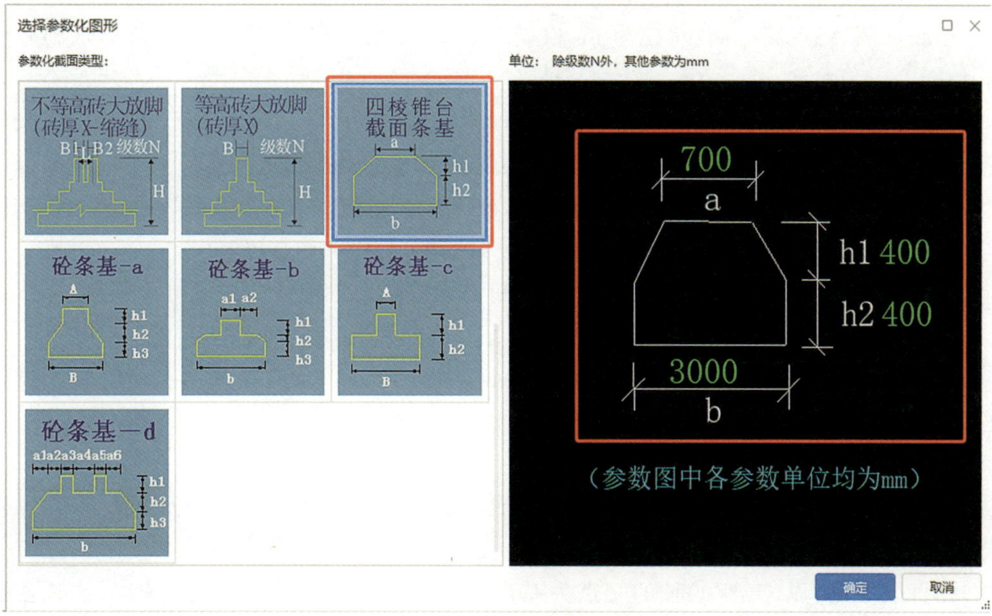

图 4.1.32　选择参数化图形

② 编辑条形基础属性信息

通过识读本工程图纸，在“属性列表”中输入“新建条形基础”和“新建参数化条形基础单元”的相应属性信息，如图 4.1.33、图 4.1.34 所示。

属性列表　图层管理

属性名称	属性值
▾ 基础属性	
名称	TJBp01
结构类别	主条基
宽度(mm)	3000
高度(mm)	800
轴线距左边...	(1500)
起点底标高(m)	-4
终点底标高(m)	-4
备注	

图 4.1.33　条形基础属性列表

属性列表　图层管理

属性名称	属性值
▾ 基础属性	
名称	TJBp01-1
截面形状	四棱锥台截面条基
截面宽度(mm)	3000
截面高度(mm)	800
相对偏心距(...	0
相对底标高(m)	(0)
受力筋	Φ18@100
分布筋	Φ16@150
材质	现浇混凝土
混凝土类型	(半干硬性砼砾石粒径(2...
混凝土强度...	(C30)
混凝土外加剂	(无)
抗渗等级	P6
泵送类型	(混凝土泵)
截面面积(m²)	1.94
备注	

图 4.1.34　参数化条形基础单元属性列表

名称：根据图纸输入构件名称“TJBp01”。

宽度、高度：单位为 mm，依据图纸信息在“选择参数化图形”窗口中进行设定，本工程中 TJBp01 基础宽度为“3000” mm、基础高度为“800” mm。

起点底标高、终点底标高：单位为 m，根据结施 04 中的“基础说明”可知，条形基础底标高为“－4.000” m。

受力筋：输入格式为“数量＋级别＋直径”，或“级别＋直径＋@＋间距”，通过识读结施 04 中 TJBp01 基础的平法信息可知，该条形基础受力筋的信息为“Φ18@100”。

分布筋：输入格式为“数量＋级别＋直径”，或“级别＋直径＋@＋间距”，通过识读结施 04 中 TJBp01 基础的平法信息可知，该条形基础分布筋的信息为“Φ16@150”。

混凝土强度等级：默认为楼层混凝土强度和锚固搭接设置中设定的混凝土强度等级，若与默认不同，可根据图纸实际情况进行修改。

抗渗等级：根据结施 01 混凝土结构设计总说明中第 6.1.2 条的相关信息，基础、底板等均采用抗渗混凝土，抗渗等级为 P6 级。

③ 绘制条形基础

条形基础可以采用直线绘制或者通过“智能布置”中的“墙中心线”进行布置，本工程采用直线绘制方式。

选择直线绘制，以④轴/Ⓕ轴的交点为基准点，同时按下“Shift＋鼠标左键”，这时会弹出“请输入偏移值”窗口，此处 X 轴输入－1100，Y 轴输入－(700/2－150)＝－200。接下来找到第二个插入点，以⑥轴/Ⓕ轴的交点为基准点，采用同样的操作方式，X 轴输入 1100，Y 轴输入 −200，单击鼠标左键确定，完成该条形基础的绘制，如图 4.1.35 所示。

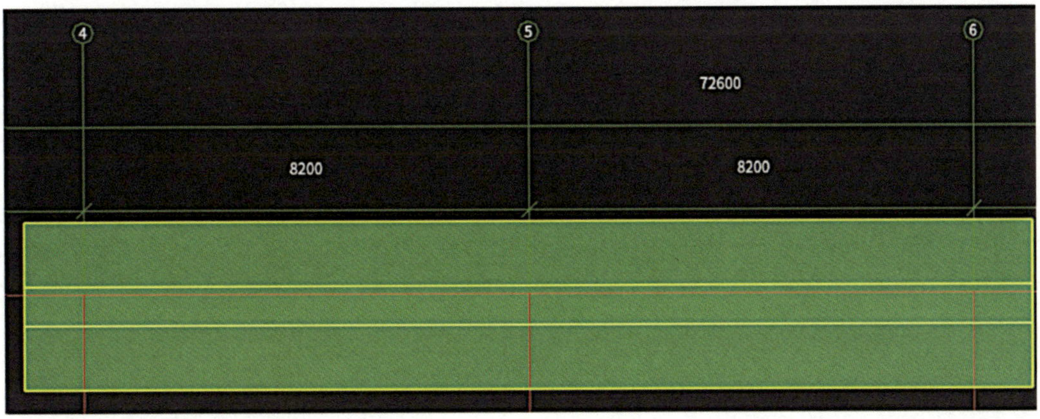

图 4.1.35　条形基础绘制

（5）创建桩承台模型

师说

案　　例

上海中心大厦的基础为直径 121 m、厚 6 m 的圆形钢筋混凝土板，与下方的 955 根主楼桩一同承载 121 层主楼的荷载，被形象地称为“定海神座”，开创了在“豆腐土”上建高楼的先河。上海中心大厦作为我国唯一高度突破 600 m 的摩天大楼、世界第二高建筑矗立于黄浦江畔，其建造过程中创立的一项项第一，打破的一个个世界纪录，标志着昂首进入新时代的中华民族已傲然屹立于世界民族之林。

3＃研发楼的基础类型不包含桩承台基础。以图 4.1.4 中某工程桩承台基础 CT1 为例，进行桩承台的定义与绘制，具体操作如下：

【扫码演示】

① 新建桩承台

在“建模”选项卡下，点击左侧导航栏中的“基础”→“桩承台(V)”，在“构件列表”中点击“新建”下拉菜单，选择“新建桩承台”，如图 4.1.36 所示。

在完成新建桩承台之后，再次在“构件列表”中点击“新建”下拉菜单，选择“新建桩承台单元”，如图 4.1.37 所示。在弹出的“选择参数化图形”窗口中，根据图纸信息选择“矩形承台”。在“选择参数化图形”窗口的上方，有“角度放坡形式”和“底宽放坡形式”两个选项，此处主要是针对有放坡的桩承台，而本案例中的 CT1 没有放坡，故此处不做要求。接下来，点击“选择参数化图形”窗口右上角的“配筋形式”，根据图纸信息选择环式配筋承台，如图 4.1.38 所示，点击“确定”。

通过识读图纸信息可知，CT1 的截面长度与截面宽度均为 800 mm，CT1 截面高度为 700 mm；钢筋形式为三面环箍，钢筋信息均为⏀12@150；桩顶嵌入承台长度在图纸中没有明确，此处可取 50 mm。将上述信息输入“选择参数化图形”窗口的右侧区域，点击“确定”，如图 4.1.39所示。

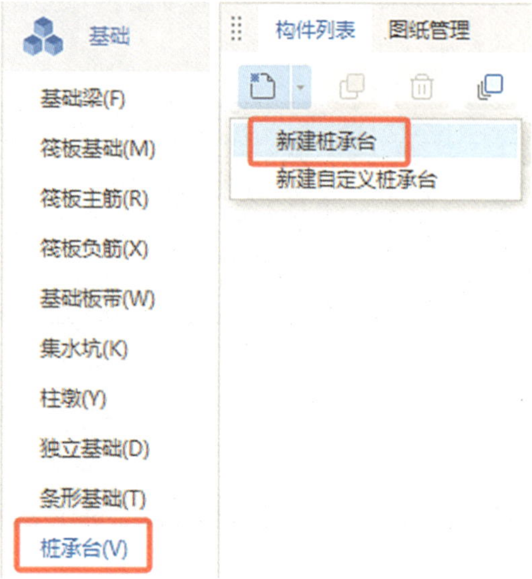

图 4.1.36　新建桩承台

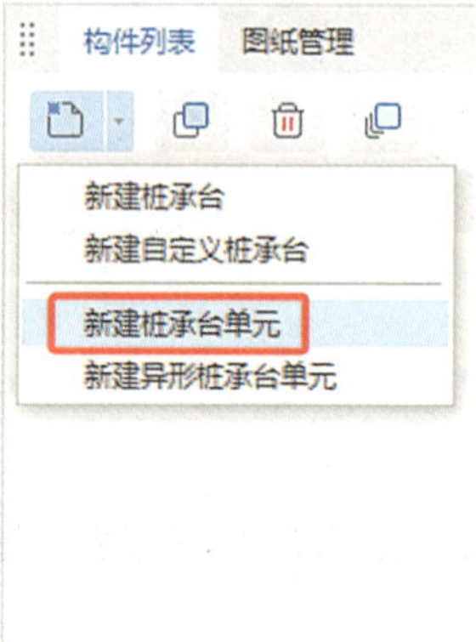

图 4.1.37　新建桩承台单元

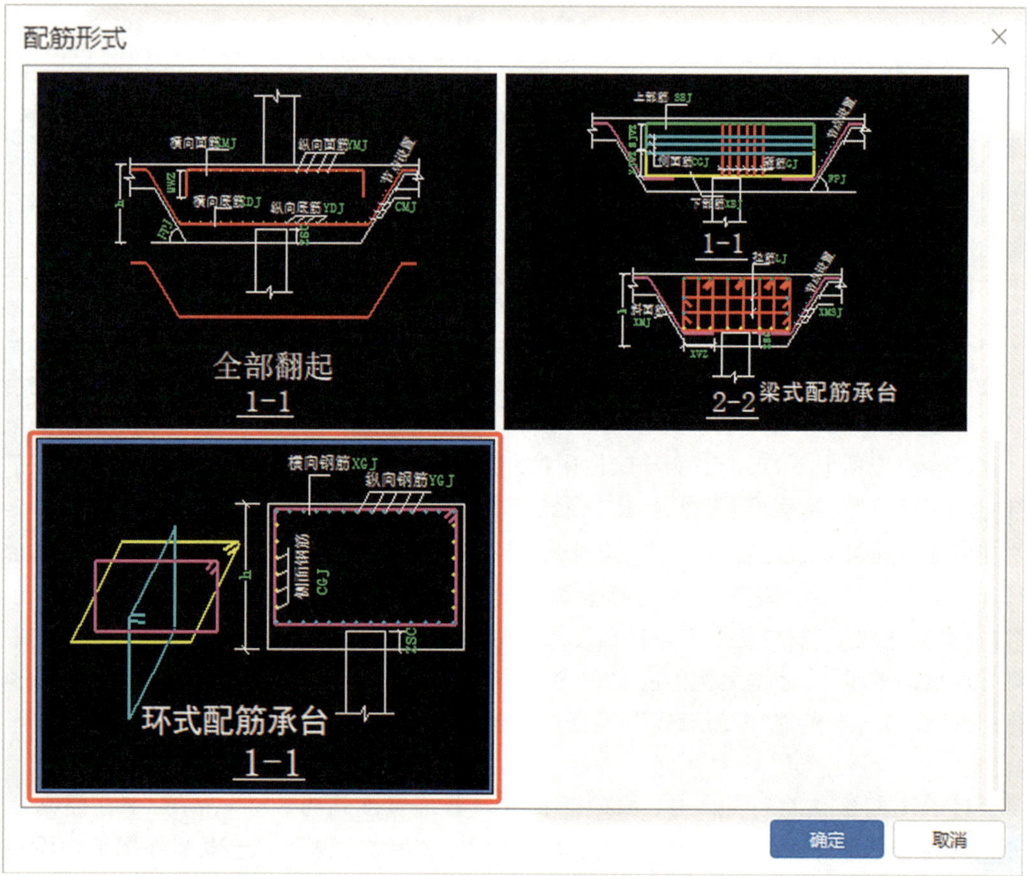

图 4.1.38　选择配筋形式

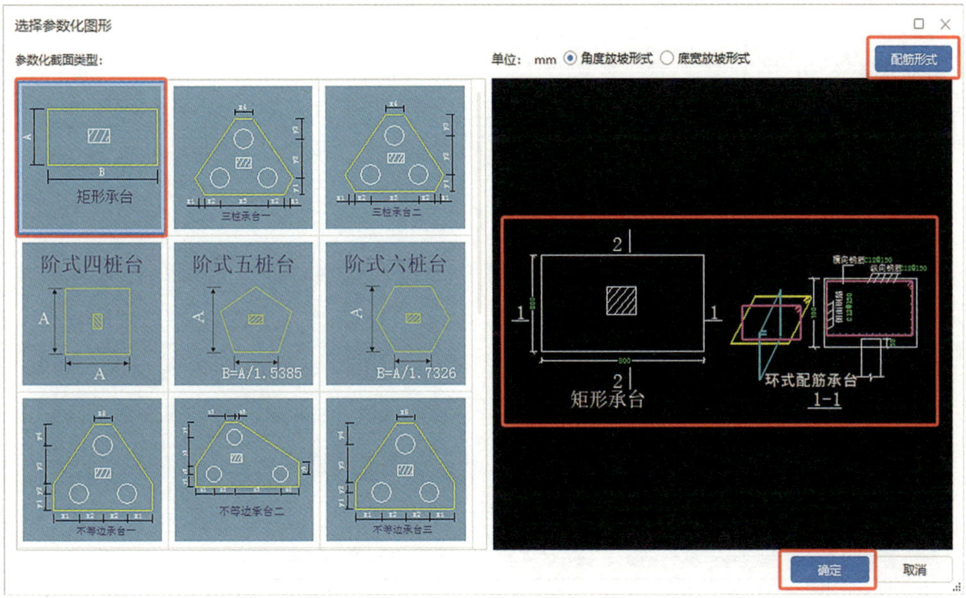

图 4.1.39　选择参数化图形

② 编辑桩承台属性信息

通过识读案例工程图纸，在“属性列表”中输入“新建桩承台”和“新建桩承台单元”的相应属性信息，如图 4.1.40、图 4.1.41 所示。

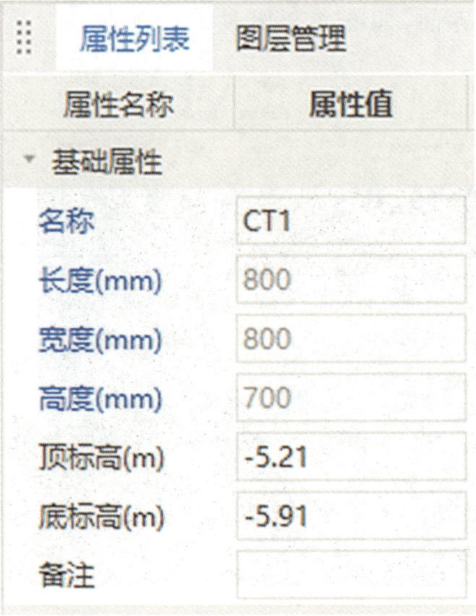

属性列表　图层管理

属性名称	属性值
基础属性	
名称	CT1
长度(mm)	800
宽度(mm)	800
高度(mm)	700
顶标高(m)	-5.21
底标高(m)	-5.91
备注	

图 4.1.40　桩承台属性列表

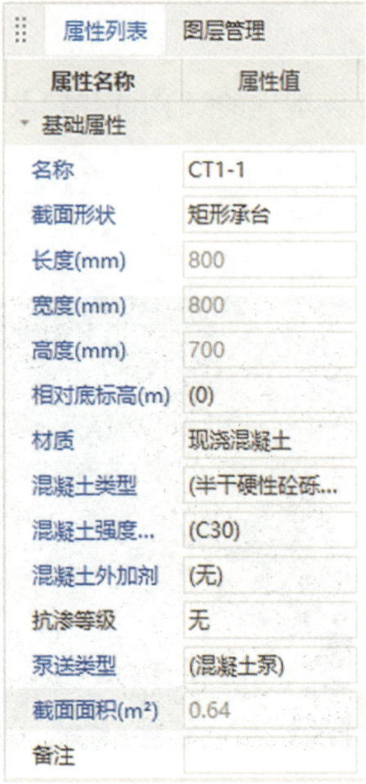

属性列表　图层管理

属性名称	属性值
基础属性	
名称	CT1-1
截面形状	矩形承台
长度(mm)	800
宽度(mm)	800
高度(mm)	700
相对底标高(m)	(0)
材质	现浇混凝土
混凝土类型	(半干硬性砼砾...
混凝土强度...	(C30)
混凝土外加剂	(无)
抗渗等级	无
泵送类型	(混凝土泵)
截面面积(m²)	0.64
备注	

图 4.1.41　桩承台单元属性列表

名称：根据图纸输入构件名称 CT1。

顶标高：单位为 m，桩承台顶标高可根据实际情况进行调整，此处桩承台顶标高可根据图纸信息取“−5.210” m。

底标高：单位为 m，桩承台底标高可根据实际情况进行调整，此处桩承台底标高可根据图纸信息取“－5.910” m。

③ 绘制桩承台

桩承台常采用“点”式或者“智能布置”的方式进行绘制，绘制方法同独立基础。

4.1.2.4 汇总查看工程量

(1) 查看筏板基础工程量

工程量汇总计算完成后，以 3＃研发楼结施 04 中①～③轴/Ⓒ～Ⓕ轴处的筏板基础为例，查看筏板基础的土建工程量，如图 4.1.42 所示。

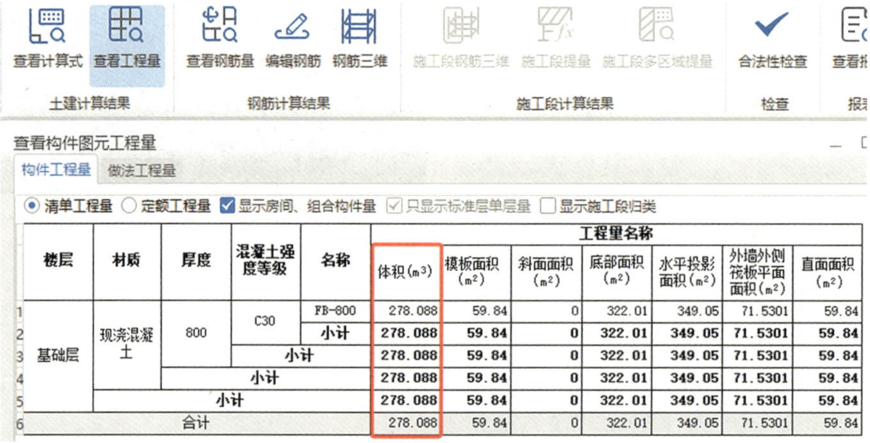

	楼层	材质	厚度	混凝土强度等级	名称	体积(m³)	模板面积(m²)	斜面面积(m²)	底部面积(m²)	水平投影面积(m²)	外墙外侧筏板平面面积(m²)	直面面积(m²)
1	基础层	现浇混凝土	800	C30	FB-800	278.088	59.84	0	322.01	349.05	71.5301	59.84
2					小计	278.088	59.84	0	322.01	349.05	71.5301	59.84
3				小计		278.088	59.84	0	322.01	349.05	71.5301	59.84
4			小计			278.088	59.84	0	322.01	349.05	71.5301	59.84
5		小计				278.088	59.84	0	322.01	349.05	71.5301	59.84
6	合计					278.088	59.84	0	322.01	349.05	71.5301	59.84

图 4.1.42　筏板基础土建工程量查看

查看筏板基础的“编辑钢筋”及“钢筋三维”界面，如图 4.1.43 所示。

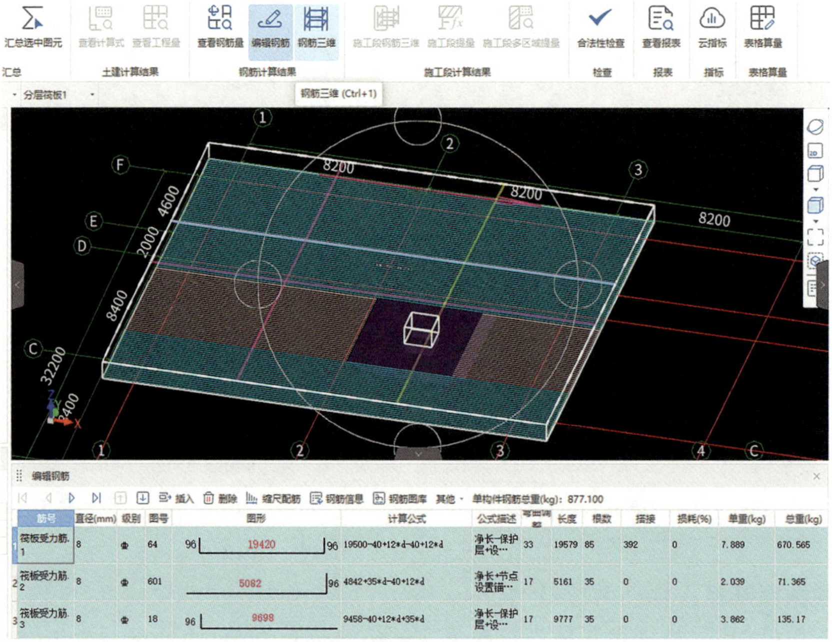

图 4.1.43　筏板基础“编辑钢筋”及“钢筋三维”界面界面

(2) 查看独立基础工程量

工程量汇总计算完成后，以3#研发楼结施04中①轴/Ⓕ轴左侧的独立基础DJz01为例，查看独立基础的土建工程量，如图4.1.44所示。

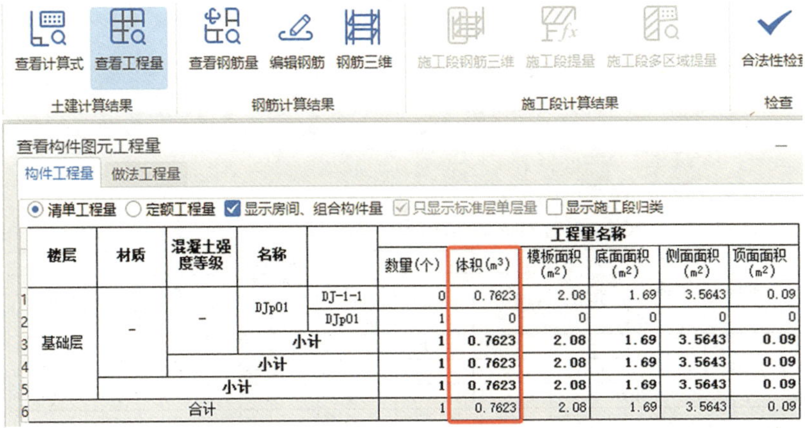

	楼层	材质	混凝土强度等级	名称		数量(个)	体积(m^3)	模板面积(m^2)	底面面积(m^2)	侧面面积(m^2)	顶面面积(m^2)
1	基础层	-	-	DJp01	DJ-1-1	0	0.7623	2.08	1.69	3.5643	0.09
2					DJp01	1	0	0	0	0	0
3				小计		1	0.7623	2.08	1.69	3.5643	0.09
4			小计			1	0.7623	2.08	1.69	3.5643	0.09
5		小计				1	0.7623	2.08	1.69	3.5643	0.09
6	合计					1	0.7623	2.08	1.69	3.5643	0.09

图4.1.44　独立基础土建工程量查看

查看独立基础的"编辑钢筋"及"钢筋三维"界面，如图4.1.45所示。

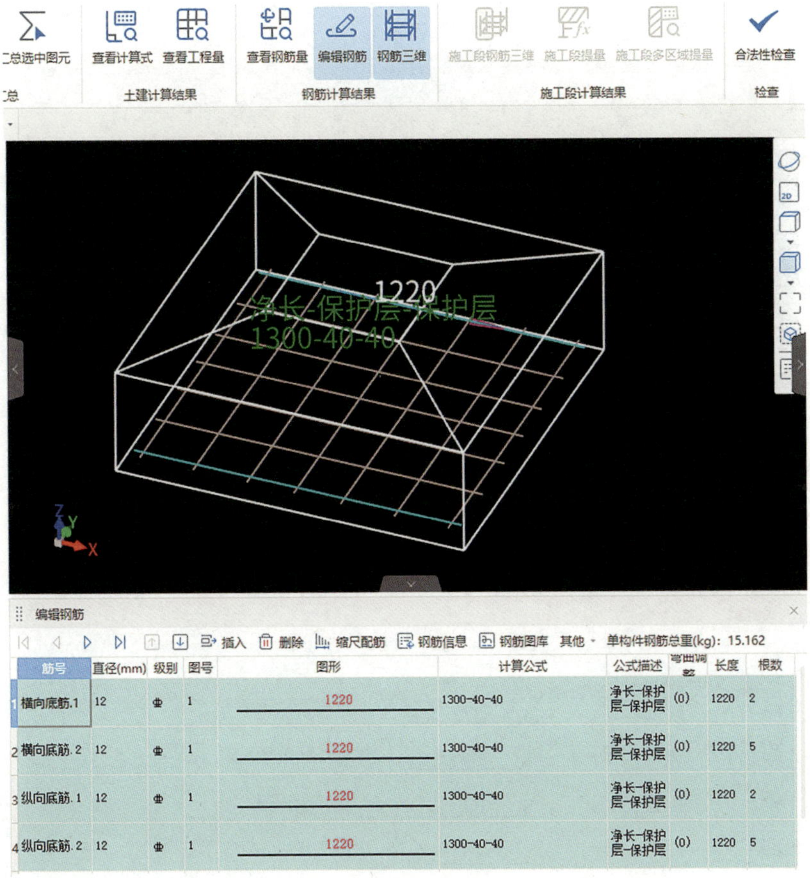

	筋号	直径(mm)	级别	图号	图形	计算公式	公式描述	弯曲调整	长度	根数
1	横向底筋.1	12	⌀	1	1220	1300-40-40	净长-保护层-保护层	(0)	1220	2
2	横向底筋.2	12	⌀	1	1220	1300-40-40	净长-保护层-保护层	(0)	1220	5
3	纵向底筋.1	12	⌀	1	1220	1300-40-40	净长-保护层-保护层	(0)	1220	2
4	纵向底筋.2	12	⌀	1	1220	1300-40-40	净长-保护层-保护层	(0)	1220	5

图4.1.45　独立基础"编辑钢筋"及"钢筋三维"界面

(3) 查看集水坑工程量

工程量汇总计算完成后，以 3＃研发楼结施 04 基础平面布置图中的集水坑 jsk1 为例，查看集水坑的土建工程量，如图 4.1.46 所示。

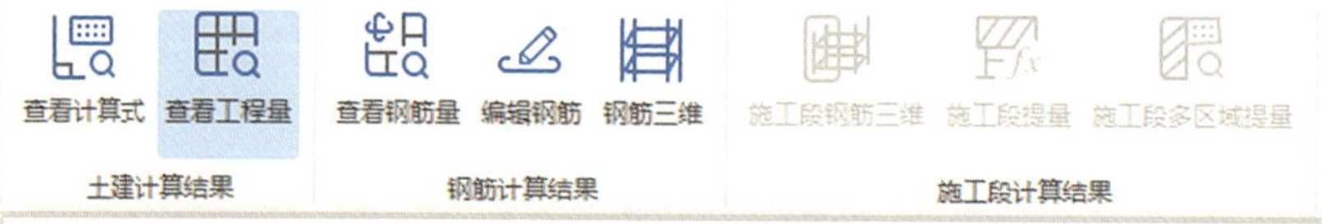

查看构件图元工程量

构件工程量 | 做法工程量

◉ 清单工程量 ○ 定额工程量 ☑ 显示房间、组合构件量 ☑ 只显示标准层单层量 ☐ 显示施工段归类

	楼层	名称	混凝土外加剂	工程里名称						
				数量(个)	体积(m³)	坑立面模板面积(m²)	坑底面模板面积(m²)	底部水平面积(m²)	底部斜面面积(m²)	底部立面面积(m²)
1	基础层	JSK-1	无	1	19.2	5.76	1.44	7.84	27.1529	0
2			小计	1	19.2	5.76	1.44	7.84	27.1529	0
3		小计		1	19.2	5.76	1.44	7.84	27.1529	0
4	合计			1	19.2	5.76	1.44	7.84	27.1529	0

图 4.1.46　集水坑土建工程量查看

查看集水坑的“编辑钢筋”及“钢筋三维”界面，如图 4.1.47 所示。

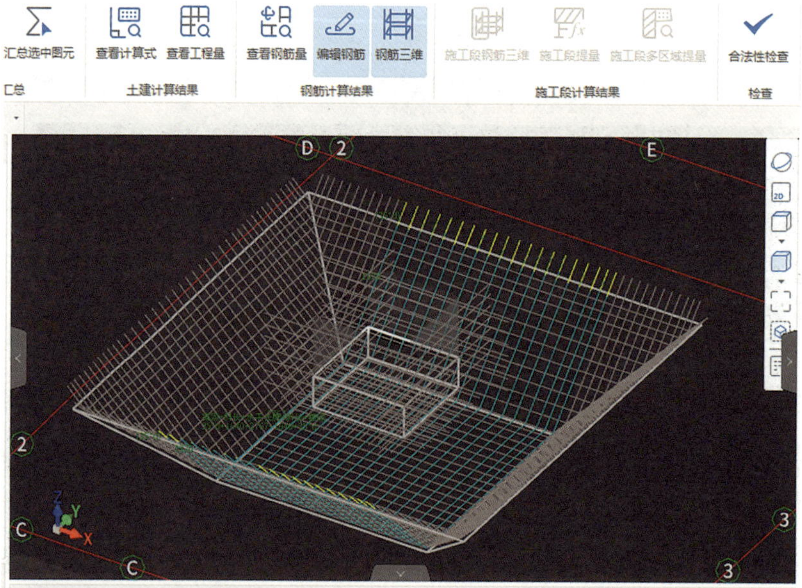

编辑钢筋

插入　删除　缩尺配筋　钢筋信息　钢筋图库　其他 · 单构件钢筋总重(kg)：360.122

	筋号	直径(mm)	级别	图号	图形	计算公式	公式描述	弯曲调整	长度	根数
1	Y向底面钢筋.1	8	Φ	615	1920 45 2767 45 1921	35*d+1640+2767+1640+35*d	锚固+斜长+水平…	10	6597	20
2	Y向斜面钢筋.1	8	Φ	615	1770 45 2979 45 1771	35*d+1490+2979+1490+35*d	锚固+斜长+水平…	10	6509	2
3	Y向斜面钢筋.2	8	Φ	615	1620 45 3191 45 1621	35*d+1340+3191+1340+35*d	锚固+斜长+水平…	10	6421	2
4	Y向斜面钢筋.3	8	Φ	615	1470 45 3403 45 1471	35*d+1190+3403+1190+35*d	锚固+斜长+水平…	10	6333	2

图 4.1.47　集水坑“编辑钢筋”及“钢筋三维”界面

(4) 查看条形基础工程量

工程量汇总计算完成后，以3#研发楼结施04中Ⓕ轴/④～⑥轴相交处的条形基础TJBp01为例，查看条形基础的土建工程量，如图4.1.48所示。

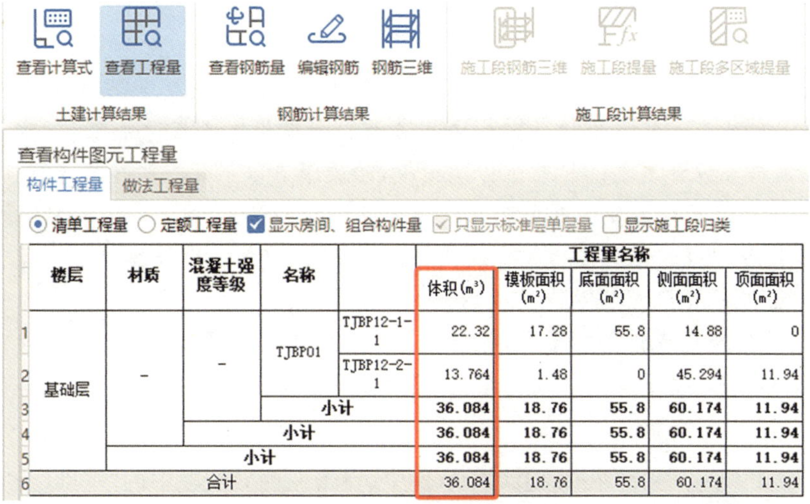

	楼层	材质	混凝土强度等级	名称		工程量名称				
						体积(m³)	模板面积(m²)	底面面积(m²)	侧面面积(m²)	顶面面积(m²)
1	基础层	-	-	TJBP01	TJBP12-1-1	22.32	17.28	55.8	14.88	0
2					TJBP12-2-1	13.764	1.48	0	45.294	11.94
3				小计		36.084	18.76	55.8	60.174	11.94
4			小计			36.084	18.76	55.8	60.174	11.94
5		小计				36.084	18.76	55.8	60.174	11.94
6	合计					36.084	18.76	55.8	60.174	11.94

图4.1.48 条形基础土建工程量查看

查看条形基础的“编辑钢筋”及“钢筋三维”界面，如图4.1.49所示。

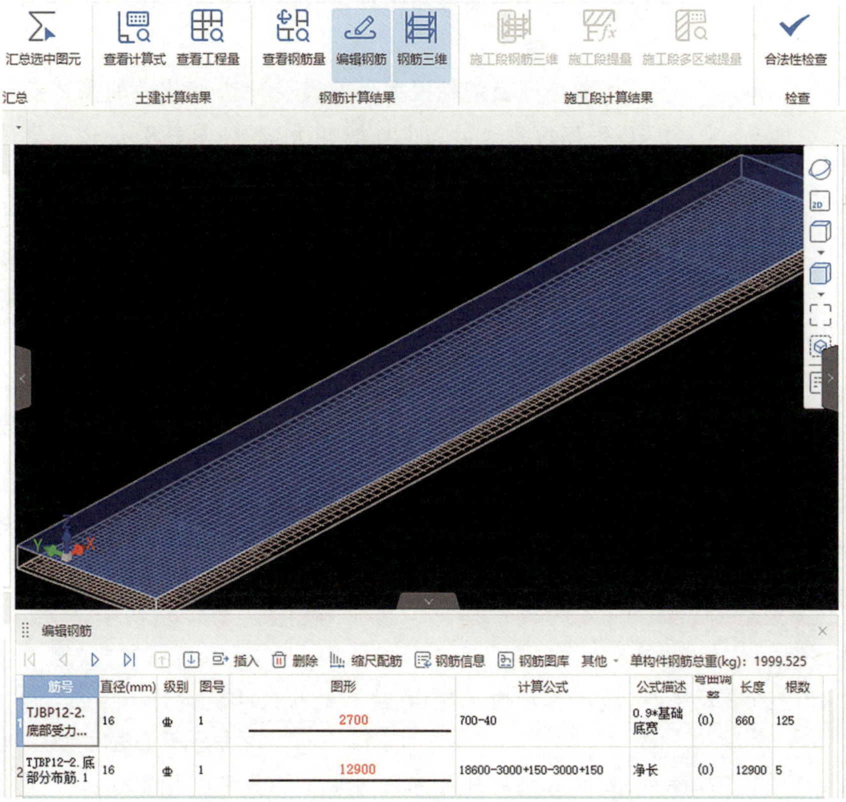

	筋号	直径(mm)	级别	图号	图形	计算公式	公式描述	弯曲调整	长度	根数
1	TJBP12-2.底部受力...	16	Φ	1	2700	700-40	0.9*基础底宽	(0)	660	125
2	TJBP12-2.底部分布筋.1	16	Φ	1	12900	18600-3000+150-3000+150	净长	(0)	12900	5

图4.1.49 条形基础“编辑钢筋”及“钢筋三维”界面

4.1.3 总结拓展

(1) 砖胎膜

师说　　**知　识　卡**

砖胎膜就是用标准砖制作而成的模板，待其达到一定的强度后，即可进行混凝土的浇筑工作。砖胎膜一般用于地下室外墙外防水或者模板不易拆除的部位，砌好后其尺寸和强度须符合设计要求。相较于传统模板，砖胎膜有以下几个明显的优点：

① 施工速度更快。使用砖胎膜可以减少多余的工序，使施工时间大幅缩短。

② 节约劳动力。使用砖胎膜可以减少人员使用，节约人力资源。

③ 保证施工质量。与传统模板相比，使用砖胎膜可以保证每一层的砖头高度一致，不易出现倾斜或者错位的情况，保证了建筑物的施工质量。

但砖胎膜不宜用于复杂的建筑结构，而适用于一些简单的建筑结构。

图 4.1.50　砖胎膜智能布置

在 GTJ2025 软件中，点击左侧导航栏中的“基础”→“砖胎膜”，在“构件列表”中点击“新建”下拉菜单，选择“新建线式砖胎膜”，然后根据图纸信息修改属性，完成砖胎膜的定义。

砖胎膜不能采用“点”式绘制，可采用“智能布置”的方式，根据图纸信息选择合适的参照构件进行绘制即可，如图 4.1.50 所示。

(2) 柱墩

柱墩是筏板基础根据受剪或受冲切承载力的需要而设置的混凝土墩，根据位置又分为上柱墩和下柱墩，下柱墩是指在框架柱根部沉到筏板基础以下部分设置的柱基础，一般为了充分利用筏板基础上表面的空间而设置；上柱墩是在筏板基础顶面以上、混凝土柱的根部设置的混凝土墩。柱墩的作用与独立基础类似，区别是独立基础可以作为基础来独立使用，而柱墩是加强筏板局部的混凝土墩。

在 GTJ2025 软件中，点击左侧导航栏中的“基础”→“柱墩(Y)”，在“构件列表”中点击“新建”下拉菜单，选择“新建柱墩”，弹出“选择参数化图形”对话框，然后根据图纸信息选择合适的“参数化截面类型”，并修改属性，即可完成柱墩的定义。

柱墩的绘制方式有“点”式绘制和“智能布置”，根据图纸信息直接绘制即可。

课后练习与巩固

一、选择题

(1) 在 GTJ2025 软件中，筏板基础图元显示、隐藏的默认快捷键为(　　)。

A. B　　B. S　　C. D　　D.M

(2) 在 GTJ2025 软件中，筏板基础的外放可采用(　　)功能进行处理。

A. 偏移　　B. 镜像　　C. 分割　　D. 打断

(3) 在 GTJ2025 软件中,独立基础在进行智能布置时,可以(　　)为参照。

A. 柱　　B. 砌体墙　　C. 门　　D. 过梁

二、技能实操题

利用 BIM 计量软件,完成 3# 研发楼工程中基础的定义及绘制,并统计相关工程量。

4.2　垫层工程量计算

学习目标

能够运用 BIM 计量软件,通过手工建模的方式创建垫层三维模型,并基于三维模型辅助进行垫层工程量的统计。

4.2.1　任务描述

(1) 正确识读 3# 研发楼基础平面布置图中与垫层相关的图纸信息;

(2) 根据图纸,以手工建模的方式完成垫层的属性编辑与三维模型绘制;

(3) 完成垫层构件的土建工程量统计。

【扫码演示】

4.2.2　任务实施

4.2.2.1　图纸分析

依据 3# 研发楼结施 04 基础平面布置图中的独立基础剖面示意图及基础设计说明,识读垫层相关信息如下:垫层的厚度为 100 mm,垫层每侧宽出基础边缘 100 mm,采用 C15 素混凝土。

> **师说**　　**知　识　卡**
>
> 垫层深埋于地下,却为基础提供最前端的保护与支撑。我们在工作中也应学习这种无私奉献的精神、敬业精神,从整体角度出发,维护集体利益。

4.2.2.2　创建垫层模型

BIM 计量软件中,垫层分为点式矩形垫层、线式矩形垫层、面式垫层、点式异形垫层、线式异形垫层。点式矩形垫层适用于独立基础、桩承台等点式构件下垫层的绘制;线式矩形垫层适用于条形基础、基础梁等线式构件下垫层的绘制;面式垫层适用于筏形基础、独立基础等垫层的绘制;点式异形垫层和线式异形垫层,一般适用于异形基础下部垫层的绘制。

(1) 创建面式垫层模型

① 新建面式垫层

在"建模"选项卡下,点击左侧导航栏中的"基础"→"垫层(X)",在"构件列表"中点击"新建"下拉菜单,选择"新建面式垫层",如图 4.2.1 所示。

② 编辑面式垫层属性信息

通过识读本工程图纸,在"属性列表"中输入相应信息,如图 4.2.2 所示。

名称:图纸中未明确垫层构件名称,在此可输入"面式垫层"。

厚度:单位为 mm,依据图纸信息输入垫层厚度"100" mm。

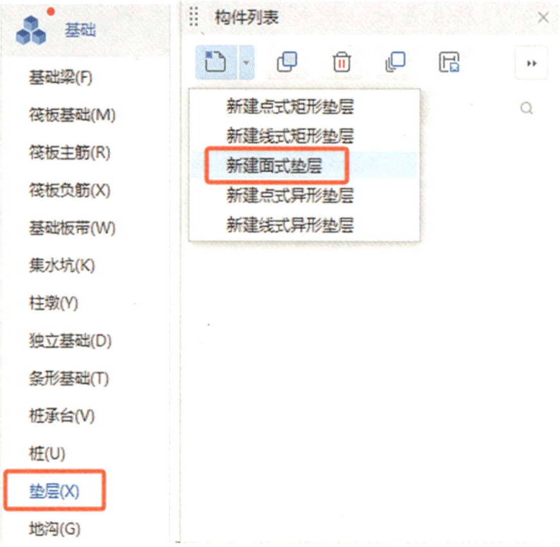

图 4.2.1　新建面式垫层

混凝土强度等级：默认为楼层混凝土强度和锚固搭接设置中设定的混凝土强度，若与默认不同，可根据图纸实际情况进行修改。

顶标高：单位为 m，默认采用基础底标高。

③ 绘制面式垫层

采用“智能布置”的方式绘制面式垫层，在“构件列表”中选择面式垫层，点击“智能布置”面板，在下拉菜单中选择“独基”功能，选择模型中的独立基础，单击鼠标右键确定，在弹出的“设置出边距离”对话框中，输入出边距离 100 mm，点击“确定”，即可完成独立基础下方垫层的绘制；同理也可以在下拉菜单中选择“筏板”“集水坑”功能，完成筏板基础、集水坑下方垫层的绘制，如图4.2.3所示。

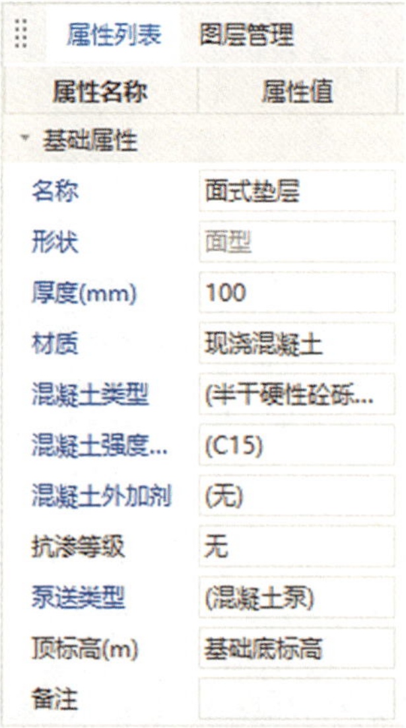

图 4.2.2　面式垫层属性列表

图 4.2.3　面式垫层绘制

(2) 创建线式垫层模型

① 新建线式垫层

在“建模”选项卡下，点击左侧导航栏中的“基础”→“垫层(X)”，在“构件列表”中点击“新建”下拉菜单，选择“新建线式矩形垫层”，如图 4.2.4 所示。

② 编辑线式垫层属性信息

识读本工程图纸，在“属性列表”中输入相应信息，如图 4.2.5 所示。

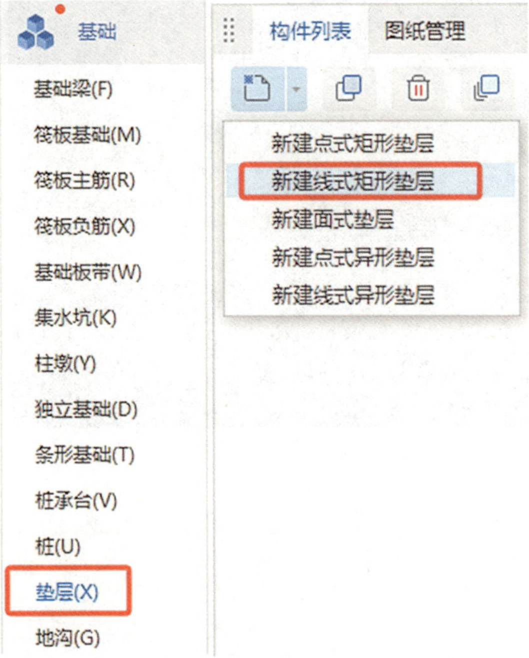

图 4.2.4　新建线式矩形垫层

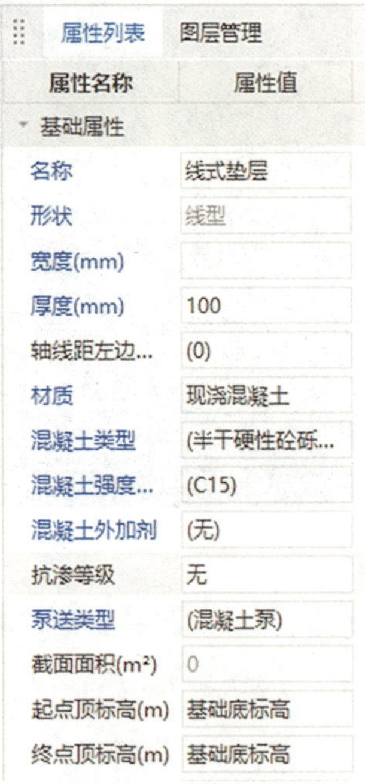

图 4.2.5　线式垫层属性列表

名称：图纸中未明确垫层构件名称，在此可输入“线式垫层”。

厚度：单位为 mm，依据图纸信息输入垫层厚度为“100” mm。

混凝土强度等级：默认为楼层混凝土强度和锚固搭接设置中设定的混凝土强度，若与默认不同，可根据图纸实际情况进行修改。

起点顶标高、终点顶标高：单位为 m，默认采用基础底标高。

③ 绘制线式垫层

采用“智能布置”的方式绘制线式垫层，在“构件列表”中选择线式垫层，点击“智能布置”面板，在下拉菜单中选择“条基中心线”功能(图 4.2.6)，选择条形基础，单击鼠标右键确定，在弹出的“设置出边距离”对话框中，输入出边距离 100 mm，点击“确定”，即可完成该条形基础下方垫层的绘制。

图 4.2.6　线式垫层绘制

基础下方全部垫层绘制完成后如图 4.2.7 所示。

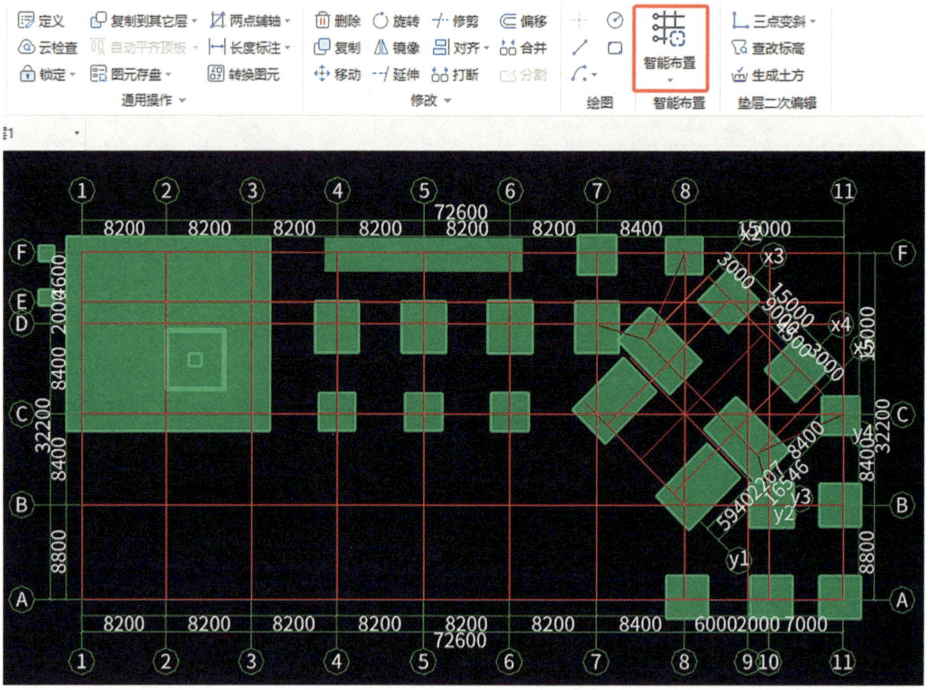

图 4.2.7　全部垫层绘制完成

4.2.2.3　汇总查看工程量

工程量汇总计算完成后，查看垫层土建工程量，如图 4.2.8 所示。

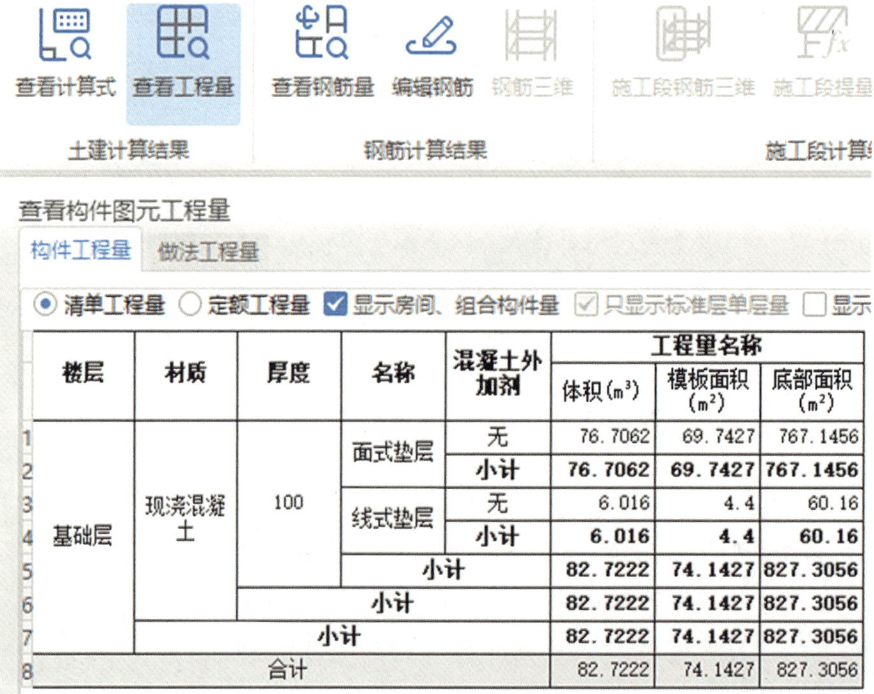

	楼层	材质	厚度	名称	混凝土外加剂	工程量名称 体积(m³)	模板面积(m²)	底部面积(m²)
1	基础层	现浇混凝土	100	面式垫层	无	76.7062	69.7427	767.1456
2					小计	**76.7062**	**69.7427**	**767.1456**
3				线式垫层	无	6.016	4.4	60.16
4					小计	**6.016**	**4.4**	**60.16**
5				小计		**82.7222**	**74.1427**	**827.3056**
6			小计			**82.7222**	**74.1427**	**827.3056**
7		小计				**82.7222**	**74.1427**	**827.3056**
8	合计					82.7222	74.1427	827.3056

图 4.2.8　垫层土建工程量查看

课后练习与巩固

一、选择题

(1) 在 GTJ2025 软件中，条形基础适合采用(　　)垫层进行布置。

A. 点式矩形　　B. 线式矩形　　C. 面式矩形　　D. 点式异形

(2) 在 GTJ2025 软件中，下列不是常用的垫层布置方法的是(　　)。

A. 线式垫层　　B. 集水坑垫层　　C. 点式垫层　　D. 面式垫层

(3) 在 GTJ2025 软件的垫层属性列表中，垫层的厚度单位为(　　)。

A. m　　B. mm　　C. cm　　D. km

二、技能实操题

利用 BIM 计量软件完成 3＃研发楼工程垫层的定义及绘制，并统计相关工程量。

4.3　土方工程量计算

学习目标

能够运用 BIM 计量软件，通过手工建模的方式创建土方三维模型，并基于三维模型辅助进行土方工程量的统计。

4.3.1　任务描述

(1) 正确识读 3＃研发楼基础平面布置图中土方开挖的相关图纸信息；

(2) 根据图纸，以手工建模的方式完成大开挖土方、基坑土方、基槽土方的属性编辑与三维模型绘制；

(3) 完成大开挖土方、基坑土方、基槽土方构件的工程量统计。

4.3.2　任务实施

4.3.2.1　图纸分析

在 3＃研发楼结构施工图纸中，根据基础土方开挖方案图，识读土方开挖的相关图纸信息如下：图纸中明确土方开挖采取大开挖形式，采用整体开挖方式清理基底 300 mm 厚土层，边坡全部按照 1:1放坡，图纸中的蓝色边线为开挖下口线，粉色边线为开挖上口线。

图纸中未明确基坑土方与基槽土方的相关信息，后续将分别以某一独立基础与条形基础为例，说明基坑土方、基槽土方的创建方法。

4.3.2.2　创建土方模型

根据辽宁省《房屋建筑与装饰工程定额》(2017)的规定，沟槽、基坑、一般土石方的划分标准：底宽(设计图示垫层或基础的底宽，下同)不大于 7 m 且底长大于 3 倍底宽的为沟槽；底长不大于 3 倍底宽且底面积不大于 150 m^2 的为基坑；超出上述范围，又非平整场地的，为一般土石方。

师说 　**案　例**

“中国尊”大厦基坑面积较大，开挖深度较深，基坑开挖深度在－27.200～－38.000 m，土方总量近 12 万 m^3。大厦北侧采用“护坡桩＋预应力锚杆”和“地下连续墙＋混凝土角撑＋高压旋喷桩”相结合的支护体系；东西南三侧采用“地下连续墙＋预应力锚杆＋混凝土角撑”支护体系。土方开挖过程中要尽量保证周边支护结构受力均匀，以保证支撑体系稳定，最大限度地减少基坑开挖对周边环境的影响，因此大厦的土方开挖和支撑施工工序根据“时空效应”原理，按“中心岛式分区、分块、对称、平衡”的原则推进，有效解决了土方量大且开挖深度大、降效严重的问题，同时提前为锚杆施工及检测桩检测提供作业面，保证了土方施工的连续性，缩短了关键线路施工工期。

【扫码演示】

(1) 创建大开挖土方模型

① 新建大开挖土方

在“建模”选项卡下，点击左侧导航栏中的“土方”→“大开挖土方(W)”，在“构件列表”中点击“新建”下拉菜单，选择“新建大开挖土方”，如图 4.3.1 所示。

② 编辑大开挖土方属性信息

识读本工程图纸，在“属性列表”中输入相应信息，如图 4.3.2 所示。

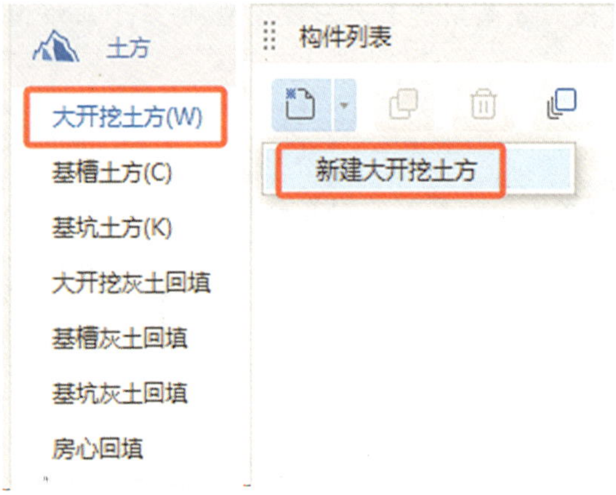

图 4.3.1　新建大开挖土方

图 4.3.2　大开挖土方属性列表

名称：图纸中未明确大开挖土方构件名称，此处可默认输入 DKW-1。

深度：单位为 mm，为大开挖土方的开挖深度，取垫层底标高到室外地坪的高差，此处深度取“3800” mm。

放坡系数：基础土方开挖方案图中明确“边坡全部按照 1∶1放坡”，故此处放坡系数输入“1”。

工作面宽：单位为 mm，通常可根据辽宁省《房屋建筑与装饰工程定额》(2017)“第一章 土方工程”中“基础施工单面工作面宽度计算表”的规定来确定工作面宽度，如图 4.3.3 所示；由于本工程 3＃研发楼图纸中明确规定了大开挖土方的开挖下口线，因此在绘制大开挖土方图形时，工作面按指定的开挖下口线进行绘制，故此处工作面宽度输入“0”。

基础材料	每面增加工作面宽度(mm)
砖基础	200
毛石、方整石基础	250
混凝土基础、垫层(支模板)	400
基础垂直面做砂浆防潮层	800(自防潮层面)
基础垂直面做防水层或防腐层	1000(自防水层或防腐层面)
支挡土板	150(另加)

图 4.3.3　基础施工单面工作面宽度计算表

顶标高:为大开挖土方的顶部标高,此处取室外地坪标高“−0.300” m。

底标高:为大开挖土方的底部标高,此处取垫层底标高“−4.100” m。

③ 绘制大开挖土方

大开挖土方通常可采用“直线”绘制及“智能布置”两种方式进行创建,通过查看基础土方开挖方案图可知,本图中蓝色边线为开挖下口线,根据图纸特点,本工程采用直线绘制方式,沿开挖下口线进行大开挖土方的绘制。

在绘制前需要找到开挖下口线的各个交点,点击“绘图”面板上的“直线”绘制方式,结合“Shift+鼠标左键”的偏移功能完成大开挖土方的绘制。3#研发楼开挖下口线未注明详细的尺寸定位,可结合 CAD 测量功能确定开挖下口线的各个交点,大开挖土方绘制完成后如图 4.3.4 所示。

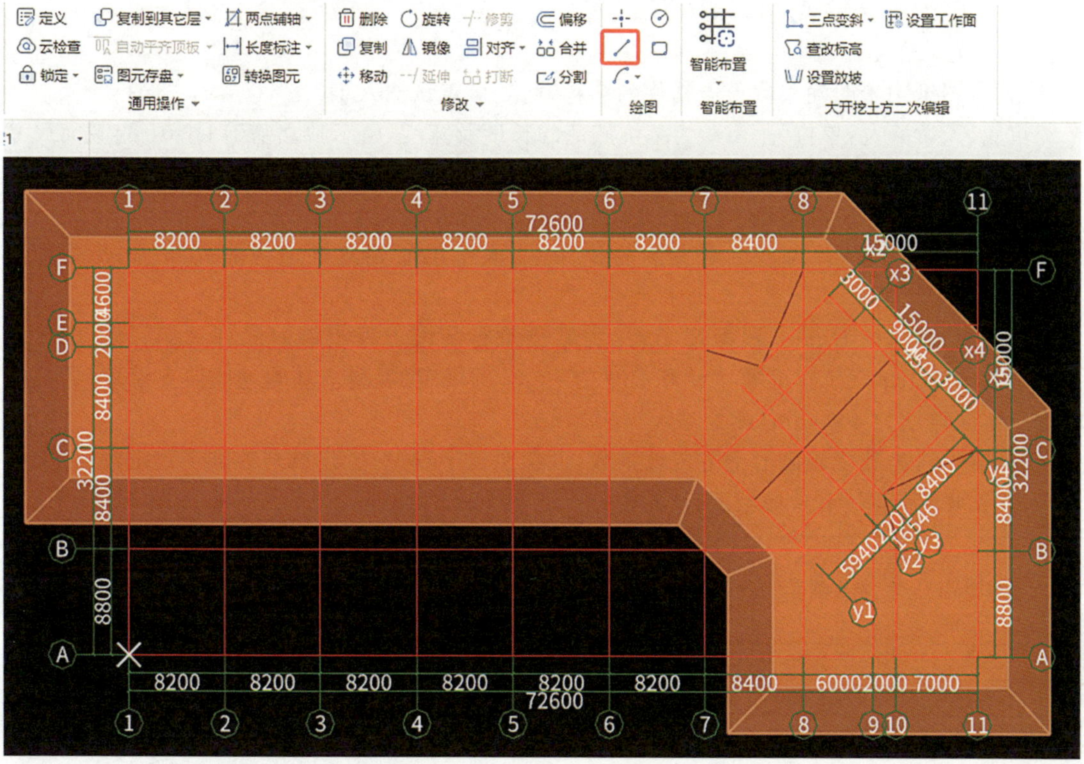

图 4.3.4　大开挖土方绘制

【扫码演示】

(2) 创建基坑土方模型

以本工程结施04基础平面布置图中的独立基础DJz01为例，进行基坑土方模型的创建。

① 新建基坑土方

在“建模”选项卡下，点击左侧导航栏中的“土方”→“基坑土方(K)”，在“构件列表”中点击“新建”下拉菜单，选择“新建矩形基坑土方”，如图4.3.5所示。

② 编辑基坑土方属性信息

在“属性列表”中输入相应信息，如图4.3.6所示。

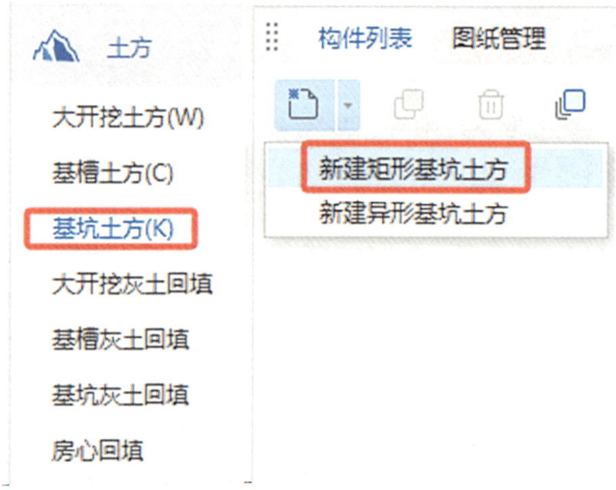

图4.3.5 新建矩形基坑土方

图4.3.6 基坑土方属性列表

名称：图纸中未明确基坑土方构件的名称，此处可默认输入JK-1。

坑底长、坑底宽：单位为mm，为基坑底部的长度及宽度，由于独立基础DJz01的截面尺寸为1300 mm×1300 mm，土方开挖从垫层底开始，坑底长度、宽度同垫层的长度、宽度，均为“1500” mm。

深度：单位为mm，为基坑土方的开挖深度，取垫层底到室外地坪的高差，此处深度取“3800” mm。

工作面宽：单位为mm，根据辽宁省《房屋建筑与装饰工程定额》(2017)“第一章 土方工程”中“基础施工单面工作面宽度计算表”(图4.3.3)的规定，混凝土基础、垫层(支模板)的每面增加工作面宽度为400 mm，此处输入“400” mm。

放坡系数：为基坑侧面的土方放坡系数，可参照辽宁省《房屋建筑与装饰工程定额》(2017)中“土方放坡起点深度和放坡坡度表”的相关规定进行设置，此处以“0.67”为例，如图4.3.7所示。

土壤类别	起点深度(>m)	放坡坡度			
		人工挖土	机械挖土		
			沟槽、坑内作业	基坑上作业	沟槽上作业
一二类土	1.20	1：0.50	1：0.33	1：0.75	1：0.50
三类土	1.50	1：0.33	1：0.25	1：0.67	1：0.33
四类土	2.00	1：0.25	1：0.10	1：0.33	1：0.25

图4.3.7 土方放坡起点深度和放坡坡度表

顶标高：为基坑土方的顶部标高，此处取室外地坪标高“−0.300” m。

底标高：为基坑土方的底部标高，此处取垫层底标高“−4.100” m。

③ 绘制基坑土方

基坑土方既可采用“点”式绘制，也可采用“智能布置”方式，本工程以“智能布置”的方式创建基坑土方。点击“智能布置”面板，选择下拉菜单中的“独基”，单击鼠标左键选择该独立基础，单击鼠标右键确定，即可完成该基坑土方的绘制，如图 4.3.8 所示。

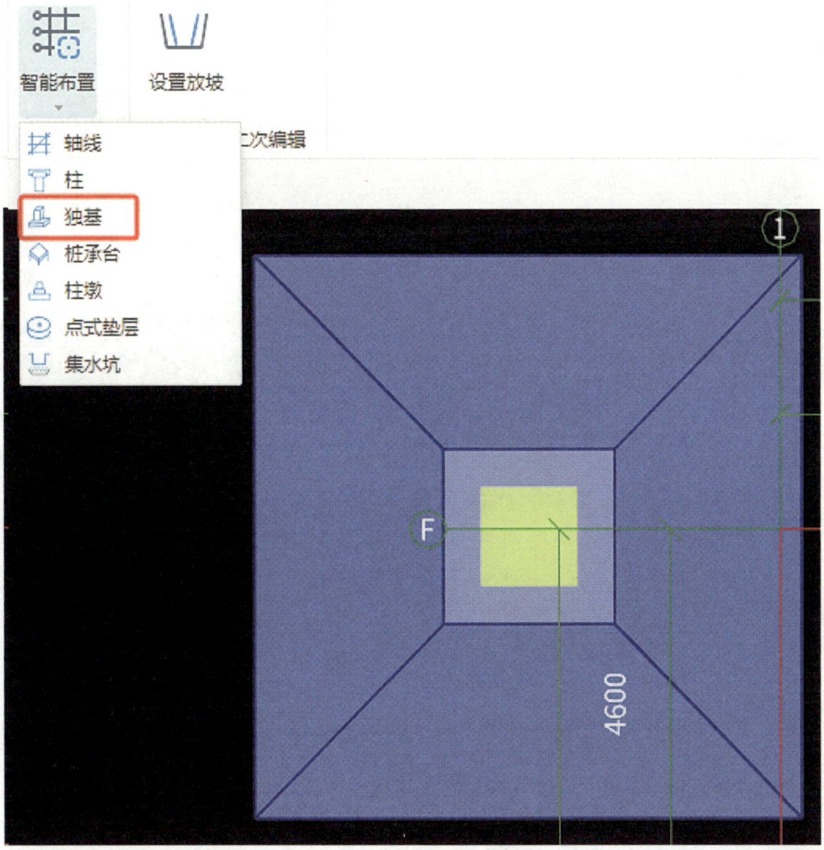

图 4.3.8　基坑土方绘制

(3) 创建基槽土方模型

以本工程结施 04 基础平面布置图中的条形基础 TJBp01 为例，进行基槽土方模型的创建。

① 新建基槽土方

在“建模”选项卡下，点击左侧导航栏中的“土方”→“基槽土方(C)”，在“构件列表”中点击“新建”下拉菜单，选择“新建基槽土方”，如图 4.3.9 所示。

② 编辑基槽土方属性信息

在“属性列表”中输入相应信息，如图 4.3.10 所示。

名称：图纸中未明确基槽土方构件名称，此处可默认输入“JC-1”。

槽底宽：单位为 mm，为基槽底部的宽度，由于条形基础 TJBp01 的宽度为 3000 mm，土方开挖从垫层底开始，槽底宽同垫层宽度，为“3200” mm。

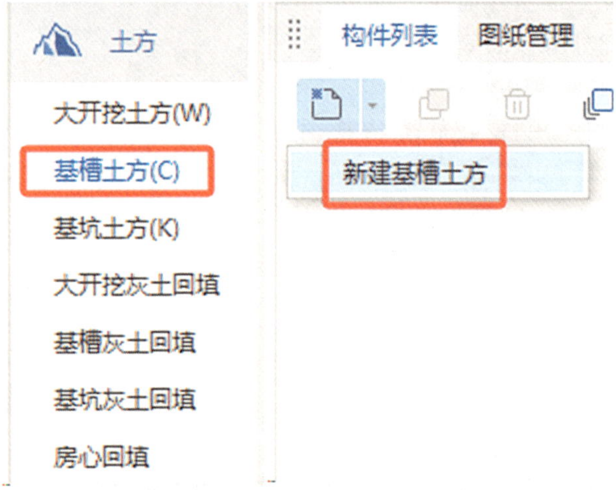

图 4.3.9　新建基槽土方

图 4.3.10　基槽土方属性列表

槽深：单位为 mm，为基槽土方的开挖深度，取垫层底到室外地坪的高差，故此处槽深为“3800” mm。

左工作面宽、右工作面宽：单位为 mm，根据辽宁省《房屋建筑与装饰工程定额》(2017)“第一章 土方工程”中“基础施工单面工作面宽度计算表”的规定，混凝土基础、垫层(支模板)的每面增加工作面宽度为 400 mm，此处工作面宽度可输入“400” mm。

左放坡系数、右放坡系数：为基槽侧面的土方放坡系数，由于本工程图纸中未明确条形基础的放坡系数，可参照辽宁省《房屋建筑与装饰工程定额》(2017)中“土方放坡起点深度和放坡坡度表”的相关规定进行设置，此处以“0.67”为例。

起点底标高、终点底标高：为基槽土方起点与终点的底部标高，此处取垫层底标高“−4.100” m。

③ 绘制基槽土方

基槽土方可直接采用“智能布置”的方式进行绘制，也可以采用“直线”“矩形”“两点一弧”“圆形”的方式进行绘制，本工程采用“智能布置”的方式创建基槽土方。

点击“智能布置”面板，选择下拉菜单中的“条基中心线”，单击鼠标左键选择要布置的条形基础，单击鼠标右键确定，即可完成该基槽土方的创建，如图 4.3.11 所示。

4.3.2.3　汇总查看工程量

(1) 查看大开挖土方工程量

工程量汇总计算完成后，以基础土方开挖方案图中的大开挖土方为例，查看大开挖土方的土建工程量，如图 4.3.12 所示。

(2) 查看基坑土方工程量

工程量汇总计算完成后，以结施 04 基础平面布置图中Ⓕ轴/①轴左侧的独立基础 DJz01 所对应的基坑土方为例，查看基坑土方的土建工程量，如图 4.3.13 所示。

(3) 查看基槽土方工程量

工程量汇总计算完成后，以结施 04 基础平面布置图中的条形基础 TJBp01 所对应的基槽土方为例，查看基槽土方的土建工程量，如图 4.3.14 所示。

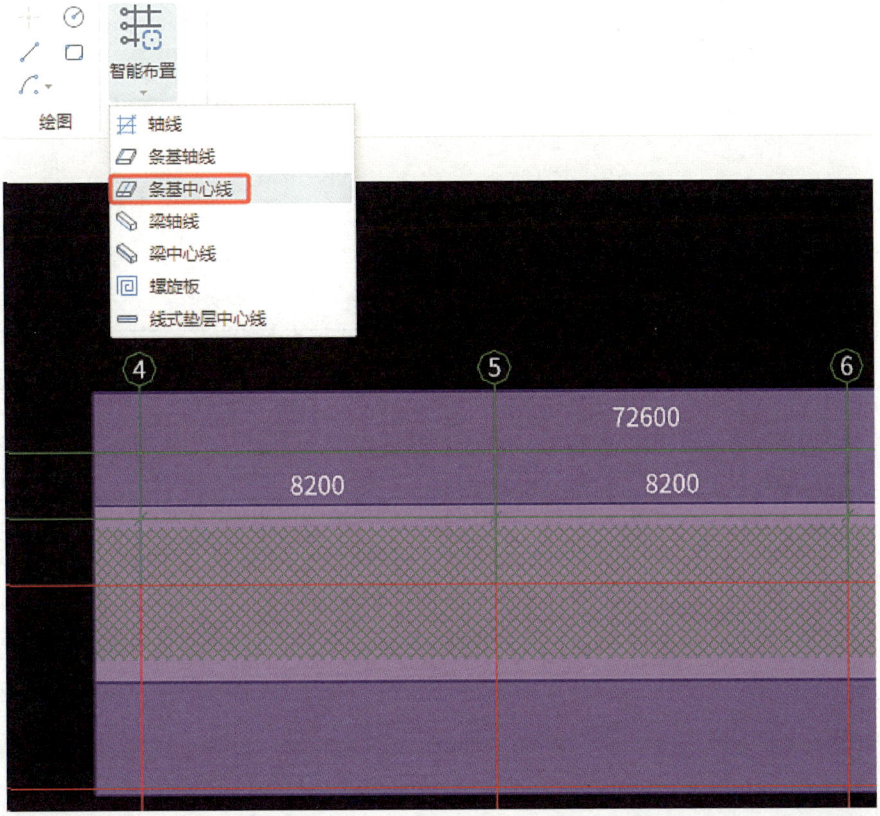

图 4.3.11　基槽土方创建

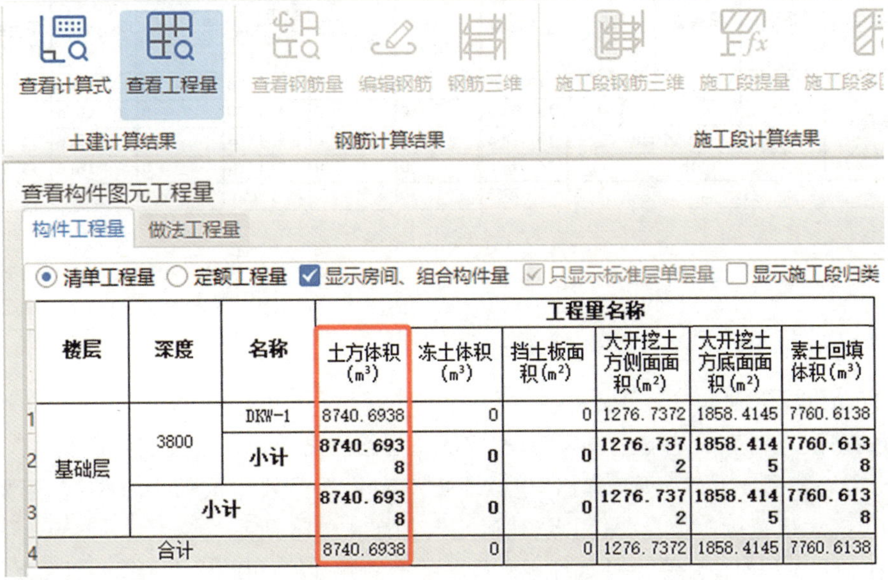

	楼层	深度	名称	工程量名称：土方体积（m³）	冻土体积（m³）	挡土板面积（m²）	大开挖土方侧面面积（m²）	大开挖土方底面面积（m²）	素土回填体积（m³）
1	基础层	3800	DKW-1	8740.6938	0	0	1276.7372	1858.4145	7760.6138
2			小计	8740.6938	0	0	1276.7372	1858.4145	7760.6138
3		小计		8740.6938	0	0	1276.7372	1858.4145	7760.6138
4	合计			8740.6938	0	0	1276.7372	1858.4145	7760.6138

图 4.3.12　大开挖土方工程量查看

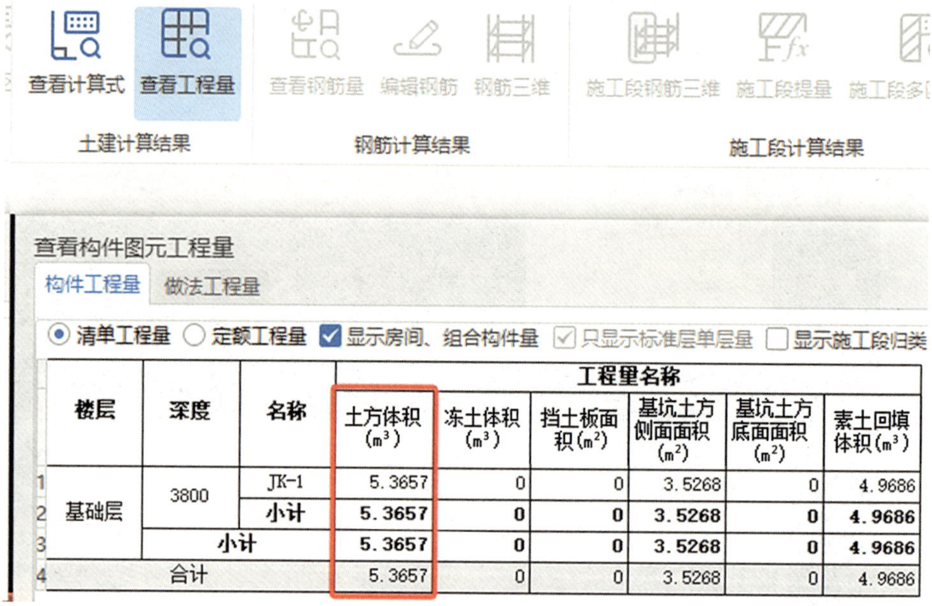

	楼层	深度	名称	工程量名称 土方体积(m³)	冻土体积(m³)	挡土板面积(m²)	基坑土方侧面面积(m²)	基坑土方底面面积(m²)	素土回填体积(m³)
1	基础层	3800	JK-1	5.3657	0	0	3.5268	0	4.9686
2			小计	5.3657	0	0	3.5268	0	4.9686
3		小计		5.3657	0	0	3.5268	0	4.9686
4	合计			5.3657	0	0	3.5268	0	4.9686

图 4.3.13　基坑土方工程量查看

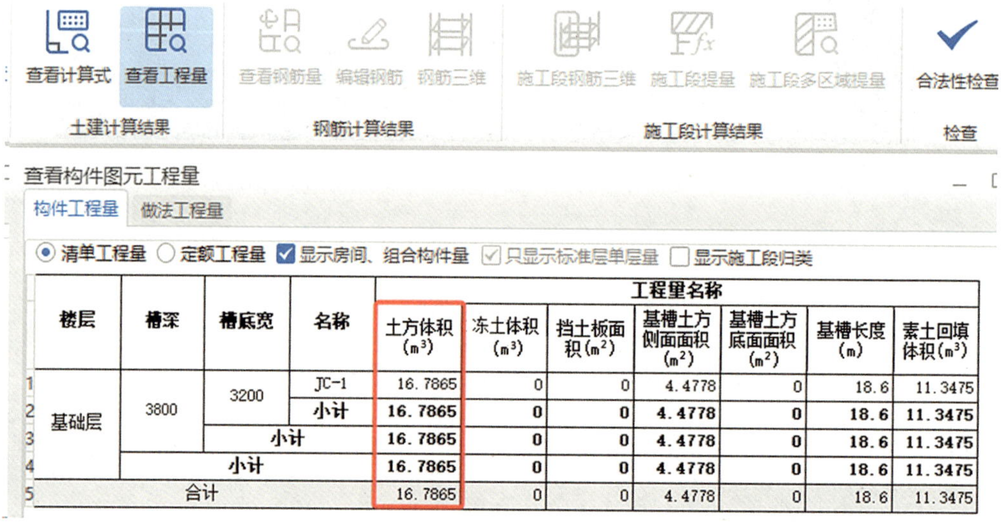

	楼层	槽深	槽底宽	名称	工程量名称 土方体积(m³)	冻土体积(m³)	挡土板面积(m²)	基槽土方侧面面积(m²)	基槽土方底面面积(m²)	基槽长度(m)	素土回填体积(m³)
1	基础层	3800	3200	JC-1	16.7865	0	0	4.4778	0	18.6	11.3475
2				小计	16.7865	0	0	4.4778	0	18.6	11.3475
3			小计		16.7865	0	0	4.4778	0	18.6	11.3475
4		小计			16.7865	0	0	4.4778	0	18.6	11.3475
5	合计				16.7865	0	0	4.4778	0	18.6	11.3475

图 4.3.14　基槽土方工程量查看

4.3.3　总结拓展

(1) 自动生成土方

以面式垫层自动生成基坑土方为例，在完成垫层绘制之后，点击“垫层二次编辑”面板上方的“生成土方”，如图 4.3.15 所示，弹出“生成土方”窗口，选择要生成的土方类型、起始放坡位置、生成方式、生成范围等信息，最后点击“确定”，如图 4.3.16 所示。

(2) 在新建工程时应注意室外地坪标高设置的准确性，以免影响土方工程量计算的准确性。

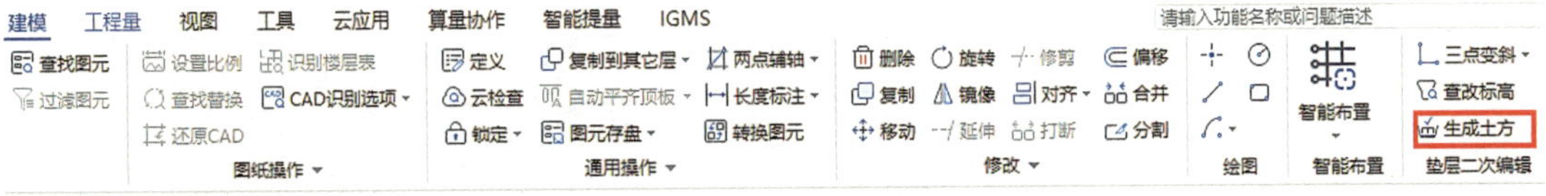

图 4.3.15　垫层二次编辑生成土方

图 4.3.16　自动生成基坑土方

课后练习与巩固

一、选择题

(1) 某土方的放坡系数为 0.5，以下关于放坡系数的计算方法说法正确的是(　　)。

A. 高度/宽度　　B. 宽度/高度　　C. 高度/斜长　　D. 宽度/斜长

(2) 土方可以按垫层生成，以下不属于土方开挖的类型是(　　)。

A. 大开挖土方　　B. 基槽土方　　C. 基坑土方　　D. 集水坑

(3) 挖土方时，在无进场交付施工场地标高时，土方开挖顶标高一般按(　　)计算。

A. ±0.000 m　　B. 基础顶标高　　C. 设计室外地坪标高　　D. 首层建筑顶标高

二、技能实操题

利用 BIM 计量软件完成 3＃研发楼工程土方的定义及绘制，并统计相关工程量。

5 装饰装修及其他工程量计算

知识目标

(1) 通过识读工程图纸,掌握装饰装修及台阶、坡道、散水、栏板、挑檐、屋面等其他构件的图纸信息;

(2) 掌握装饰装修及台阶、坡道、散水、栏板、挑檐、屋面等其他构件的定义、绘制及查看工程量的方法。

能力目标

(1) 能够运用 BIM 计量软件创建装饰装修及台阶、坡道、散水、栏板、挑檐、屋面等其他构件的三维模型;

(2) 能够运用 BIM 计量软件辅助统计装饰装修及台阶、坡道、散水、栏板、挑檐、屋面等其他构件的工程量。

素质目标

(1) 培养认真思考、严于律己的职业素养;

(2) 培养创新精神,增强建设强国的使命感。

5.1 装饰装修工程量计算

学习目标

能够运用 BIM 计量软件,通过手工建模的方式创建楼地面、踢脚、墙柱面、天棚等装饰装修构件的三维模型,并基于三维模型辅助进行装饰装修构件工程量的统计。

【扫码演示】

5.1.1 任务描述

【扫码演示】

(1) 正确识读 3#研发楼室内外装修的相关图纸信息;

(2) 根据图纸,以手工建模的方式完成首层室内外装修构件的属性编辑及三维模型绘制;

(3) 完成首层楼地面、踢脚、墙柱面、天棚等室内外装修构件工程量的统计。

5.1.2 任务实施

5.1.2.1 创建首层室内装修模型

创建室内装修模型的基本流程：新建装修构件→修改装修构件属性信息→新建房间构件→添加依附构件→绘制房间。

（1）新建装修构件

以首层为例，在导航栏中点击“装修”，根据建施 02 图纸装修、构造做法表分别新建地面 1 至地面 5，外墙 1，内墙 1 至内墙 5，天棚 1 至天棚 3，踢脚 1、踢脚 2，如图 5.1.1 所示。

（2）编辑装修构件属性

识读建施 02 装修、构造做法表，在装修构件的属性列表中修改相应属性值。以“地面 2”为例，图纸设计中“地面 2”做法中有防水层，在属性列表中需要将“是否计算防水面积”的属性值设为“是”，如图 5.1.1 所示。

（3）新建房间构件

在导航栏中点击“装修”，选择“房间(F)”，在“构件列表”中点击“新建”下拉菜单，选择“新建房间”，并将其名称改为图纸中各个房间的名称，如图 5.1.2 所示。

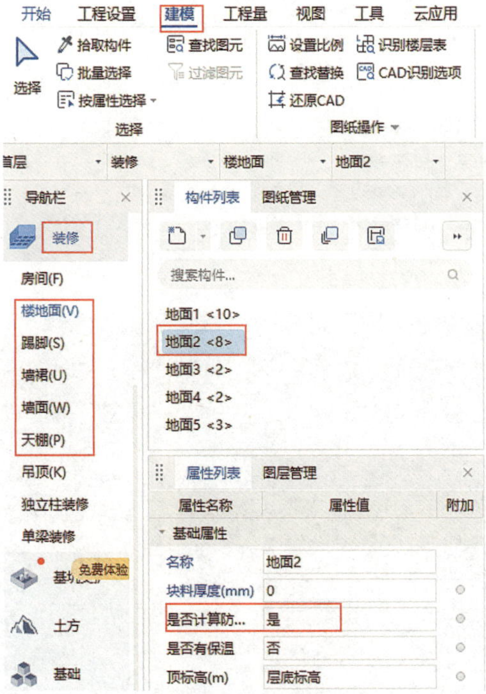

图 5.1.1 新建装修构件

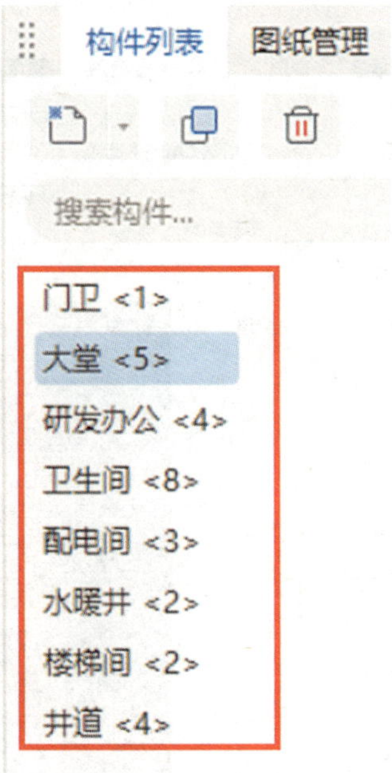

图 5.1.2 新建房间构件

（4）添加依附构件

根据装修做法表，为每个房间添加依附构件。以“卫生间”为例，双击构件列表中的“卫生间”，在“构件类型”中点击“楼地面”，在“依附构件类型”下点击“添加依附构件”命令，在“构件名称”下拉菜单里选择对应卫生间的楼地面装修构件“地面 2”，如图 5.1.3 所示。采用上述方法依次点击“墙面”，添加依附构件“内墙 3”；点击“天棚”，添加依附构件“天棚 2”。

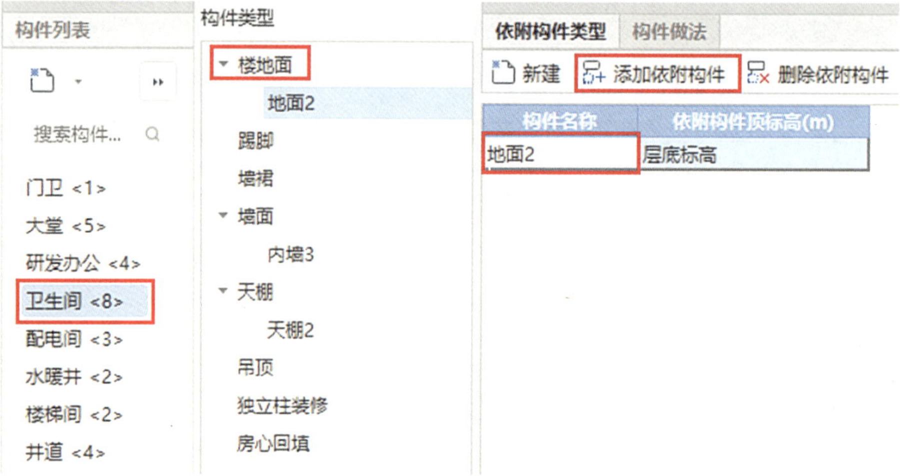

图 5.1.3　添加依附构件

（5）绘制房间

在封闭区域，可利用“绘图”面板中的“点”命令完成房间的绘制。以卫生间的室内装修为例，在“构件列表”中选择“卫生间”，点击“绘图”面板中的“点”，点击卫生间区域内的任一点，即可完成卫生间房间的绘制，如图 5.1.4 所示。

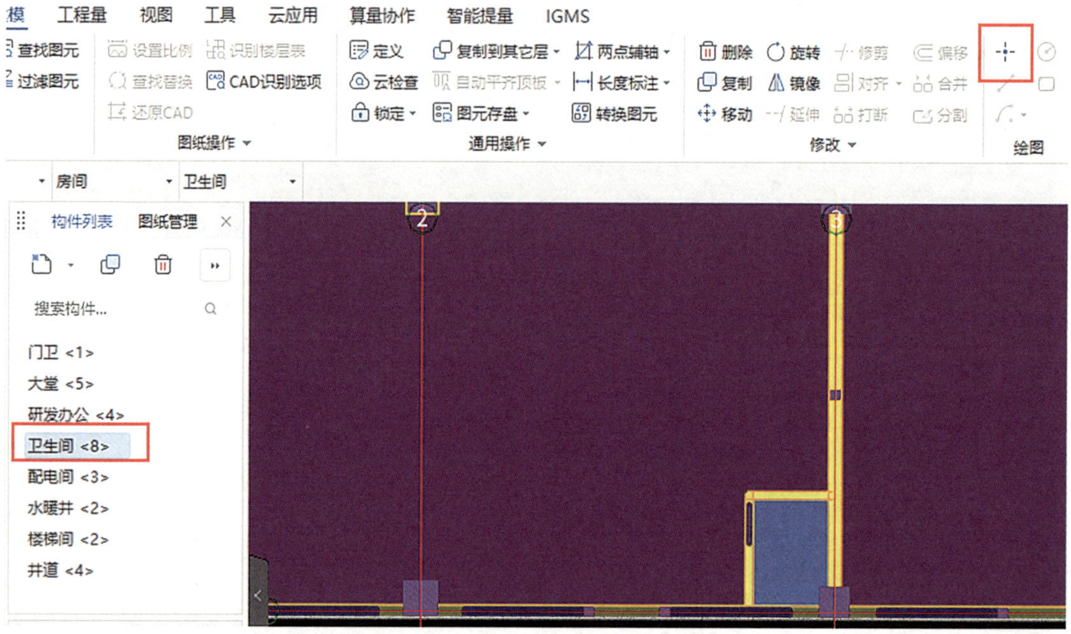

图 5.1.4　“点绘”卫生间装修

由于卫生间地面采用“地面 2”，“地面 2”做法中有防水层，在绘制完卫生间后，需设置防水卷边。具体步骤：在导航栏中点击“装修”，选择“楼地面(V)”，点击“楼地面二次编辑”面板中的“设置防水卷边”命令，选择需要设置防水高度的楼地面，单击鼠标右键确认，在弹出的“设置防水卷边”窗口中输入防水高度(mm) 为“300”，点击“确定”，如图 5.1.5 所示。

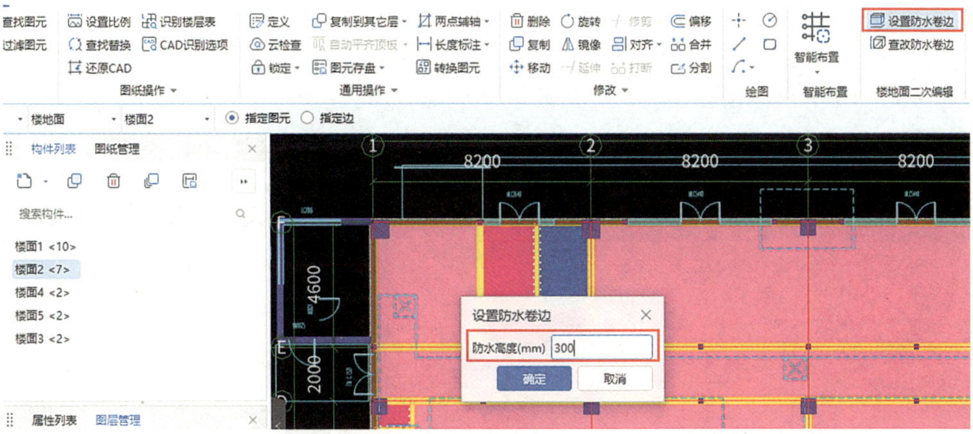

图 5.1.5　设置防水卷边

5.1.2.2　创建首层室外装修模型

(1) 新建外墙面

根据建施 02 中的装修、构造做法表，新建外墙面 1，在导航栏中点击“装修”，选择“墙面”，在“构件列表”中点击“新建”下拉菜单，选择“新建外墙面”，如图 5.1.6 所示。

(2) 编辑外墙面属性

在属性列表中输入相应的属性值，如图 5.1.7 所示。

图 5.1.6　新建外墙面

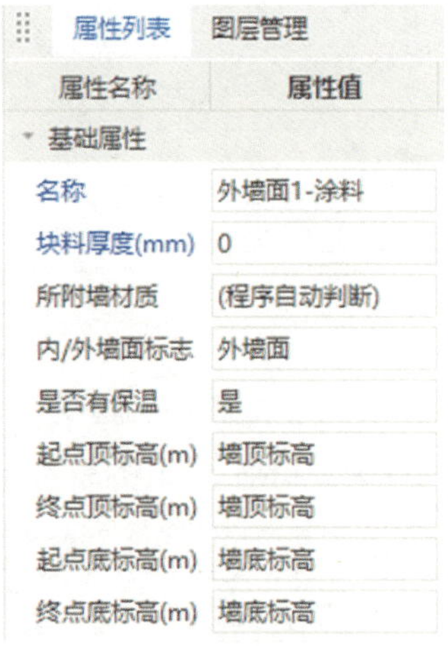

图 5.1.7　外墙面属性

(3) 绘制外墙面

① “点”式绘制

在“构件列表”中选择外墙面，在“绘图”面板中选择“点”，点击外墙面外侧，即可完成外墙面的绘制。

② “直线”绘制

在“构件列表”中选择外墙面，在“绘图”面板中选择“直线”，点击外墙面外侧的起点和终点，即可完成外墙面的绘制。

③ 智能布置

通过“墙面二次编辑”面板中的“智能布置”，可选择“外墙外边线”“房间”“墙材质”三种方式绘制外墙面，在弹出的窗口中选择要布置的楼层即可。

5.1.2.3　查看室内外装修工程量

(1) 查看室内装修工程量

以首层③轴/Ⓒ轴处卫生间为例，工程量汇总计算完成后，查看室内装修工程量，如图 5.1.8 所示。

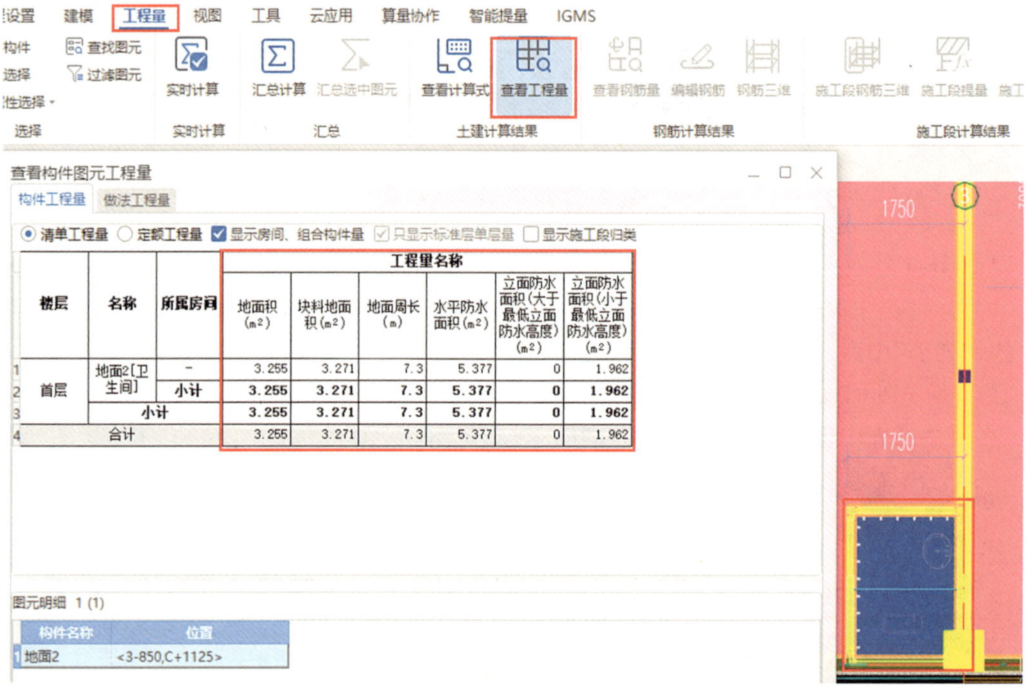

图 5.1.8　首层卫生间室内装修工程量

(2) 查看室外装修工程量

以首层外墙面 1 为例，查看室外装修工程量，如图 5.1.9 所示。

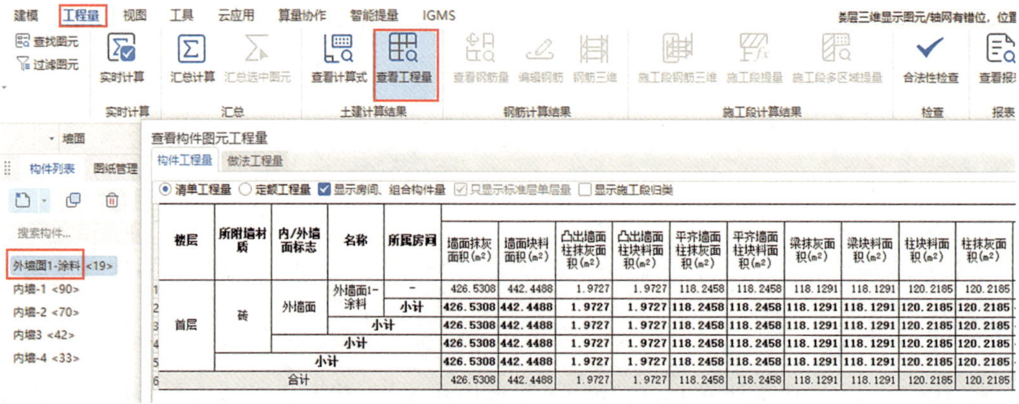

图 5.1.9　首层外墙面 1 装修工程量

5.1.3 总结拓展

(1) 绘制虚墙封闭房间

图纸中房间区域不封闭时，如首层研发办公大堂位置，可利用绘制虚墙的方式封闭房间。

在导航栏中点击“墙”→“砌体墙(Q)”，在“构件列表”中点击“新建”下拉菜单，选择“新建虚墙”，如图 5.1.10 所示。利用“绘图”面板中的“直线”命令，在房间没有墙体的位置绘制一道虚墙(虚墙不计算工程量)，房间封闭后即可采用“点”或“智能布置”方式布置房间装修。

(2) 调整外墙面标高

在外墙面的属性列表中，软件默认的外墙面装修标高是按照墙体底标高和顶标高设置的，如外墙面装修不随墙体标高，而是具体地从某一标高到另一标高，则需要按照图纸要求修改顶标高和底标高。

(3) 自定义贴面在装饰装修工程量计算中的应用

以 3＃研发楼女儿墙节点为例，根据建施 17 中节点详图(一)3/03 号节点，女儿墙外侧面、内侧面与顶面采用保温及外墙涂料，可利用“自定义贴面”构件计算相应工程量。

【扫码演示】

①创建自定义贴面

在导航栏中点击“自定义”，选择“自定义贴面(ZT)”，在“构件列表”中点击“新建自定义贴面”，如图 5.1.11 所示。

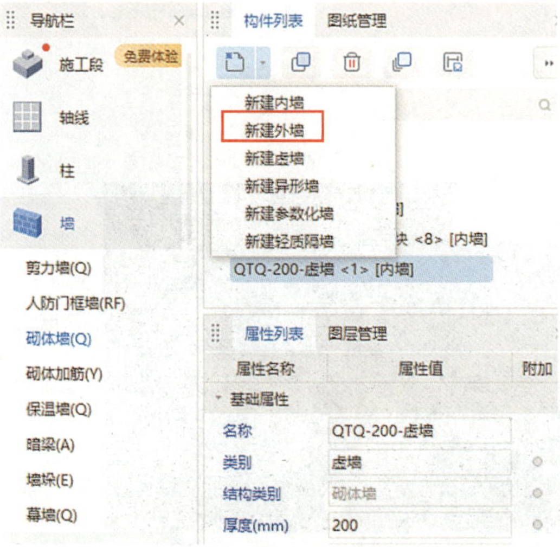

图 5.1.10　新建虚墙

图 5.1.11　新建自定义贴面

图 5.1.12 自定义贴面属性

② 修改自定义贴面属性

根据图纸设计，修改名称及做法类型，如图 5.1.12 所示。

③ 绘制自定义贴面

a. “点”式绘制：在“构件列表”中选择女儿墙外侧自定义贴面，三维显示女儿墙，利用“绘图”面板中的“点”命令，点击相应位置，即可完成绘制，如图 5.1.13 所示。

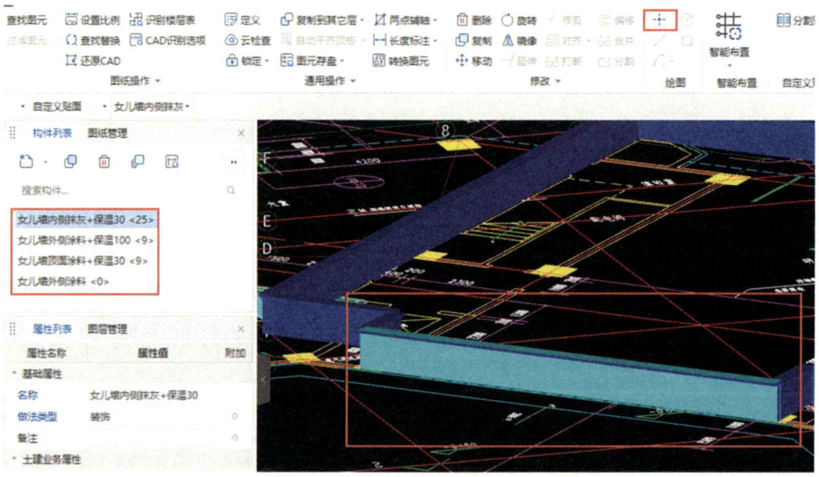

图 5.1.13 “点”式绘制自定义贴面

b. 智能布置：本工程女儿墙采用栏板构件绘制，选择“智能布置”中的“栏板”，在弹出的“布置贴面”窗口中，按照图纸设计选择构件，点击女儿墙相应位置布置贴面，即可完成绘制，如图 5.1.14 所示。

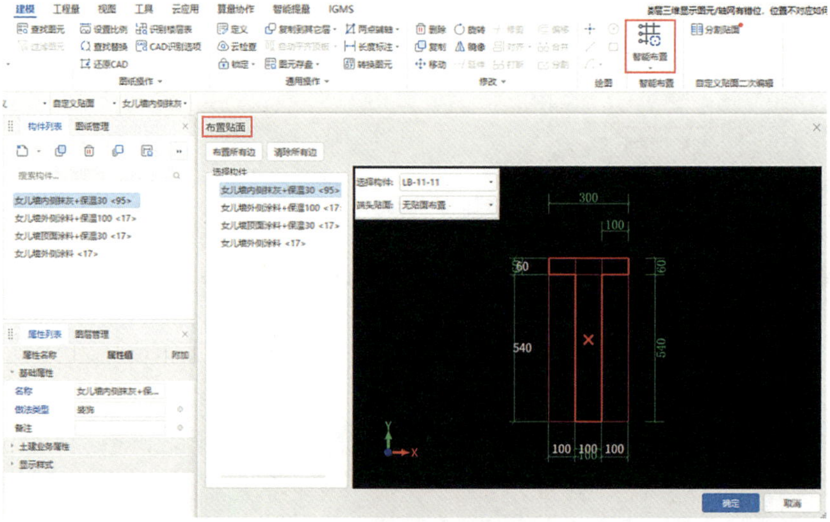

图 5.1.14 智能布置自定义贴面

④ 分割贴面

若同一贴面的装饰面不同，可利用“工具栏”中的“分割贴面”功能，分割贴面图元。点击“分割贴面”，单击鼠标左键选择要分割的贴面图元，单击鼠标右键确定，绘制分割线，单击鼠标右键确定，即完成贴面的分割，如图 5.1.15 所示。

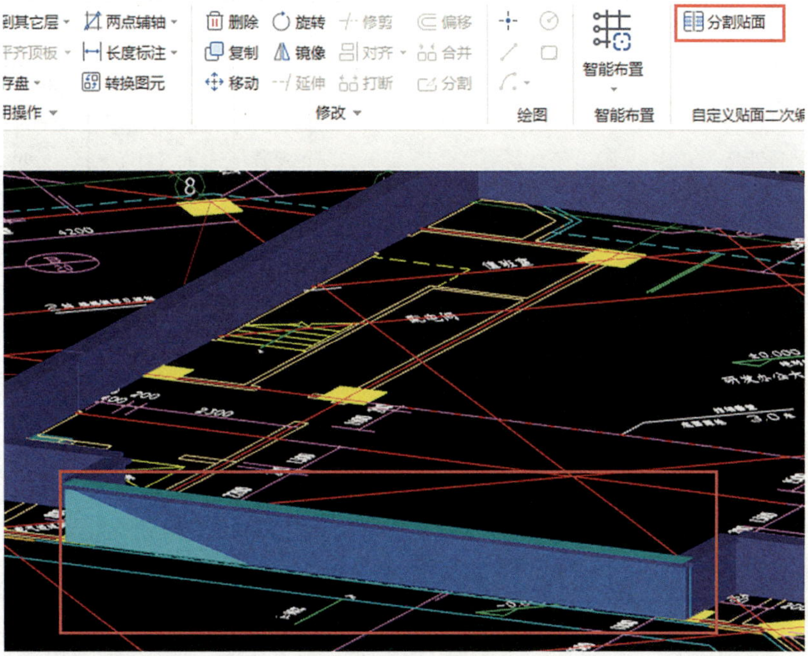

图 5.1.15　分割贴面

⑤ 查看自定义贴面工程量

可在绘图区选择单个或多个自定义贴面构件，查看相应工程量，如图 5.1.16 所示，或点击“查看报表”进行查看，如图 5.1.17 所示。

查看构件图元工程量

构件工程量　做法工程量

◉ 清单工程量　○ 定额工程量　☑ 显示房间、组合构件量　☑ 只显示标

	楼层	名称	做法类型	备注	所附构件类型	工程量名称 面积(m^2)
1	第7层	女儿墙顶面涂料+保温30	装饰	-	栏板	9.9083
2					小计	9.9083
3				小计		9.9083
4			小计			9.9083
5		女儿墙内侧抹灰+保温30	装饰	-	栏板	22.5668
6					小计	22.5668
7				小计		22.5668
8			小计			22.5668
9		女儿墙外侧涂料+保温100	保温+装饰	-	栏板	11.1008
10					小计	11.1008
11				小计		11.1008
12			小计			11.1008

图 5.1.16　查看自定义贴面工程量

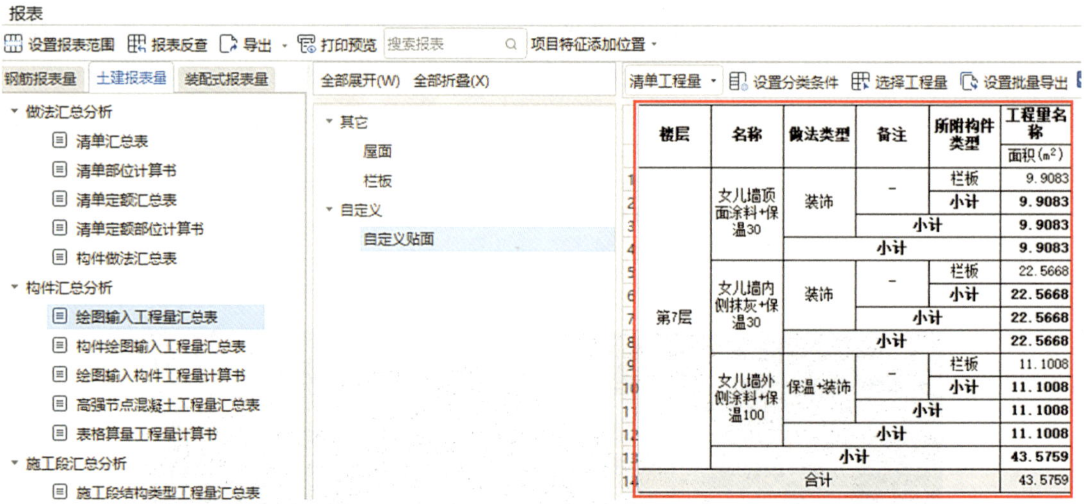

图 5.1.17 查看自定义贴面报表

师说

特别提示

每个工程项目都有自身的特点，当软件固定的功能模块无法兼顾特殊节点时，应具体问题具体分析，灵活使用自定义类模块解决问题，建立完整模型。

课后练习与巩固

一、选择题

(1) 根据《房屋建筑与装饰工程工程量计算规范》(GB 50854—2013)，楼地面涂膜防水按设计图示尺寸以面积计算，当防水反边高度大于(   ) mm 时，按墙面防水计算。

A. 200　　B. 300　　C. 400　　D. 500

(2) 在 GTJ2025 软件中，房心回填土可在(   )中设置。

A. 装修　　B. 基础　　C. 土方　　D. 板

(3) 在 GTJ2025 软件中，虚墙一般(   )。

A. 本身不计算工程量，没有任何作用

B. 本身不计算工程量，可以用来分割、封闭房间

C. 计算工程量，可以用来分割、封闭房间

D. 跟墙体一样，计算工程量

二、技能实操题

根据图纸，以手工建模的方式完成首层楼地面、踢脚、墙柱面、天棚等装饰装修构件的定义及绘制，并统计其土建工程量。

5.2　单梁、独立柱装修工程量计算

学习目标

掌握单梁、独立柱装修的适用条件，能够运用 BIM 计量软件创建单梁、独立柱装修的三维模型，并基于三维模型辅助进行单梁、独立柱装修工程量的统计。

5.2.1　任务描述

(1) 正确识读 3#研发楼单梁、独立柱装修的相关图纸信息；

(2) 根据图纸完成二层单梁、首层独立柱装修构件的属性编辑及三维模型绘制；

(3) 完成二层单梁、首层独立柱装修构件工程量的统计。

【扫码演示】

5.2.2　任务实施

5.2.2.1　创建单梁装修

创建单梁装修的基本流程：新建单梁装修→修改单梁装修属性信息→创建单梁装修。

(1) 新建单梁装修

在 3#研发楼工程结施图纸 15 的标高 8.600 m 层梁平法施工图中，Ⓕ轴外侧的 L30 为一道单梁，如图 5.2.1 所示。

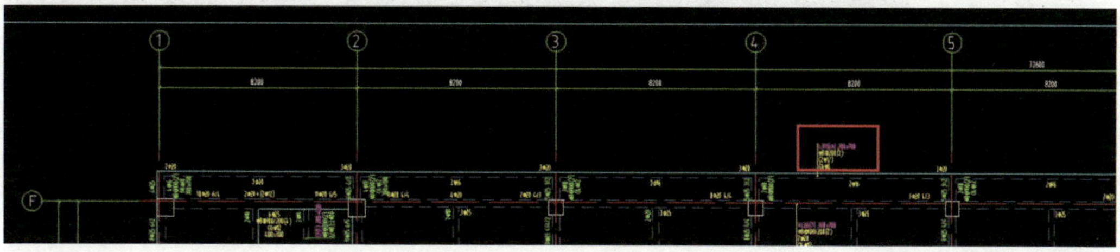

图 5.2.1　单梁 L30

选择“第 2 层”，在左侧导航栏点击“装修”→“单梁装修”，在“构件列表”中点击“新建”下拉菜单，选择“新建单梁装修”，如图 5.2.2 所示。

(2) 修改单梁装修属性信息

在“属性列表”中输入名称，块料厚度软件默认为 0，如图 5.2.3 所示。若为块料饰面，应输入相应块料厚度，其会影响单梁装修块料面积的计算。

(3) 创建单梁装修

创建单梁装修可采用“点”式绘制和“智能布置”两种方式。

① “点”式绘制

在“构件列表”中选择 L30ZX，点击“绘图”面板中的“点”命令，在绘图区单击鼠标左键选择 L30 图元，单击鼠标右键确认，即完成 L30 单梁装修的创建，布置有单梁装修的梁显示为粉红色，如图 5.2.4 所示。

图 5.2.2　新建单梁装修

图 5.2.3　单梁装修属性信息

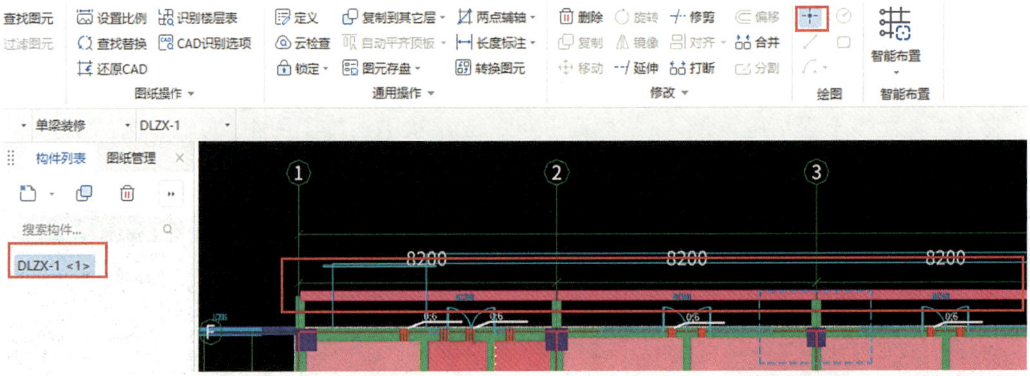

图 5.2.4　“点”式绘制单梁装修

② 智能布置

在工具栏中点击“智能布置”，选择“梁”，如图 5.2.5 所示。点选或拉框选择要布置单梁装修的梁，单击鼠标左键选择相应图元，单击鼠标右键确认。采用智能布置的方式可同时布置多道单梁装修。

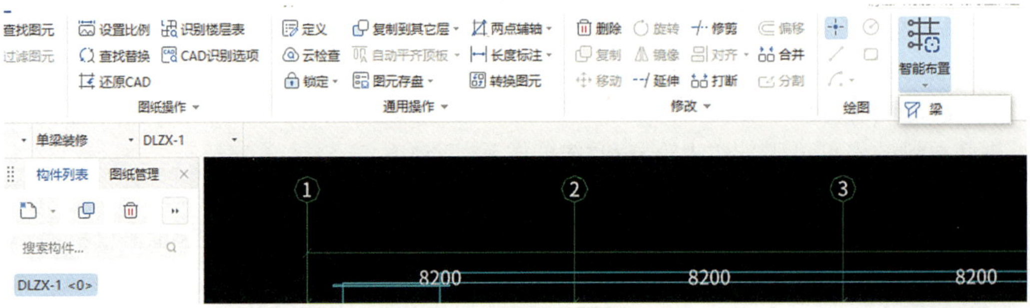

图 5.2.5　“智能布置”单梁装修

(4) 查看单梁装修工程量

以 L30 为例,点击 L30 图元,单击鼠标右键选择“查看工程量”,即可查看单梁装修工程量,如图 5.2.6 所示。

5.2.2.2 创建独立柱装修

创建独立柱装修的基本流程:新建独立柱装修→修改独立柱装修属性信息→创建独立柱装修。

(1) 新建独立柱装修

在 3#研发楼工程建施图纸 03 的一层平面图中,②轴与Ⓓ轴相交的柱为独立柱,如图 5.2.7 所示。

	楼层	名称	工程量名称	
			单梁抹灰面积(m²)	单梁块料面积(m²)
1	第2层	DLZX-1	70.078	70.078
2		**小计**	**70.078**	**70.078**
3	合计		70.078	70.078

图 5.2.6 查看单梁装修工程量

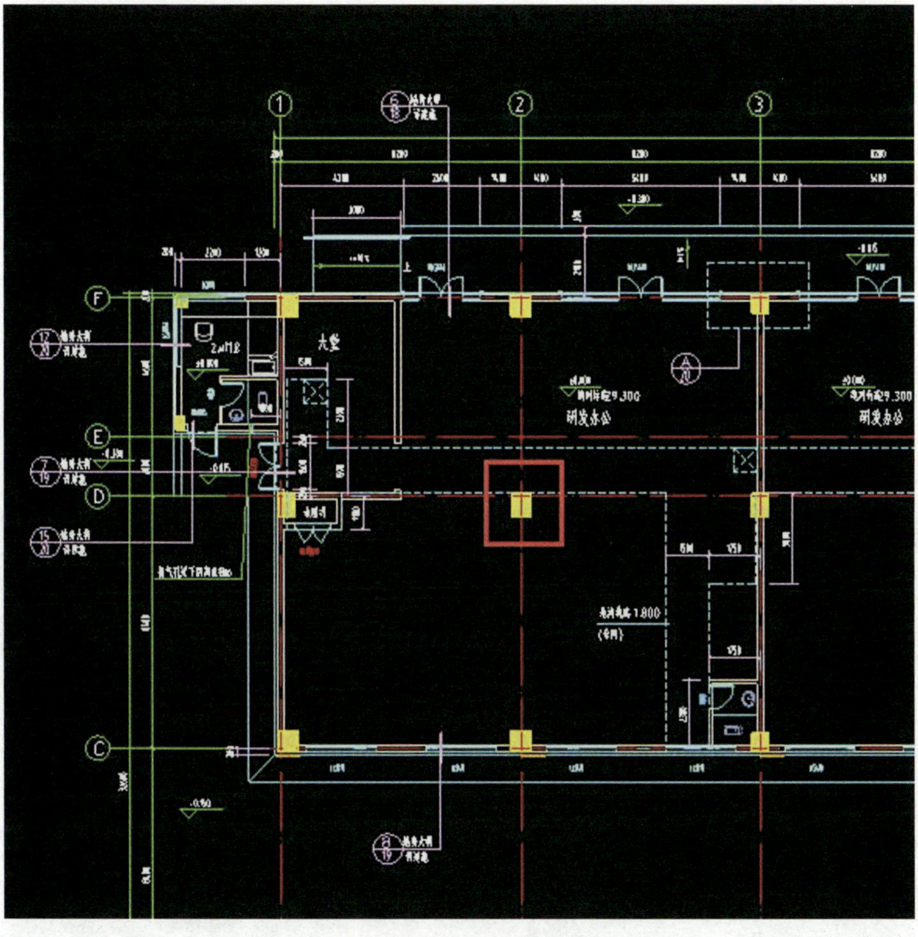

图 5.2.7 独立柱

选择“首层”,在左侧导航栏点击“装修”→“独立柱装修”,如图 5.2.8 所示,在“构件列表”中点击“新建”下拉菜单,选择“新建独立柱装修”。

(2) 修改独立柱装修属性信息

在“属性列表”中输入名称,块料厚度软件默认为 0,如图 5.2.9 所示。若为块料饰面,应输入相应块料厚度,其会影响独立柱装修块料面积的计算。独立柱装修的顶标高、底标高可以根据实际情况进行调整。

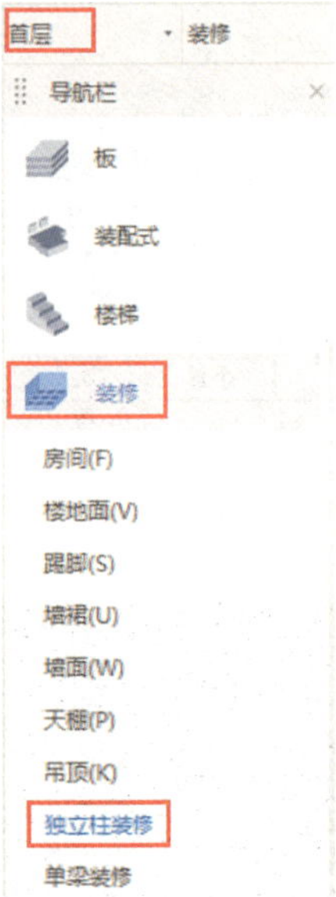

图 5.2.8　新建独立柱装修

图 5.2.9　独立柱装修属性信息

(3) 创建独立柱装修

创建独立柱装修可采用“点”式绘制、“智能布置”“添加依附构件”布置三种方式。

① “点”式绘制

独立柱装修的“点”式绘制与单梁装修相同，布置有独立柱装修的柱外围显示为橙黄色，如图 5.2.10 所示。

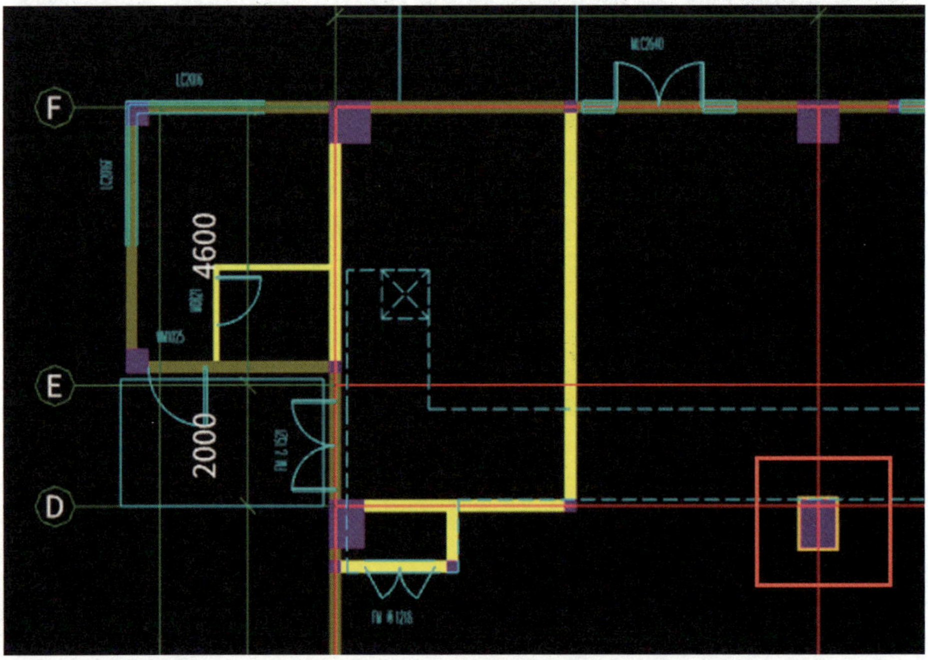

图 5.2.10　“点”布置独立柱装修

② 智能布置

在工具栏中点击“智能布置”，选择“柱”，如图 5.2.11 所示。点选或拉框选择要布置独立柱装修的柱，单击鼠标左键选择相应图元，单击鼠标右键确认。采用智能布置的方式可同时布置多个独立柱装修。

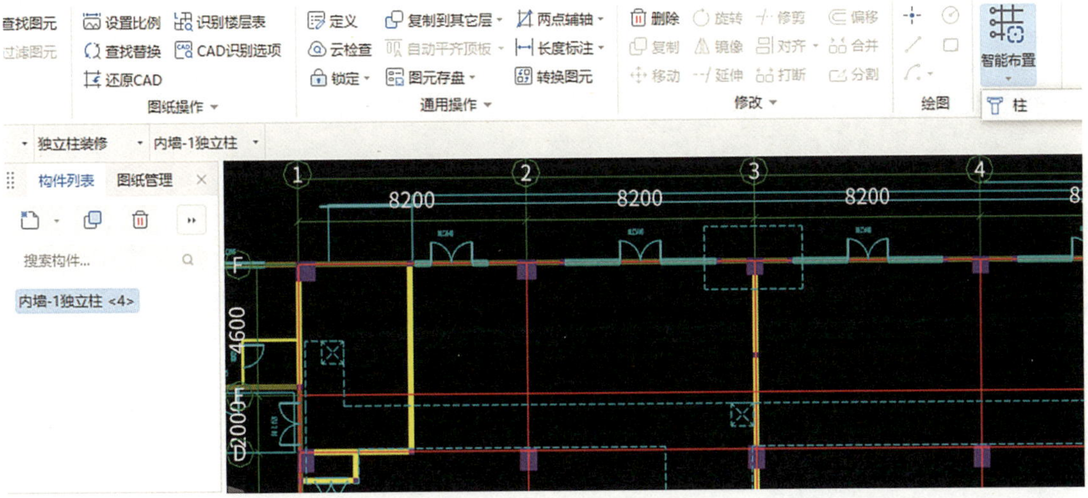

图 5.2.11　智能布置独立柱装修

③ “添加依附构件”布置

利用“添加依附构件”布置独立柱装修。在左侧导航栏中选择“房间(F)”，在构件列表中建立或选择独立柱所属的房间“研发办公”，如图 5.2.12 所示。双击“研发办公”构件，在弹出的“构件类型”窗口中点击“独立柱装修”，点击“添加依附构件”，如图 5.2.13 所示。

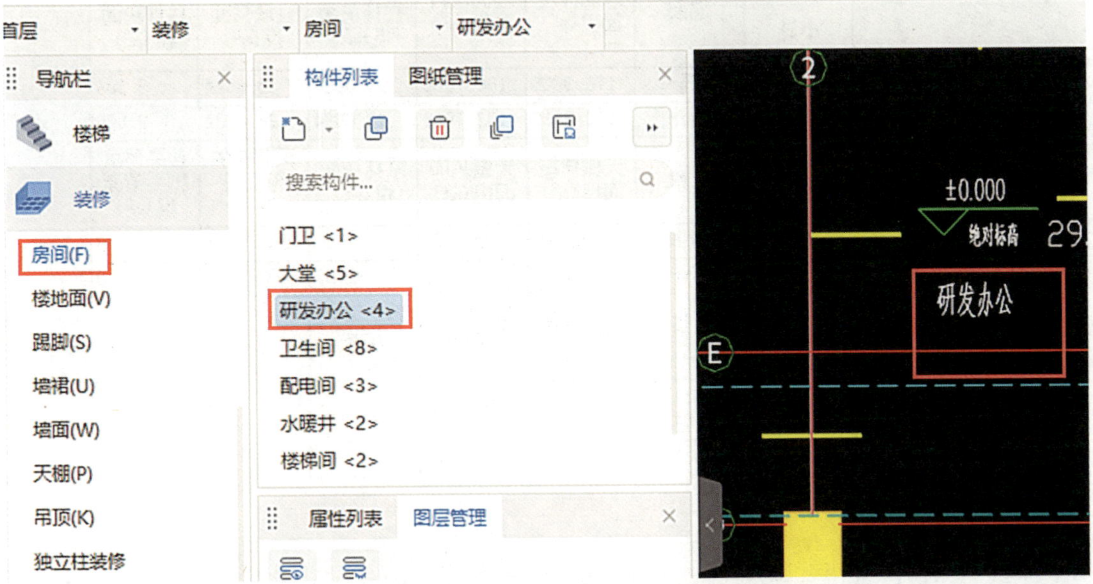

图 5.2.12　建立或选择独立柱所属房间构件

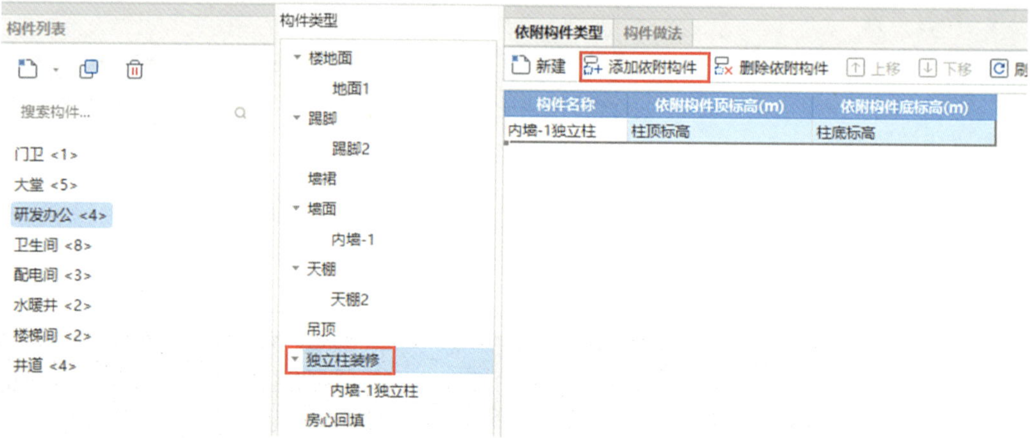

图 5.2.13　添加依附构件布置独立柱装修

（4）查看独立柱装修工程量

绘制“研发办公”房间后，可点击“研发办公”图元，单击鼠标右键选择“查看工程量”，即可在弹出的窗口中查看独立柱装修工程量，如图 5.2.14 所示。未利用“添加依附构件”布置独立柱装修的，可以采用单梁装修工程量的查看方式。

查看构件图元工程量

构件工程量　做法工程量

◉ 清单工程量　○ 定额工程量　☑ 只显示标准层单层量　☐ 显示施工段归类

	楼层	房间名称	构件名称					
22		小计	墙面	墙面抹灰面积(m²)	墙面块料面积(m²)	凸出墙面柱抹灰面积(m²)	凸出墙面柱块料面积(m²)	平齐墙面柱抹灰面积(m²)
23			内墙-1	178.9325	182.7565	28.6824	28.6824	9.866
24			小计	178.9325	182.7565	28.6824	28.6824	9.866
25			天棚	天棚抹灰面积(m²)	天棚装饰面积(m²)	梁抹灰面积(m²)	满堂脚手架面积(m²)	超高满堂脚手架面积(m²)
26			天棚2	263.19	263.19	82.63	208.3011	0
27			小计	263.19	263.19	82.63	208.3011	0
28			独立柱装修	独立柱周长(m)	独立柱抹灰面积(m²)	独立柱块料面积(m²)		
29			内墙-1独立柱	2.8	12.946	12.946		
30			小计	2.8	12.946	12.946		

图 5.2.14　查看独立柱装修工程量

5.2.3　总结拓展

单梁装修适用于不依附于墙体和板的单独布置的梁面装饰，例如屋面花架梁、阳台挑梁等。独立柱装修适用于不依附于墙体或其他构件的柱面装饰，常见于地下车库、商场等。

课后练习与巩固

一、选择题

(1) 下列不能在独立柱装修工程量中查看的工程量是(　　)。

A. 独立柱周长　　B. 独立柱抹灰面积

C. 独立柱块料面积　　D. 独立柱模板面积

(2) 下列不能绘制独立柱装修的方式是(　　)。

A. “点”式绘制　　B. “直线”绘制

C. 智能布置　　D. “添加依附构件”布置

(3) 以下说法错误的是(　　)。

A. 独立柱是指不依附于墙体或其他构件的柱

B. 在单梁装修工程量中可以查看单梁长度

C. 在独立柱装修工程量中可以查看独立柱周长

D. 单梁装修可以通过“点”式绘制或者“智能布置”的方式绘制

二、技能实操题

根据图纸完成3#研发楼二层单梁装修及首层独立柱装修的定义及绘制，并统计其土建工程量。

5.3　其他工程量计算

学习目标

能够运用BIM计量软件，通过手工建模的方式创建台阶、坡道、散水、栏板、屋面、外墙保温层的三维模型，并基于三维模型辅助进行相关工程量的统计。

5.3.1　任务描述

(1) 正确识读3#研发楼图纸中台阶、坡道、散水、栏板、屋面、外墙保温层的图纸信息；

(2) 根据图纸，以手工建模的方式完成台阶、坡道、散水、栏板、屋面、外墙保温层的属性编辑与三维模型绘制；

(3) 完成台阶、坡道、散水、栏板、屋面、外墙保温层的相关工程量统计。

5.3.2　任务实施

5.3.2.1　图纸分析

(1) 在3#研发楼建筑施工图纸中，通过建施03“一层平面图”、建施02“装修、构造做法表”、建施10“Ⓐ～Ⓛ轴转折立面图”，识读台阶、坡道信息如下：

由建施03可知，一层平面图偏北向等部位均存在台阶，以Ⓕ轴/①～⑦轴上方的台阶为例，此处共两级台阶，台阶顶标高为±0.000 m，台阶底标高为－0.300 m，台阶踏面宽度为300 mm；以Ⓕ轴/①～②轴上方的坡道为例，坡道坡度 i＝10%，坡道水平投影长度为3000 mm。

由建施 02 可知，台阶、坡道内细石混凝土垫层的混凝土强度等级为 C15。由建施 10 可知，坡道顶标高为±0.000 m，坡道底标高为−0.300 m。

(2) 通过建施 03“一层平面图”、建施 02“装修、构造做法表”、建施 19“节点详图(三)”，识读散水信息如下：

以偏南向①～⑦轴的散水为例，由建施 02 可知，散水的细石混凝土厚度为 60 mm，混凝土强度等级为 C15；由建施 19 中的 8 号节点图可知，散水底标高可取室外地坪标高，为−0.3 000 m。

(3) 通过结施 01“结构设计总说明(一)”、结施 23“标高 24.000 m 层结构平面布置图、板配筋图”，识读栏板信息如下：

以结施 23 中的“11-11”节点为例，由结施 01 可知，栏板的混凝土保护层厚度为 20 mm，建筑造型节点的混凝土强度等级为 C30；由结施 23 中的“11-11”节点可知，该栏板内大部分横向与纵向钢筋均为⌀8@200，顶部有 2 根纵向钢筋为 2φ6。

(4) 屋面可通过建施 02 中的装修做法表、建施 09 中的屋顶平面及排水示意图进行识读：

由建施 02 中的装修做法表可知，本工程屋面为非上人平屋顶，根据做法不同分为屋面 1 与屋面 2，屋面 2 适用于混凝土雨篷与风井顶，其余情况选用屋面 1，雨篷位于建施 09 的⑥～⑦轴，排烟井位于⑧/Ⓑ轴附近。屋面有屋面 1 与屋面 2 两种做法，需要在屋顶层与机房层分别进行绘制。

(5) 外墙保温层可通过建施 02 中的装修做法表、建施 17～20 中的节点详图进行识读：

由建施 02 中的装修做法表可知，本工程外墙 1 及外墙 2 均使用了 100 mm 厚的岩棉板或聚苯板进行保温，从建施 17～20 的节点详图中可以识读出外墙保温层的铺贴情况。

5.3.2.2 创建及绘制其它模型

(1) 定义及绘制台阶

师说 **知识卡**

党的十八大以来，在创新、协调、绿色、开放、共享的新发展理念引领下，我国建筑业生产规模不断扩大，行业结构和区域布局不断优化，吸纳就业作用显著，支柱产业地位不断巩固，对经济社会发展、城乡建设和民生改善发挥了重要作用，我国正由“建造大国”向“建造强国”持续迈进。(来源：国家统计局《建筑业高质量大发展 强基础惠民生创新路——党的十八大以来经济社会发展成就系列报告之四》)

建筑业高质量大发展，不断迈上新台阶。同学们也应在自己的职业领域不断学习，勇于突破，迈上更高的台阶。

【扫码演示】

其它模型一般用于设置室外台阶，下面以本工程偏北向Ⓕ轴/①～⑦轴上方的台阶为例进行台阶的定义与绘制，具体操作如下：

① 新建台阶

在“建模”选项卡下，点击左侧导航栏中的“其它”→“台阶”，在“构件列表”中点击“新建”下拉菜单，选择“新建台阶”，如图 5.3.1 所示。

② 编辑台阶属性信息

通过识读本工程图纸，在“属性列表”中输入相应信息，如图 5.3.2 所示。

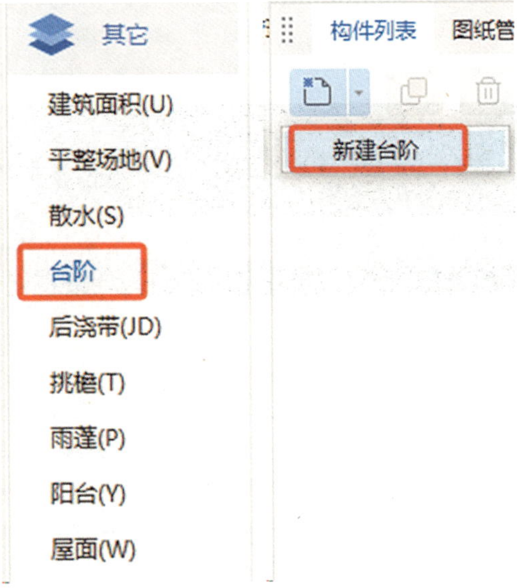

图 5.3.1　新建台阶

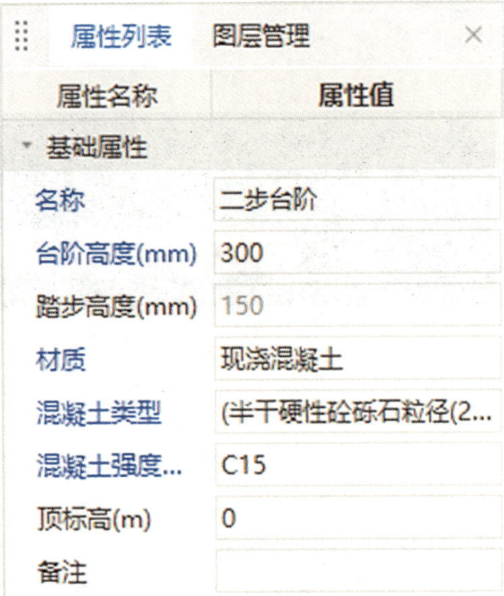

图 5.3.2　台阶属性列表

名称：图纸中未明确台阶构件名称，在此可根据案例台阶构造将其命名为“二步台阶”。

台阶高度：单位为 mm，根据建施 03 可知，台阶底标高为−0.300 m，台阶顶标高为±0.000 m，故台阶高度为 300 mm。

混凝土强度等级：默认为楼层混凝土强度和锚固搭接设置中设定的混凝土强度等级，若与默认不同，可根据图纸实际情况进行修改。

顶标高：为台阶的顶部标高，根据建施 03 中的图纸信息，取台阶顶标高为“±0.000” m。

③ 绘制台阶

台阶通常可采用“直线”绘制或“矩形”绘制，本工程采用“直线”绘制方式完成偏北向Ⓕ轴/①～⑦轴上方台阶的绘制。

由建施 03 可知，本工程台阶上边线距离Ⓕ轴 2400 mm，左边线距离②轴 4100 mm，右边线距离⑦轴 650 mm，点击“绘图”面板上的“直线”绘制功能，同时按下“Shift＋鼠标左键”，首先点击②轴与Ⓕ轴的交点，在弹出的“请输入偏移值”窗口中，X 轴输入−4100，Y 轴输入 2400，点击“确定”；第二个点选取⑦轴与Ⓕ轴的交点，采用同样的操作，X 轴输入−650，Y 轴输入 2400，点击“确定”；第三个点以⑦轴与Ⓕ轴的交点为原点，X 轴输入−650，Y 轴输入 200，点击“确定”；第四个点以②轴与Ⓕ轴的交点为原点，X 轴输入−4100，Y 轴输入 200，点击“确定”；最后再回到第一个点，以②轴与Ⓕ轴的交点为原点，X 轴输入−4100，Y 轴输入 2400，点击“确定”。

由于 3＃研发楼图纸未注明详细的台阶尺寸定位，故可结合 CAD 测量功能确定台阶的各个交点，如图 5.3.3 所示。

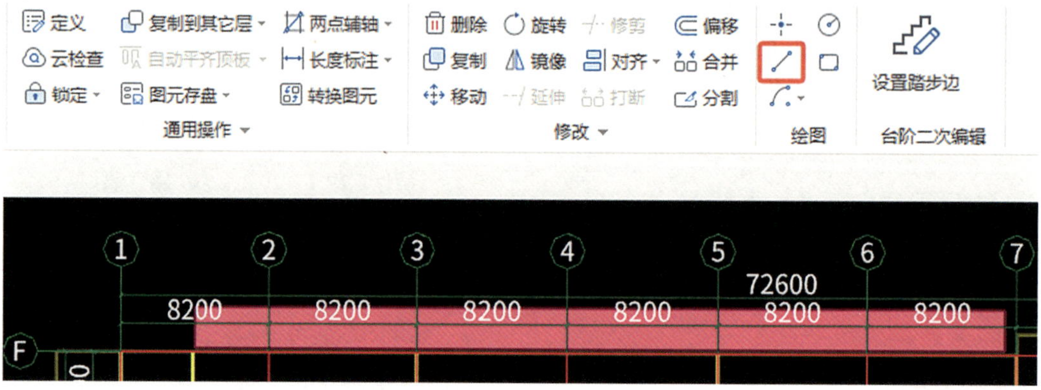

图 5.3.3　台阶(部分)平面绘制

④ 台阶二次编辑

Ⓕ轴/①～⑦轴上方的台阶共有两个踏步，踏面宽度为 300 mm，点击“台阶二次编辑”面板上方的“设置踏步边”，如图 5.3.4 所示；单击鼠标左键选择台阶最上侧的边线，单击鼠标右键确定，在弹出的“设置踏步边”对话框中，输入踏步个数 2，输入踏步宽度 300，如图 5.3.5 所示；点击“确定”，完成该台阶的二次编辑，如图 5.3.6 所示。

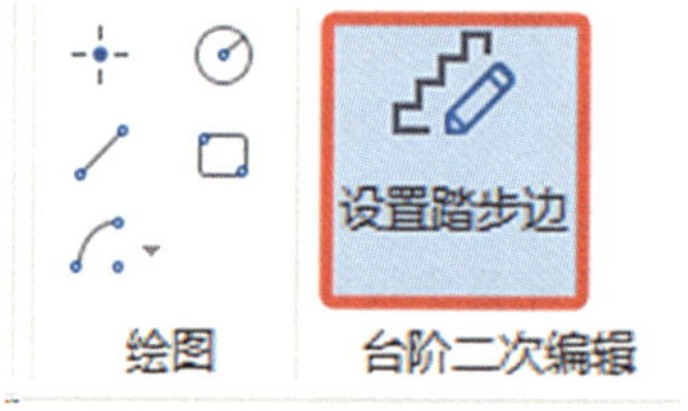

图 5.3.4　台阶二次编辑

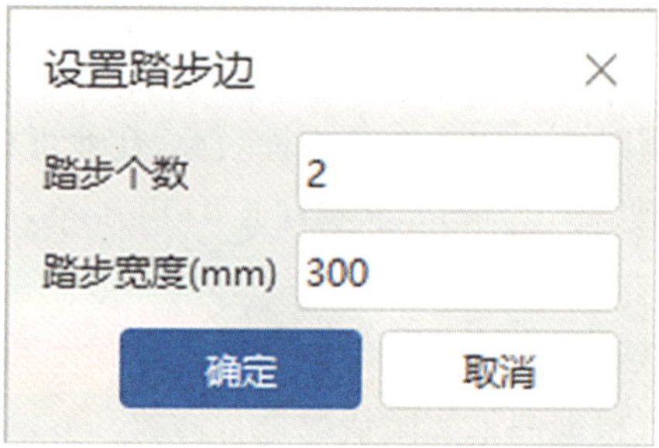

图 5.3.5　设置踏步边

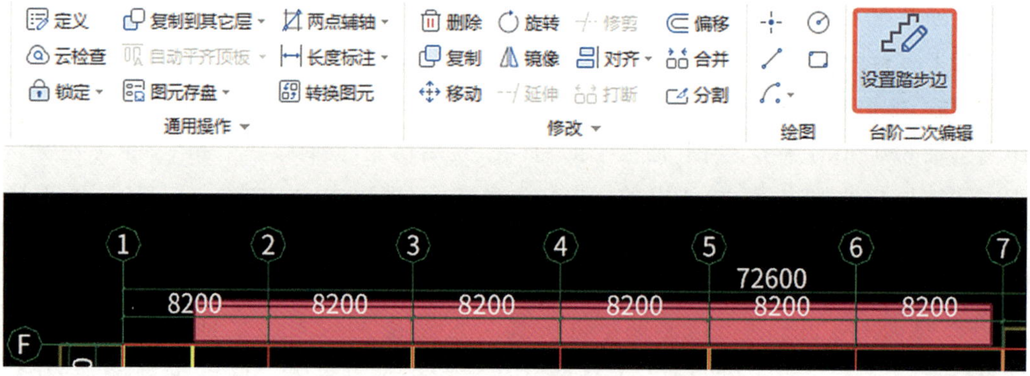

图 5.3.6　完成台阶(部分)二次编辑

(2) 定义及绘制坡道

以偏北向Ⓕ轴/①～②轴上方的坡道为例，进行坡道的定义与绘制，具体操作如下：

① 新建坡道

在 GTJ2025 软件中，室外坡道可采用“台阶”构件代为绘制。在“建模”选项卡下，点击左侧导航栏中的“其它”→“台阶”，在“构件列表”中点击“新建”下拉菜单，选择“新建台阶”，如图 5.3.7所示。

② 编辑坡道属性信息

通过识读本工程图纸，在“属性列表”中输入相应信息，如图 5.3.8 所示。

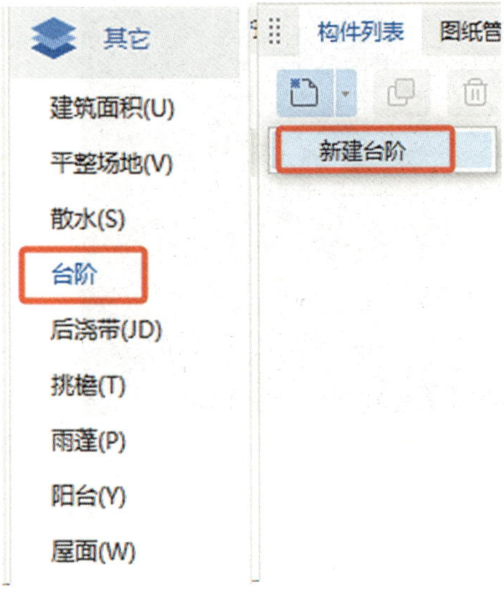

图 5.3.7　新建坡道

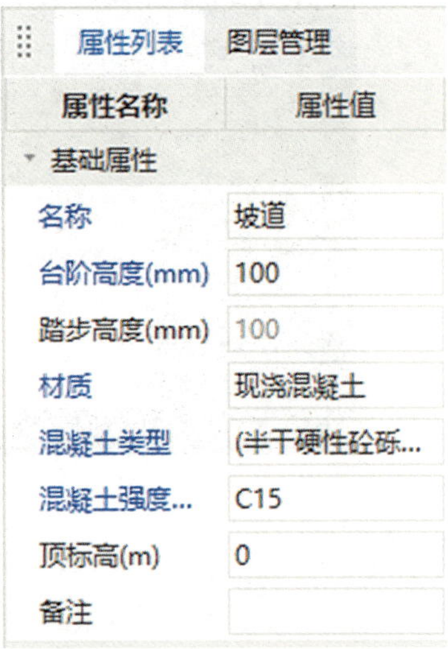

图 5.3.8　坡道属性列表

名称：图纸中未明确坡道构件名称，在此可命名为“坡道”。

台阶高度：单位为 mm，根据建施 02，此处可输入坡道厚度为 100 mm；根据辽宁省《房屋建筑与装饰工程定额》(2017)的相关规定，散水、坡道按设计图示尺寸以水平投影面积进行土建工程量计算，故此处高度数据不影响水平投影面积的计算结果。

混凝土强度等级：默认为楼层混凝土强度和锚固搭接设置中设定的混凝土强度等级，若与默认不同，可根据图纸实际情况进行修改。

顶标高：为坡道的顶部标高，根据建施 10 中的图纸信息，取坡道顶标高为“±0.000” m。

③ 绘制坡道

坡道通常可采用“直线”绘制或“矩形”绘制，本工程采用“直线”绘制方式完成Ⓕ轴/①～②轴上方坡道的绘制。

由建施 03 测量可知，本工程坡道上边线距离Ⓕ轴 2100 mm，左边线距离①轴1100 mm，右边线距离①轴 4100 mm，点击“绘图”面板上的“直线”绘制功能，同时按下“Shift＋鼠标左键”，首先点击①轴与Ⓕ轴的交点，在弹出的“请输入偏移值”窗口中，X 轴输入 1100，Y 轴输入 200，点击“确定”；第二个点选取①轴与Ⓕ轴的交点，采用同样的操作，X 轴输入 1100，Y 轴输入 2100，点击“确定”；第三个点以①轴与Ⓕ轴的交点为原点，X 轴输入 4100，Y 轴输入 2100，点击“确定”；第四个点以①轴与Ⓕ轴的交点为原点，X 轴输入 4100，Y 轴输入 200，点击“确定”；最后再回到第一个点，以①轴与Ⓕ轴的交点为原点，X 轴输入 1100，Y 轴输入 200，点击“确定”。

由于 3＃研发楼图纸未注明详细的坡道尺寸定位，故可结合 CAD 测量功能确定坡道的各个交点，如图 5.3.9 所示。

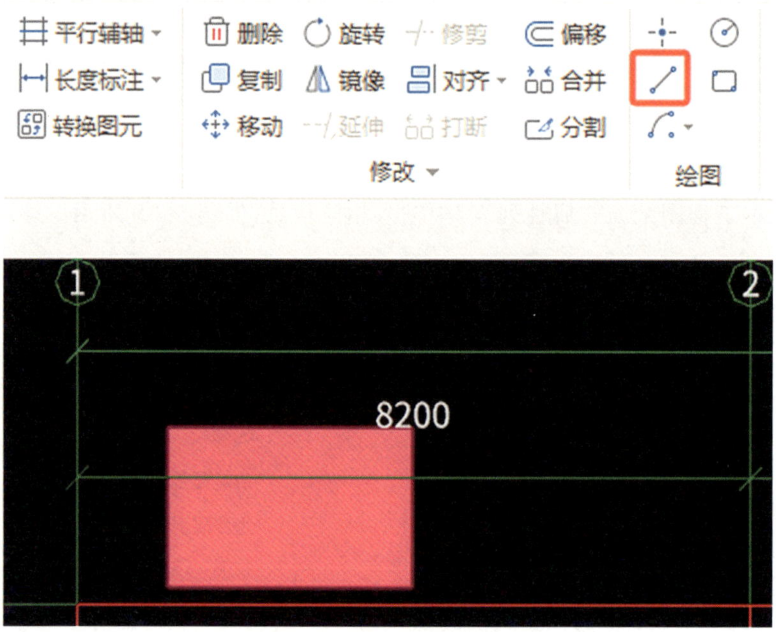

图 5.3.9　坡道平面绘制

(3) 定义及绘制散水

> **师说**
>
> **知　识　卡**
>
> **中国古建筑中的散水**
>
> 中国古建筑中的散水不仅应用于建筑外墙四周以保护墙基，在台基和甬路下沿也常有设置，目的同样也是保护地基。如故宫、天坛等古建筑的甬道旁便铺设了散水。其材料以砖砌为主，散水的排砖要从建筑出角部位开始，以出角能排出整块的“好活”为原则，可以将“破活”赶到窝角部位，即“保出角，扔窝角”。

【扫码演示】

散水是建筑物外围的构造，起到保护墙体和基础的作用，可沿外墙外边线进行布置。以本工程偏南向Ⓒ轴/①～⑦轴下方散水为例，进行散水的定义与绘制，具体操作如下：

① 新建散水

在“建模”选项卡下，点击左侧导航栏中的“其它”→“散水(S)”，在“构件列表”中点击“新建”下拉菜单，选择“新建散水”，如图 5.3.10 所示。

② 编辑散水属性信息

通过识读本工程图纸，在“属性列表”中输入相应信息，如图 5.3.11 所示。

名称：图纸中未明确散水构件名称，此处可默认输入构件名称 SS-1。

厚度：单位为 mm，根据建施 02 可知散水的细石混凝土厚度为 60 mm；根据辽宁省《房屋建筑与装饰工程定额》(2017)的相关规定，散水、坡道按设计图示尺寸以水平投影面积进行土建工程量计算，故此处高度数据不影响水平投影面积的计算结果。

混凝土强度等级：根据建施 02 可知散水的混凝土强度等级为 C15。

图 5.3.10　新建散水

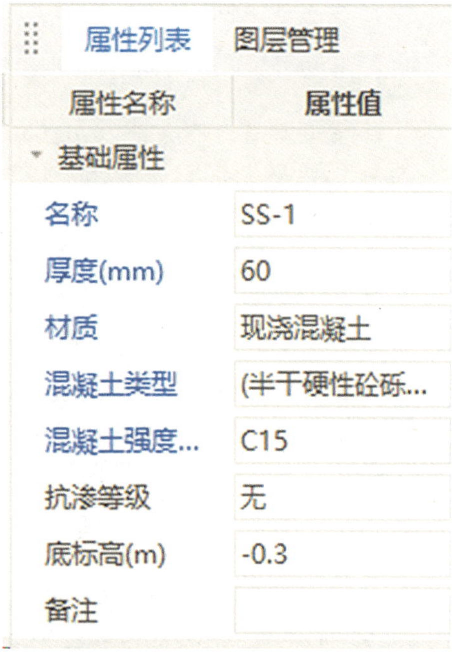

图 5.3.11　散水属性列表

底标高：为散水的底部标高，结合建施 02 及建施 19 中的 8 号节点图，可取散水底标高为“−0.300” m。

③ 绘制散水

散水通常可采用“直线”绘制或“智能布置”方式，本工程采用“直线”绘制的方式完成Ⓒ轴/①～⑦轴下方散水的绘制。

根据建施 03 案例位置散水的水平投影，点击“绘图”面板上的“直线”绘制功能，同时按下“Shift＋鼠标左键”，首先点击①轴与Ⓒ轴的交点，在弹出的“请输入偏移值”窗口中，X 轴输入−200，Y 轴输入−200，点击“确定”；第二个点选取①轴与Ⓒ轴的交点，采用同样的操作，X 轴输入−1100，Y 轴输入−1100，点击“确定”；第三个点以⑦轴与Ⓒ轴的交点为原点，X 轴输入−455，Y 轴输入−1100，点击“确定”；第四个点以⑦轴与Ⓒ轴的交点为原点，X 轴输入−455，Y 轴输入−200，点击“确定”；最后单击鼠标右键确定，结束操作。

由于 3＃研发楼图纸未注明详细的散水定位信息，故可结合 CAD 测量功能确定散水的各个交点，如图 5.3.12 所示。

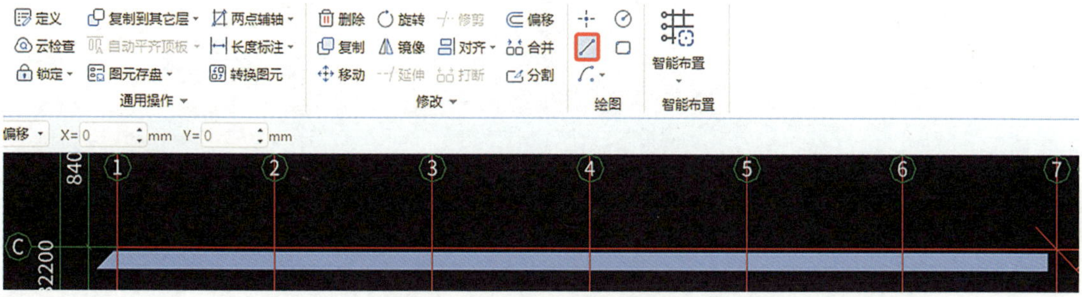

图 5.3.12　散水(部分)绘制

（4）定义及绘制栏板

师说 **知 识 卡**

《民用建筑通用规范》（GB 55031—2022）中规定：栏杆（栏板）应以坚固、耐久的材料制作，应安装牢固，并应能承受相应的水平荷载。

栏杆（栏板）垂直高度不应小于 1.10 m。栏杆（栏板）高度应按所在楼地面或屋面至扶手顶面的垂直高度计算，如底面有宽度大于或等于 0.22 m 且高度不大于 0.45 m 的可踏部位，应按可踏部位顶面至扶手顶面的垂直高度计算。

【扫码演示】

栏板是建筑物中起到围护作用的一种构件，是在正常使用建筑物时防止人员坠落的防护措施，一般用在阳台或屋面女儿墙部位。下面以本工程结施 23 中"11-11"节点中的栏板为例，完成栏板的定义及绘制，具体操作如下：

① 新建栏板

在"建模"选项卡下，点击左侧导航栏中的"其它"→"栏板（K）"，在"构件列表"中点击"新建"下拉菜单，根据本工程图纸中栏板的截面形状，选择"新建异形栏板"，如图 5.3.13 所示。

② 定义栏板网格

在弹出的"异形截面编辑器"中点击"设置网格"，根据"11-11"节点的图纸信息，在"水平方向间距"输入"100，100，100"，"垂直方向间距"输入"540，60"，点击"确定"，如图 5.3.14 所示。

图 5.3.13　新建异形栏板

图 5.3.14　定义栏板网格

使用直线命令依照"11-11"节点详图绘制出对应的节点形状，点击确定，即可完成"11-11"栏板节点剖面形状的绘制。

③ 编辑栏板属性信息

通过识读本工程图纸，在"属性列表"中输入相应信息，如图 5.3.15 所示。

名称：根据图纸中的“11-11”构件节点，输入栏板构件名称“LB-11-11”。

截面形状：本工程采用异形栏板进行绘制，截面形状为“异形”；如果想要改变异形栏板的截面尺寸，可以点击截面形状右侧属性值中的“三点”按钮，在弹出的“截面形状编辑器”中修改栏板的截面尺寸。

截面宽度、截面高度：单位为 mm，根据“异形截面编辑器”中所绘形状进行确定，本工程中截面宽度为“300” mm，截面高度为“600” mm。

混凝土强度等级：根据结施 01 及结施 23 可知，栏板的混凝土强度等级为 C30。

起点底标高、终点底标高：为栏板起点与终点的底部标高，结合结施 23 中“11-11”节点图可知，栏板起点底标高、终点底标高均为“23” m。

④ 栏板截面编辑

点击属性列表下方的“截面编辑”，在弹出的“截面编辑”窗口中，根据“11-11”节点中的栏板钢筋信息，输入纵筋及横筋信息，如图 5.3.16 所示。

⑤ 绘制栏板

栏板一般选择“直线”绘制，本工程采用“直线”绘制的方式完成“11-11”节点栏板的绘制。

图 5.3.15 栏板属性列表

选择构件列表中的“LB-11-11”栏板，点击“绘图”面板上的“直线”绘制功能，先单击栏板的起点开始进行绘制，最后单击栏板的终点结束绘制，节点“11-11”栏板如图 5.3.17 所示。

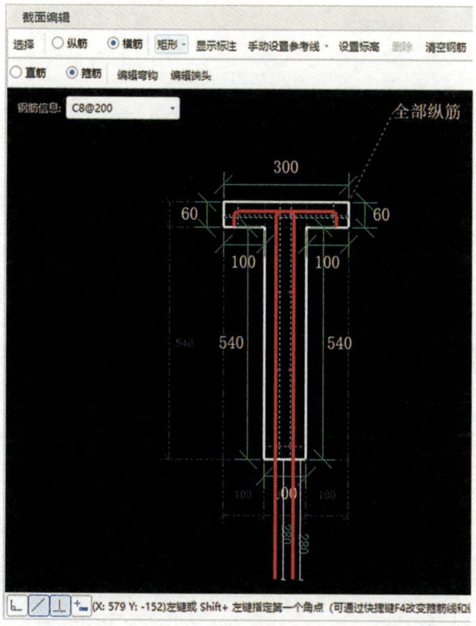

图 5.3.16 栏板截面编辑

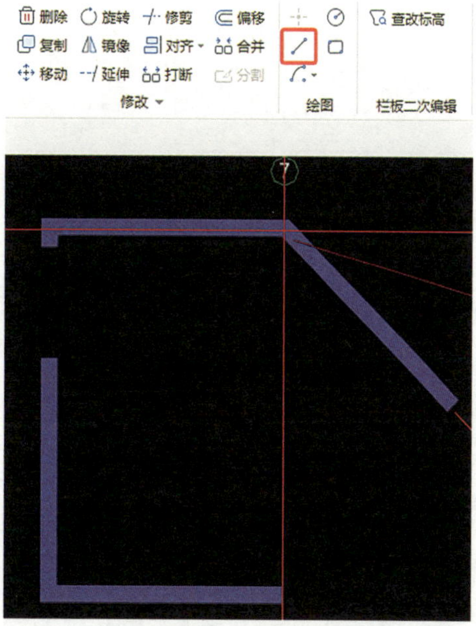

图 5.3.17 栏板绘制

【扫码演示】

(5) 定义及绘制屋面

① 定义屋面

在"建模"选项卡下,点击导航栏中的"其它"→"屋面(W)",在"构件列表"中点击"新建"下拉菜单,选择"新建屋面",如图 5.3.18 所示。

② 编辑屋面属性信息

以屋面 1 为例,在屋面 1 的"属性列表"中输入相应信息,如图 5.3.19 所示。

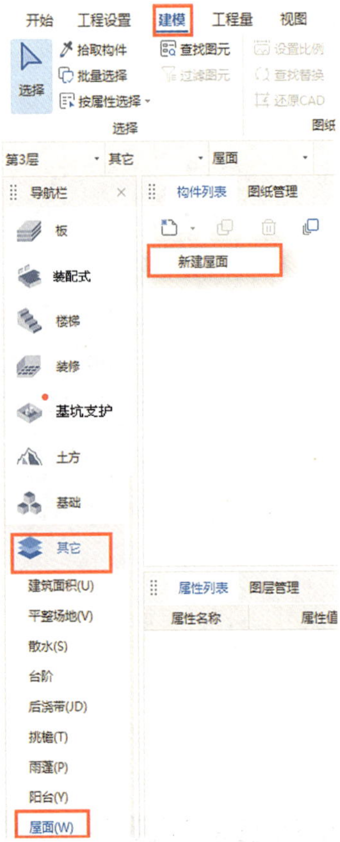

图 5.3.18 新建屋面

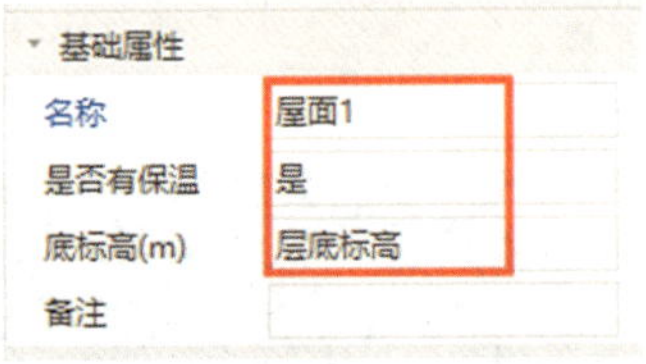

图 5.3.19 屋面 1 的属性列表

名称:根据图纸中装修做法表的屋面做法输入构件名称"屋面 1"。

是否有保温:根据建筑设计说明中的装修做法表可知,屋面均使用挤塑聚苯板,即有保温层,此处应选"是"。

底标高:根据建施 09 中的屋顶平面及排水示意图,不同部位的屋面标高不同,可先按层底标高定义,再根据具体情况修改图元标高。

③ 绘制屋面

结合建施 09 中的屋顶平面及排水示意图进行绘制,屋面的封闭区域可以采用"点"式绘制,非封闭区域可采用"直线"或"矩形"绘制,不规则图形可采用"直线""圆形""三点弧"等方式进行绘制。

师说

案　　例

齐齐哈尔体育馆屋顶坍塌事故

2023年7月23日14时52分，齐齐哈尔市第三十四中学体育馆发生屋顶坍塌事故。经查，在与体育馆毗邻的教学综合楼施工过程中，施工单位违规将保温建筑材料珍珠岩堆置在体育馆屋顶。受降雨影响，珍珠岩浸水增重，导致屋顶荷载增大，引发坍塌。坍塌事故再一次为人们敲响了警钟，在工程设计和施工中应秉承科学精神和严谨的工作态度，应严守安全底线，捍卫人们的生命和财产安全。

(6) 定义及绘制外墙保温层

① 定义外墙保温层

在“建模”选项卡下，点击导航栏中的“其它”→“保温层(H)”，在“构件列表”中点击“新建”下拉菜单，选择“新建保温层”。

② 编辑外墙保温层属性信息

以外墙1为例，在“属性列表”中输入相应信息，如图5.3.20所示。

名称：根据图纸中装修做法表的外墙做法输入构件名称“外墙1”。

材质：外墙1使用聚苯板保温层，此处应选苯板。

厚度：外墙1聚苯板保温层厚度为100 mm。

③ 绘制外墙保温层

结合建施图纸，采用“点”式绘制或“智能布置”的方式布置外墙保温层。其中，智能布置可根据实际工程情况选择外墙外边线、外墙内边线、栏板内边线、栏板外边线，如图5.3.21所示。

图5.3.20　外墙1属性列表

图5.3.21　保温层智能布置

5.3.2.3　汇总查看工程量

(1) 查看台阶土建工程量

工程量汇总计算完成后，以建施03中Ⓕ轴/①～⑦轴上方的台阶为例，查看台阶的土建工程量，如图5.3.22所示。

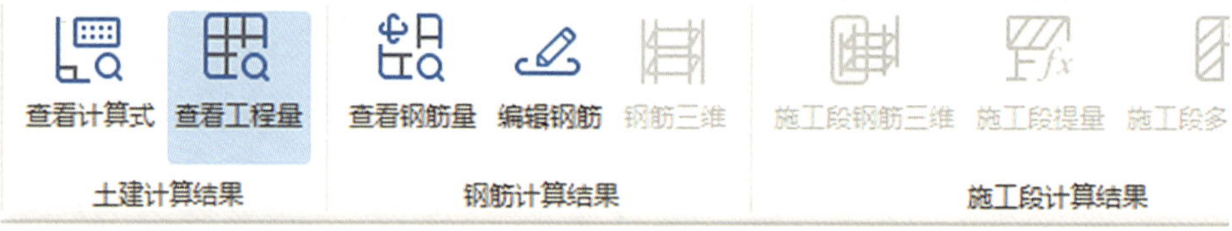

查看构件图元工程量

构件工程量　做法工程量

◉ 清单工程量 ○ 定额工程量 ☑ 显示房间、组合构件量 ☑ 只显示标准层单层量 ☐ 显示施工段归类

	楼层	名称	混凝土外加剂	工程量名称					
				台阶整体水平投影面积(m²)	体积(m³)	平台水平投影面积(m²)	踏步整体面层面积(m²)	踏步块料面层面积(m²)	踏步水平投影面积(m²)
1	首层	二步台阶	-	84.4558	27.337	71.1207	26.6703	41.2354	13.3351
2			小计	**84.4558**	**27.337**	**71.1207**	**26.6703**	**41.2354**	**13.3351**
3		小计		**84.4558**	**27.337**	**71.1207**	**26.6703**	**41.2354**	**13.3351**
4	合计			84.4558	27.337	71.1207	26.6703	41.2354	13.3351

图 5.3.22　台阶土建工程量查看

(2) 查看坡道土建工程量

工程量汇总计算完成后，以Ⓕ轴/①～②轴上方的坡道为例，查看坡道的土建工程量，如图 5.3.23所示。

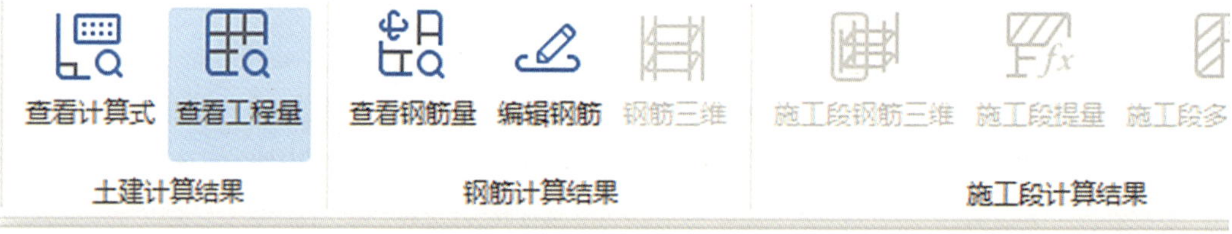

查看构件图元工程量

构件工程量　做法工程量

◉ 清单工程量 ○ 定额工程量 ☑ 显示房间、组合构件量 ☑ 只显示标准层单层量 ☐ 显示施工段归类

	楼层	名称	混凝土外加剂	工程量名称					
				台阶整体水平投影面积(m²)	体积(m³)	平台水平投影面积(m²)	踏步整体面层面积(m²)	踏步块料面层面积(m²)	踏步水平投影面积(m²)
1	首层	坡道	-	5.6992	0.5699	5.6992	0	0.7899	0
2			小计	**5.6992**	**0.5699**	**5.6992**	**0**	**0.7899**	**0**
3		小计		**5.6992**	**0.5699**	**5.6992**	**0**	**0.7899**	**0**
4	合计			5.6992	0.5699	5.6992	0	0.7899	0

图 5.3.23　坡道土建工程量查看

(3) 查看散水土建工程量

工程量汇总计算完成后，以Ⓒ轴/①～⑦轴下方散水为例，查看散水的土建工程量，如图 5.3.24所示。

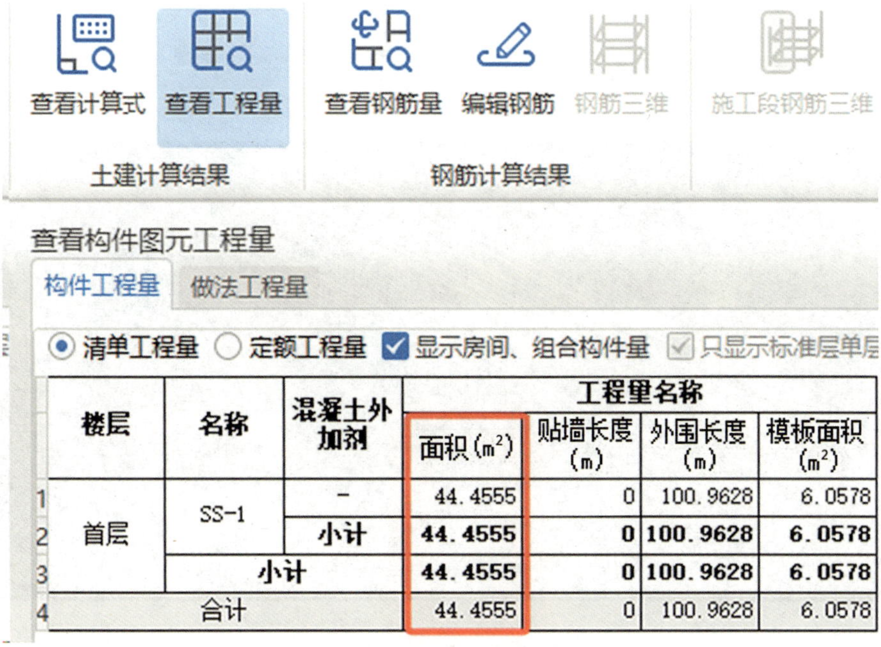

	楼层	名称	混凝土外加剂	工程量名称			
				面积(m^2)	贴墙长度(m)	外围长度(m)	模板面积(m^2)
1	首层	SS-1	-	44.4555	0	100.9628	6.0578
2			小计	**44.4555**	**0**	**100.9628**	**6.0578**
3		小计		**44.4555**	**0**	**100.9628**	**6.0578**
4	合计			44.4555	0	100.9628	6.0578

图 5.3.24　散水土建工程量查看

(4) 查看栏板土建工程量、编辑钢筋及钢筋三维界面

工程量汇总计算完成后，以结施 23 中的“11-11”节点栏板为例，查看栏板的土建工程量，如图 5.3.25 所示。

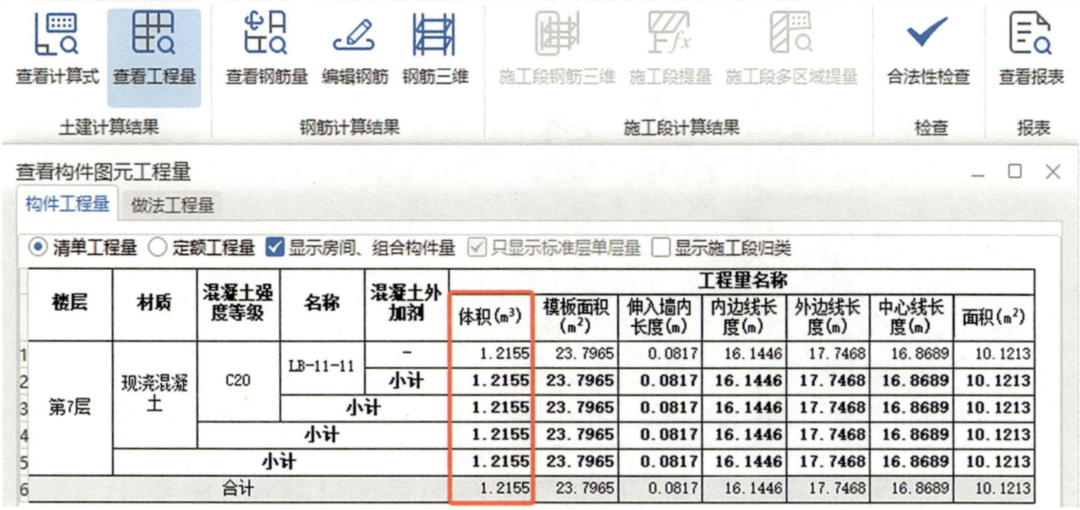

	楼层	材质	混凝土强度等级	名称	混凝土外加剂	工程量名称						
						体积(m^3)	模板面积(m^2)	伸入墙内长度(m)	内边线长度(m)	外边线长度(m)	中心线长度(m)	面积(m^2)
1	第7层	现浇混凝土	C20	LB-11-11	-	1.2155	23.7965	0.0817	16.1446	17.7468	16.8689	10.1213
2					小计	**1.2155**	**23.7965**	**0.0817**	**16.1446**	**17.7468**	**16.8689**	**10.1213**
3				小计		**1.2155**	**23.7965**	**0.0817**	**16.1446**	**17.7468**	**16.8689**	**10.1213**
4			小计			**1.2155**	**23.7965**	**0.0817**	**16.1446**	**17.7468**	**16.8689**	**10.1213**
5		小计				**1.2155**	**23.7965**	**0.0817**	**16.1446**	**17.7468**	**16.8689**	**10.1213**
6	合计					1.2155	23.7965	0.0817	16.1446	17.7468	16.8689	10.1213

图 5.3.25　栏板土建工程量查看

查看栏板“编辑钢筋”及“钢筋三维”界面，如图 5.3.26 所示。

(5) 查看屋顶层屋面工程量

以屋顶层⑦～⑪轴屋面为例，工程量汇总计算完成后，查看屋面工程量，如图 5.3.27 所示。

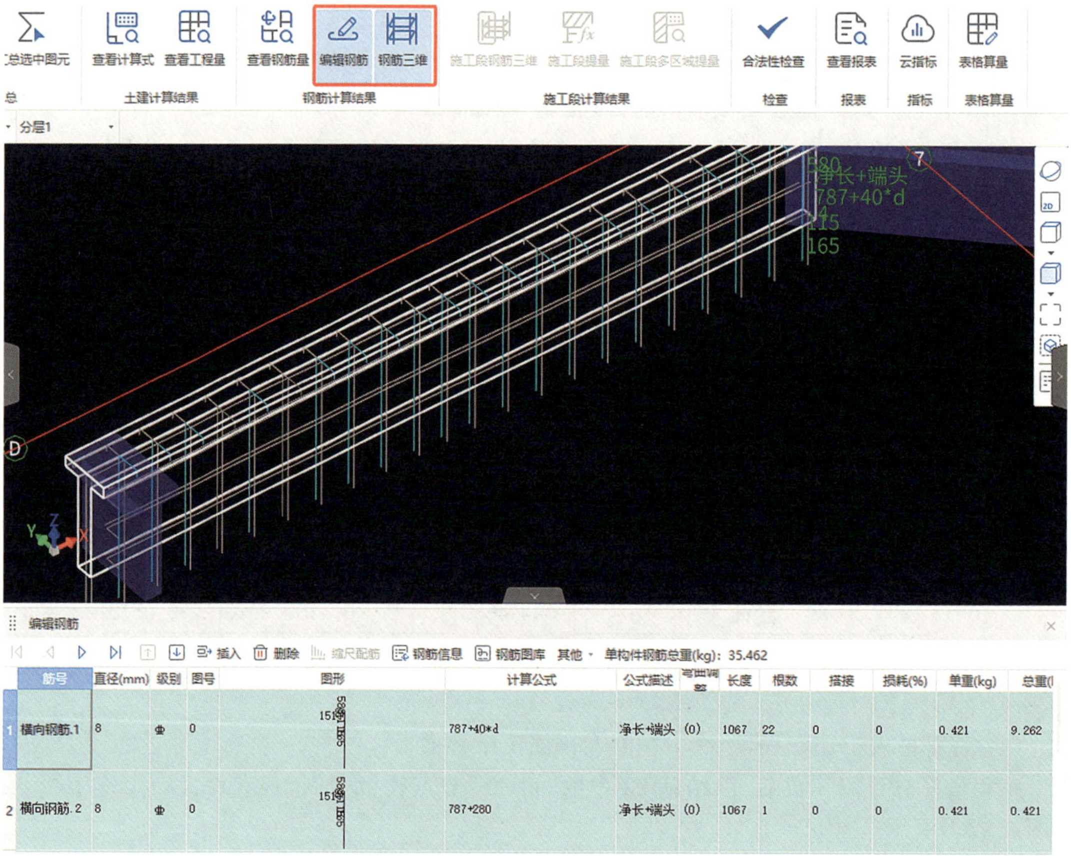

图 5.3.26　栏板"编辑钢筋"及"钢筋三维"界面

	楼层	名称	工程量名称						
			周长(m)	面积(m²)	卷边面积(m²)	防水面积(m²)	卷边长度(m)	屋脊线长度(m)	投影面积(m²)
1	第7层	非上人屋面	66.2982	262.6479	37.79	300.4378	66.2982	0	262.6479
2		小计	66.2982	262.6479	37.79	300.4378	66.2982	0	262.6479
3	合计		66.2982	262.6479	37.79	300.4378	66.2982	0	262.6479

图 5.3.27　⑦～⑪轴屋面工程量

（6）查看首层外墙保温层工程量

以首层①～⑦轴/Ⓒ轴外墙保温层为例，工程量汇总计算完成后，查看工程量，如图 5.3.28 所示。

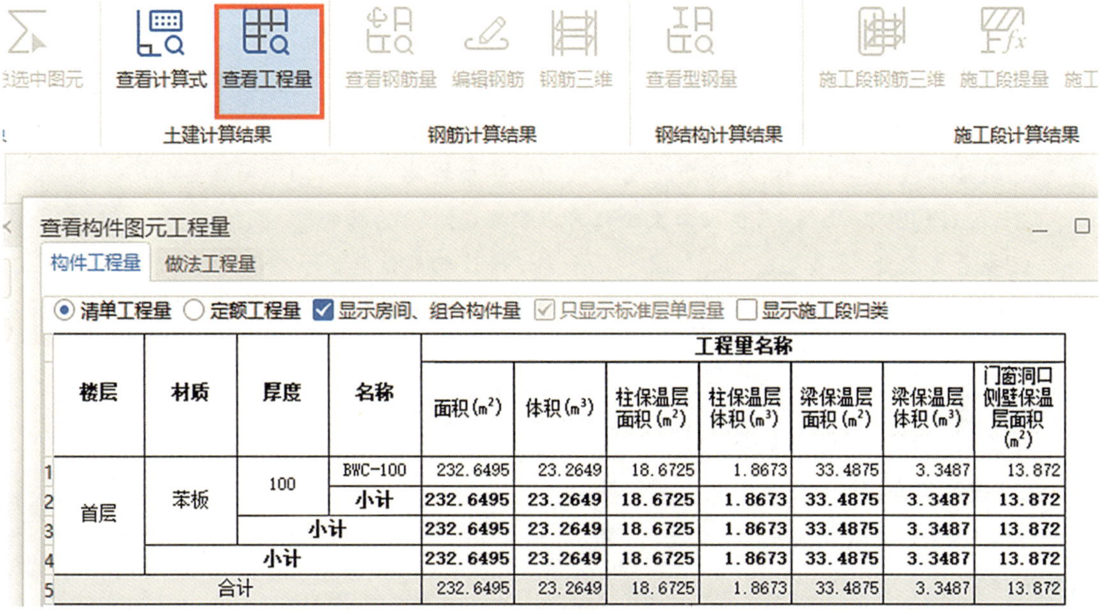

	楼层	材质	厚度	名称	工程量名称						
					面积（m²）	体积（m³）	柱保温层面积（m²）	柱保温层体积（m³）	梁保温层面积（m²）	梁保温层体积（m³）	门窗洞口侧壁保温层面积（m²）
1	首层	苯板	100	BWC-100	232.6495	23.2649	18.6725	1.8673	33.4875	3.3487	13.872
2				**小计**	**232.6495**	**23.2649**	**18.6725**	**1.8673**	**33.4875**	**3.3487**	**13.872**
3			**小计**		**232.6495**	**23.2649**	**18.6725**	**1.8673**	**33.4875**	**3.3487**	**13.872**
4		**小计**			**232.6495**	**23.2649**	**18.6725**	**1.8673**	**33.4875**	**3.3487**	**13.872**
5	合计				232.6495	23.2649	18.6725	1.8673	33.4875	3.3487	13.872

图 5.3.28　首层①～⑦轴/Ⓒ轴外墙保温层工程量

5.3.3　总结拓展

（1）散水“智能布置”

在 GTJ2025 软件中，也可按“外墙外边线”智能布置散水构件。需要特别注意：散水绘制之前，需要提前将墙体判断为内墙或外墙，点击“智能布置”，选择“外墙外边线”，选中建筑外墙后单击鼠标右键，弹出“设置散水宽度”对话框，在对话框中输入散水宽度，单击“确定”按钮，即可完成散水的布置。

【扫码演示】

（2）自定义节点

自定义节点可用于处理截面形状、钢筋复杂多样的节点；可通过识别轮廓线和钢筋线进行绘制，也可以手动绘制；可处理非连续截面和空腔截面。

（3）自定义钢筋

对于零星附加钢筋、异形构件、钢筋补强等情况，只能通过手算或软件中的自定义钢筋功能进行处理。

【扫码演示】

课后练习与巩固

一、选择题

(1) 在GTJ2025软件中,零星构件中的台阶不需要输入(　　)。

A. 台阶长度　　B. 台阶高度　　C. 踏步个数　　D. 踏步宽度

(2) 在GTJ2025软件中,散水构件可按照(　　)进行智能布置。

A. 内墙轴线　　B. 外墙外边线　　C. 基础轮廓　　D. 圈梁

(3) 在GTJ2025软件中,栏板二次编辑可以实现(　　)的功能。

A. 查看工程量　　B. 修改钢筋信息

C. 查改标高　　D.修改栏板混凝土强度等级

(4) 在GTJ2025软件中,下列关于屋面防水面积解释正确的是(　　)。

A. 面积+卷边面积=防水面积　　B. 面积-卷边面积=防水面积

C. 面积=卷边面积+防水面积　　D. 面积=卷边面积-防水面积

二、技能实操题

利用BIM计量软件完成台阶、坡道、散水、栏板、屋面、外墙保温层的定义及绘制,并统计相关工程量。

6 装配式建筑工程量计算

知识目标

（1）通过识读装配式工程图纸，掌握预制柱、预制梁、预制墙、叠合板、预制楼梯构件的图纸信息；

（2）掌握预制柱、预制梁、预制墙、叠合板、预制楼梯的定义、绘制及查看工程量的方法。

能力目标

（1）能够运用 BIM 计量软件创建预制柱、预制梁、预制墙、叠合板、预制楼梯的三维模型；

（2）能够运用 BIM 计量软件辅助统计预制柱、预制梁、预制墙、叠合板、预制楼梯构件的工程量。

素质目标

（1）培养认真思考、严于律己的职业素养；

（2）提升对行业发展的兴趣，增强民族自豪感和文化自信。

6.1 预制柱工程量计算

学习目标

能够运用 BIM 计量软件创建预制柱的三维模型，并基于三维模型辅助进行预制柱土建及钢筋工程量的统计。

6.1.1 任务描述

（1）正确识读预制柱详图及其他相关图纸信息；

（2）根据图纸完成预制柱的属性编辑及三维模型绘制；

（3）完成预制柱的土建及钢筋工程量统计。

【扫码演示】

6.1.2 任务实施

6.1.2.1 图纸分析

3PCZ-P11 预制柱详图如图 6.1.1 所示，工程中所有预制柱的钢筋定位以剖面图为准。预制柱的坐浆高度为 20 mm，预制高度为 2830 mm，预制柱纵筋及箍筋详见 1—1 和 2—2 剖面图(图 6.1.1)及单体构件信息表。

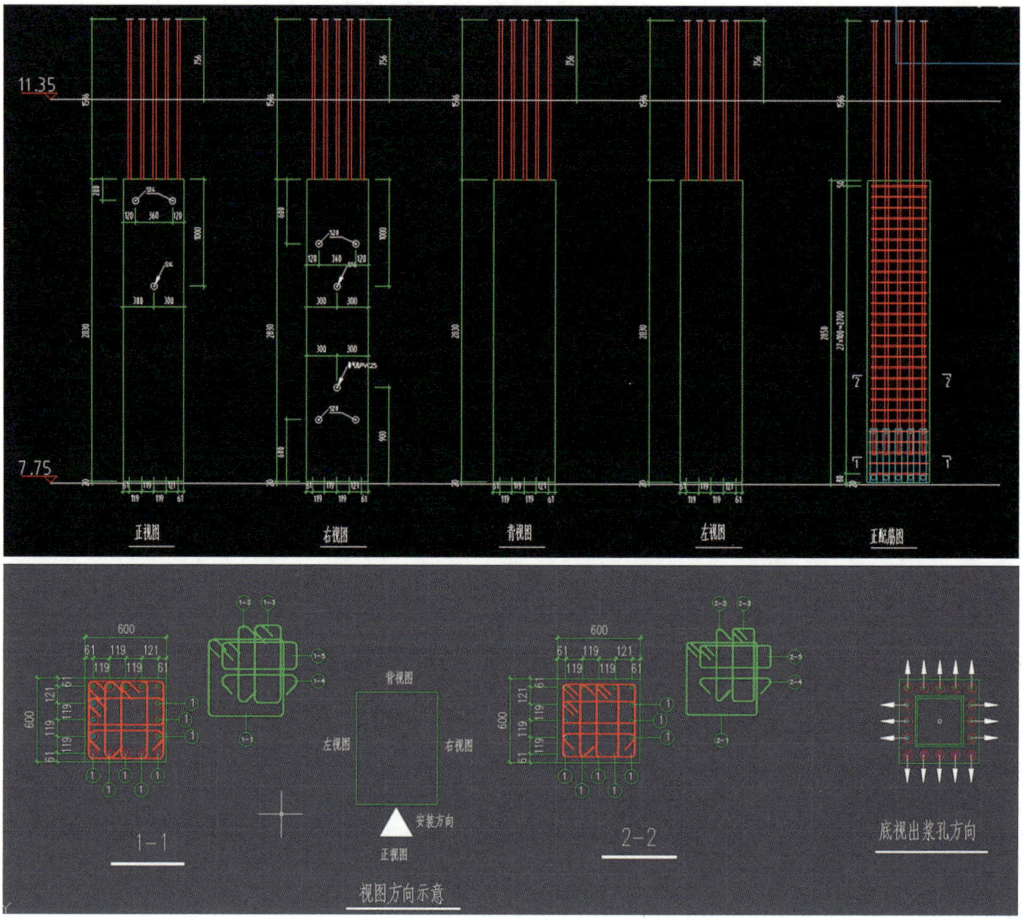

图 6.1.1　预制柱详图

6.1.2.2　创建预制柱模型

(1) 定义预制柱

① 新建预制柱

以 3PCZ-P11 为例，在“建模”选项卡下，点击左侧导航栏中的“装配式”→“预制柱(Z)”，如图 6.1.2 所示，在“构件列表”中点击“新建”下拉菜单，选择“新建矩形预制柱”。

② 编辑预制柱属性信息

通过识读图纸，在“属性列表”中输入相应信息，如图 6.1.3 所示。

名称：根据图纸输入构件名称“3PCZ-P11”。

截面宽度、截面高度：输入时注意区分 B 边、H 边，3PCZ-P11 截面宽度、截面高度均为 600 mm。

坐浆高度：20 mm。

预制高度：2830 mm。

预制混凝土强度等级：C35。

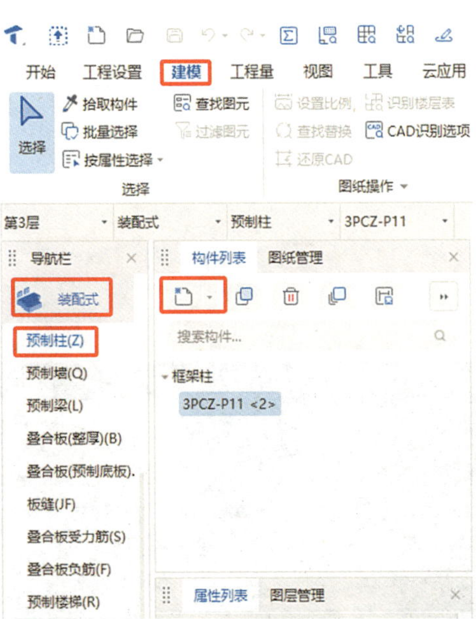

图 6.1.2　新建预制柱

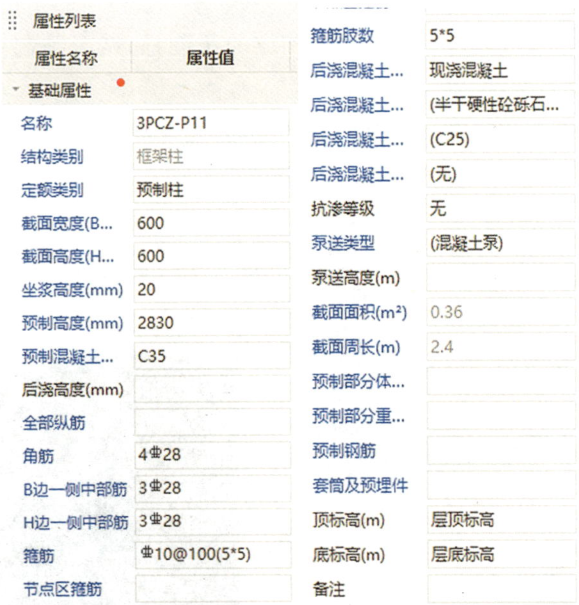

图 6.1.3　预制柱属性列表

全部纵筋：输入格式为“数量＋级别＋直径”，不同的钢筋信息用“＋”连接。注意此处应输入柱截面内的全部纵筋，包含角筋、B 边一侧中部筋、H 边一侧中部筋。

角筋：输入格式为“数量＋级别＋直径”，不同的钢筋信息用“＋”连接，注意当“全部纵筋”为空时此处才可输入，3PCZ-P11 角筋为 4Φ28。

B 边一侧中部筋：输入格式为“数量＋级别＋直径”，不同的钢筋信息用“＋”连接，注意当“全部纵筋”为空时此处才可输入。3PCZ-P11 B 边一侧中部筋为 3Φ28。

H 边一侧中部筋：输入格式为“数量＋级别＋直径”，不同的钢筋信息用“＋”连接，注意当“全部纵筋”为空时此处才可输入。3PCZ-P11 H 边一侧中部筋为 3Φ28。

（注：预制柱纵筋不需要算量，已含在预制构件综合单价中，输入纵筋信息只是为了计算现浇部分箍筋的工程量。）

箍筋：输入格式为“数量＋级别＋直径＋肢数”，肢数不输入时按肢数属性中的数据计算。3PCZ-P11 箍筋信息为Φ10@100(5×5)。

箍筋肢数：根据详图 2—2 剖面图可知，箍筋肢数为 5×5，也可点击属性框中的“…”按钮进行 B 边、H 边箍筋肢数设定。

后浇混凝土强度等级：默认为楼层混凝土强度和锚固搭接设置中设定的混凝土强度等级，若与默认不同，可根据图纸实际情况进行修改。

预制部分体积：输入后报表中会出现按属性计算的体积，不输入则按模型计算体积。

预制部分重量：输入后报表会增加重量值（可不填）。

预制钢筋：可根据单构件信息表录入或者识别录入。

套筒及预埋件：可根据单构件预埋件统计表录入或者识别录入。

顶标高：默认层顶标高即可。

底标高：默认层底标高即可。

（2）绘制预制柱

在构件列表中选择相应的预制柱，结合预制柱平面布置图进行绘制，预制柱的绘制均为“点”式绘制。

以⑨轴/Ⓚ轴交点处的预制柱为例，“点”式绘制后如果偏轴尺寸与实际不符，可以使用查改标注功能进行修改，如图 6.1.4 所示。

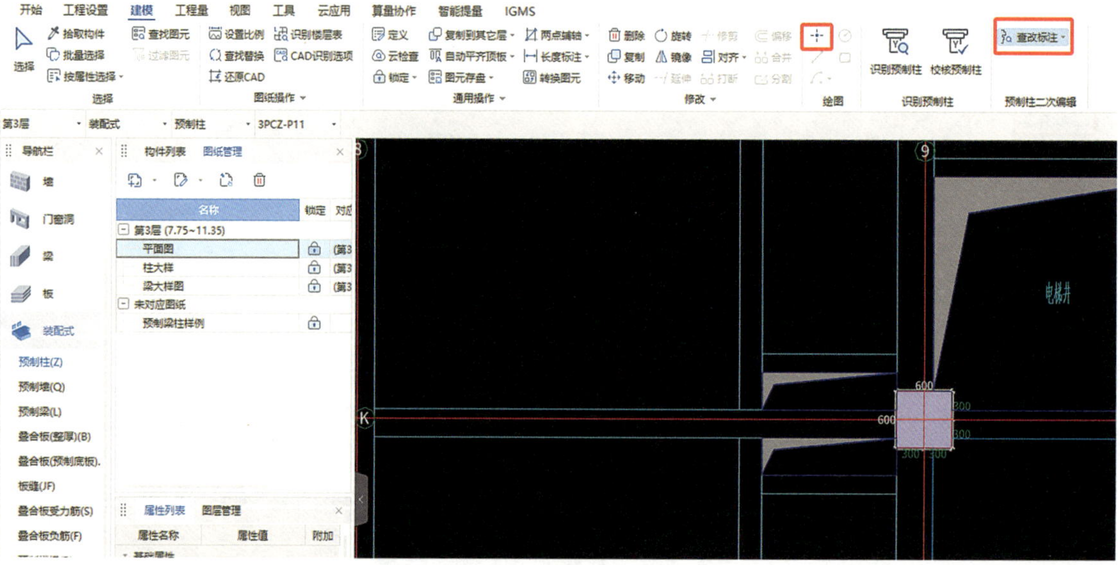

图 6.1.4　绘制预制柱

6.1.2.3　汇总查看工程量

（1）查看预制柱土建工程量

以 3PCZ-P11 为例，工程量汇总计算完成后，查看土建工程量，如图 6.1.5 所示。

查看构件图元工程量

构件工程量　做法工程量

◉ 清单工程量　○ 定额工程量　☑ 显示房间、组合构件量　☑ 只显示标准层单层量

	楼层	名称	预制混凝土强度等级	后浇混凝土强度等级		工程量名称												
						周长(m)	模板面积(m²)	超高模板面积(m²)	数量(根)	脚手架面积(m²)	高度(m)	截面面积(m²)	总体积(m³)	后浇体积(m³)	坐浆体积(m³)	预制部分体积（按模型）(m³)	预制部分体积（按属性）(m³)	预制高度(m)
1	第3层	3PCZ-P11	C35	C25	3PCZ-P11	2.4	0	0	1	21.6	3.6	0.36	1.2921	0	0	0	0	0
2					PCZ-1-1	0	0	0	0	0	0	0	0	0	0.0072	0	0	0
3					PCZ-1-2	0	0	0	0	0	0	0	0	0	0	1.0188	1.01	2.83
4					PCZ-1-3	0	1.569	0	0	0	0	0	0	0.2661	0	0	0	0
5				小计		2.4	1.569	0	1	21.6	3.6	0.36	1.2921	0.2661	0.0072	1.0188	1.01	2.83
6			小计			2.4	1.569	0	1	21.6	3.6	0.36	1.2921	0.2661	0.0072	1.0188	1.01	2.83
7		小计				2.4	1.569	0	1	21.6	3.6	0.36	1.2921	0.2661	0.0072	1.0188	1.01	2.83
8	合计					2.4	1.569	0	1	21.6	3.6	0.36	1.2921	0.2661	0.0072	1.0188	1.01	2.83

图 6.1.5　查看预制柱土建工程量

（2）查看预制柱钢筋工程量

汇总计算完成后，可在“钢筋计算结果”面板中点击“查看钢筋量”命令，点选或拉框选择需要查看的预制柱，软件可同时显示多个预制柱的钢筋量计算结果（预制柱只计算预制部分的箍筋量，不计算纵筋量），如图 6.1.6 所示。

查看钢筋量

导出到Excel

钢筋总重量（kg）：83.178

	楼层名称	构件名称	钢筋总重量（kg）	HRB400	
				10	合计
1	第3层	3PCZ-P11[167]	41.589	41.589	41.589
2		3PCZ-P11[171]	41.589	41.589	41.589
3		合计：	83.178	83.178	83.178

图 6.1.6　查看预制柱钢筋工程量

课后练习与巩固

一、选择题

(1) 预制柱一般需要计算(　　)的钢筋工程量。

A. 纵筋　　B. 箍筋　　C. 拉筋　　D.腰筋

(2) 在 GTJ2025 软件中，预制柱的绘制方式为(　　)。

A. “点”式绘制　　B. “直线”绘制　　C. 矩形绘制　　D. 智能布置

(3) 绘制完预制柱后，修改偏心柱的方式为(　　)。

A. 查改标注　　B. Crtl＋左键　　C. Shift＋左键　　D. Shift＋F3

6.2　预制梁工程量计算

学习目标

能够运用 BIM 计量软件创建预制梁的三维模型，并基于三维模型辅助进行预制梁土建工程量的统计。

6.2.1　任务描述

(1) 正确识读预制梁钢筋详图及其他相关图纸信息；

(2) 根据图纸完成预制梁的属性编辑及三维模型绘制；

(3) 完成预制梁的土建工程量统计。

【扫码演示】

6.2.2 任务实施

6.2.2.1 图纸分析

预制梁详图如图 6.2.1 所示，预制梁的截面尺寸为 300 mm×450 mm。

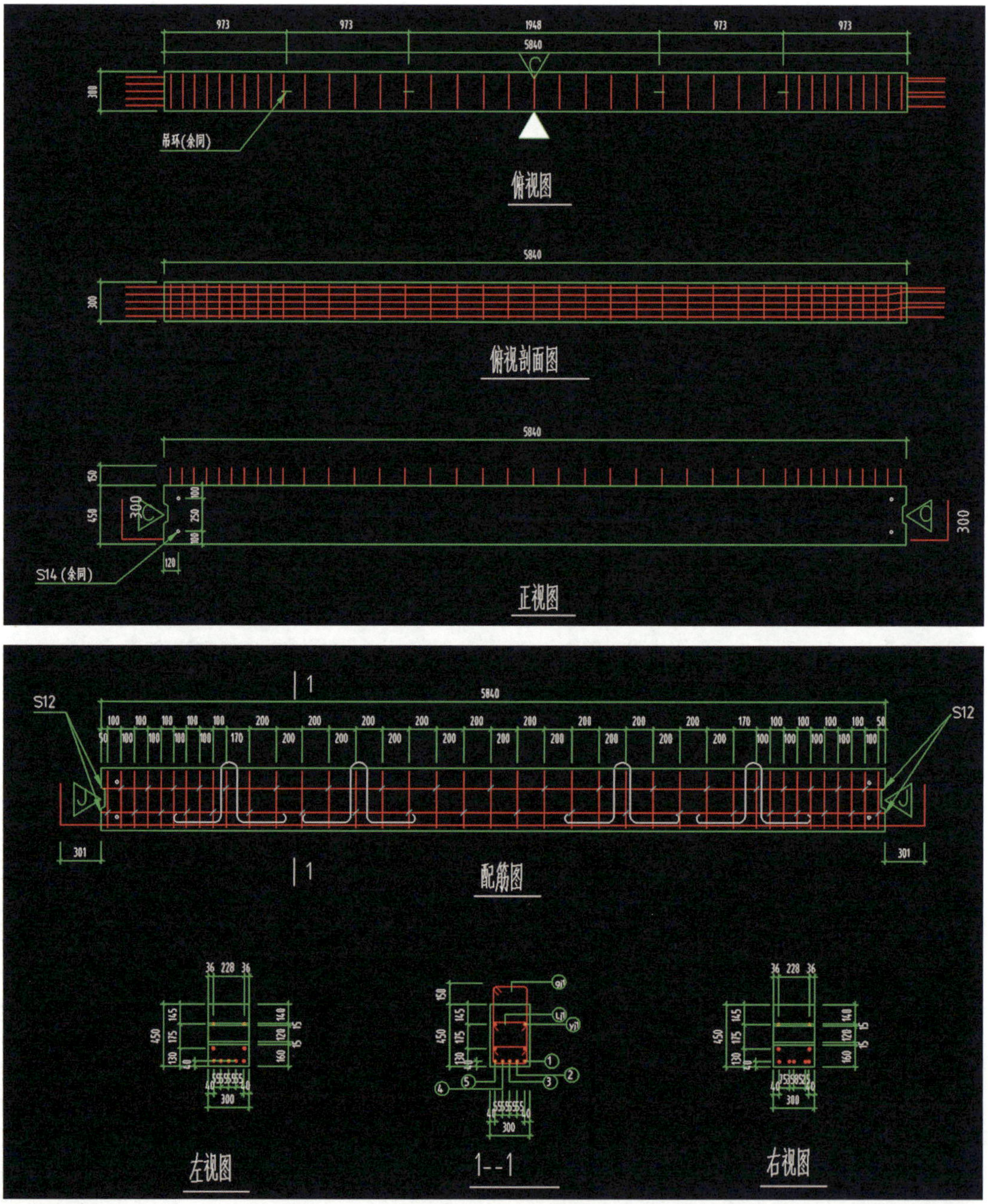

图 6.2.1 预制梁详图

6.2.2.2　创建预制梁模型

(1) 定义预制梁

① 新建矩形预制梁

以 4PCL-50 为例，在“建模”选项卡下，点击左侧导航栏中的“装配式”→“预制梁(L)”，如图 6.2.2 所示，在“构件列表”中点击“新建”下拉菜单，选择“新建矩形预制梁”。

② 编辑预制梁属性信息

通过识读图纸，在“属性列表”中输入相应信息，如图 6.2.3 所示。

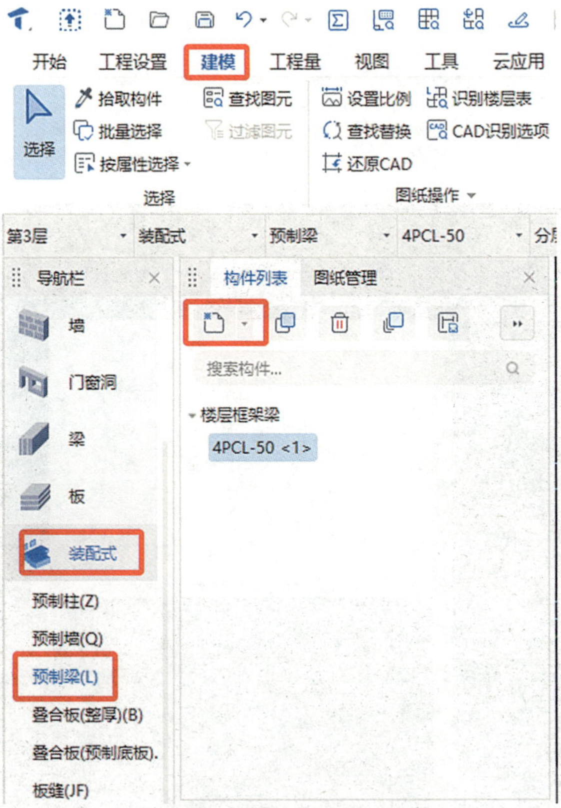

图 6.2.2　新建预制梁

图 6.2.3　预制梁属性列表

名称：根据图纸输入构件名称“4PCL-50”。

截面宽度：300 mm。

截面高度：450 mm。

预制混凝土强度等级：C30。

预制部分体积：一般不需要填写，当需要根据构件深化图给定的构件体积结算时可填写，若填写则软件按属性计算预制构件体积。

预制部分重量：一般不需要填写，当后续需要按重量查找预制构件时可填写，填写的数值对工程量没有任何影响。

预制钢筋：若需要统计预制构件里的钢筋信息，则按照深化图纸中的钢筋明细表录入；若填写则报表可统计构件钢筋含量。

底标高:默认顶梁底标高即可。

(2) 绘制预制梁

在构件列表中选择相应的预制梁,结合预制梁平面布置图进行绘制,预制梁的绘制均为“直线”绘制。

以⑧～⑨轴/Ⓚ轴预制梁为例,在“直线”绘制命令下点击⑧轴/Ⓚ轴交点,再点击⑨轴/Ⓚ轴交点即可完成绘制,如图 6.2.4 所示。

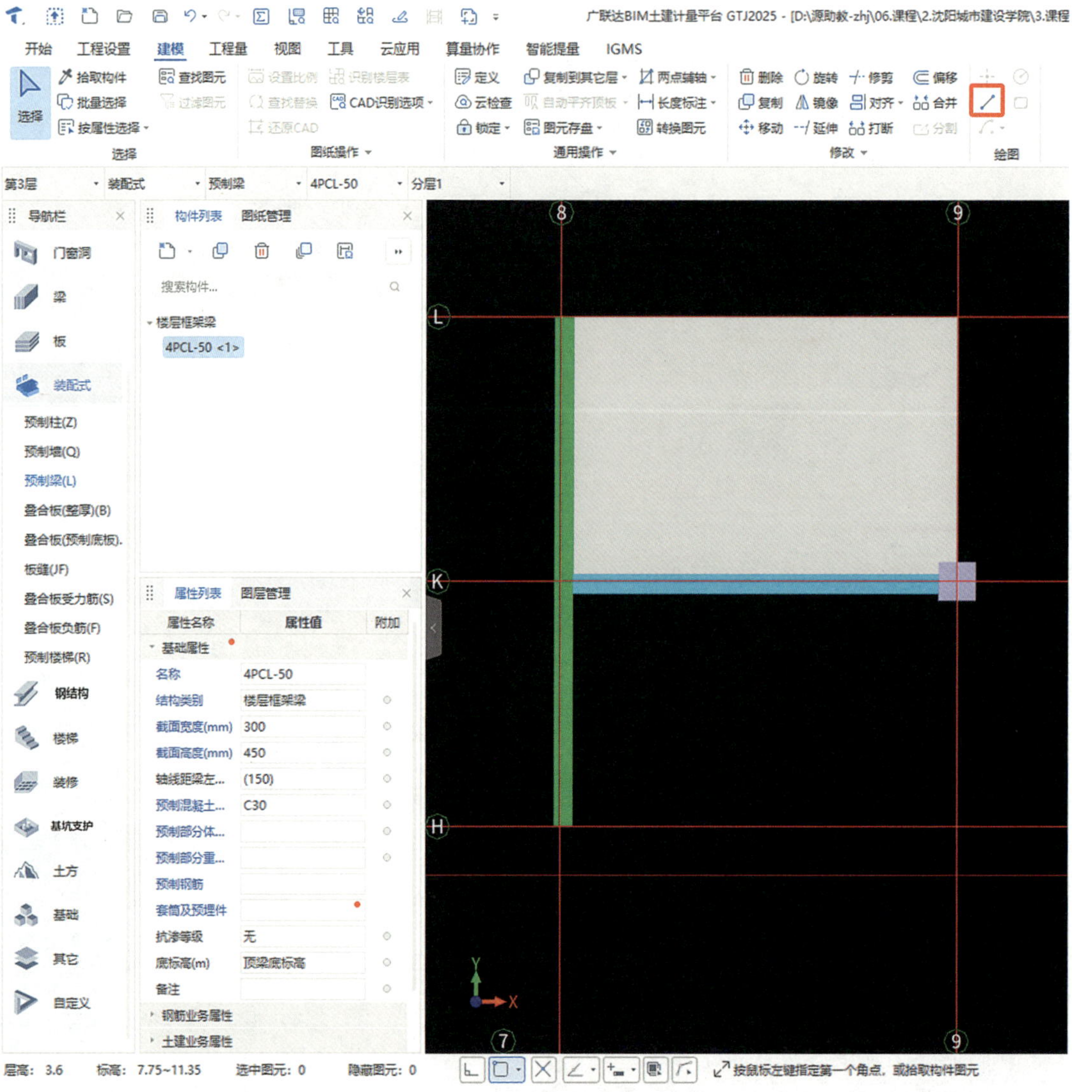

图 6.2.4 绘制预制梁

6.2.2.3 汇总查看工程量

(1) 查看预制梁土建工程量

以 4PCL-50 为例,工程量汇总计算完成后,查看土建工程量,如图 6.2.5 所示。

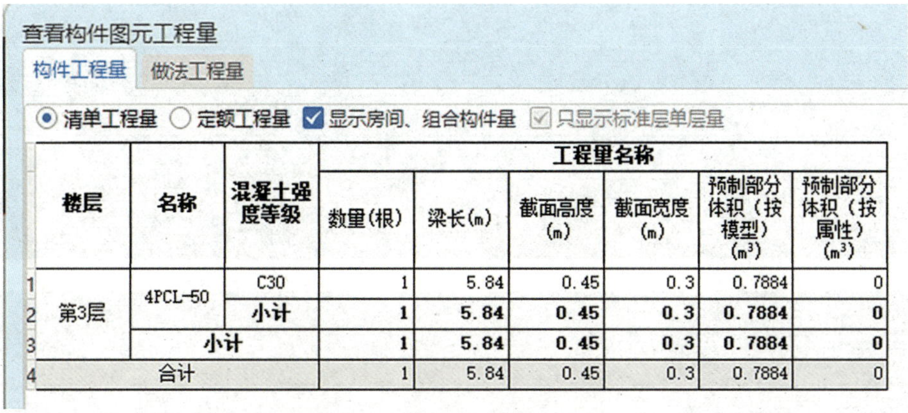
查看构件图元工程量

构件工程量　做法工程量

◉ 清单工程量 ○ 定额工程量 ☑ 显示房间、组合构件量 ☑ 只显示标准层单层量

	楼层	名称	混凝土强度等级	工程量名称					
				数量(根)	梁长(m)	截面高度(m)	截面宽度(m)	预制部分体积（按模型）(m^3)	预制部分体积（按属性）(m^3)
1	第3层	4PCL-50	C30	1	5.84	0.45	0.3	0.7884	0
2			**小计**	**1**	**5.84**	**0.45**	**0.3**	**0.7884**	**0**
3		**小计**		**1**	**5.84**	**0.45**	**0.3**	**0.7884**	**0**
4	合计			1	5.84	0.45	0.3	0.7884	0

图 6.2.5　查看预制梁土建工程量

(2) 查看预制梁钢筋工程量

预制梁钢筋量已经含在预制构件的综合单价中，软件中所有预制梁的钢筋量为 0，如图 6.2.6 所示。

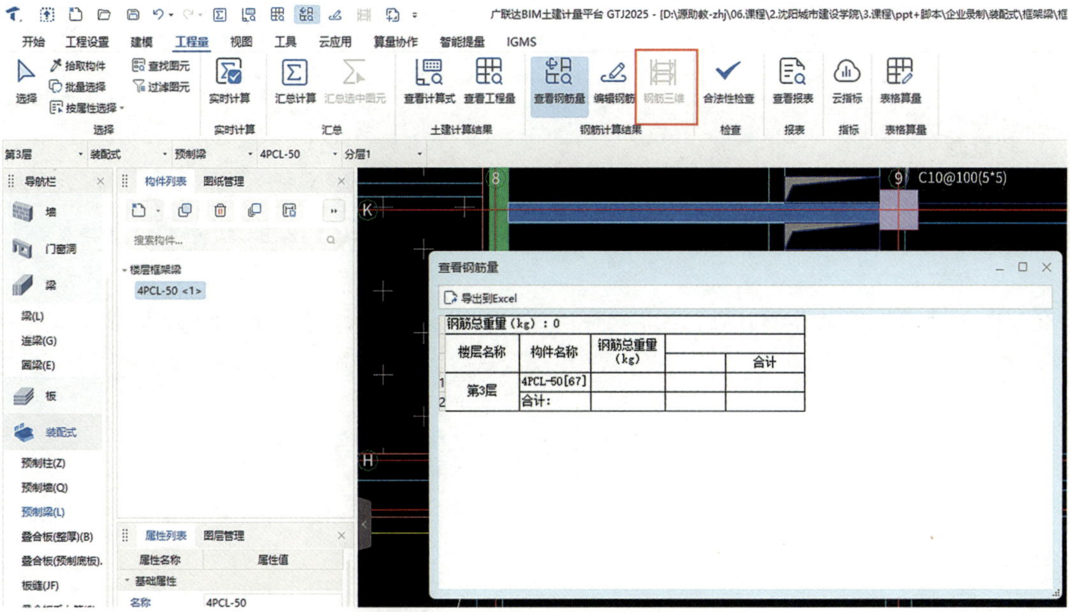

图 6.2.6　查看预制梁钢筋工程量

6.2.3　总结拓展

下部钢筋连通、中间无预制混凝土的单根预制梁如图 6.2.7 所示，建议分成两根预制梁分别绘制。

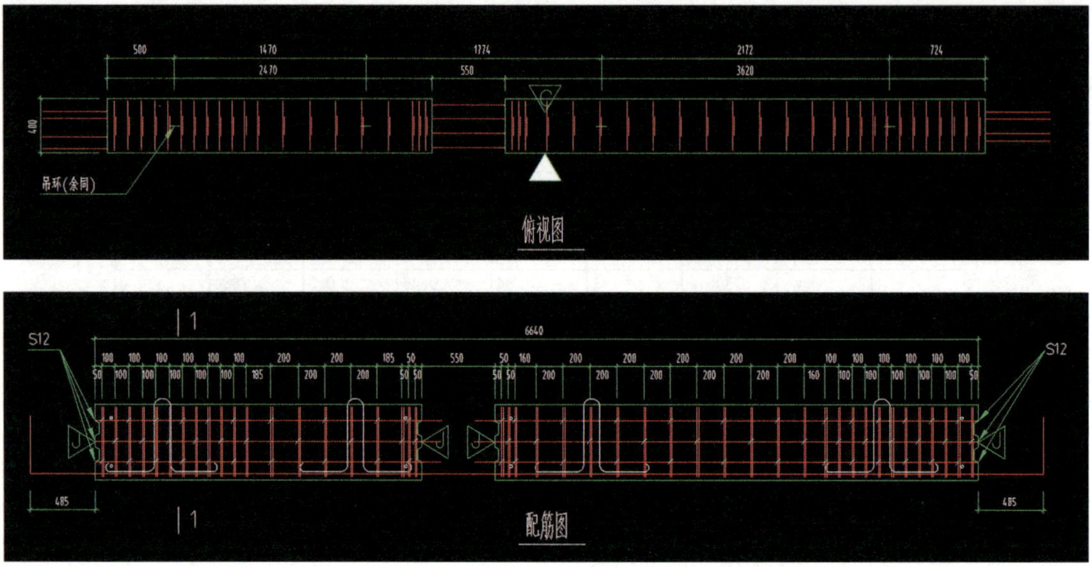

图 6.2.7　下部钢筋连通、中间无预制混凝土的单根预制梁

课后练习与巩固

判断题

(1) 在 GTJ2025 软件中，预制梁的绘制可以采用智能布置方式。（　　）

(2) 对于下部钢筋连通、中间无预制混凝土的单根预制梁，GTJ2025 软件可以直接处理。（　　）

(3) 对于预制梁的体积，GTJ2025 软件既可以计算模型体积，也可以按照深化图给出的体积计算。（　　）

6.3　预制墙工程量计算

学习目标

能够运用 BIM 计量软件创建预制墙的三维模型，并基于三维模型辅助进行预制墙土建工程量的统计。

6.3.1　任务描述

【扫码演示】

(1) 正确识读预制墙钢筋详图及其他相关图纸信息；

(2) 根据图纸完成预制墙的属性编辑及三维模型绘制；

(3) 完成预制墙的土建工程量统计。

6.3.2 任务实施

6.3.2.1 图纸分析

预制墙详图如图 6.3.1 所示，预制墙长度为 900 mm，预制墙高度为 2750 mm，坐浆高度为 50 mm。

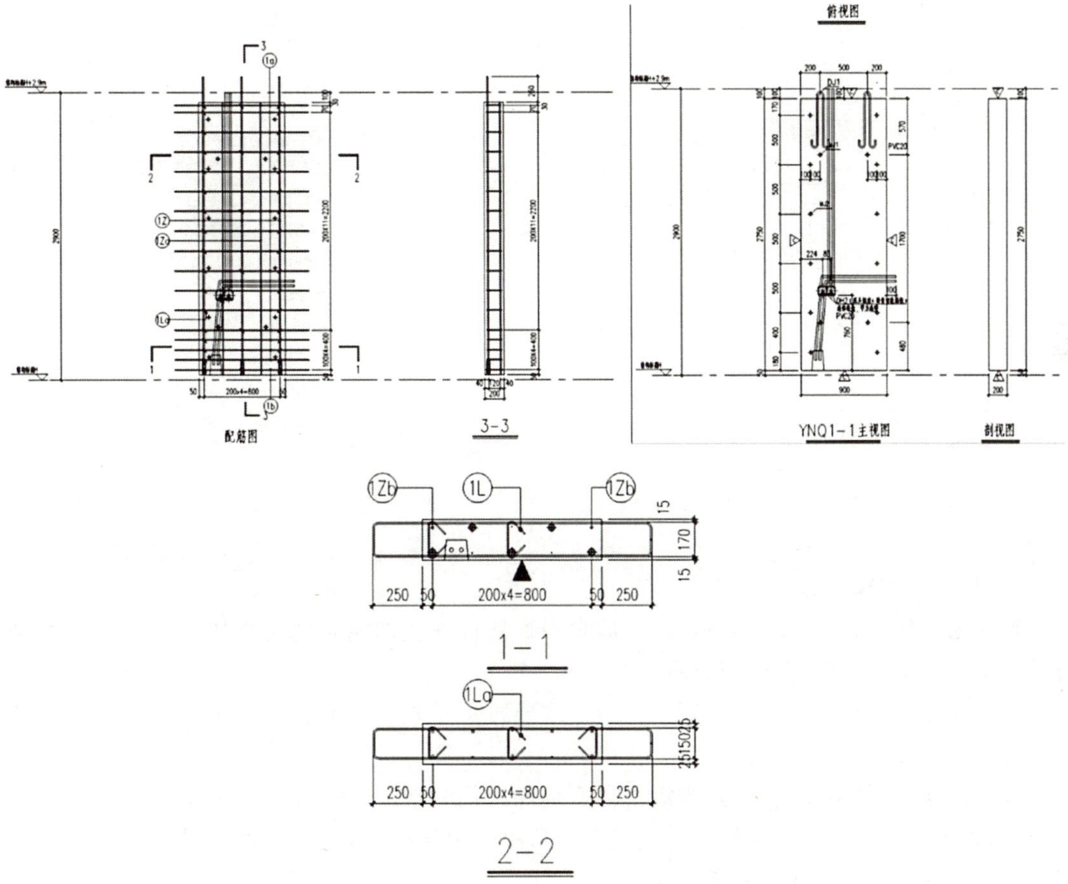

图 6.3.1 预制墙详图

6.3.2.2 创建预制墙模型

(1) 定义矩形预制墙

① 新建矩形预制墙

以 YNQ1-1 为例，在“建模”选项卡下，点击左侧导航栏中的“装配式”→“预制墙(Q)”，在“构件列表”中点击“新建”下拉菜单，选择“新建矩形预制墙”，如图 6.3.2 所示。

② 编辑矩形预制墙属性信息

通过识读图纸，在“属性列表”中输入相应信息，如图 6.3.3 所示。

名称：根据图纸输入构件名称“YNQ1-1”。

厚度：200 mm。

坐浆高度：50 mm。

图 6.3.2　新建矩形预制墙

图 6.3.3　预制墙属性列表

属性名称	属性值
坐浆高度(mm)	50
预制高度(mm)	2750
内/外墙标志	内墙
是否带门窗	否
预制部分体...	
预制部分重...	
预制钢筋	
套筒及预埋件	
预制混凝土...	(C35)
后浇混凝土...	现浇混凝土
后浇混凝土...	(半干硬性砼砾石粒...
后浇混凝土...	(C35)
后浇混凝土...	(无)
抗渗等级	无
泵送类型	(混凝土泵)
泵送高度(m)	
顶标高(m)	层顶标高
底标高(m)	层底标高
备注	

预制高度：2750 mm。

预制部分体积：一般不需要填写，当需要根据构件深化图给定的构件体积结算时可填写，若填写则软件按属性计算预制构件体积。

预制部分重量：一般不需要填写，当后续需要按重量查找预制构件时可填写，填写的数值对工程量没有任何影响。

预制钢筋：一般不需要填写，当需要根据构件深化图给定的钢筋量结算时可填写。如需输入，点击该属性框，会弹出“编辑预制钢筋”窗口，根据图纸中预制钢筋的配筋表输入即可，也可以通过识别钢筋表的形式完成输入。

顶标高：默认层顶标高即可。

底标高：默认层底标高即可。

(2) 定义参数化预制墙

① 新建参数化预制墙

以 YNQ1-1 为例，在“建模”选项卡下，点击左侧导航栏中的“装配式”→“预制墙(Q)”，在“构件列表”中点击“新建”下拉菜单，选择“新建参数化预制墙”，弹出“选择参数化图形”窗口，如图 6.3.4 所示。

② 预制墙参数设定及属性编辑

通过识读图纸，可以在参数化截面类型中选择普通墙板、夹心保温墙和 PCF 板，还可以根据图纸信息更改俯视图、更改主视图和更改左视图，在参数化图形中输入预制墙长、预制墙厚、预制墙高，点击“确定”后完成参数化预制墙属性信息的编辑，属性编辑方式同矩形预制墙。

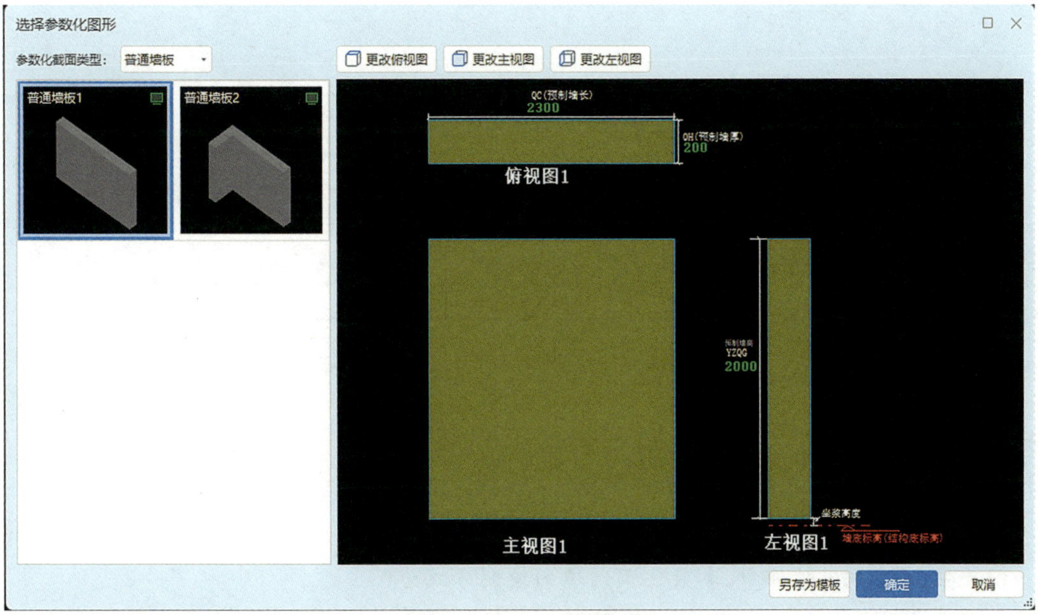

图 6.3.4　选择参数化图形

(3) 绘制预制墙

矩形预制墙采用“直线”绘制的方式，参数化预制墙采用“点”式绘制方式。

6.3.2.3　汇总查看工程量

(1) 查看预制墙土建工程量

以 YNQ1-1 为例，工程量汇总计算完成后，查看土建工程量，如图 6.3.5 所示。

查看构件图元工程量

构件工程量　做法工程量

◉ 清单工程量 ○ 定额工程量 ☑ 显示房间、组合构件量 ☑ 只显示标准层单层量

	楼层	名称	厚度	预制混凝土强度等级	后浇混凝土强度等级		数量(块)	总体积(m³)	预制部分体积(按模型)(m³)	预制部分体积(按属性)(m³)	预制部分混凝土体积(m³)	垂直面积
1	第4层	YNQ1-1 [内墙]	200	C35	C35	QHJD-1	0	0	0	0	0	
2						QNYB-1	0	0	0	0	0	
3						YNQ1-1 [内墙]	1	0.522	0.495	0	0.495	2
4						ZJUT-1	0	0	0	0	0	
5					小计		**1**	**0.522**	**0.495**	**0**	**0.495**	**2.**
6				小计			**1**	**0.522**	**0.495**	**0**	**0.495**	**2.**
7			小计				**1**	**0.522**	**0.495**	**0**	**0.495**	**2.**
8		小计					**1**	**0.522**	**0.495**	**0**	**0.495**	**2.**
9	合计						1	0.522	0.495	0	0.495	2

图 6.3.5　查看预制墙土建工程量

(2) 查看预制墙钢筋工程量

预制墙钢筋量已经包含在预制构件的综合单价中，故其钢筋工程量为 0，如图 6.3.6 所示。

查看钢筋量

导出到Excel

钢筋总重量(kg)：0				
楼层名称	构件名称	钢筋总重量(kg)		
				合计
第4层	YNQ1-1[100557]			
	合计:			

图 6.3.6 查看预制墙钢筋工程量

课后练习与巩固

一、选择题

(1) 在 GTJ2025 软件中,参数化预制墙的绘制方式为(　　)。

A. "直线"绘制　　B. "矩形"绘制　　C. "点"式绘制　　D. 智能布置

(2) 在 GTJ2025 软件中,矩形预制墙的绘制方式为(　　)。

A. "直线"绘制　　B. "矩形"绘制　　C. "点"式绘制　　D. 智能布置

(3) GTJ2025 软件实现了(　　)的建模和计算。

A. 普通预制墙　　B. 夹心保温墙　　C. PCF 板　　D. 以上都对

6.4 叠合板工程量计算

学习目标

能够运用 BIM 计量软件创建叠合板的三维模型,并基于三维模型辅助进行叠合板土建及钢筋工程量的统计。

6.4.1 任务描述

【扫码演示】

(1) 正确识读叠合板平面布置图、模板图、钢筋详图及其他相关图纸信息;

(2) 根据图纸完成叠合板的属性编辑及三维模型绘制;

(3) 完成叠合板的土建及钢筋工程量统计。

6.4.2 任务实施

6.4.2.1 图纸分析

叠合板详图如图 6.4.1 所示,叠合板构件信息如下:叠合板底板厚度为 60 mm,叠合板的尺寸为 3230 mm×2412 mm,边沿构造为斜三角。

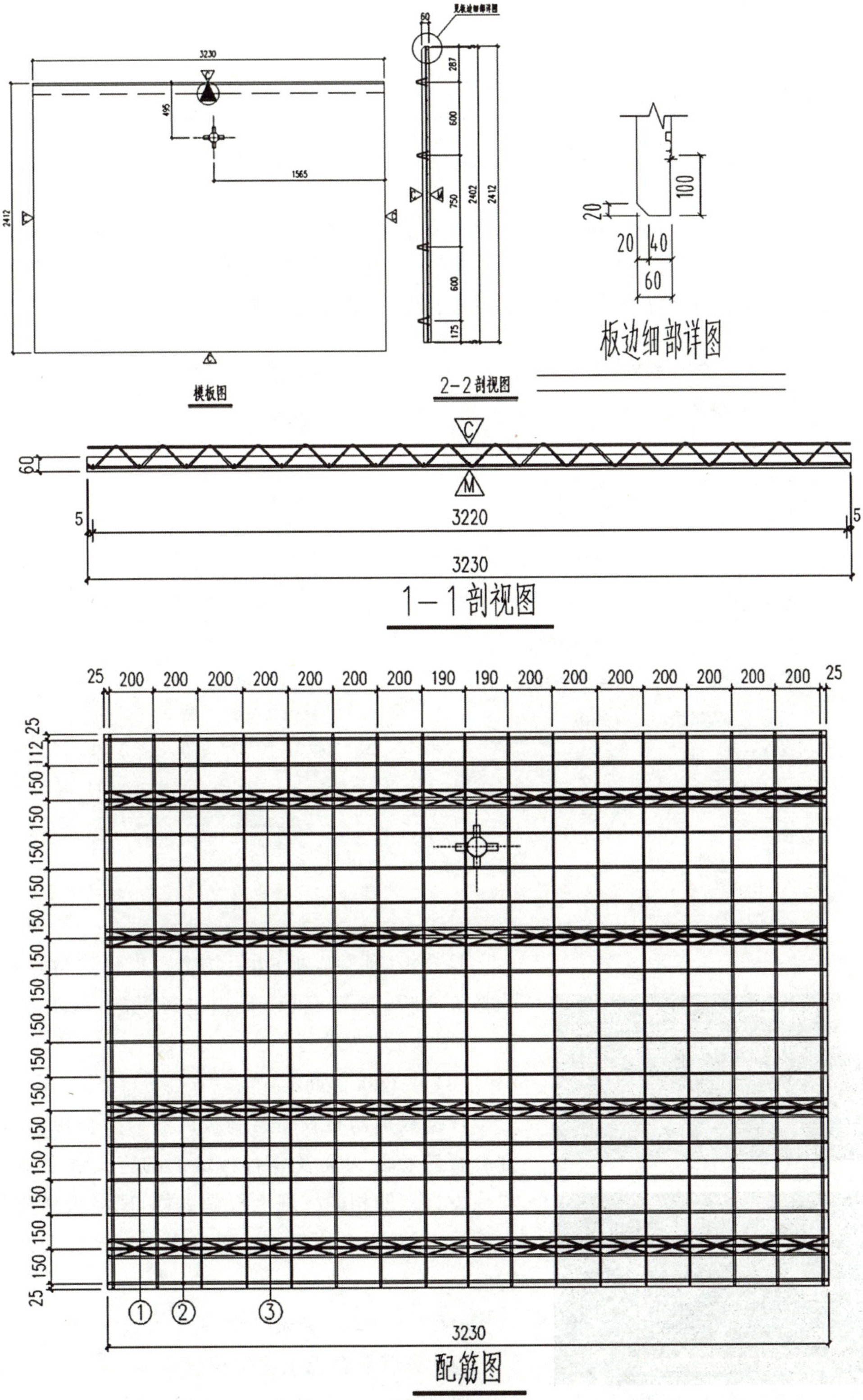
3230
495
1565
2412
模板图
60
287
600
750
600
175
2402
2412
2-2剖视图
100
20
20
40
60
板边细部详图
60
C
M
5
3220
5
3230
1-1剖视图
25 200 200 200 200 200 200 200 190 190 200 200 200 200 200 200 200 25
25 112 150 150 150 150 150 150 150 150 150 150 150 150 150 150 25
①
②
③
3230
配筋图

图 6.4.1　叠合板详图

6.4.2.2 创建叠合板模型

(1) 创建叠合板(整厚)模型

在“建模”选项卡下,点击左侧导航栏中的“装配式”→“叠合板(整厚)(B)”,在“构件列表”中点击“新建”下拉菜单,选择“新建叠合板(整厚)”。根据叠合板平面布置图中的信息设置叠合板(整厚)属性,如图6.4.2所示。根据叠合板平面图绘制叠合板(整厚),绘制方式同现浇板。

(2) 创建叠合板(预制底板)模型

在“建模”选项卡下,点击左侧导航栏中的“装配式”→“叠合板(预制底板)”,在“构件列表”中点击“新建”下拉菜单,选择“叠合板(预制底板)”,在属性列表中修改属性信息,如图6.4.3所示。根据叠合板平面布置图绘制叠合板(预制底板),绘制方式同现浇板。

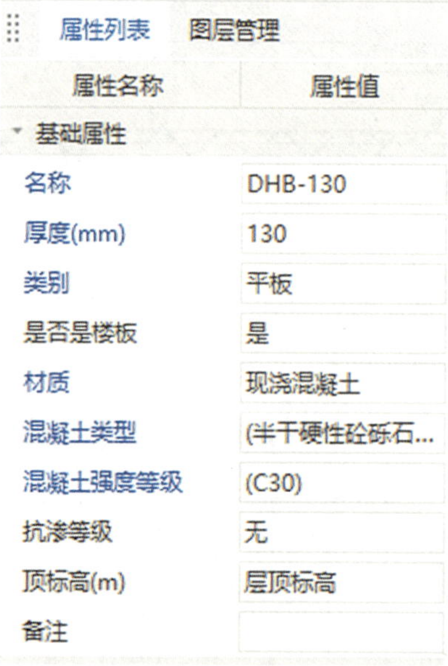

图6.4.2 叠合板(整厚)属性列表

图6.4.3 叠合板(预制底板)属性列表

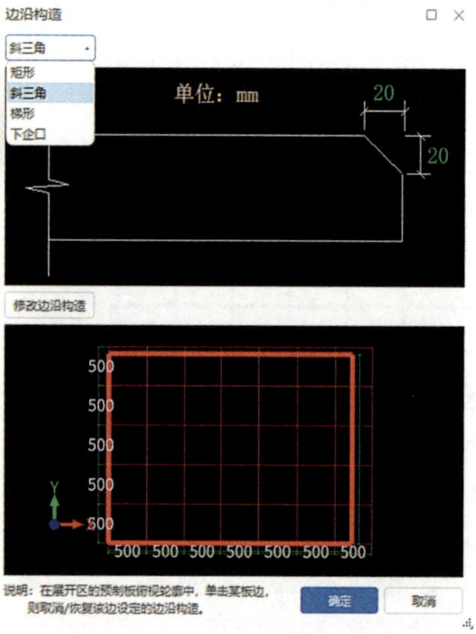

图6.4.4 边沿构造

叠合板(预制底板)边沿构造可以设定常见样式,选择叠合板(预制底板)某边进行设置,修改边沿构造,如图6.4.4所示。

(3) 叠合板钢筋绘制

根据板钢筋布置图绘制板面筋。叠合板受力筋、叠合板跨板受力筋及叠合板负筋的定义和布置方式与现浇板钢筋相同。现浇板受力筋、现浇板负筋与叠合板受力筋、叠合板负筋可以使用转换构件功能进行转换。

6.4.2.3 汇总查看工程量

(1) 查看叠合板土建工程量

以1DB-C-1至1DB-C-5为例,工程量汇总计算完成后,查看土建工程量,如图6.4.5所示。

查看构件图元工程量

构件工程量　做法工程量

◉ 清单工程量　○ 定额工程量　☑ 显示房间、组合构件量　☑ 只显示标准层单层量

	楼层	名称	混凝土强度等级	工程量名称			
				投影面积(m²)	数量(块)	预制部分体积（按模型）(m³)	预制部分体积（按属性）(m³)
1	第4层	1DB-C-1	C30	7.7908	1	0.4674	0
2			**小计**	**7.7908**	**1**	**0.4674**	**0**
3		1DB-C-2	C30	7.794	1	0.4676	0
4			**小计**	**7.794**	**1**	**0.4676**	**0**
5		1DB-C-4	C30	4.8491	1	0.2909	0
6			**小计**	**4.8491**	**1**	**0.2909**	**0**
7		1DB-C-5	C30	4.8491	1	0.2909	0
8			**小计**	**4.8491**	**1**	**0.2909**	**0**
9		**小计**		**25.283**	**4**	**1.5168**	**0**
10	合计			25.283	4	1.5168	0

图 6.4.5　查看叠合板土建工程量

（2）查看叠合板钢筋工程量

汇总计算完成后，可在“钢筋计算结果”面板中点击“查看钢筋量”命令，点选或拉框选择需要查看的叠合板负筋，软件可同时显示多个叠合板负筋的钢筋量计算结果，如图 6.4.6 所示。

查看钢筋量

导出到Excel

钢筋总重量(kg)：12.665

	楼层名称	构件名称	钢筋总重量(kg)	HPB300		HRB400	
				6	合计	8	合计
1	第4层	C8-200-1[100766]	4.524	1.05	1.05	3.474	3.474
2		C8-200-1[100771]	8.141	1.965	1.965	6.176	6.176
3		合计:	12.665	3.015	3.015	9.65	9.65

图 6.4.6　查看叠合板钢筋工程量

课后练习与巩固

一、选择题

(1) 叠合板(整厚)属性中的"厚度"指( )部位的厚度。

A. 预制层　　B. 现浇层

C. 预制层+现浇层　　D. 以上都可以

(2) 在GTJ2025软件中,叠合板(底板)边沿构造有( )种形式可供选择。

A. 2　　B. 3　　C. 4　　D. 5

(3) 在GTJ2025软件中,现浇板负筋与叠合板负筋可以使用( )功能进行转换。

A. 转换构件　　B. 转换图元　　C. 批量转换　　D. 批量选择

6.5 预制楼梯工程量计算

学习目标

能够运用BIM计量软件创建预制楼梯的三维模型,并基于三维模型辅助进行预制楼梯土建工程量的统计。

6.5.1 任务描述

【扫码演示】

(1) 正确识读预制楼梯钢筋详图及其他相关图纸信息;

(2) 根据图纸完成预制楼梯的属性编辑及三维模型绘制;

(3) 完成预制楼梯的土建工程量统计。

6.5.2 任务实施

6.5.2.1 图纸分析

预制楼梯详图如图6.5.1所示。

6.5.2.2 创建预制楼梯模型

(1) 定义预制楼梯

① 新建预制楼梯

以YTB-1为例,在"建模"选项卡下,点击左侧导航栏中的"装配式"→"预制楼梯(R)",在"构件列表"中点击"新建"下拉菜单,选择"新建预制梯段",如图6.5.2所示。

② 预制梯段参数设定

通过识读图纸,在参数化图中输入相应参数,如图6.5.3所示。

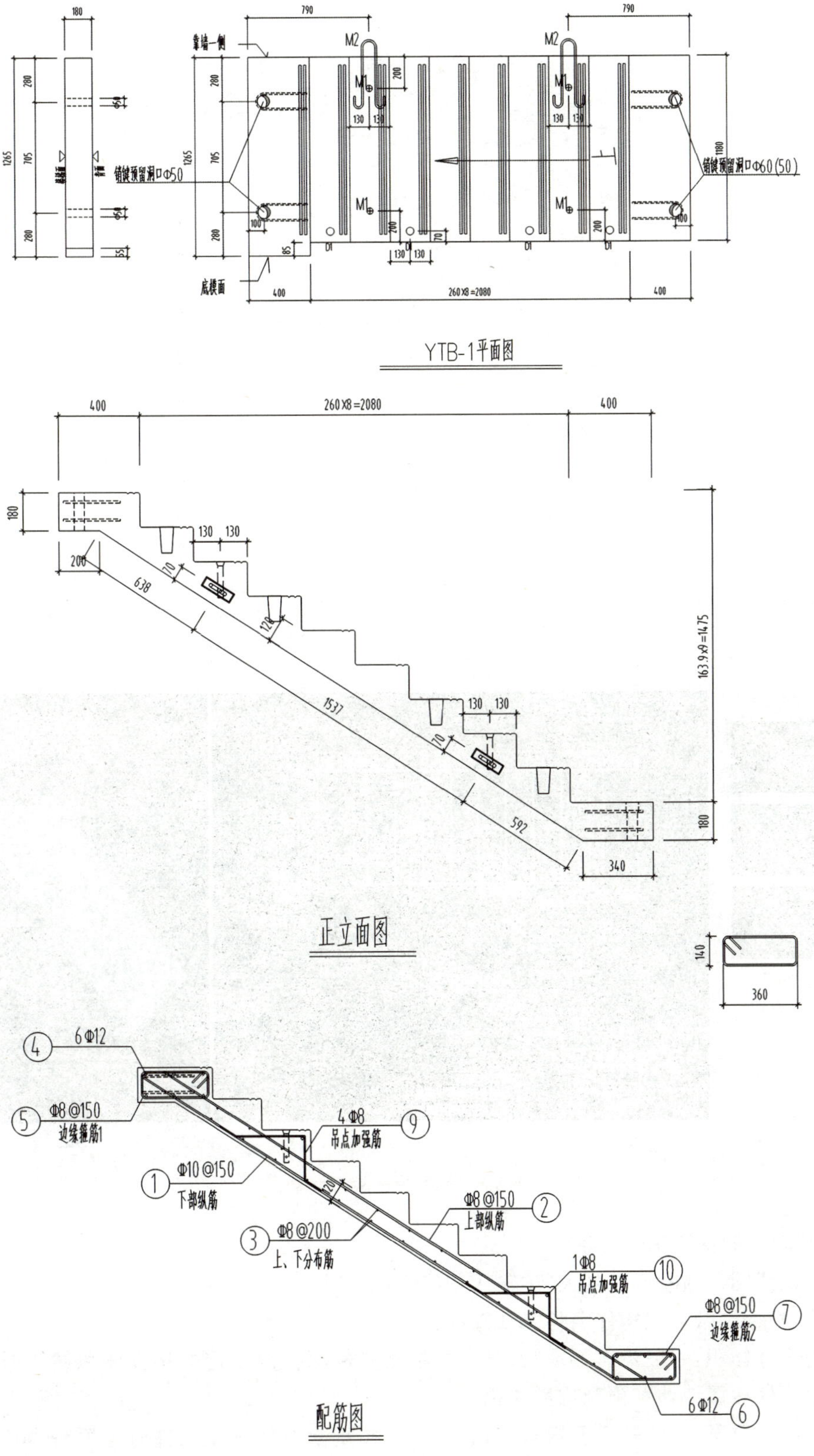
YTB-1平面图
正立面图
配筋图
销键预留洞口Φ50
销键预留洞口Φ60(50)
靠墙一侧
底模面
260×8=2080
163.9×9=1475
6Φ12
Φ8@150
边缘箍筋1
4Φ8
吊点加强筋
Φ10@150
下部纵筋
Φ8@150
上部纵筋
Φ8@200
上、下分布筋
1Φ8
吊点加强筋
Φ8@150
边缘箍筋2
6Φ12

图 6.5.1　预制楼梯详图

图 6.5.2　新建预制梯段

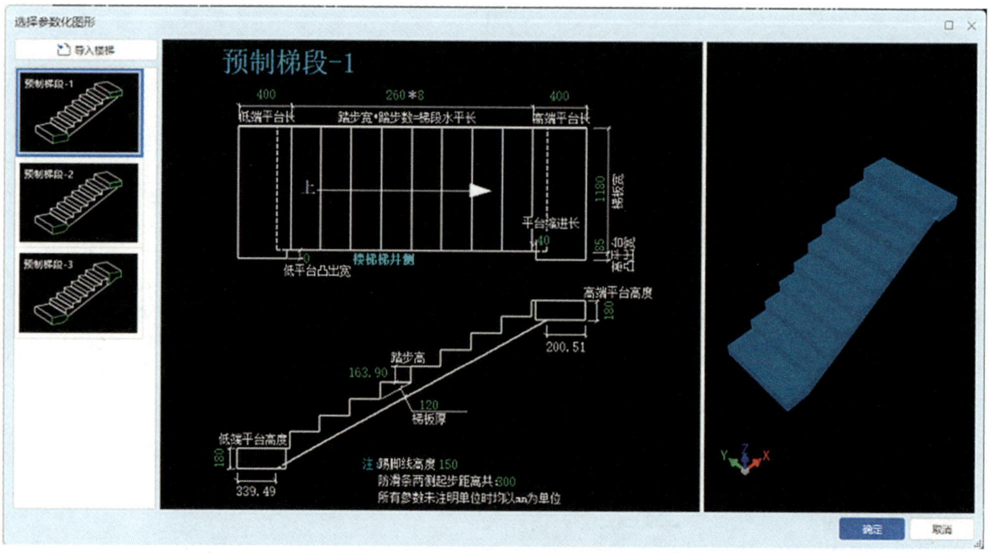

图 6.5.3　预制梯段参数化图形

③ 编辑预制梯段属性信息

通过识读图纸，在“属性列表”中输入相应信息，如图 6.5.4 所示。

名称：根据图纸输入构件名称“YTB-1”。

预制部分体积：一般不需要填写，当需要根据构件深化图给定的构件体积结算时可填写，若填写则软件按属性计算预制构件体积。

预制部分重量：一般不需要填写，当后续需要按重量查找预制构件时可填写，填写的数值对工程量没有任何影响。

预制钢筋：一般不需要填写，当需要根据构件深化图给定的钢筋量结算时可填写。如需输入，点击该属性框，会弹出“编辑预制钢筋”窗口，根据图纸中预制钢筋的配筋表输入即可，也可以通过识别钢筋表的形式完成输入。

顶标高：输入“顶梁顶标高+0.05”。

（2）绘制预制楼梯

预制楼梯采用“直线”绘制的方式，踏步方向与图纸不相符时可以使用调整踏步方向功能进行调整。

6.5.2.3 汇总查看工程量

（1）查看预制楼梯土建工程量

以 YTB-1 为例，工程量汇总计算完成后，查看土建工程量，如图 6.5.5 所示。

（2）查看预制楼梯钢筋工程量

预制楼梯钢筋量包含在预制构件的综合单价中，故其钢筋量为 0。

属性列表 图层管理

属性名称	属性值
基础属性	
名称	YTB-1
类别	预制梯段
截面形状	预制梯段-1
支撑类型	简支
栏杆扶手设置	按默认
建筑面积计...	不计算
预制部分体...	
预制部分重...	
预制钢筋	
套筒及预埋件	
预制混凝土...	(C20)
抗渗等级	无
顶标高(m)	顶梁顶标高+0.05
备注	

图 6.5.4 预制梯段属性列表

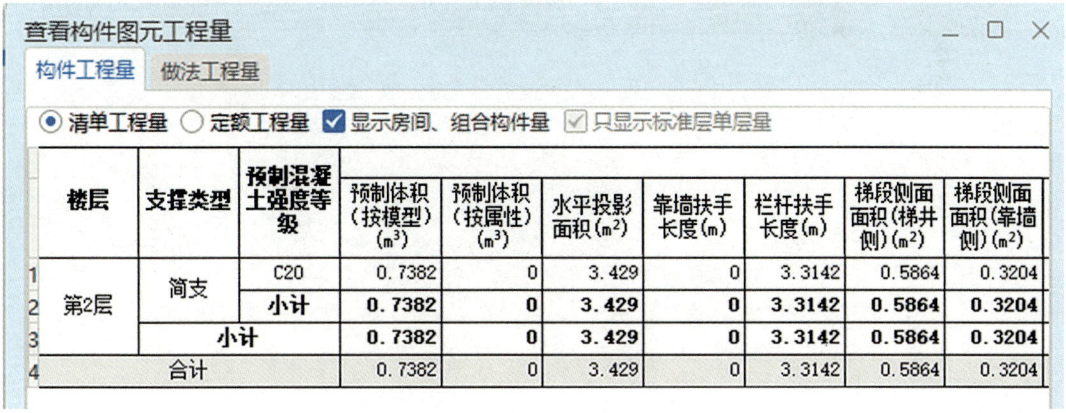
查看构件图元工程量

构件工程量 做法工程量

清单工程量 定额工程量 显示房间、组合构件量 只显示标准层单层量

	楼层	支撑类型	预制混凝土强度等级	预制体积(按模型)(m³)	预制体积(按属性)(m³)	水平投影面积(m²)	靠墙扶手长度(m)	栏杆扶手长度(m)	梯段侧面面积(梯井侧)(m²)	梯段侧面面积(靠墙侧)(m²)
1	第2层	简支	C20	0.7382	0	3.429	0	3.3142	0.5864	0.3204
2			小计	0.7382	0	3.429	0	3.3142	0.5864	0.3204
3		小计		0.7382	0	3.429	0	3.3142	0.5864	0.3204
4	合计			0.7382	0	3.429	0	3.3142	0.5864	0.3204

图 6.5.5 查看预制楼梯土建工程量

师说

知 识 卡

装配式建筑是指把传统建造方式中的大量现场作业工作转移到工厂进行，在工厂加工制作好建筑用构件和配件（如楼板、墙板、楼梯、阳台等），将其运输到建筑施工现场，通过可靠的连接方式在现场装配安装而成的建筑。装配式建筑具有缩短工期、减少污染等作用，以及外立面形式多彩、绿色节能、性能好等各类特点。

课后练习与巩固

判断题

(1) 在GTJ2025软件中,预制楼梯的绘制方式可以使用"点"式绘制。 ( )

(2) 在GTJ2025软件中,当预制楼梯的绘制方向与图纸不符时可以使用调整踏步方向功能进行调整。 ( )

(3) 在GTJ2025软件中,预制楼梯不能计算钢筋工程量,如需要计算可以在属性列表的预制钢筋中输入。 ( )

7 查看报表及云应用

知识目标

(1) 熟悉建筑工程钢筋、土建报表的分类及内容;

(2) 掌握云规则、云检查、云指标、云对比等云应用功能的使用方法。

能力目标

(1) 能够熟练查看报表,并掌握基于报表统计工程量的方法;

(2) 能够应用云检查、云指标、云对比等功能审核、检查、修正工程模型。

素质目标

(1) 培养认真思考、严于律己的职业素养;

(2) 培养全局意识和辩证思维,增强业务能力。

7.1 查看报表

学习目标

能够运用 BIM 计量软件正确进行工程量汇总计算,能够熟练查看钢筋、土建报表量,并掌握基于报表统计工程量的方法。

7.1.1 任务描述

汇总计算 3# 研发楼工程量,查看 3# 研发楼工程钢筋报表量、土建报表量。

【扫码演示】

7.1.2 任务实施

7.1.2.1 汇总计算

在“工程量”选项卡下,选择“汇总计算”功能,在弹出的“汇总计算”窗口中,选择需要汇总计算的楼层及构件,也可以勾选“全楼”,对全楼进行汇总计算,如图 7.1.1 所示。

其中“土建计算”表示计算所选楼层及构件的土建工程量,“钢筋计算”表示计算所选楼层及构件的钢筋工程量,“表格算量”表示计算“表格算量”输入方式下的构件工程量,上述选项可根据实际情况进行选择。在首次全楼汇总计算后,开启“实时计算”功能,如图 7.1.1 所示,即可随时查看所选构件或图元的工程量,无须再次进行“汇总计算”。

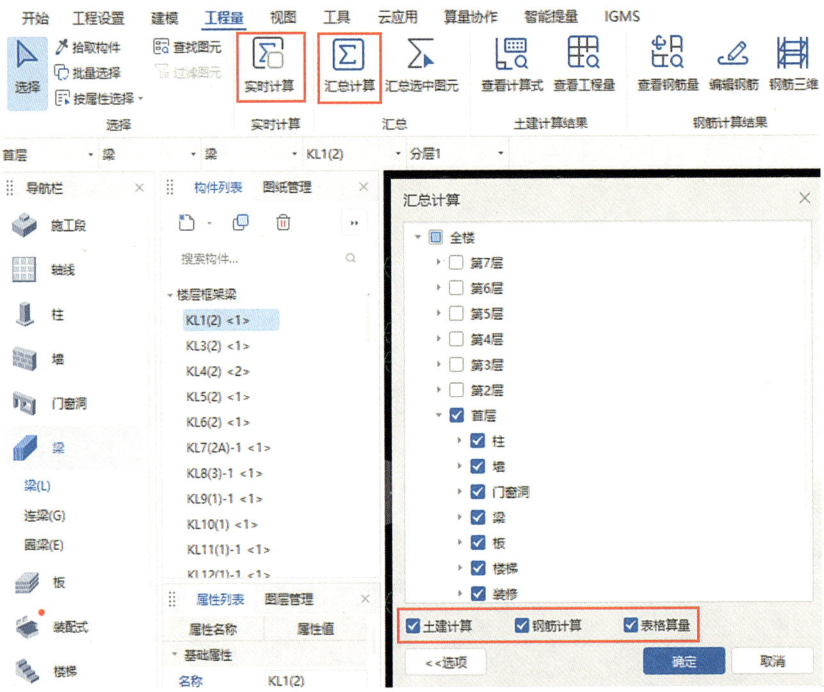

图 7.1.1　汇总计算

7.1.2.2　查看报表

(1) 查看报表功能

全楼汇总计算后，在“工程量”选项卡下，单击“查看报表”功能，在弹出的窗口中可以查看钢筋报表量、土建报表量和装配式报表量，如图 7.1.2 所示。

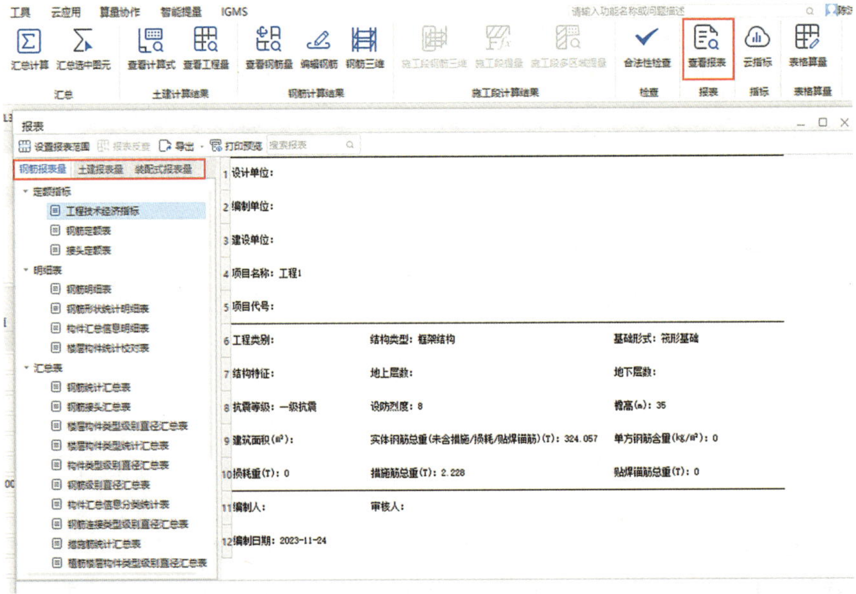

图 7.1.2　查看报表

单击“设置报表范围”,可按照“绘图输入”“表格算量”和不同的“钢筋类型”进行报表范围设置,如图 7.1.3 所示。

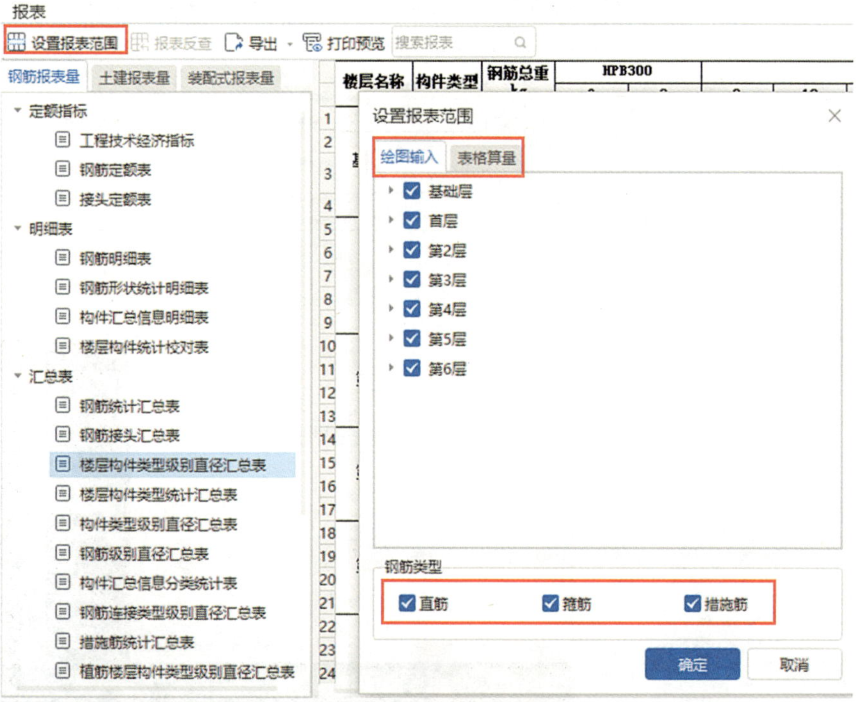

图 7.1.3　设置报表范围

设置报表范围后,可单击“导出”,导出 Excel 格式报表,或单击“打印预览”打印报表,如图 7.1.4 所示。

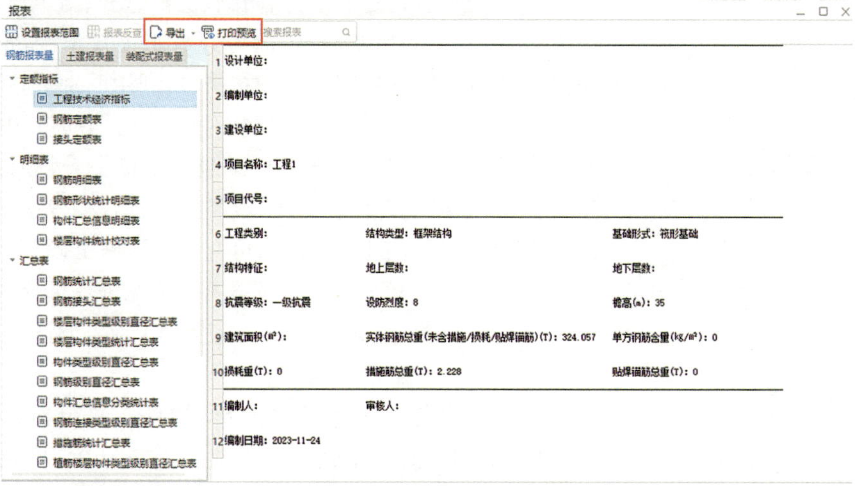

图 7.1.4　导出/打印报表

在报表中选中某个构件,单击“报表反查”,软件会返回绘图区,自动定位到该构件图元,方便核对工程量,如图 7.1.5、图 7.1.6 所示。

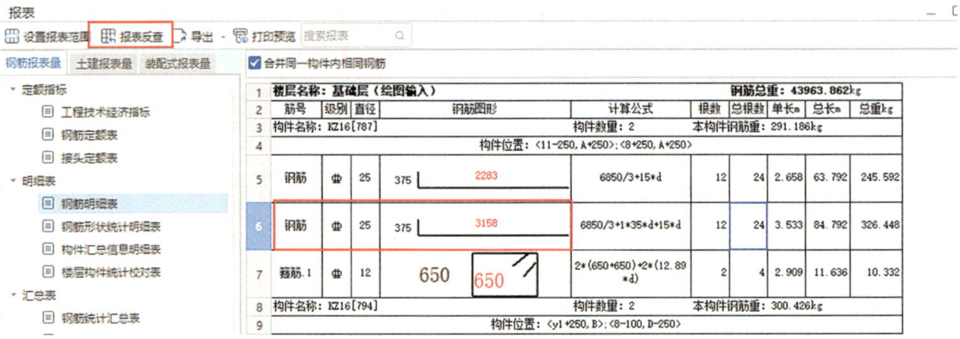

图 7.1.5　报表反查

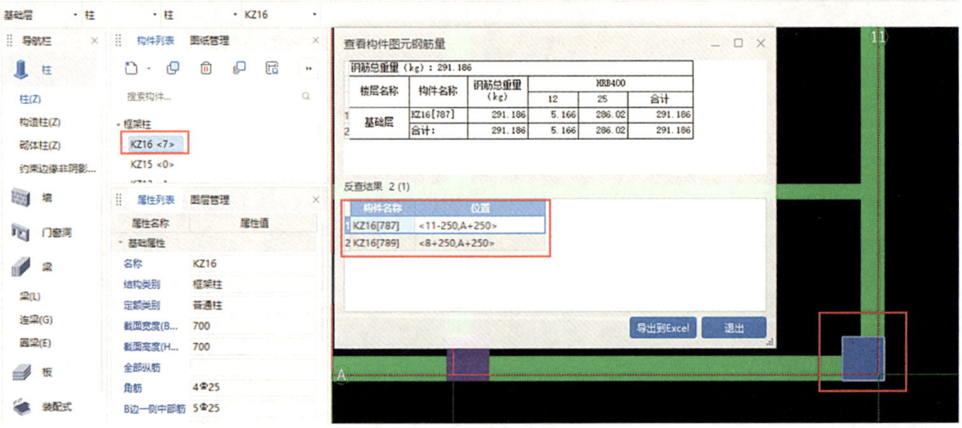

图 7.1.6　反查结果

图 7.1.7　钢筋报表量

(2) 查看钢筋报表量

钢筋报表包括定额指标、明细表、汇总表、施工段汇总表，如图 7.1.7 所示。利用定额指标，可查看工程技术经济指标，以及按照定额项目划分的钢筋量和接头量；利用明细表，可查看按照钢筋形状、构件汇总信息、楼层构件统计的钢筋量明细，方便核对工程量；利用汇总表，可查看按照钢筋接头、楼层构件类型级别直径、钢筋级别直径、钢筋连接类型级别直径等多种方式汇总的钢筋量；利用施工段汇总表，可查看不同施工段钢筋及钢筋接头汇总工程量。上述报表可根据实际情况进行选择。

单击任意报表，即可显示相应报表内容，如图 7.1.8 所示。

(3) 查看土建报表量

土建报表包括做法汇总分析、构件汇总分析及施工段汇总分析，如图 7.1.9 所示。利用做法汇总分析，可查看按照清单、构件做法汇总的土建工程量；利用构件汇总分析，可查看按照绘图输入工程量、构件绘图输入工程量、表格算量工程量等方式汇总的土建工程量；利用施工段汇总分析，可查看不同施工段的结构类型工程量等。

图 7.1.8　显示报表

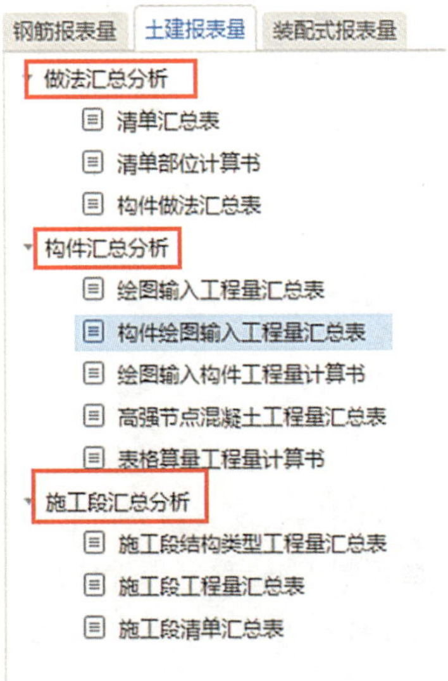

图 7.1.9　土建报表量

土建报表可根据报表内容“设置分类条件”“设置批量导出”(图 7.1.10),单击“设置分类条件”“设置批量导出”,在弹出的窗口中,根据实际情况选择分类条件及导出构件即可,如图 7.1.11、图 7.1.12 所示。

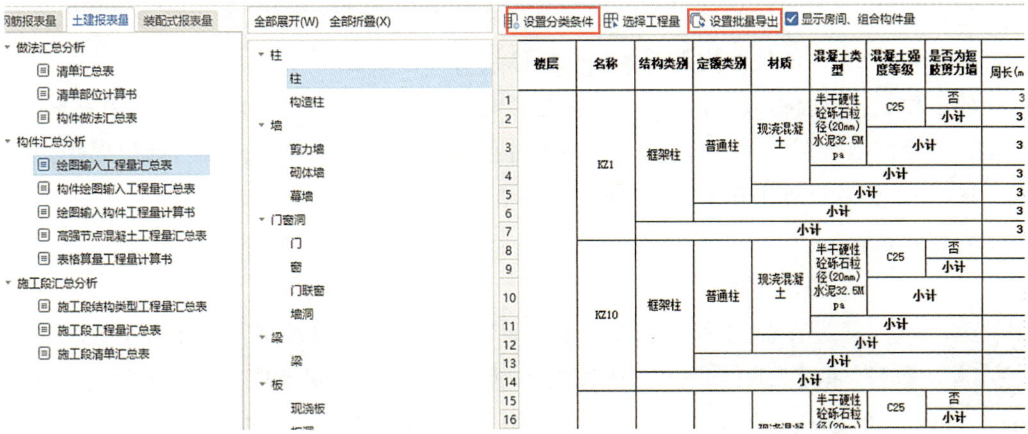

图 7.1.10　设置分类条件及批量导出

图 7.1.11 设置分类条件

图 7.1.12 设置批量导出

图 7.1.13 装配式报表量

(4) 查看装配式报表量

利用装配式报表可查看按照楼层构件预制钢筋、构件类型预制钢筋、预制构件信息和灌浆套筒信息方式汇总的工程量，如图 7.1.13 所示。

7.1.3 总结拓展

(1) 工程量汇总计算原则

钢筋工程量：对于水平构件，例如梁构件，在某层绘制完毕后，只要支座和钢筋信息输入完成，就可以汇总计算钢筋工程量，查看计算结果；对于竖向构件，例如柱构件，因其和上下层的柱存在搭接关系，和上下层的梁与板也存在节点之间的关系，所以需要在上下层与其相关联的构件都绘制完毕后，才能按照构件关系准确计算钢筋工程量。

土建工程量：若构件与构件之间存在相互影响，则需要将有影响的构件都绘制完毕，才能按照构件关系准确计算土建工程量；若构件相对独立，不受其他构件的影响，则只要把该构件绘制完毕，即可汇总计算土建工程量，查看计算结果。

(2) 工程提量汇总

【扫码演示】

① 提取钢筋工程量

通过查看“钢筋级别直径汇总表”，可以按照钢筋级别及直径大小提取相应工程量，如图 7.1.14 所示。通过设置钢筋类型，可分别提取直筋工程量、箍筋工程量，措施筋工程量可根据招标文件要求提取，如图 7.1.15 所示。

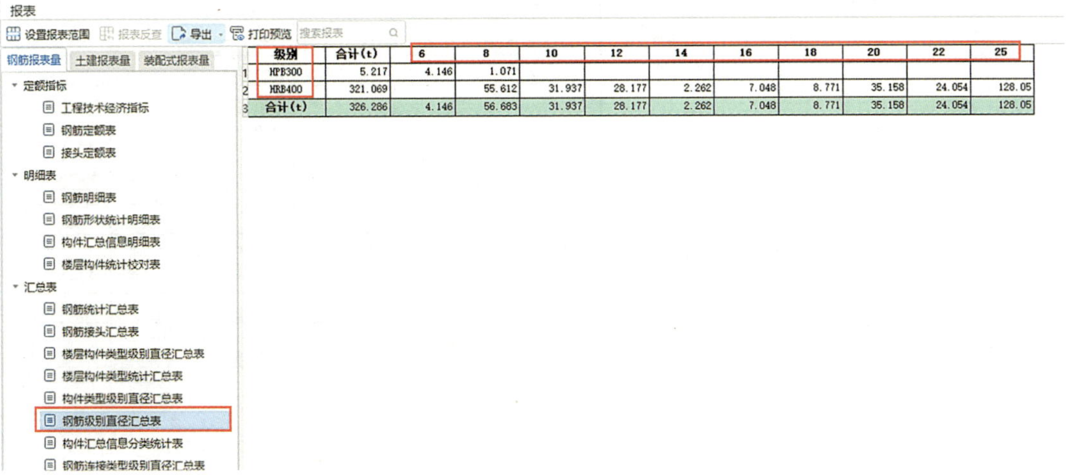

图 7.1.14　钢筋级别直径汇总表

图 7.1.15　按钢筋类型提取工程量

通过查看“钢筋接头汇总表”，可提取不同接头类型的钢筋接头工程量，如图 7.1.16 所示。

② 提取土建工程量

土建工程量一般不能直接通过“查看报表”获得，通常需要先导出报表，经整理、统计后获得。

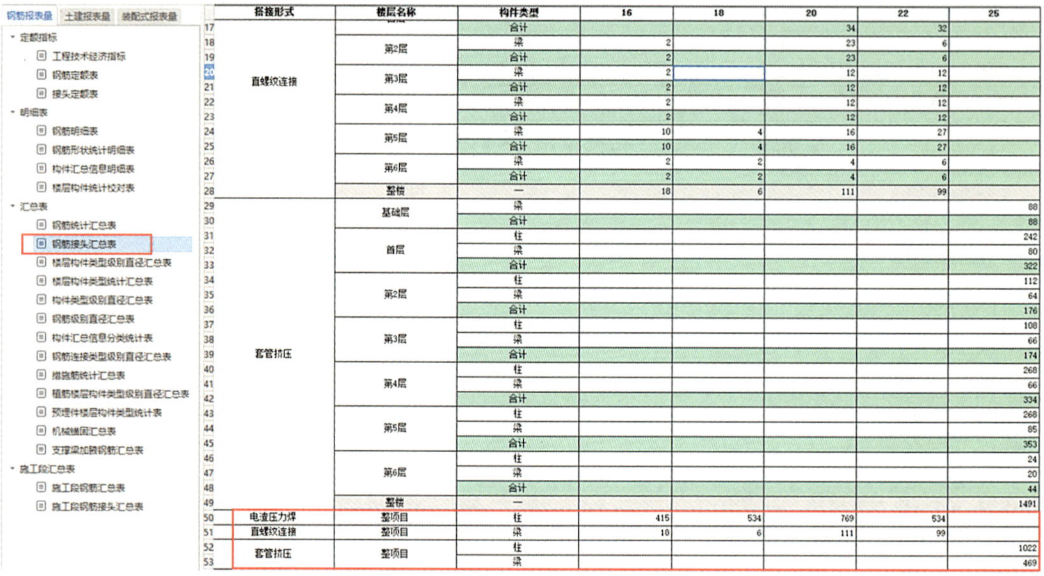

图 7.1.16　钢筋接头汇总表

以提取现浇混凝土柱工程量为例，批量导出“绘图输入工程量汇总表”到 Excel 表格，如图 7.1.17 所示。

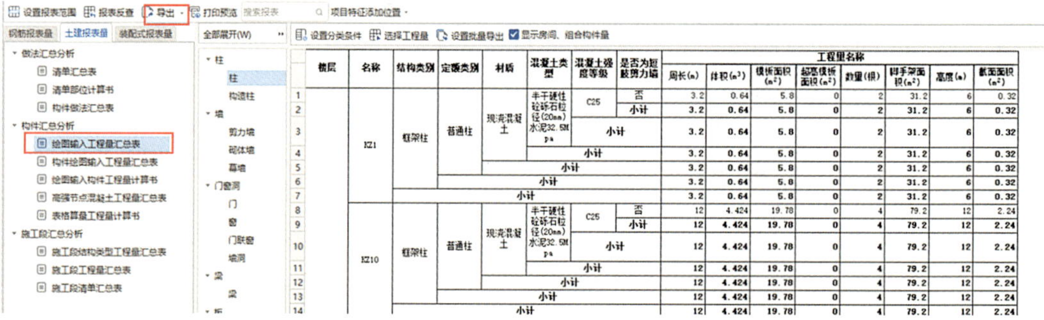

图 7.1.17　绘图输入工程量汇总表

在 Excel 表格中，通过筛选“类别”“混凝土强度等级”信息，分别提取 C40 现浇混凝土框架柱和 C30 现浇混凝土框架柱的工程量，如图 7.1.18 所示。

类别	材质	混凝土强度等级	名称	截面形状	混凝土外加剂	周长(m)	体积(m³)	模板面积(m²)	超高模板面积(m²)	数量(根)	脚手架面积(m²)	高度(m)	截面面积(m²)
			1#-TZ1	矩形柱	无	3.6	0.6816	9.7557	0	3	0	8.52	0.24
					小计	3.6	0.6816	9.7557	0	3	0	8.52	0.24
				小计		3.6	0.6816	9.7557	0	3	0	8.52	0.24
			1#-TZ2	矩形柱	无	9.6	2.556	25.3266	0	6	0	17.04	0.9
					小计	9.6	2.556	25.3266	0	6	0	17.04	0.9
				小计		9.6	2.556	25.3266	0	6	0	17.04	0.9
			KZ1	矩形柱	无	28	14.556	94.2	0	13	29.64	49.7	3.88
					小计	28	14.556	94.2	0	13	29.64	49.7	3.88
				小计		28	14.556	94.2	0	13	29.64	49.7	3.88

框架柱C40	框架柱C30
186.6024	172.3336

图 7.1.18　提取现浇混凝土框架柱工程量

师说　　**特别提示**

千里之堤，溃于蚁穴。

——先秦·韩非《韩非子·喻老》

只有每一个构件都精确绘制才能保证最终结果的正确，哪怕再细小的错误也会影响最终的汇总结果，因此在每一个环节都务必做到准确。同学们在日常的工作和学习中也要秉承专业精神，认真地实践每一个环节，多思辨、勤检查，走好每一步，从而积跬步，至千里。

课后练习与巩固

一、选择题

(1) 下列(　　)不属于土建报表查询范围。

A. 定额指标　　B. 构件汇总分析

C. 做法汇总分析　　D. 施工段汇总分析

(2) 下列(　　)不属于钢筋报表查询范围。

A. 定额指标　　B. 构件汇总分析　　C. 明细表　　D. 汇总表

(3) 在 GTJ2025 软件中，下列关于报表的描述错误的是(　　)。

A. 通过设置报表范围，可以只输出直筋或箍筋或措施筋的报表量

B. 设置报表范围时，只能设置绘图输入界面的构件，不能设置表格算量的构件

C. 措施筋除了马凳筋，还包含梁垫铁

D. 报表范围默认包含所有楼层、所有构件的全部工程量

二、技能实操题

完成 3＃研发楼工程量汇总计算及报表查看。

7.2　云　应　用

学习目标

能够运用 BIM 计量软件中的云应用相关功能下载规则、检查工程模型及审核工程量。

7.2.1　任务描述

(1) 应用“云规则”功能下载安装 3＃研发楼工程计算规则；

(2) 应用“云检查”功能检查 3＃研发楼工程模型；

(3) 应用“云指标”“云对比”功能对比类似工程，判断 3＃研发楼工程量的合理性。

7.2.2 任务实施

7.2.2.1 云规则

在“云应用”选项卡下，点击“云规则”命令，如图 7.2.1 所示。在弹出的“云规则”窗口中点击指定地区的土建计算规则进行安装、更新或卸载，软件已安装 3＃研发楼工程对应的最新辽宁计算规则及 22 系平法规则，如图 7.2.2、图 7.2.3 所示。

图 7.2.1 云规则

图 7.2.2 安装辽宁计算规则

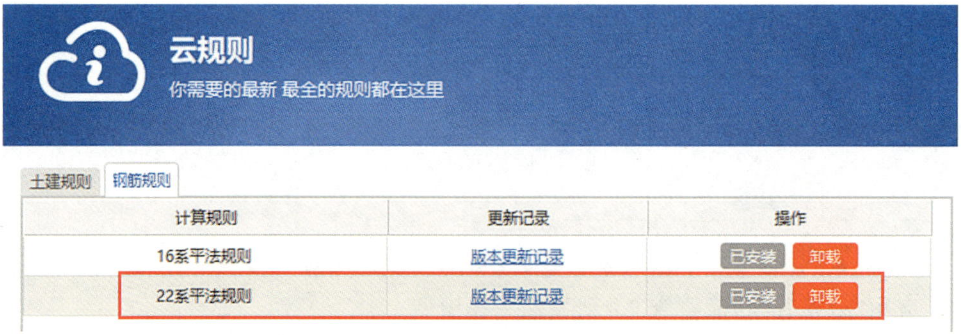

图 7.2.3 安装 22 系平法规则

7.2.2.2　云检查

“云检查”功能可以对工程模型进行检查，并对检查结果进行查看、处理。在“云应用”选项卡下，点击“云检查”命令，如图 7.2.4 所示。

图 7.2.4　云检查

在弹出的“云模型检查”窗口中点击“规则设置”，可修改模型检查规则，如图 7.2.5、图 7.2.6 所示。

图 7.2.5　云模型检查

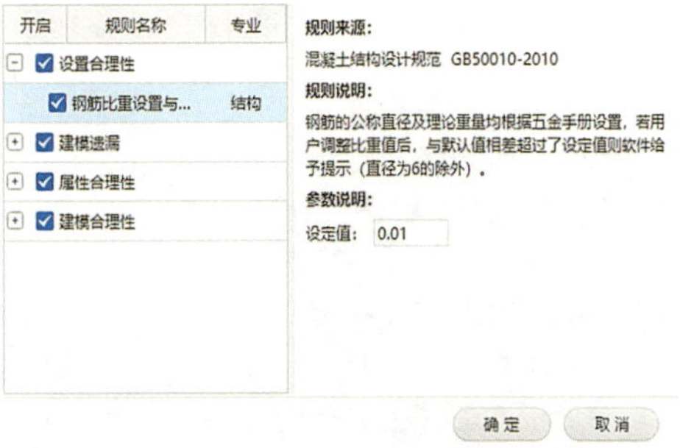

图 7.2.6　修改规则设置

在“云模型检查”窗口，可根据实际需求选择“整楼检查”“当前层检查”“自定义检查”。本次任务对 3# 研发楼进行“整楼检查”，软件分别从设置合理性、建模遗漏、属性合理性及建模合理性方面对模型进行检查，如图 7.2.7 所示。检查结束后，弹出“云检查结果”窗口，如图 7.2.8 所示。

图 7.2.7　整楼检查

软件将检查结果分为“确定错误”“疑似错误”和“提醒”三类，可根据结果类型及实际情况进行处理。

（1）确定错误的修复

依次展开错误，查看判定错误的依据规则，点击“定位”，软件自动跳转至错误构件处，并提示修复错误。以首层梁 L2 为例，选择“首层”中的“梁 L2（2）”，选择“依据”，在弹出的“规则设置”窗口中，查看“规则来源”和“规则说明”。之后点击“定位”命令，跳转至首层梁 L2 位置，软件提示 L2 第二跨“下部钢筋未输入钢筋信息”，如图 7.2.9 所示。

图 7.2.8　云检查结果

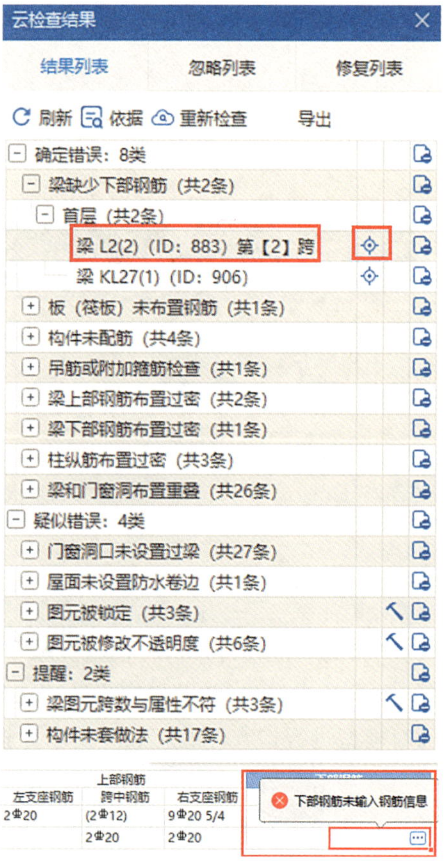

图 7.2.9　定位错误

核对结施 12 中的标高 4.700 m 层梁平法施工图，L2 的第二跨原位标注中下部钢筋为 7Φ25 2/5，直接在梁平法表格中输入即可。修改完成后，可点击“云检查结果”窗口中的“刷新”命令，改正过的错误将不再显示。

（2）疑似错误的修复

核对疑似错误，如属图元被锁定问题，可直接点击“修复”命令，如图 7.2.10 所示，在弹出的“修复方案”窗口中点击“确定”即可。如果疑似错误不影响工程量，也可不做修改。

（3）提醒

核对提醒，如图 7.2.11 所示，如果不影响工程量，可不做修改，点击“忽略”即可。

图 7.2.10　疑似错误修复

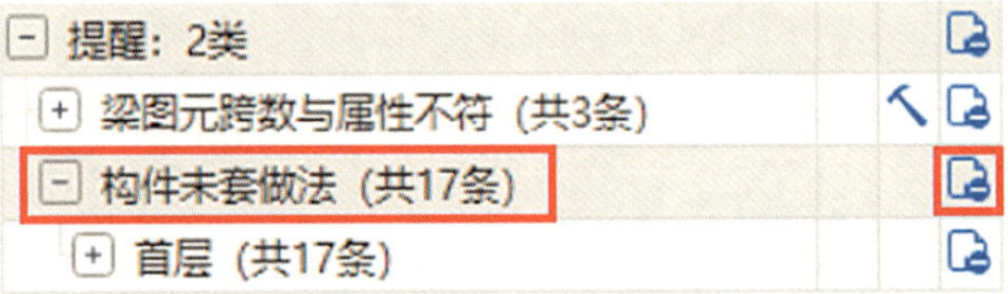

图 7.2.11　提醒

7.2.2.3　云指标

（1）查看工程指标数据

当工程模型建立、汇总完毕后，可采用“云指标”功能进行工程指标的查看和对比。云指标的查看方式有两种：一种是在“工程量”选项卡下，点击“云指标”功能查看；另一种是在“云应用”选项卡下，点击“云指标”功能进行查看，如图 7.2.12 所示。

图 7.2.12　查看云指标

“云指标”包含汇总表、钢筋、混凝土、模板等多项指标表。通过“工程指标汇总表”，可查看整个工程的挖土方、混凝土、钢筋、模板、砌筑、装修等工程量，以及 1 m^2 单位建筑面积指标，从而判断该工程的工程量计算结果是否合理，如图 7.2.13 所示。

如果发现钢筋、混凝土、模板等指标数据不合理，可进一步查看“部位楼层指标表”“构件类型楼层指标表”等表格中的数据，确定出现不合理数据的具体楼层及构件，方便核对、修改。

	指标项	单位	清单工程量	1m²单位建筑面积指标
1	挖土方	m³	8909.983	1.244
2	混凝土	m³	3136.559	0.438
3	钢筋	kg	411854.285	57.519
4	模板	m²	18065.399	2.523
5	砌体	m³	988.332	0.138
6	防水	m²	2002.245	0.28
7	墙体保温	m²	3664.597	0.512
8	外墙面抹灰	m²	1976.118	0.276
9	内墙面抹灰	m²	8915.866	1.245
10	踢脚面积	m²	243.972	0.034
11	楼地面	m²	6255.265	0.874
12	天棚抹灰	m²	7931.846	1.108
13	吊顶面积	m²	-	-
14	门	m²	287.55	0.04
15	窗	m²	786.384	0.11

图 7.2.13　工程指标汇总表

（2）设置云指标预警值

在“云指标”窗口中点击“设置预警值”命令，如图 7.2.14 所示，在“单工程指标预警”下设置“指标预警值”。“指标预警值”可根据类似工程测算指标数据区间，填写指标预警值区间后，点击“确定”即可，如图 7.2.15 所示。

	楼层（构件）名称	工程量（kg）	建筑面积（m²）	单位建筑面积指标（kg/m²）
1	钢筋总量	411854.285	7160.37	57.519
2	柱	107396.732	7160.37	14.999
3	框柱	89245.003	7160.37	12.464
11	暗柱/端柱	6228.264	7160.37	0.87
18	构造柱	11923.465	7160.37	1.665
25	墙	10940.348	7160.37	1.528
26	剪力墙	4070.014	7160.37	0.568
33	砌体墙	6870.334	7160.37	0.959
40	梁	206933.239	7160.37	28.9
41	过梁	2158.516	7160.37	0.301
48	梁	203302.904	7160.37	28.393
56	连梁	229.29	7160.37	0.032
62	圈梁	1242.529	7160.37	0.174
69	板筋	58144.861	7160.37	8.12
70	现浇板	58144.861	7160.37	8.12

图 7.2.14　设置预警值

	指标项	单位	指标预警值
1	挖土方	m^3/m^2	
2	⊞ 混凝土	m^3/m^2	0.38-0.46
17	⊞ 钢筋	kg/m^2	40-48
41	⊞ 模板	m^3/m^2	0.9-2.1
65	⊞ 砌体	m^3/m^2	0.05-0.15
70	⊞ 防水	m^2/m^2	0.03-0.3
74	墙体保温	m^2/m^2	0.3-0.6
75	外墙面抹灰	m^2/m^2	0.8-1.8
76	内墙面抹灰	m^2/m^2	0.3-1.3
77	踢脚面积	m^2/m^2	0.03-0.06
78	楼地面	m^2/m^2	0.8-1.2
79	天棚抹灰	m^2/m^2	0.08-1

图 7.2.15　单工程指标预警值设置

在“工程指标汇总表”中，软件根据设置的指标预警值检查本工程指标是否超出预警值，若指标背景为红色，则为超出预警值上限；若为蓝色，则为超出预警值下限，如图 7.2.16 所示。将超出预警值的项目与类似项目进行图纸对比分析，找到偏差原因。

	指标项	单位	清单工程量	1m²单位建筑面积指标
1	挖土方	m^3	8909.983	1.244
2	混凝土	m^3	3136.559	0.438
3	钢筋	kg	411854.285	57.519
4	模板	m^2	18065.399	2.523
5	砌体	m^3	988.332	0.138
6	防水	m^2	2002.245	0.28
7	墙体保温	m^2	3664.597	0.512
8	外墙面抹灰	m^2	1976.118	0.276
9	内墙面抹灰	m^2	8915.866	1.245
10	踢脚面积	m^2	243.972	0.034
11	楼地面	m^2	6255.265	0.874
12	天棚抹灰	m^2	7931.846	1.108
13	吊顶面积	m^2	-	-
14	门	m^2	287.55	0.04
15	窗	m^2	786.384	0.11

图 7.2.16　超出预警值显示

(3) 导入类似工程模型进行对比

若有类似工程项目模型,可直接导入模型进行对比。在“云指标”窗口中点击“导入对比工程”命令,如图 7.2.17 所示,在弹出的“导入工程”窗口中选择对比工程,点击“打开”,软件自动开始对比。

	指标项	单位	清单工程量	1m^2单位建筑面积指标
1	挖土方	m^3	8909.983	1.244
2	混凝土	m^3	3136.559	0.438
3	钢筋	kg	411854.285	57.519
4	模板	m^2	18065.399	2.523
5	砌体	m^3	988.332	0.138
6	防水	m^2	2002.245	0.28
7	墙体保温	m^2	3664.597	0.512
8	外墙面抹灰	m^2	1976.118	0.276
9	内墙面抹灰	m^2	8915.866	1.245
10	踢脚面积	m^2	243.972	0.034
11	楼地面	m^2	6255.265	0.874
12	天棚抹灰	m^2	7931.846	1.108
13	吊顶面积	m^2	-	-
14	门	m^2	287.55	0.04
15	窗	m^2	786.384	0.11

图 7.2.17　导入对比工程

在“工程指标汇总表”中,软件根据“指标偏差率”和提示的颜色检查本工程指标是否超出预警值,如为红色,则为超出预警值上限;如为蓝色,则为超出预警值下限,如图 7.2.18 所示,也可在“钢筋”“混凝土”“模板”“其他”等指标表中分别进行对比分析。

	3#研发楼				1号办公楼			
	指标项	单位	清单工程量	1m^2单位建筑面积指标	清单工程量	1m^2单位建筑面积指标	指标差值	指标偏差率
1	总建筑面积（m^2）：7160.37				总建筑面积（m^2）：3155			
2	挖土方	m^3	8909.983	1.244	4520.758	1.433	-0.189	-15.193%
3	混凝土	m^3	3136.559	0.438	1466.541	0.465	-0.027	-6.164%
4	钢筋	kg	411854.285	57.519	202729.629	64.257	-6.738	-11.714%
5	模板	m^3	18065.399	2.523	7100.969	2.251	0.272	10.781%
6	砌体	m^3	988.332	0.138	569.888	0.181	-0.043	-31.159%
7	防水	m^2	2002.245	0.28	693.471	0.22	0.06	21.429%
8	墙体保温	m^2	3664.597	0.512	345.778	0.11	0.402	78.516%
9	外墙面抹灰	m^2	1976.118	0.276	-	-	-	-
10	内墙面抹灰	m^2	8915.866	1.245	1049.854	0.333	0.912	73.253%
11	踢脚面积	m^2	243.972	0.034	48.031	0.015	0.019	55.882%
12	楼地面	m^2	6255.265	0.874	569.196	0.18	0.694	79.405%
13	天棚抹灰	m^2	7931.846	1.108	74.741	0.024	1.084	97.834%
14	吊顶面积	m^2	-	-	482.552	0.153	-	-
15	门	m^2	287.55	0.04	249.06	0.079	-0.039	-97.5%
16	窗	m^2	786.384	0.11	280.5	0.089	0.021	19.091%

图 7.2.18　对比工程数据

7.2.2.4　云对比

为方便工程建设各方核对工程量，GTJ2025 软件提供了云对比功能，可快速、多维度地对同一工程进行对比，并分析工程量产生差异的原因。

(1) 上传对比工程

在“云应用”选项卡下，点击“云对比”功能，如图 7.2.19 所示。将主审工程文件和送审工程文件分别上传至云平台，主审、送审工程须满足以下条件：工程版本、土建计算规则、钢筋计算规则、工程楼层范围均需一致，且仅支持 1.0.25.0 版本以后的工程。在上传完主审、送审工程文件后，设置对比范围，点击“开始对比”，云端开始自动对比两个工程文件的差异，如图 7.2.20所示。

图 7.2.19　云对比

图 7.2.20　上传主审、送审工程

(2) 差异信息总览

通过差异信息总览，可直观查看工程设置差异、工程量差异、量差原因分析及模型差异，并可链接至相应差异分析详情位置。

① 对比主、送审双方工程基本信息，包括建筑面积、楼层信息、清单定额规则，如图 7.2.21 所示。

② 查看主、送审双方工程设置差异，如图 7.2.22 所示。工程设置差异的对比范围包括工程信息、楼层设置、土建-计算设置、土建-计算规则、钢筋-计算设置、钢筋-比重设置、钢筋-弯钩设置、钢筋-弯曲调整值设置、钢筋-损耗设置。单击扇形统计图中的工程设置差异项，即可链接至相应工程设置差异分析详情位置，如图 7.2.23 所示。

图 7.2.21　对比主、送审双方工程基本信息

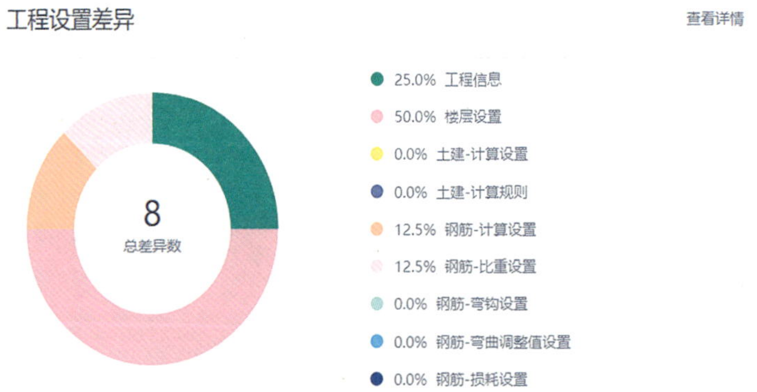

图 7.2.22　工程设置差异

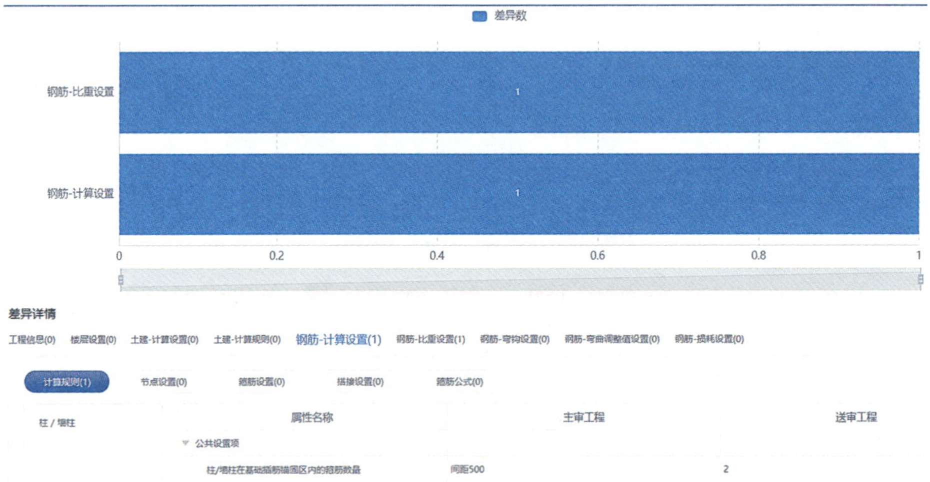

图 7.2.23　工程设置差异详情

③ 查看主、送审双方工程量差异。软件从“楼层”与“构件类型”两个维度对比钢筋、混凝土、模板、砌体、土方工程量，以直方图形式展示工程量差异，如图 7.2.24 所示。单击直方图中的工程量差异项，即可链接至相应工程量差异分析详情位置，并以表格形式，按照楼层、构件类型、图元分层级展开，如图 7.2.25 所示。点击“定位模型”，软件自动定位到图形中，显示差异

原因及构件，如图 7.2.26 所示。

图 7.2.24 工程量差异

图 7.2.25 工程量差异详情

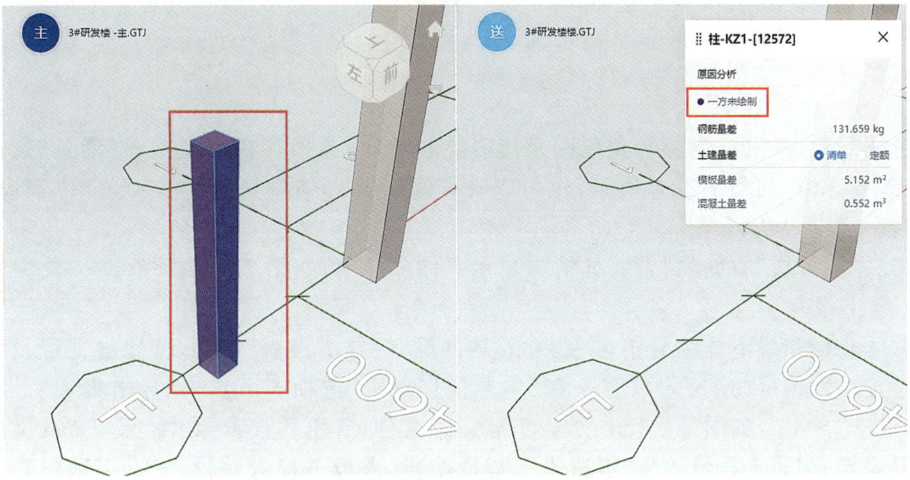

图 7.2.26 定位差异原因及构件

④ 查看主、送审双方工程量差异原因，量差原因分析包括属性不一致、一方未绘制、绘制差异、平法表格不一致、编辑钢筋不一致，如图 7.2.27 所示。

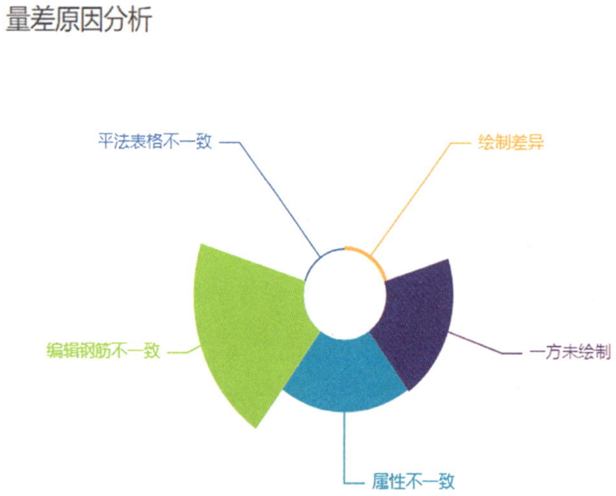

图 7.2.27　量差原因分析

⑤ 查看主、送审双方模型差异及原因，模型差异包括绘制差异、替代绘制、一方未绘制、属性不一致、截面编辑不一致、编辑钢筋不一致、平法表格不一致，如图 7.2.28 所示。单击直方图中的模型差异项，即可链接至相应模型差异分析详情位置。

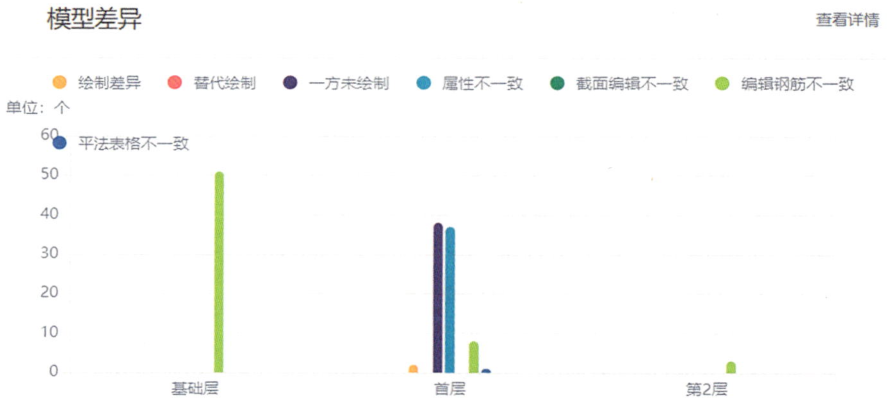

图 7.2.28　模型差异

紫色图元代表一方未绘制，黄色图元代表绘制差异，选择存在模型差异（紫色、黄色）的图元，定位差异详情，如图 7.2.29 所示；也可以在模型差异详情中选择差异项，定位到模型差异位置，如图 7.2.30 所示。

点击“原因分析”右侧的“查看详情”，显示具体差异项，如图 7.2.31 所示。

（3）导出报表

为方便存档和线下详细分析，GTJ2025 软件设有“导出报表”功能，可导出工程设置差异、工程量差异对比结果的 Excel 文件。在“差异信息总览”选项卡下点击“导出报表”，设置导出范围后，点击“导出”，如图 7.2.32 所示。下载压缩文件，解压后查看导出结果 Excel 文件，包括工程设置差异、钢筋工程量差异、混凝土工程量差异、模板工程量差异、土方工程量差异、装修工程量差异等。

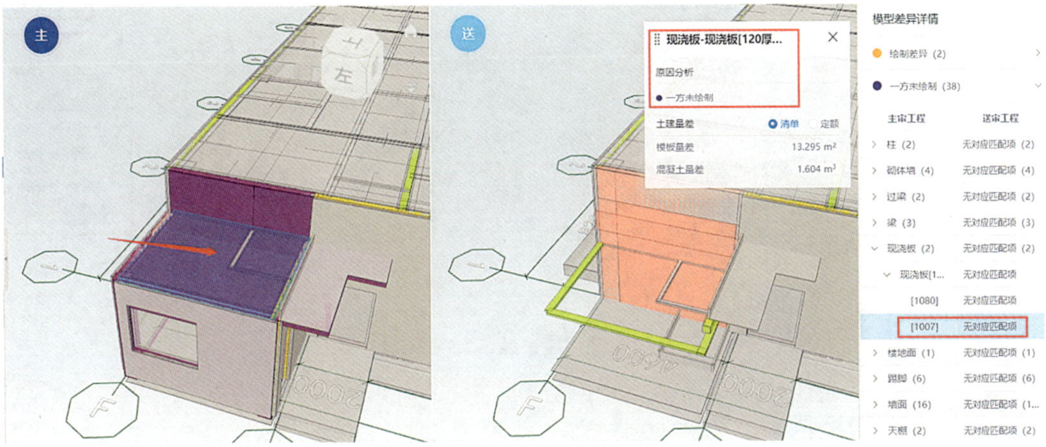

图 7.2.29　定位差异详情

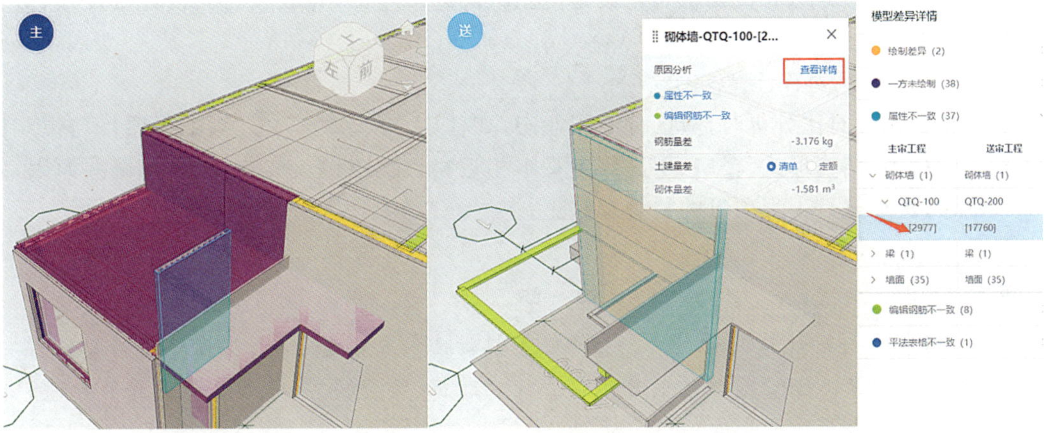

图 7.2.30　定位模型差异位置

属性名称	主审工程	送审工程
基础属性		
名称	QTQ-100	QTQ-200
厚度(mm)	100	200
轴线距左墙皮距离(mm)	(50)	(100)
起点顶标高(m)	3.3	层顶标高
终点顶标高(m)	3.3	层顶标高

图 7.2.31　显示差异详情

图 7.2.32　导出差异对比报表

7.2.3　总结拓展

（1）实际工程项目中云检查错误的处理

在实际工程项目中，有些云检查错误是由图纸问题产生的，建议及时向设计方反馈，进行图纸问题答疑，不能直接进行修改。

（2）工程量指标对比注意事项

在工程量指标对比分析时，应区分不同业态，如住宅、办公楼、厂房等；工程项目与拟对比工程项目的功能、结构形式、楼层、层高等应基本相近；对比分析后，应查找、分析偏差原因，判断其准确性，进而进行工程项目的检查及修正。

师说　　**知识卡**

BIM 技术与云计算、大数据、人工智能等创新技术紧密结合，正在推动我国建设行业实现质的飞跃。BIM 技术通过数字化手段对建筑、结构、机电等各个专业进行建模，实现了对建筑全生命周期的信息化管理。

课后练习与巩固

一、选择题

（1）下列不属于 GTJ2025 软件"云应用"功能的是（　　）。

A. 云规则　　B. 云汇总　　C. 云对比　　D. 云检查

（2）下列不属于 GTJ2025 软件"云检查"功能的是（　　）。

A. 多工程检查　　B. 整楼检查　　C. 当前层检查　　D. 自定义检查

（3）在 GTJ2025 软件中，下列关于"云对比"功能的说法正确的是（　　）。

A. "云对比"可以定位到具体差异构件　　B. "云对比"不能导出差异报表

C. "云对比"只能进行土建对比　　D. 同一工程的不同版本可以进行对比

二、技能实操题

请应用"云检查""云指标"功能检查 3＃研发楼工程模型及计算结果的合理性。

第三篇　CAD 识别建模计量

8 CAD识别建模准备

知识目标

(1) 了解CAD识别的基本原理;
(2) 了解CAD识别的构件范围;
(3) 掌握CAD识别的建模流程;
(4) 掌握通过CAD识别的方式创建楼层和轴网的具体操作方法。

能力目标

(1) 理解CAD识别的基本原理、构件范围及建模流程;
(2) 完成BIM计量软件中图纸的添加及分割,完成图纸操作中设置比例等CAD识别建模的准备任务;
(3) 能够运用BIM计量软件,通过CAD识别的方式识别楼层表、创建楼层及创建轴网。

素质目标

(1) 培养全局意识和专业素养,培养敬业精神。
(2) 提升行业认知水平,增强民族自豪感和文化自信。

8.1 CAD识别概述

学习目标

了解CAD识别的基本原理,了解CAD识别的构件范围,掌握CAD识别的建模流程。

师说

知识卡

在2000年之前,随着计算机和信息技术的发展,CAD识别技术已经进入应用和推广阶段,从生成网络计划到施工管理虚拟现实,从三维建模到基于PointNet的点云识别框架,构建起基于加工面点云数据的加工特征自动识别卷积神经网络。技术的一次次进步,也带动了行业的发展,大幅地提升了工作效率和准确性,节约了成本。

8.1.1　CAD 识别基本原理

作为手工建模的补充，CAD 识别建模主要是将 CAD“＊.dwg”格式的电子图纸导入 GTJ2025 软件中，软件依据建筑工程制图规则，从电子图纸中识取构件和图元，完成快速建模。CAD 识别的效率取决于图纸的标准化程度，即各类构件及其尺寸或配筋信息是否按图层进行区分，标注方式是否遵照制图标准。

CAD 识别支持的电子图纸格式为“＊.dwg”“＊.dxf”“＊.pdf”“＊.cadi2”“＊.gad”。其中“＊.dwg”“＊.dxf”为 CAD 软件保存的格式，“＊.cadi2”“＊.gad”为广联达软件图纸导入分割后的保存格式。

8.1.2　CAD 识别构件范围及建模流程

8.1.2.1　CAD 识别构件范围

可利用广联达 BIM 土建计量平台（GTJ2025）进行 CAD 识别的构件的主要范围为楼层表，柱表、柱大样、柱，梁、连梁表，剪力墙、剪力墙配筋表，板、板筋，独立基础、承台、桩，砌体墙、门窗表、门窗洞，装修表等。

8.1.2.2　CAD 识别建模流程

采用 CAD 识别建立计量模型，主要通过“导入图纸→转换符号→提取标识→提取构件→识别构件”的方式，将 CAD 图纸中的线条及文字标注转换成广联达 BIM 土建计量平台中的基本构件图元（如轴网、柱、梁等），从而快速完成构件的建模操作，提高整体绘图效率。

CAD 识别建模流程与手工建模流程相同，CAD 识别建模的操作顺序为新建工程→导入图纸→设置比例→分割图纸→识别楼层表→识别轴网→识别柱→识别墙→识别梁→识别板、板筋→识别基础梁→识别砌体墙→识别门窗洞→识别装修表。具体操作流程如图 8.1.1 所示。

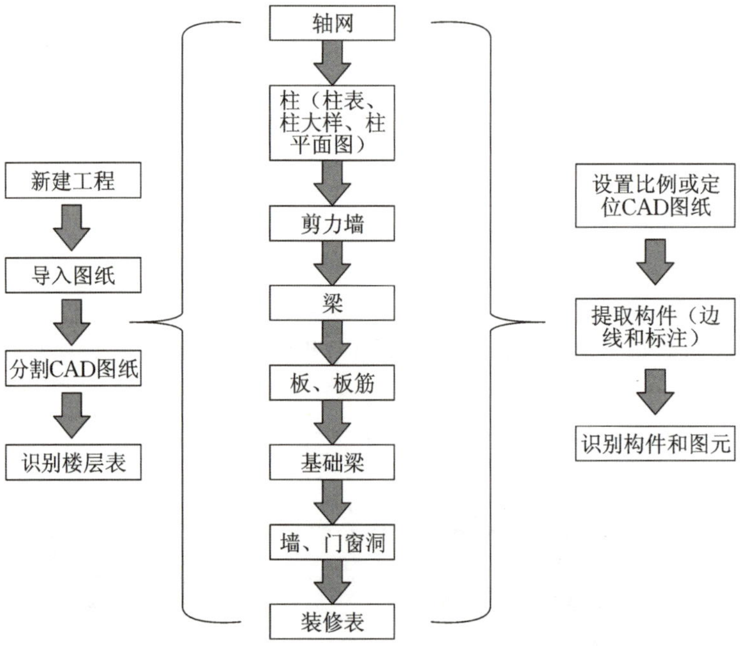

图 8.1.1　CAD 识别建模操作流程图

8.1.3 总结拓展

CAD 识别建模能够提高建模效率，但是在实际工程应用中，由于建筑工程图纸在制图中存有图层设置或者制图标准等相关问题，CAD 识别建模也会出现诸多问题，需要结合手工建模进行修改，所以 CAD 识别建模只是手工建模的一种辅助方式。

课后练习与巩固

选择题

(1) GTJ2025 软件识别功能不可以识别的构件有(　　)。

A. 柱、梁　　B. 房间、板　　C. 集水坑　　D. 独基、承台

(2) 在 GTJ2025 软件中，绘制-批量选择的默认快捷键是(　　)。

A. F1　　B. F2　　C. F3　　D. F4

(3) 当不小心把图纸管理、构件列表等窗口关闭时，如何恢复？(　　)

A. 工具→选项　　B. 工具→恢复默认

C. 视图→恢复默认　　D. 视图→恢复设置

8.2 图纸管理及楼层表识别

学习目标

掌握 BIM 计量软件中添加图纸、分割图纸的方法，掌握图纸操作中设置比例及 CAD 识别选项等功能的使用，掌握利用识别楼层表的方式创建楼层的方法。

8.2.1 任务描述

完成工程图纸的添加和分割，根据图纸，以 CAD 识别的方式完成 3＃研发楼楼层的创建。

【扫码演示】

8.2.2 任务实施

师说

知　识　卡

同学们知道我国最早的建筑图样产生于哪个朝代吗？我国隋代已使用百分之一比例尺的图纸和模型进行建筑设计。宋代《营造法式》一书绘有精致的建筑平面图、立面图、轴测图和透视图，可以说是我国最早的建筑制图著作，比欧洲最早出现的由法国数学家 G.蒙日出版的《画法几何》早了几百年。《营造法式》为今天的建筑工程制图理论奠定了基础，是我国建筑艺术的瑰宝，也是世界建筑文明史中重要的里程碑。

8.2.2.1　添加图纸

新建工程后，点击“图纸管理”下的“添加图纸”，选择电子图纸所在的文件夹，并选择需要导入的电子图纸，点击“打开”即可导入，如图 8.2.1 所示。添加图纸时，图纸选择支持“单选”、“Shift”多选、“Ctrl＋鼠标左键”多选三种方式。

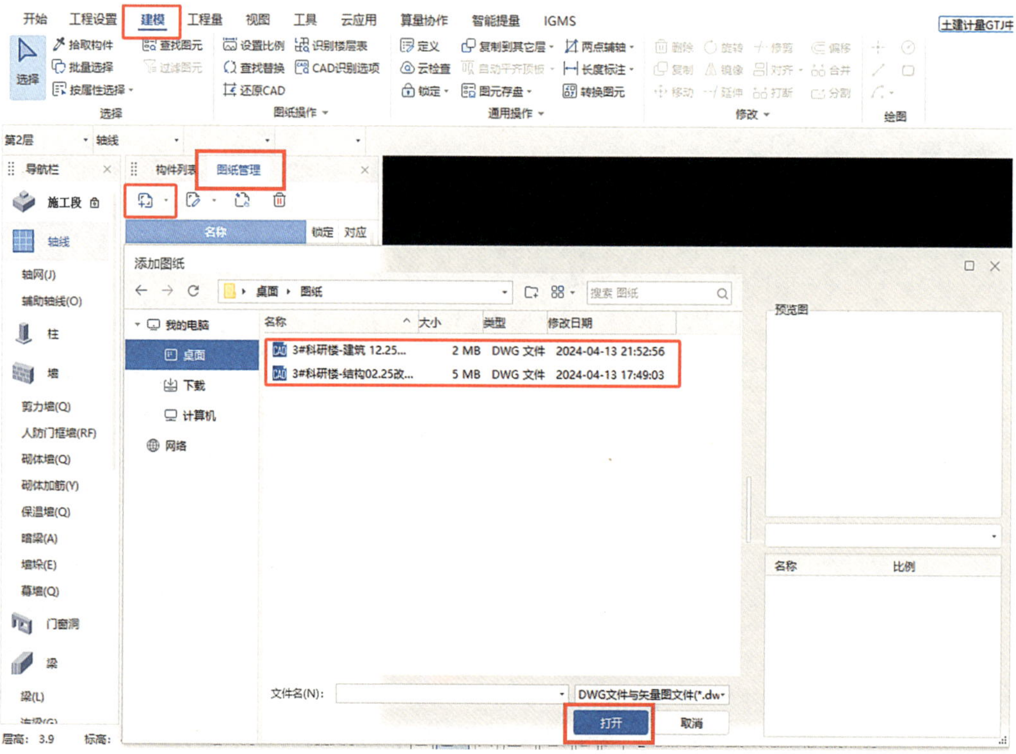

图 8.2.1　添加图纸

导入后的 CAD 图纸默认是锁定状态，如需对其进行修改、删除、复制等操作，需先解除图纸锁定，如图 8.2.2 所示。

图 8.2.2　图纸锁定/解除锁定

8.2.2.2　设置比例

导入图纸后，点击“建模”选项卡下 CAD 操作面板中的“设置比例”，单击鼠标左键指定图纸中的任意两点，弹出“设置比例”窗口，该窗口中显示的数值为量取的数值，如果该数值和图纸中标注的相同，点击“确定”即可；如果不相同，需将量取的数值修改为图纸中标注的长度，点击“确定”，完成比例设置，如图 8.2.3 所示。

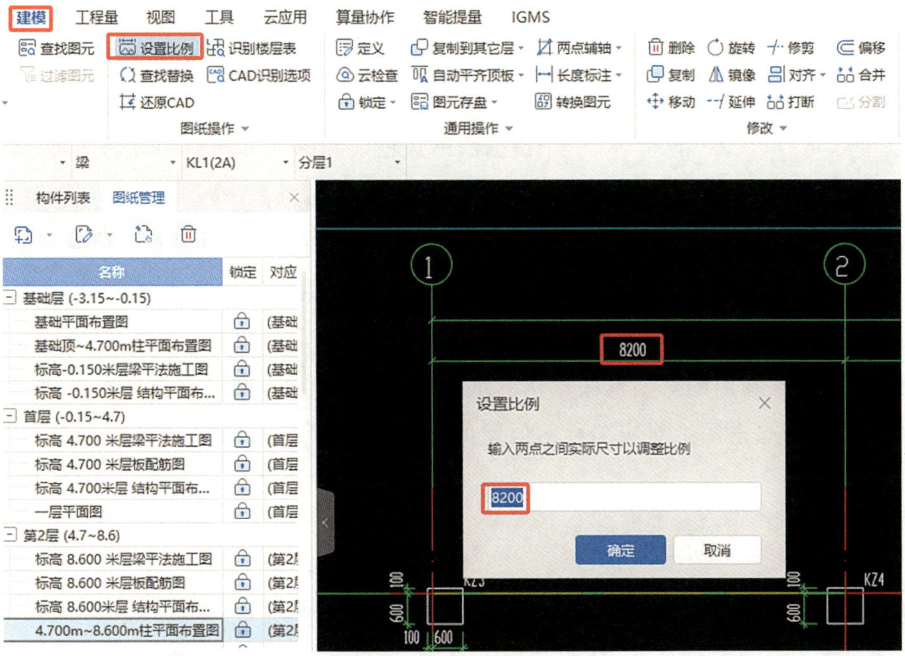

图 8.2.3 调整比例

8.2.2.3 识别楼层表

双击"图纸管理"中的 4.700～8.600 m 柱平面布置图，点击"建模"选项卡下的"识别楼层表"功能，鼠标左键拉框选择楼层表，点击鼠标右键确认，弹出"识别楼层表"窗口，删除多余行和列，点击"识别"，即可完成楼层表识别，如图 8.2.4 所示。楼层表识别后，需要在"楼层设置"中手动输入基础层层高，楼层混凝土强度等级和锚固搭接设置与手工建模相同。

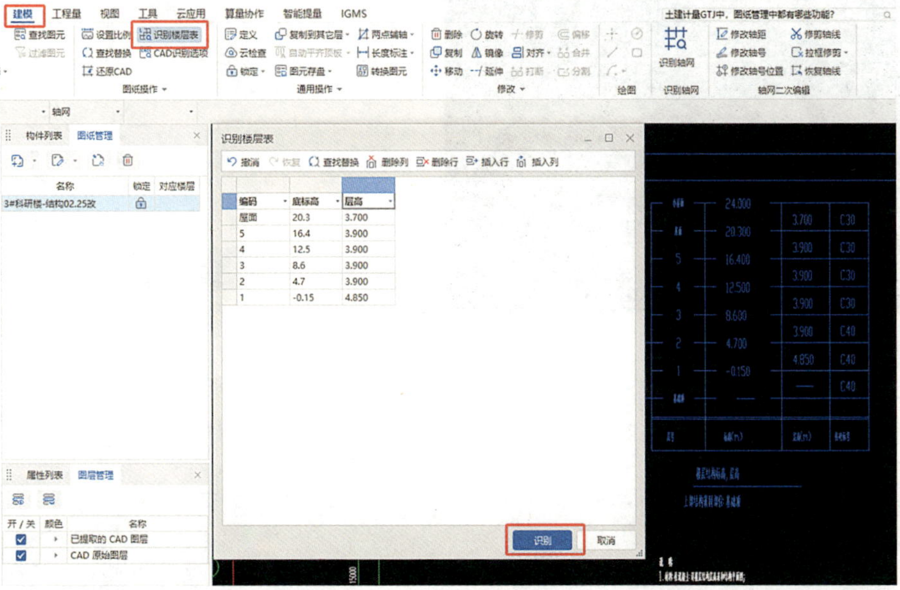

图 8.2.4 识别楼层表

8.2.2.4　分割图纸

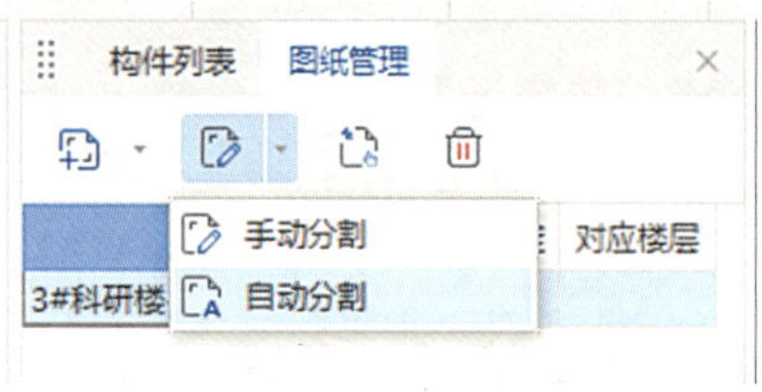

图 8.2.5　分割图纸

分割图纸有手动分割和自动分割两种方式。点击“图纸管理”下的“分割”，下拉选择“自动分割”，软件会根据图纸边框线和图纸名称自动分割图纸，如图 8.2.5 所示。

若分割后的图纸对应楼层错误，可通过双击“对应楼层”修改所属楼层；若部分图纸未能完成“自动分割”，可通过“手动分割”的方式进行图纸分割。“手动分割”需手动拉框选择要分割的图纸，单击鼠标右键确认，在弹出的对话框中确认图纸名称和对应楼层，图纸名称既可以手动输入，也可以使用鼠标左键点击图纸对应名称的位置，自动生成图纸名称，如图 8.2.6 所示。

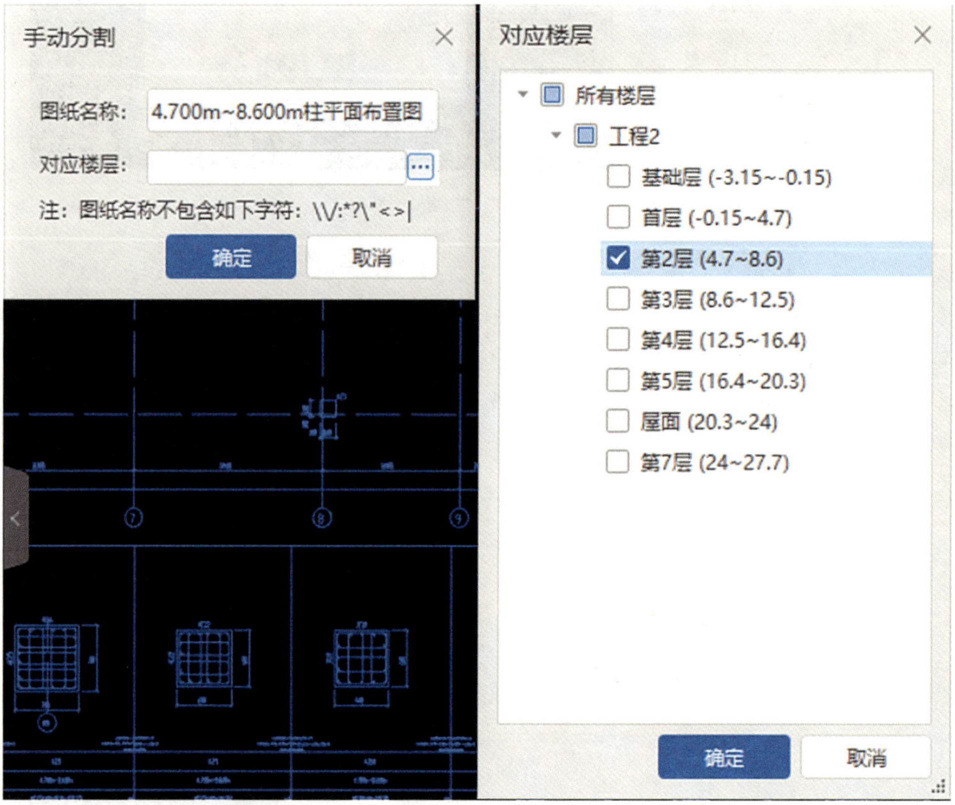

图 8.2.6　手动分割

若图纸分割后需删除部分图纸，可点击“图纸管理”下的“删除”功能进行删除。

8.2.3　总结拓展

（1）点击“添加图纸”的倒三角图标，下拉后可以选择插入图纸，也可以使用“保存图纸”功能将当前的图纸再保存为“ *.dwg”格式文件。

(2) 在“建模”选项卡下的 CAD 操作面板中选择“CAD 识别选项”，通过设置当前识别的 CAD 图形中构件图元的基本属性，提高 CAD 识别建模的准确性，如图 8.2.7 所示。

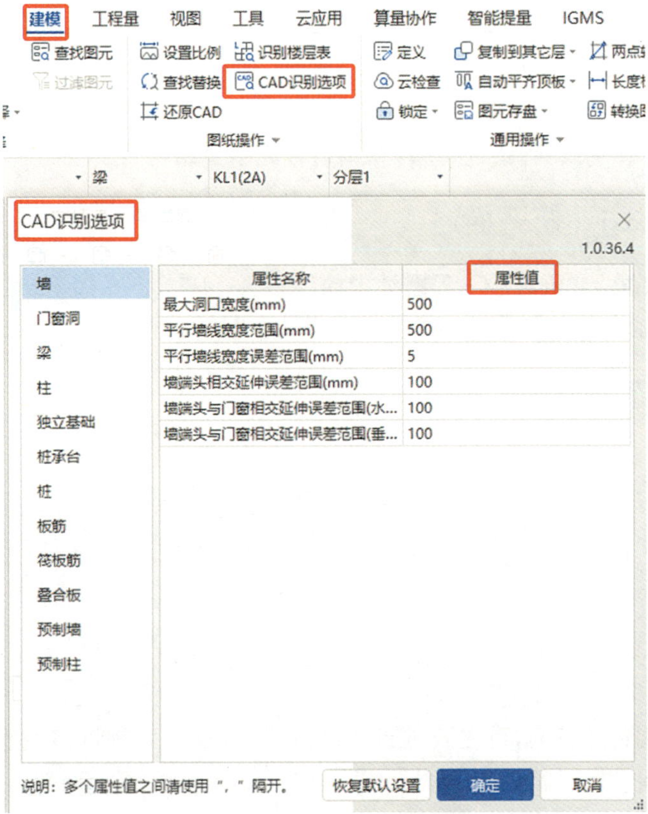

图 8.2.7　CAD 识别选项

(3) 图纸分割后点击“保存”，会自动生成相应的文件夹，文件夹中为分割后生成的后缀为“.gad”的文件，应注意文件夹名称与 GTJ 文件命名的一致性，文件夹与 GTJ 文件不能分离，否则需重新导入图纸。

课后练习与巩固

一、判断题

(1) 在 GTJ2025 软件中可通过图纸管理下的解锁图纸功能解除图纸锁定。（　　）

(2) 若图纸分割后需删除部分图纸，可点击“图纸管理”下的“删除”功能进行删除。（　　）

(3) GTJ2025 软件建立楼层时，地下室可通过将楼层编码改为负数进行建立。（　　）

二、技能实操题

根据图纸，以 CAD 识别建模的方式完成楼层表的设置。

8.3　CAD 识别轴网

学习目标

能够运用 BIM 计量软件，通过 CAD 识别的方式创建轴网。

【扫码演示】

8.3.1　任务描述

根据 3＃研发楼工程图纸中的结施 06(4.700～8.600 m 柱平面布置图)提取轴网、轴网标注，以 CAD 识别的方式完成轴网的创建。

8.3.2　任务实施

师说　　**特别提示**

无规矩不成方圆，正确建立轴网是准确建模的前提与基础，其他构件的绘制都必须依照轴网位置设定的基准进行，轴网识别的正确与否直接影响到整个项目的准确性。

8.3.2.1　选择图纸

利用 CAD 识别创建轴网，首先要进行图纸分析，选择一张轴网最完整、辅助轴线较少的图纸，一般选择基础或柱平面图，以结施 06(4.700～8.600 m 柱平面布置图)轴网识别为例。

8.3.2.2　识别轴网

双击打开“图纸管理”下的 4.700～8.600 m 柱平面布置图，在导航栏列表中选择“轴网”构件，点击“识别轴网”面板中的“识别轴网”功能，按照提取轴线、提取标注和自动识别的顺序进行轴网的识别。

(1) 提取轴线

在“建模”选项卡下选择“识别轴网”功能，单击“提取轴线”，利用“单图元选择”“按图层选择”“按颜色选择”的功能点选或框选需要提取的轴线 CAD 图元。

点击“按图层选择”功能，单击鼠标左键选择 CAD 图纸中相同图层的 CAD 线，点击鼠标右键确认选择，则选择的 CAD 图元自动消失，并存放在“已提取的 CAD 图层”中。

点击“按颜色选择”功能，单击鼠标左键选择 CAD 图纸中相同颜色的 CAD 线，点击鼠标右键确认选择，则选择的 CAD 图元自动消失，并存放在“已提取的 CAD 图层”中。

“按图层选择”和“按颜色选择”这两个功能，只有在导入 CAD 图纸后才能使用，如果没有导入图纸，则此功能为灰显。

“Ctrl＋鼠标左键”代表按图层选择，“Alt＋鼠标左键”代表按颜色选择。不管何种选择方式都可以通过键盘来操作，优先实现同图层或同颜色图元的选择。一般情况下都是通过“按图层选择”功能提取轴线的，如图 8.3.1 所示。

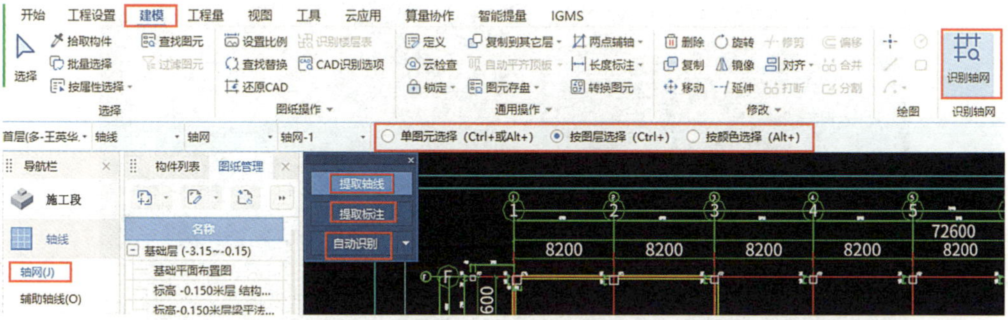

图 8.3.1　提取轴线

(2) 提取标注

单击“提取标注”,点选或框选所有需要提取的轴网标注,点击鼠标右键确认,轴网标注提取完成,如图 8.3.2 所示。

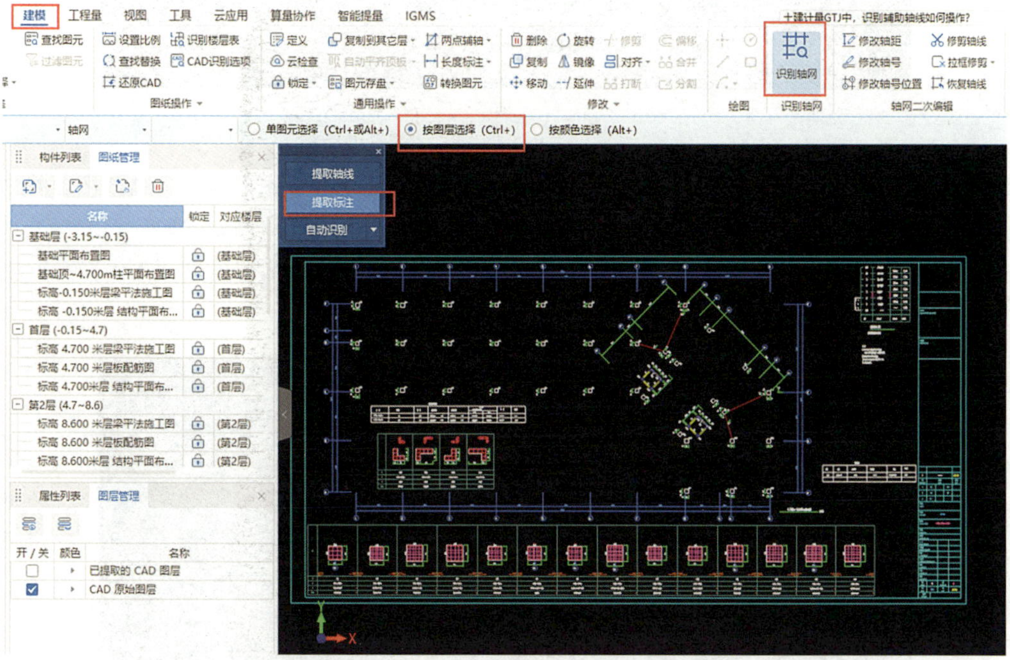

图 8.3.2　提取标注

(3) 识别轴网

提取轴线及标注后,进行识别轴网的操作。识别轴网有三种方法可供选择:自动识别、选择识别和识别辅轴。

自动识别:用于自动识别 CAD 图中的轴线。由于本图纸为拼接轴网且有辅助轴线,为提高轴网识别的准确性,需要通过选择识别轴网的方式识别。

选择识别:通过手动选择来识别 CAD 图中的轴线,本图纸通过两次选择识别完成拼接轴网的识别。先鼠标左键点击①～⑪号轴线,单击鼠标右键确认;鼠标左键点击Ⓐ～Ⓕ号轴线,单击鼠标右键确认。再鼠标左键点击y1～y4号轴线,单击鼠标右键确认;鼠标左键点击x1～x6号轴线,单击鼠标右键确认。如图 8.3.3 所示。

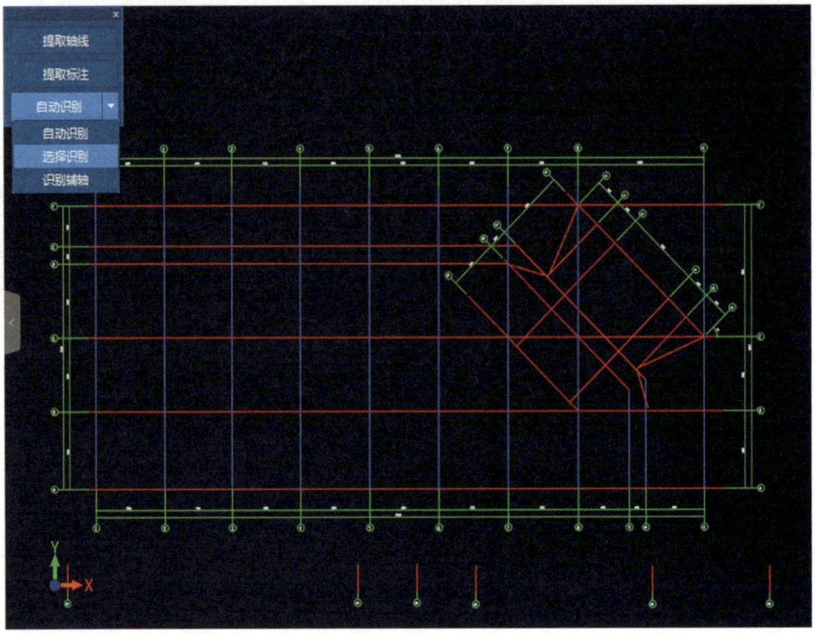

图 8.3.3　识别轴网

识别辅轴：用于手动识别 CAD 图中的辅助轴线。鼠标左键点击已提取 CAD 图纸中的辅助轴线，单击鼠标右键确认，辅助轴线识别完成，可发现已建立的轴网缺少轴号标识，鼠标左键点击辅助轴线 ⓧ1，点击修改轴号，输入“x1”，并通过修改轴号位置完善辅助轴线的建立，如图 8.3.4 所示。

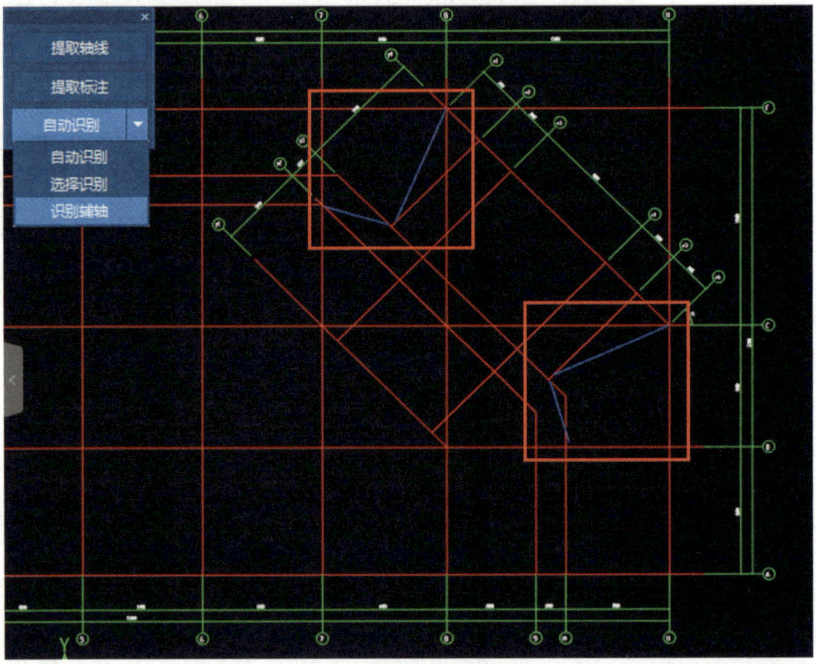

图 8.3.4　识别辅助轴线

8.3.3 总结拓展

在提取 CAD 图层的操作中，若不小心提取了一些多余的信息，可以使用“还原 CAD”功能将错误提取的 CAD 图元还原到原始的 CAD 图层中。在“图纸操作”面板下，点击“还原 CAD”，在“已提取的 CAD 图层”中选择错误提取的 CAD 图元，选中的图元显示为蓝色，如图 8.3.5 所示。

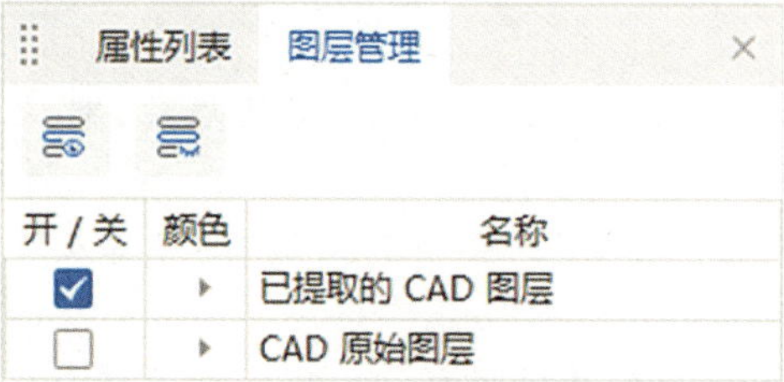

图 8.3.5　还原 CAD

点击鼠标右键，则选中的 CAD 图元将不在“已提取的 CAD 图层”中显示，图元被还原到“CAD 原始图层”，操作完成。

课后练习与巩固

一、选择题

(1) CAD 识别轴网中，若需要识别的轴网由多个倾斜轴网拼接而成，可以通过（　　）功能识别成多个轴网。

A. 自动识别　　B. 选择轴网组合识别

C. 识别成辅助轴线　　D. 识别成轴网

(2) 在 GTJ2025 软件中识别轴网的流程是（　　）

A. 识别轴网→提取轴线边线→提取轴线标识→自动识别轴网

B. 识别轴网→提取轴线→提取标注→自动识别

C. 识别轴网→自动提取轴线边线→自动提取标注→自动识别

D. 识别轴网→自动提取轴线边线→自动提取

(3) CAD 原图和已提取的 CAD 图在（　　）中切换。

A. 属性列表　　B. 图纸管理　　C. 图层管理　　D. 构件列表

二、技能实操题

根据图纸，以 CAD 识别的方式完成轴网的创建。

9　CAD识别建模计量

知识目标

(1) 通过识读工程图纸，掌握框架柱、剪力墙、剪力墙柱、梁、板、砌体墙、门窗及装修等主体构件的图纸信息；

(2) 掌握框架柱、剪力墙、剪力墙柱、梁、板、砌体墙、门窗及装修等主体构件的平法基本知识。

(3) 掌握以CAD识别的方式创建框架柱、剪力墙、剪力墙柱、梁、板、砌体墙、门窗及装修构件和查看工程量方法。

能力目标

(1) 能够运用BIM计量软件，通过CAD识别的方式创建框架柱、剪力墙、剪力墙柱、梁、板、砌体墙、门窗及装修等主体构件的三维模型；

(2) 能够运用BIM计量软件准确统计框架柱、剪力墙、剪力墙柱、梁、板、砌体墙、门窗及装修等主体构件的工程量。

素质目标

(1) 培养认真思考、严于律己的职业素养；

(2) 增强助力科技兴国的使命感，培养科学精神。

9.1　CAD识别柱

学习目标

【扫码演示】

【扫码演示】

能够运用BIM计量软件通过CAD识别方式创建柱的三维模型，并基于三维模型辅助进行柱土建及钢筋工程量的统计。

9.1.1　任务描述

(1) 正确识读二层柱(不含梯柱)(4.700～8.600 m)钢筋平法及其他相关图纸信息；

(2) 根据图纸，以CAD识别的方式完成二层柱(不含梯柱)(4.700～8.600 m)的属性编辑及三维模型绘制；

(3) 完成二层柱(不含梯柱)(4.700～8.600 m)的土建及钢筋工程量统计。

9.1.2 任务实施

师说　　　　**知　识　卡**

故宫始建于明朝早期，立柱使用的建造材料是抗腐蚀性强、承重效果佳的金丝楠木。立柱的柱根并非插入地下，而是浮放在柱顶石之上，这种放置方式被称为平摆浮搁。在发生地震时，其反复在柱顶石表面运动，不仅隔离了地震，而且地震结束后，柱根可基本恢复到初始位置而不产生任何破坏，具有“四两拨千斤”的效果，体现了我国古代工匠的智慧。

我国古建筑中的柱根据所在位置不同，分为檐柱、金柱、中柱、童柱、瓜柱、角柱、麻柱等；而根据柱子的截面形状来看，则有圆柱、方柱、六角柱、八角柱等不同形状；根据柱子所用的材料来分，有木柱、石柱等之别；根据装饰来看，又有雕龙柱、油漆柱、素面无饰柱等。此外，柱子在使用时有单独直立的，也有两柱紧贴而立的。

柱子在各个时期既有延续与继承，也有发展和变化。例如，方柱在秦代始出现，而汉代则又增加了八角形柱、束竹式柱、人像柱等，唐代中期以后则极少再使用方柱，宋代大多为圆柱和八角柱。还有很多柱子，其作用与位置均相同，但在不同时期有不同的称呼，如瓜柱，在宋代称为“蜀柱”“侏儒柱”，明代以后才称为“瓜柱”。

9.1.2.1　识别准备

切换楼层至 2 层，在“图纸管理”中双击打开结施 06(4.700～8.600 m 柱平面布置图)。通过“设置比例”，确认 CAD 图纸比例是否为 1∶1，并查看已创建轴网与导入图纸的轴网是否重合，如果未重合，可以选择“图纸管理”下的“定位图纸”重新进行定位，如图 9.1.1 所示。

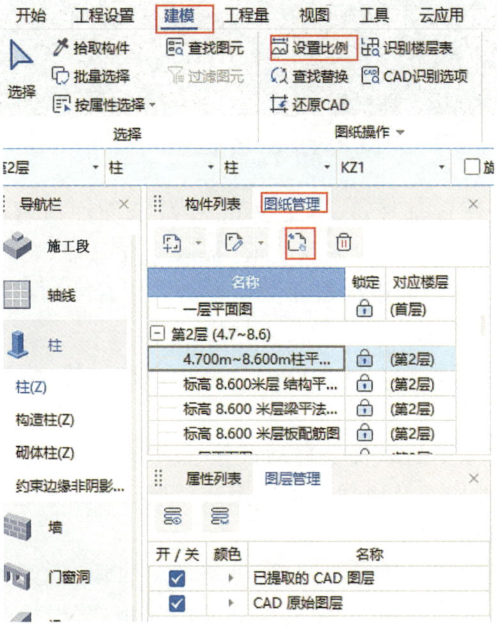

图 9.1.1　定位图纸

9.1.2.2　识别柱大样

柱构件属性的识别有“识别柱表”和“识别柱大样”两种形式，结施 06(4.700～8.600 m柱平面布置图)中为柱平法且采用截面注写方式，应采用“识别柱大样”的形式进行柱构件属性的识别。

在“图层管理”中勾选原始图层，在导航栏中选择“柱”构件，在“建模”选项卡下选择“识别柱大样”功能，按照提取边线、提取标注、提取钢筋线及自动识别的顺序进行柱构件属性的识别。

(1) 提取边线：默认按图层选择，选择结施 06 中柱截面注写表格中所有柱截面的外边线，此时，同一图层的框架柱和暗柱的边线都变为蓝色，点击鼠标右键确认，边线提取完成，如图 9.1.2 所示。

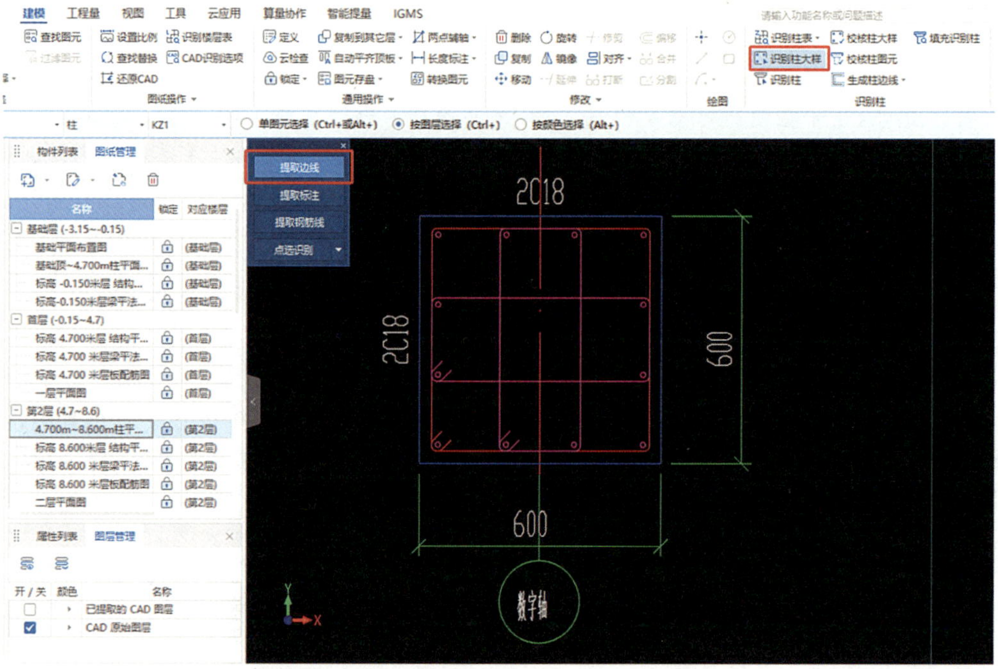

图 9.1.2　提取边线

(2) 提取标注：默认按图层选择，选择结施 06 中柱截面注写表格中所有柱的编号、标高、钢筋信息及柱截面尺寸，点击鼠标右键确认，标注提取完成，如图 9.1.3 所示。

(3) 提取钢筋线：选择结施 06 中柱截面注写表格中所有柱的钢筋线，点击鼠标右键确认，钢筋线提取完成，如图 9.1.4 所示。

(4) 自动识别：点击“自动识别”，软件就会自动识别柱大样，识别完成后自动弹出识别完毕对话框，如图 9.1.5 所示。

(5) 校核柱大样：识别完毕后软件会自动校核柱大样，显示校核没有错误的图元信息，左侧构件列表显示已识别的柱构件及属性。识别完成后应自行检查构件及属性是否与图纸信息一致，如不一致，应手动进行修改。

在校核柱大样时，如果出现尺寸标注有误、纵筋信息有误、箍筋信息有误、未使用标注、柱名称缺失等问题，可以双击问题描述，软件会自动定位到相应位置，可以根据工程实际情况进行修改。

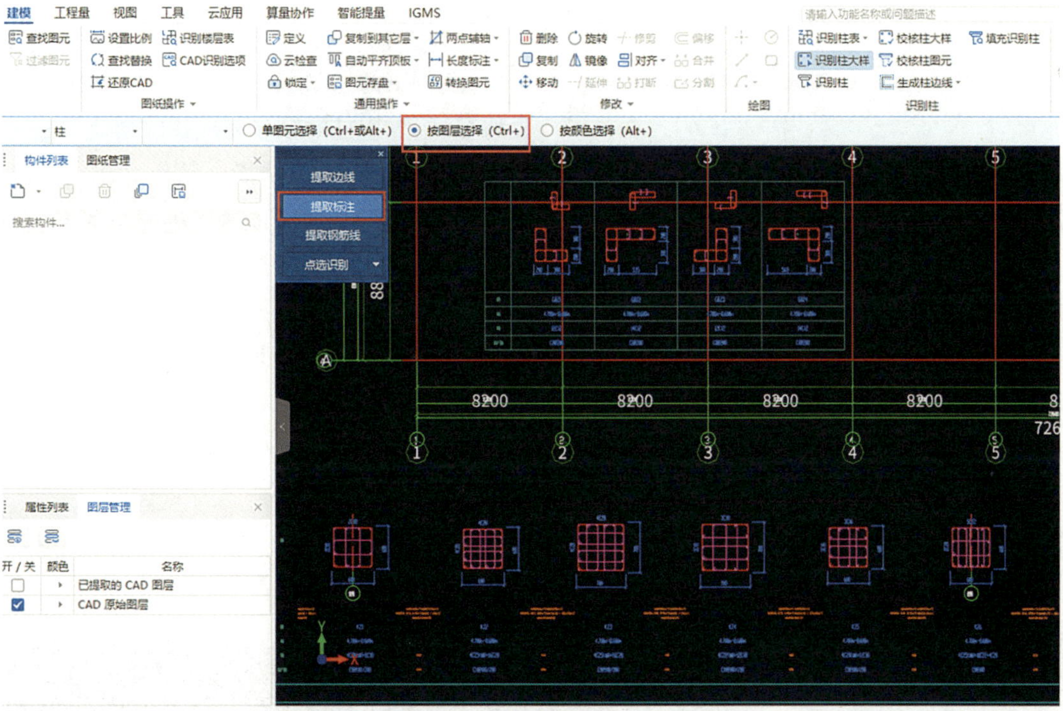

图 9.1.3　提取标注

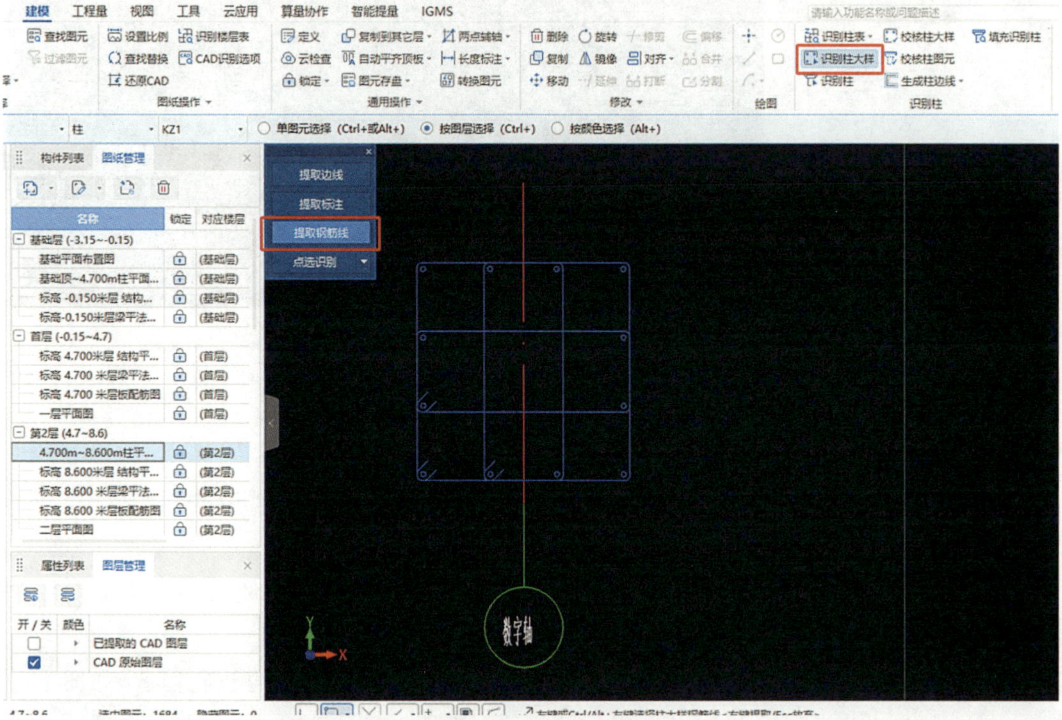

图 9.1.4　提取钢筋线

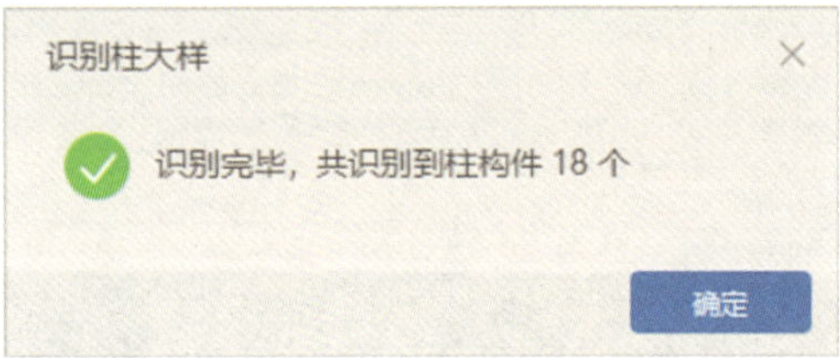

图 9.1.5　识别柱大样

9.1.2.3　识别柱

在导航栏中选择“柱(Z)”构件，点击“建模”选项卡下的“识别柱”功能，按照提取边线、提取标注、识别柱的顺序完成柱的创建。

在“识别柱大样”功能中已经完成了“提取边线”和“提取标注”操作，本步骤可省略。如果“图层管理”中“已提取的 CAD 图层”中没有柱的边线和标注，可点击“CAD 原始图层”，按照前面的操作提取图纸信息。

识别柱：识别柱有四种方式，分别为“自动识别”“框选识别”“点选识别”“按名称识别”，在建模时可根据图纸情况选择。本工程采用自动识别柱的方式，点击“自动识别”，弹出共识别 63 个柱，校核通过，二层柱识别完毕，如图 9.1.6 所示。

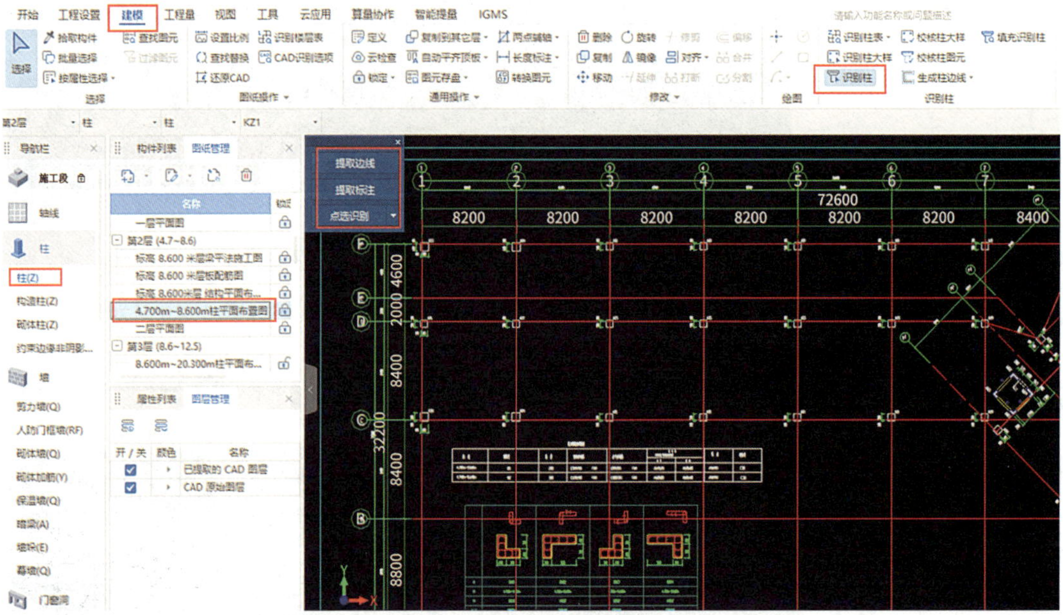

图 9.1.6　识别柱

9.1.3　总结拓展

若图纸中柱平法采用列表注写的方式，在进行柱构件属性定义时，可选择“识别柱表”的方式完成柱的定义。

点击“建模”选项卡下的“识别柱表”命令，拉框选择图纸中的柱表，点击鼠标右键确认，柱表如图 9.1.7 所示。

弹出“识别柱表”窗口，通过“查找替换”“删除行”等功能对柱表信息进行修改，如图 9.1.8 所示。确认信息准确无误后点击“识别”，左侧构件列表即可显示已识别的柱构件及属性。

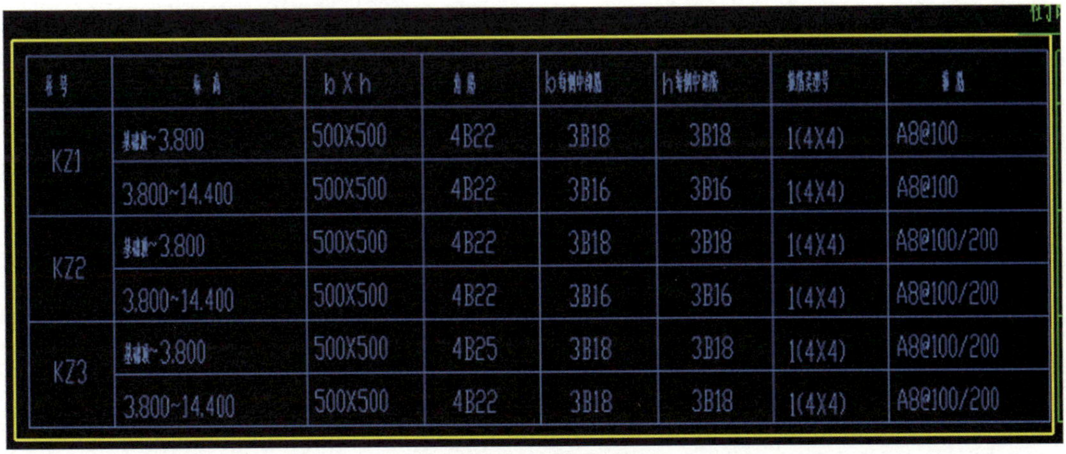

柱号	标高	bXh	角筋	b每侧中部筋	h每侧中部筋	箍筋类型号	箍筋
KZ1	基础顶~3.800	500X500	4B22	3B18	3B18	1(4X4)	A8@100
	3.800~14.400	500X500	4B22	3B16	3B16	1(4X4)	A8@100
KZ2	基础顶~3.800	500X500	4B22	3B18	3B18	1(4X4)	A8@100/200
	3.800~14.400	500X500	4B22	3B16	3B16	1(4X4)	A8@100/200
KZ3	基础顶~3.800	500X500	4B25	3B18	3B18	1(4X4)	A8@100/200
	3.800~14.400	500X500	4B22	3B18	3B18	1(4X4)	A8@100/200

图 9.1.7　识别柱表

	1	2	3	4	5	6	7	8	9	10
1	柱号	标高	b*h(圆…	角筋	b边一侧…	h边一侧…	肢数	箍筋	类型	所属楼层
2	柱 号	标 高	b X h	角 筋	b每侧中…	h/每侧中…	箍筋类型号	箍 筋	柱	工程1[1]
3	KZ1	基础顶~3....	500*500	4B22	3B18	3B18	1(4*4)	A8@100	柱	工程1[0,1]
4		3.800~14...	500*500	4B22	3B16	3B16	1(4*4)	A8@100	柱	工程1[1]
5	KZ2	基础顶~3....	500*500	4B22	3B18	3B18	1(4*4)	A8@100/...	柱	工程1[0,1]
6		3.800~14...	500*500	4B22	3B16	3B16	1(4*4)	A8@100/...	柱	工程1[1]
7	KZ3	基础顶~3....	500*500	4B25	3B18	3B18	1(4*4)	A8@100/...	柱	工程1[0,1]
8		3.800~14...	500*500	4B22	3B18	3B18	1(4*4)	A8@100/...	柱	工程1[1]

图 9.1.8　修改柱表信息

课后练习与巩固

一、选择题

(1) 在 GTJ2025 软件中识别柱大样的步骤是(　　)。

A. 转换符号→提取柱边线→提取柱标识→识别柱大样

B. 转换符号→提取柱边线→提取钢筋线→识别柱大样

C. 转换符号→提取柱边线→提取柱标识→提取钢筋线→识别柱大样

D. 转换符号→提取柱标识→提取钢筋线→识别柱大样

(2) 在 GTJ2025 软件中识别柱的步骤是(　　)。

A. 识别边线→识别标注→自动识别

B. 提取边线→识别标注→自动识别

C. 提取标注→提取边线→自动识别

D. 提取边线→提取标注→自动识别

(3) 在建模时,如构件绘制错误,例如将KZ1画成了KZ2,此时可以使用(　　)功能修改。

A. 拾取构件　　B. 构件管理　　C. 修改构件图元名称　　D. 选配

二、技能实操题

根据图纸,以CAD识别的方式完成二层柱的创建。

9.2 CAD识别梁

学习目标

能够运用BIM计量软件,通过CAD识别的方式创建梁的三维模型,并基于三维模型辅助进行梁的土建及钢筋工程量统计。

9.2.1 任务描述

【扫码演示】

(1) 正确识读二层梁(标高8.600 m)钢筋平法及其他相关图纸信息;

(2) 根据图纸,以CAD识别的方式完成二层梁(标高8.600 m)的属性编辑及三维模型绘制;

(3) 完成二层梁(标高8.600 m)的土建及钢筋工程量统计。

9.2.2 任务实施

师说　　**知识卡**

我国古建筑中,梁是一个重要的水平受力构件。在较大型的建筑物中,梁是放在斗拱上的;而在较小型的建筑物中,梁直接放置在柱头上。根据梁的位置,其大致可分为单步梁、双步梁、三架梁、五架梁、七架梁、顺梁、扒梁、角梁、月梁等。如襄垣县申家岭三教堂正殿单步梁、平顺县广武二仙庙正殿双步梁和献殿月梁、平顺县吾乐文庙钟楼顺梁、吕梁安国寺鼓楼扒梁和角梁等。

9.2.2.1　识别准备

切换楼层至2层,在“图纸管理”中双击打开结施15(标高8.6000 m层梁平法施工图)。通过“设置比例”,确认CAD图纸比例是否为1∶1,并查看已创建轴网与导入图纸的轴网是否重合,如果未重合,可以选择“图纸管理”下的“定位图纸”重新进行定位。

9.2.2.2　CAD识别梁

在导航栏中选择“梁”构件,点击“建模”选项卡下的“识别梁”功能,按照提取边线、提取标注、识别梁、编辑支座及识别原位标注的顺序完成梁的创建。

(1) 提取边线:默认按图层选择,点选或框选结施15中标高8.6000 m梁的所有边线,点击鼠标右键确认,边线提取完成,如图9.2.1所示。

(2) 提取标注:有三种方式,分别为“自动提取标注”“提取集中标注”“提取原位标注”。“自动提取标注”多用于CAD图中梁的集中标注和原位标注位于相同图层的情况,提取完成

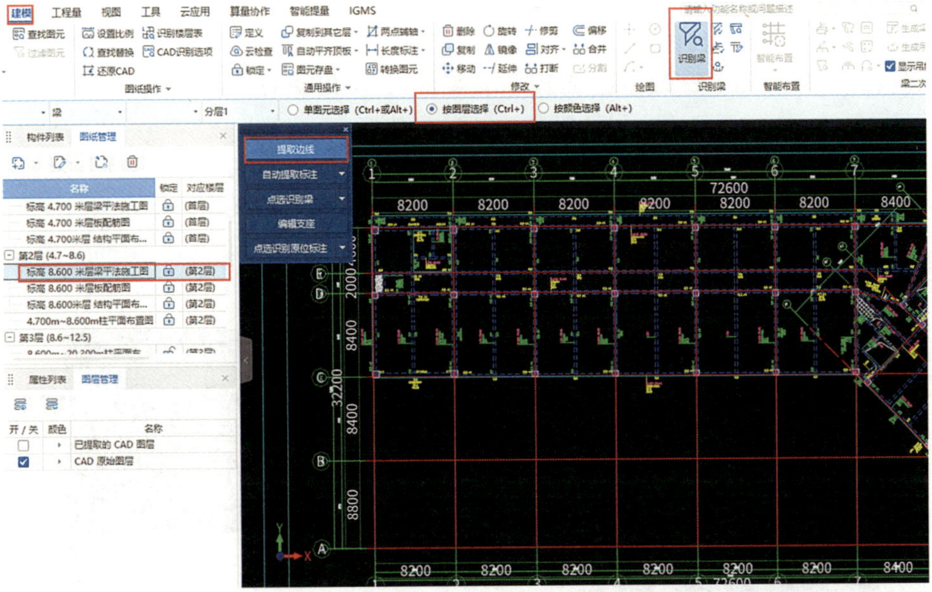

图 9.2.1 提取边线

后，提取成功的集中标注变为黄色，原位标注变为粉色；当集中标注和原位标注位于不同图层时，可采用分别提取的方式。本工程采用“自动提取标注”的方式。

点击“自动提取标注”，默认按图层选择，选择结施 15 中标高 8.6000 m 梁的所有集中标注、原位标注信息，点击鼠标右键确认，标注提取完成。

(3) 识别梁：有三种方式，分别为“自动识别梁”“框选识别梁”“点选识别梁”，在建模时可根据图纸情况选择。本工程采用“自动识别梁”的方式。

点击“点选识别梁”，在下拉菜单中选择“自动识别梁”，弹出“识别梁选项”窗口，在与图纸核对无误后，点击“继续”，如图 9.2.2 所示。

识别梁选项

◉ 全部 ○ 缺少箍筋信息 ○ 缺少截面　　复制图纸信息　粘贴图纸信息

	名称	截面(b*h)	上通长筋	下通长筋	侧面钢筋	箍筋	肢数
1	KL1(2A)	350*950	4C25		G8C12	C8@100/200(4)	4
2	KL2(2A)	400*700	2C25+(2C...		G6C12	C10@100/200(4)	4
3	KL3(2A)	300*700	2C25		G6C10	C10@100(2)	2
4	KL4(2A)	300*700	2C25		G4C12	C10@100(2)	2
5	KL5(2A)	300*700	2C25		G6C10	C10@100(2)	2
6	KL6(2A)	300*700	2C25		G4C12	C10@100/150(2)	2
7	KL7(2A)	300*700	4C25		G6C10	C10@100/150(2)	2
8	KL8(3)	300*400	4C25		N2C12	C8@100/150(2)	2
9	KL9(1)	300*700	2C25	4C25	G4C12	C8@100/200(2)	2
10	KL10(1A)	300*700	(2C12)		G6C10	C8@200(2)	2
11	KL11(1)	500*700	4C20	5C25	G6C12	C8@100/200(4)	4

请检查并确认得到的梁信息　　继续　取消

图 9.2.2 识别梁选项

“自动识别梁”完成后，软件会弹出“校核梁图元”窗口，显示梁跨不匹配、未使用的梁线、未使用的标注及缺少截面等校核信息；或点击“建模”选项卡下“识别梁”面板中的“校核梁图元”功能，也会显示“校核梁图元”窗口。对于“校核梁图元”中出现的问题，应与图纸核对，逐一进行修改与确认。

例如图 9.2.3 中的 KL18(2A)，问题描述为“当前图元跨数为 4A，属性中跨数为 2A”，识别出的梁跨数与图纸标注不符，经对照图纸，应删除电梯井处的暗柱支座，点击“编辑支座”，鼠标左键点选支座三角符号，点击鼠标右键确认删除，梁跨问题解决完成，点击“刷新”，则第一行问题描述消失。

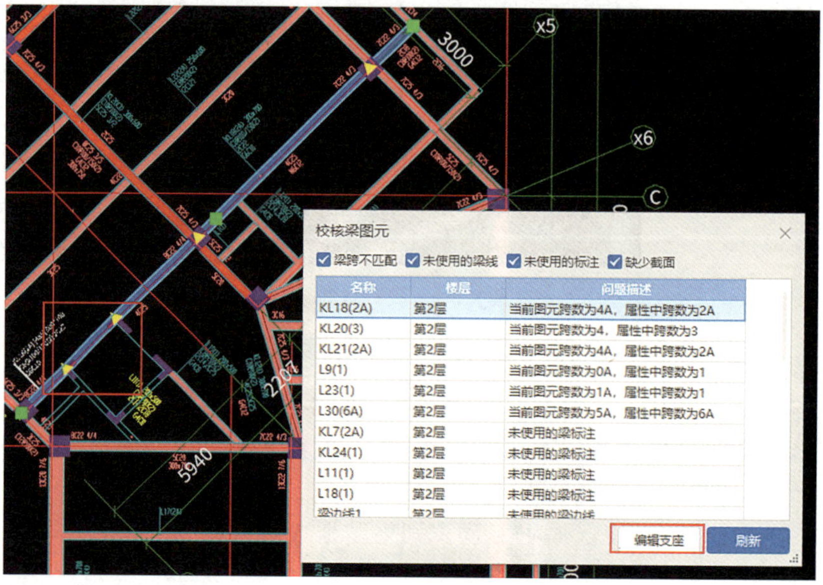

图 9.2.3　编辑支座

（4）识别原位标注：有四种方式，分别为“自动识别原位标注”“框选识别原位标注”“点选识别原位标注”“单构件识别原位标注”。本工程采用“自动识别原位标注”的方式。

点击“自动识别原位标注”后，软件会弹出“校核原位标注”窗口，显示原位标注识别后出现的相关问题，如图 9.2.4 所示。

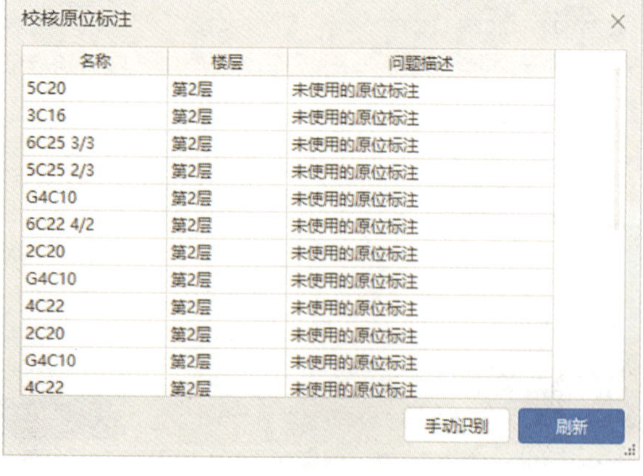
校核原位标注

名称	楼层	问题描述
5C20	第2层	未使用的原位标注
3C16	第2层	未使用的原位标注
6C25 3/3	第2层	未使用的原位标注
5C25 2/3	第2层	未使用的原位标注
G4C10	第2层	未使用的原位标注
6C22 4/2	第2层	未使用的原位标注
2C20	第2层	未使用的原位标注
G4C10	第2层	未使用的原位标注
4C22	第2层	未使用的原位标注
2C20	第2层	未使用的原位标注
G4C10	第2层	未使用的原位标注
4C22	第2层	未使用的原位标注

手动识别　刷新

图 9.2.4　校核原位标注

双击"校核原位标注"中的问题描述，软件会自动定位到相应位置，需根据图纸实际情况进行修改，修改可使用"手动识别"的方式。

点击"校核原位标注"窗口下的"手动识别"功能，鼠标左键点选未成功识别标注的梁跨，再点选未成功识别（呈粉红色）的原位标注，点击鼠标右键确认，完成原位标注的修改，如图 9.2.5 所示。

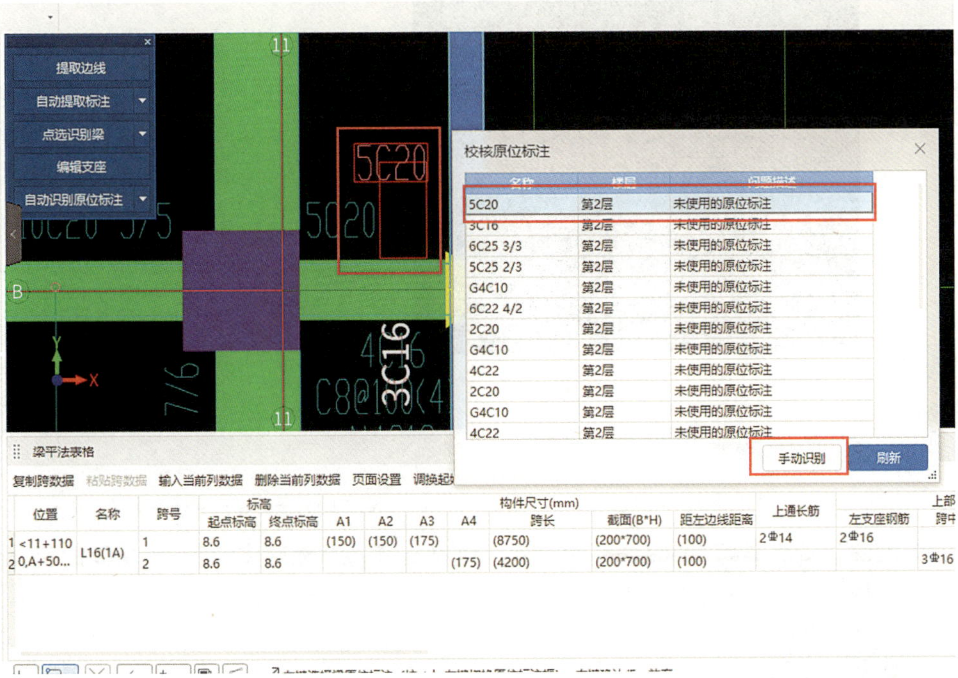

图 9.2.5　手动识别

（5）识别吊筋：在"建模"选项卡点击选择"识别吊筋"功能，按照提取钢筋和标注、识别吊筋的顺序进行吊筋构件属性的识别。

提取钢筋和标注：默认"按图层选择"，选择结施 15 中标高 8.600 m 梁的所有吊筋，吊筋的标注为文字说明注写时可不提取，点击鼠标右键确认，吊筋提取完成，如图 9.2.6 所示。

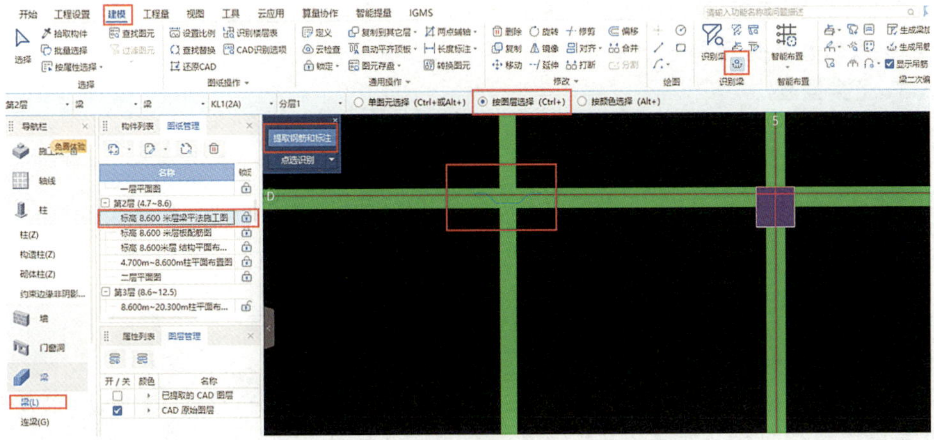

图 9.2.6　提取钢筋和标注

自动识别：点击“自动识别”，软件就会自动识别梁吊筋，自动弹出识别吊筋信息，根据结施 15 中标高 8.600 m 梁平法施工图的吊筋文字说明，主次梁交叉处的主梁两侧及十字梁两侧各增设 3 ф*D* 附加箍筋（*D* 为主梁内箍筋直径），框架梁内未注明的吊筋均为 2 ф 12，在“识别吊筋”窗口输入无标注的吊筋信息和次梁加筋信息，提示识别吊筋（次梁加筋）完成，如图 9.2.7 所示。

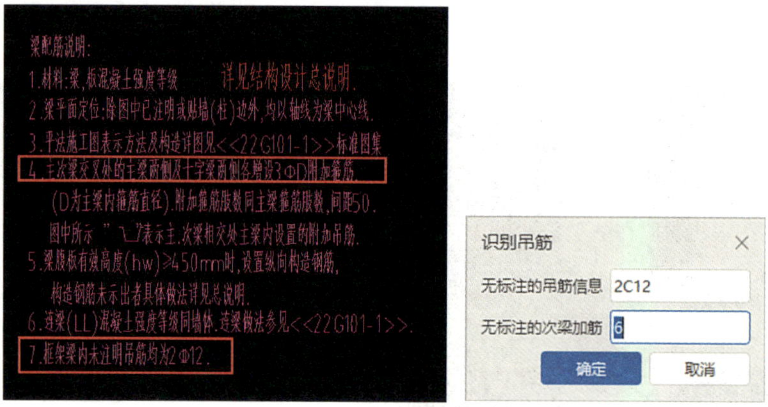

图 9.2.7　识别吊筋

9.2.3　总结拓展

当校核梁图元后，如果存在梁跨数与集中标注不符的情况，可使用“编辑支座”功能进行支座的增加、删除以调整梁跨。“编辑支座”是对“设置支座”和“删除支座”两个功能的优化，可以通过“编辑支座”对梁跨信息进行快速修改。

课后练习与巩固

一、判断题

（1）在 GTJ2025 软件中识别梁的操作步骤是提取边线→提取标识→识别梁→校核梁图元→识别梁原位标注→原位标注校核→识别吊筋。（　　）

（2）CAD 识别梁，当校核梁图元后，如果存在梁跨数与集中标注不符的情况，则可使用“编辑支座”功能进行支座的增加、删除以调整梁跨。（　　）

（3）“自动提取标注”多用于 CAD 图中梁的集中标注和原位标注位于不同图层的情况，当集中标注和原位标注位于相同图层时，可采用分别提取的方式。（　　）

二、技能实操题

根据图纸，以 CAD 识别的方式完成二层梁的创建。

9.3　CAD 识别板

学习目标

能够运用 BIM 计量软件，通过 CAD 识别的方式创建板及板受力筋、板负筋，以及跨板受力筋，并基于三维模型辅助进行板的土建及钢筋工程量统计。

9.3.1 任务描述

(1) 正确识读二层板(标高 8.600 m)钢筋平法及其他相关图纸信息；

(2) 根据图纸，以 CAD 识别的方式完成二层板及板钢筋(标高 8.600 m)的属性编辑及三维模型绘制；

(3) 完成二层板及板钢筋(标高 8.600 m)的土建及钢筋工程量统计。

【扫码演示】

9.3.2 任务实施

师说 **知 识 卡**

2023 年，作为全国首批智能建造试点城市，深圳市率先将抹灰机器人及墙面处理机器人等先进技术应用于建筑工程项目，其施工效率等同于 20 名工匠同时作业，施工作业面积一次可达 400 m^2。这不仅刷新了建筑业的新速度，也全面推进建筑业绿色、低碳、智能融合发展。

9.3.2.1 识别准备

切换楼层至第 2 层，在“图纸管理”下双击打开结施 16 中的“标高 8.600 m 二层板配筋图”，会发现已识别完成的轴网与导入的 CAD 图纸轴网不吻合，可通过“图纸管理”下的“定位图纸”重新进行定位，点击鼠标左键选择 CAD 图纸中的基准点(一般以①/Ⓐ轴线交点为基准点)，再使用鼠标左键选择定位点(已绘制轴网的①/Ⓐ轴线交点)，移动轴网使二者重合，完成图纸定位。

9.3.2.2 CAD 识别板

在导航栏中选择“板”构件下的“现浇板(B)”，点击“建模”选项卡下的“识别板”功能，按照提取板标识、提取板洞线及自动识别板的顺序完成板的创建。

(1) 提取板标识：板标识是指在板结构平面布置图中注明的板的信息，如 $h=120$ mm，表示该板厚为120 mm。结施 16 中的标高 8.600 m 二层板配筋图并没有标注板厚，标高 8.6000 m 结构平面布置图在文字说明中注写未注明的板厚均为 120 mm，故此处无板标识可不提取，如图 9.3.1所示。

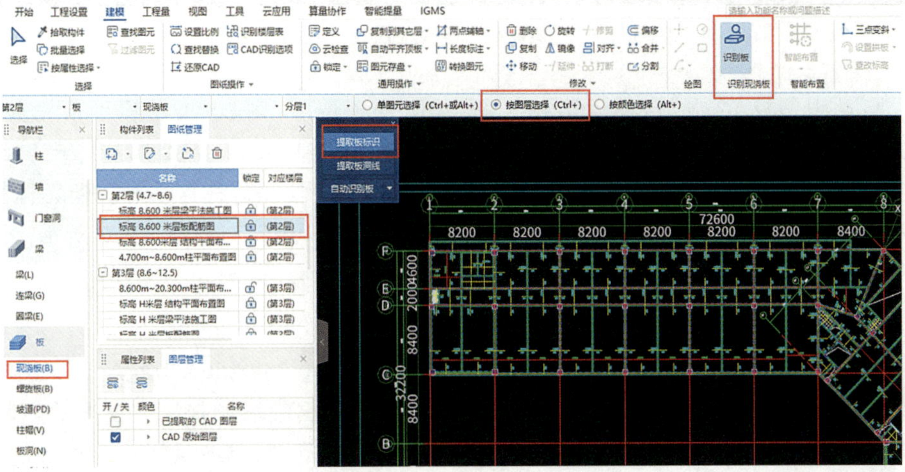

图 9.3.1 提取板标识

(2) 提取板洞线：默认“按图层选择”，选择结施 16 中标高 8.600 m 二层板配筋图中所有需要提取的板洞线，此时，同一图层的板洞线都变为蓝色，点击鼠标右键确认，选择的板洞线提取完成，并存放在“已提取的 CAD 图层”中。

由于⑩～⑪轴/Ⓑ～Ⓒ轴部分板标高为 $H-0.050$ m，不属于板洞，需要对该处板洞线进行反选，点击“单图元选择”，鼠标左键点选还原该板洞线即可，如图 9.3.2 所示。

图 9.3.2　提取板洞线

(3) 自动识别板：点击“自动识别板”，弹出“识别板选项”窗口，提示识别板之前要把柱、墙、梁图元绘制好，点击“确定”，弹出“识别板选项-构件信息”窗口。软件自动查找板标识，会按照板厚标识创建相应构件，对于未找到板标识的最小封闭区域，将自动对应到无标注板构件下，默认板厚 120 mm，本工程二层板厚均为 120 mm，点击“确定”，如图 9.3.3 所示。

通过点击“定位图标” 可以查看相应板的预生成位置，同时可以在“识别板选项”窗口编辑板名称和板厚信息，点击“确定”后，软件自动按相应厚度生成板图元。鼠标左键点击降板区域的现浇板，在属性列表中修改“顶标高”为“层顶标高－0.05(8.55)”，如图 9.3.4 所示。

(4) 识别板受力筋：还原 CAD，勾选“图层管理”下的“已提取图层”，点击“图纸操作”面板下的“还原 CAD”，拉框选择标高 8.600 m 层板配筋图图纸范围，单击鼠标右键确认，还原 CAD 图纸，显示原始图层，如图 9.3.5 所示。

图 9.3.3　自动识别板

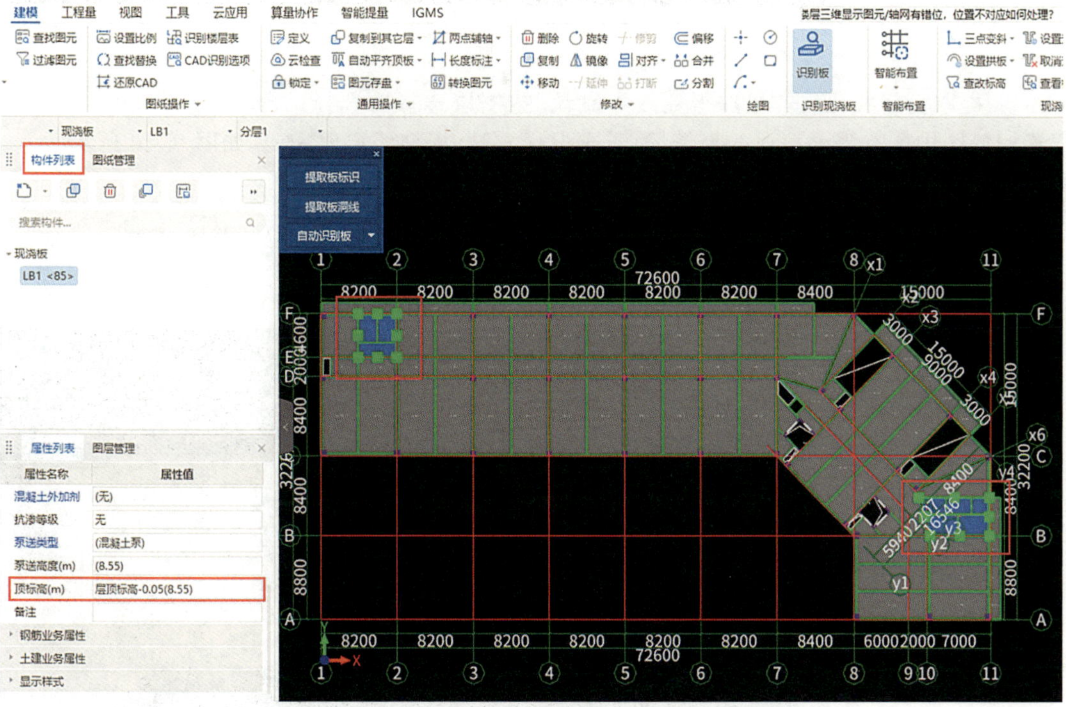

图 9.3.4　属性列表中修改“顶标高”

在“图层管理”中勾选原始图层，在导航栏中选择“板受力筋”构件，在“建模”选项卡下点击选择“识别受力筋”功能，按照提取板筋线、提取板筋标注、识别受力筋的顺序进行板钢筋构件属性的识别。

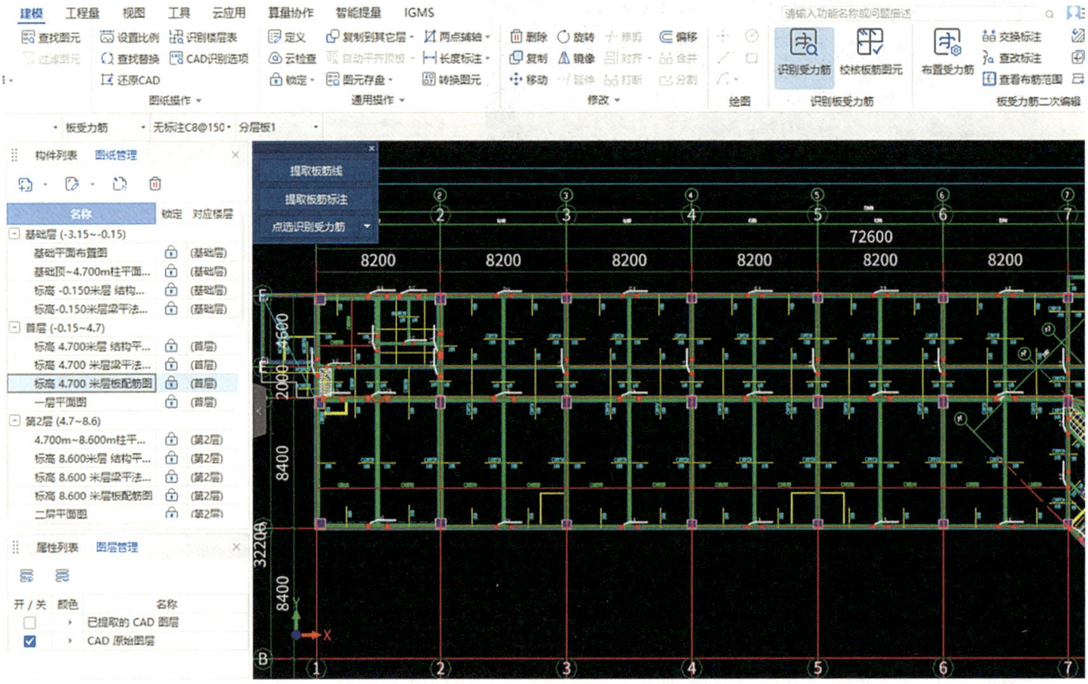

图 9.3.5　识别板受力筋

① 提取板筋线：点击“提取板筋线”，默认“按图层选择”，选择结施 16 中标高 8.600 m 二层板配筋图中所有需要提取的板筋线，点击鼠标右键，板筋线提取完成，如图 9.3.6 所示。

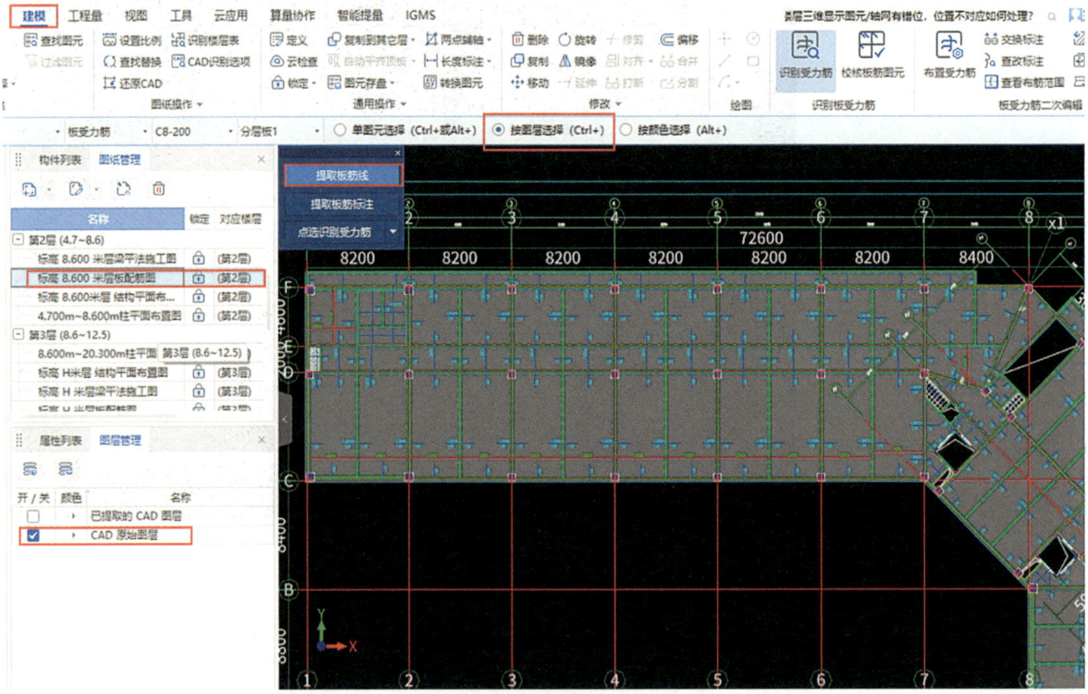

图 9.3.6　提取板筋线

② 提取板筋标注：点击“提取板筋标注”，默认“按图层选择”，选择结施 16 中标高 8.600 m 二层板配筋图中所有需要提取的钢筋信息及尺寸信息，点击鼠标右键，板筋标注提取完成，如图 9.3.7 所示。

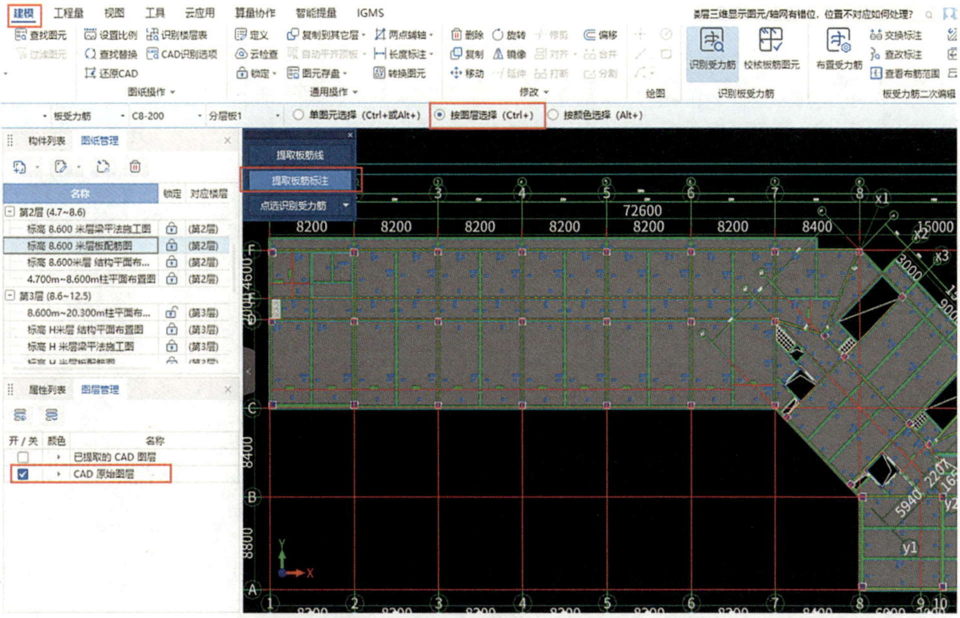

图 9.3.7　提取板筋标注

③ 自动识别板筋：点击“自动识别板筋”，弹出“识别板筋选项”窗口，需填写无标注的负筋信息、板受力筋信息、跨板受力筋信息等，通过结施 16 中标高 8.600 m 二层板配筋图的文字说明注写可知，未注明的板内受力钢筋均为Ф8@200。

通过图纸可以看到无标注负筋信息及伸出长度不相同，所以这个位置可以输入一种占比较多的尺寸，以便于修改其他的伸出长度，例如输入“600,600”，点击“确定”，如图 9.3.8 所示。

图 9.3.8　识别板筋选项

弹出“自动识别板筋”窗口，软件会自动识别负筋、跨板受力筋及受力筋等的名称、钢筋信息、钢筋类别，如果有问题可以进行调整，点击 ⊕ 可以在 CAD 图纸中快速查看对应的钢筋线，对应的钢筋线会以蓝色显示，点击“确定”，如图 9.3.9 所示。

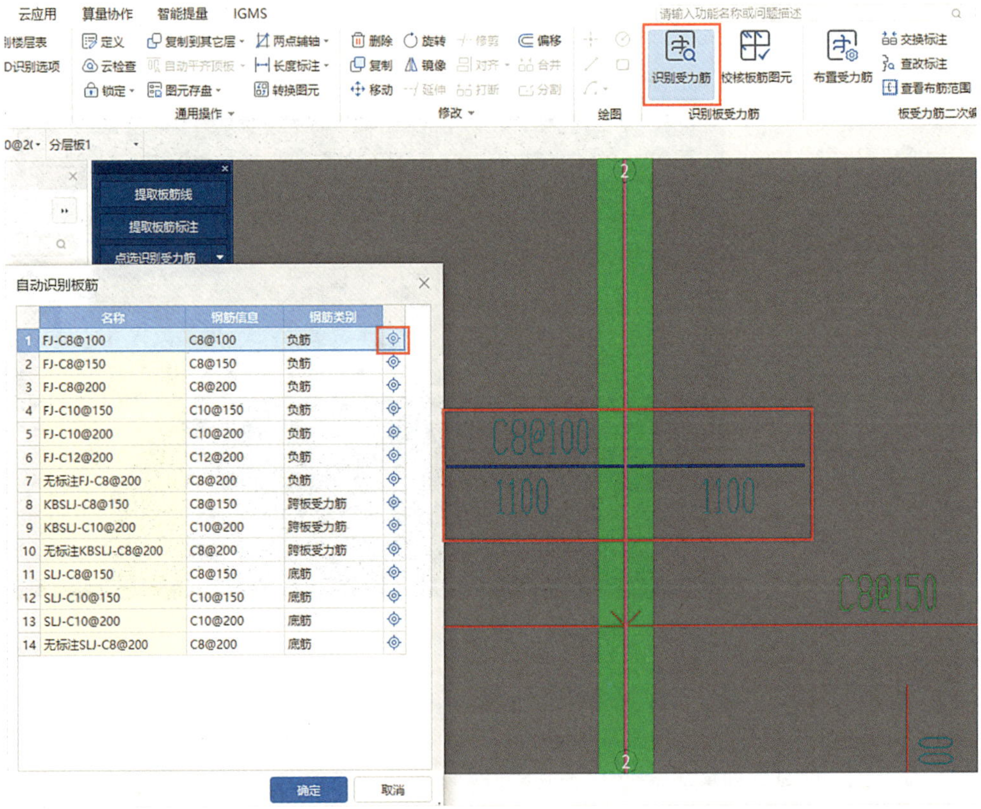

图 9.3.9 自动识别板筋

(5) 校核板筋图元：校核出的问题会按钢筋类型（负筋、底筋、面筋）分类显示；可以通过勾选“校核板筋图元”左下方的“显示板筋布置范围”来控制板筋布置范围是否显示；对于布筋范围重叠的钢筋图元，软件会默认以红色斜纹的形式标识出来；可按布筋范围重叠和未标注钢筋信息的问题提示，对识别钢筋进行调整。

① 负筋布筋范围重叠：双击第一条问题，如图 9.3.10 所示，软件会自动定位到有问题的钢筋，点击“查看布筋范围”，点击选中定位的负筋，负筋布置范围出现白色虚线，手动拉伸板负筋范围区域白色虚线的两端至框架柱与暗柱中心线，点击“校核板筋图元”窗口右下方的“刷新”，该问题描述消失。底筋、面筋也应按图纸查看布筋范围并删除重复布筋，如图 9.3.11 所示。最后检查识别出来的板筋与图纸信息是否一致，识别未成功的板筋需要手动绘制添加。

② 未标注板钢筋信息：双击第一条未标注板钢筋信息问题，定位的负筋是未标注的负筋 ⌀8@200，标注长度是 1100 mm，软件只是提示图纸中这个位置没有钢筋标注，在识别钢筋时已经根据图纸下方的文字说明信息输入了⌀8@200，识别没有问题，所以这类问题可以不用调整，点击“确定”即可，如图 9.3.12 所示。

若弹窗关闭，可以通过点击“识别板负筋”或“识别板受力筋”面板中的“校核板筋图元”功能调出“板筋校核图元”弹窗，如图 9.3.13 所示。

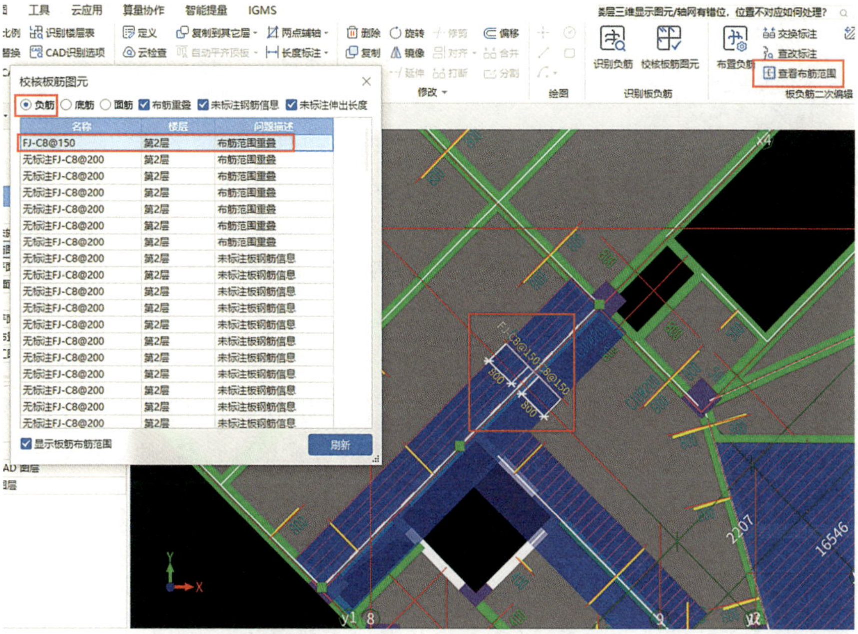

图 9.3.10　负筋布筋范围重叠

图 9.3.11　面筋（跨板受力筋）布筋范围重叠

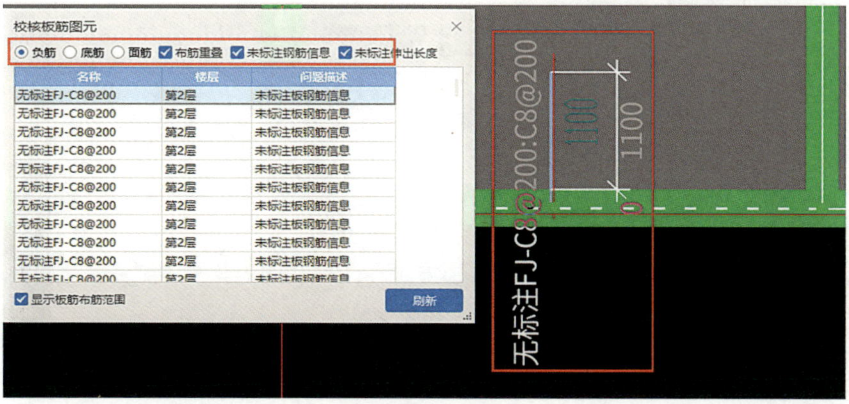

图 9.3.12　未标注板钢筋信息

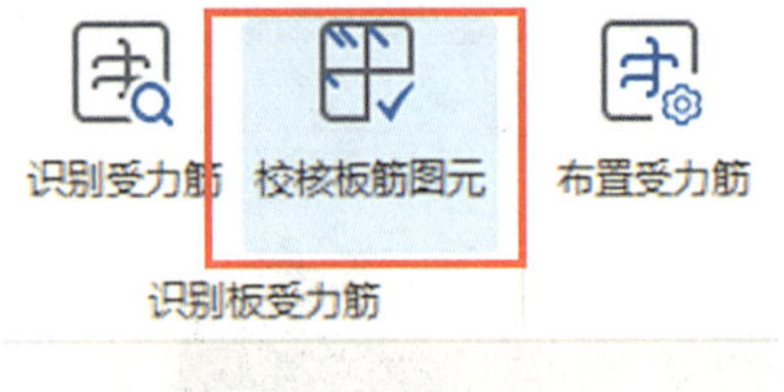

图 9.3.13　校核板筋图元

（6）温度筋：根据结施 16 中标高 8.600 m 二层板配筋图中的设计说明，在 X 向板顶负筋间可设置Φ 6@150 的板面温度应力抗裂钢筋，支座筋与温度筋的搭接长度为 300 mm。

点击“建模”选项卡下的“布置受力筋”，选择构件列表中的Φ 6@150 温度筋，按照“单板”手工绘制温度筋，温度筋构件的定义和绘制方法同温度筋手工建模。

（7）设备间板二次浇筑：根据结施 14 中标高 8.600 m 二层板配筋图中的文字设计说明，图中▒为设备间二次浇筑的板，结合结施 01 结构设计总说明(一)，后浇的设备管井板的钢筋不应截断，待设备管道安装完毕后，恢复钢筋的位置和形状，采用不低于板混凝土强度等级的微膨胀混凝土浇筑，应参照现浇板构件手工建模的方式单独命名，便于提取工程量。

9.3.3　总结拓展

（1）自动识别板筋后，如负筋、底筋及面筋在校核板筋图元中出现问题，应按照布筋范围是否重叠、是否有未标注的钢筋信息，以及是否有未标注的钢筋伸出长度依次进行修改。对于布筋范围重叠的问题，可通过点击定位板图元，修改布筋范围；对于识别完成后出现的“未标注钢筋信息”及“未标注伸出长度”的错误提示，如果识别前已输入图纸说明中的钢筋信息，那么可以忽略该提示，如果没有输入则需要检查修改。

（2）识别板过程中，无标注负筋、板受力筋、跨板受力筋的钢筋信息默认为Φ8@200，如果与图纸信息不一致，可以直接在“CAD 识别选项”中修改钢筋设置，如图 9.3.14 所示。

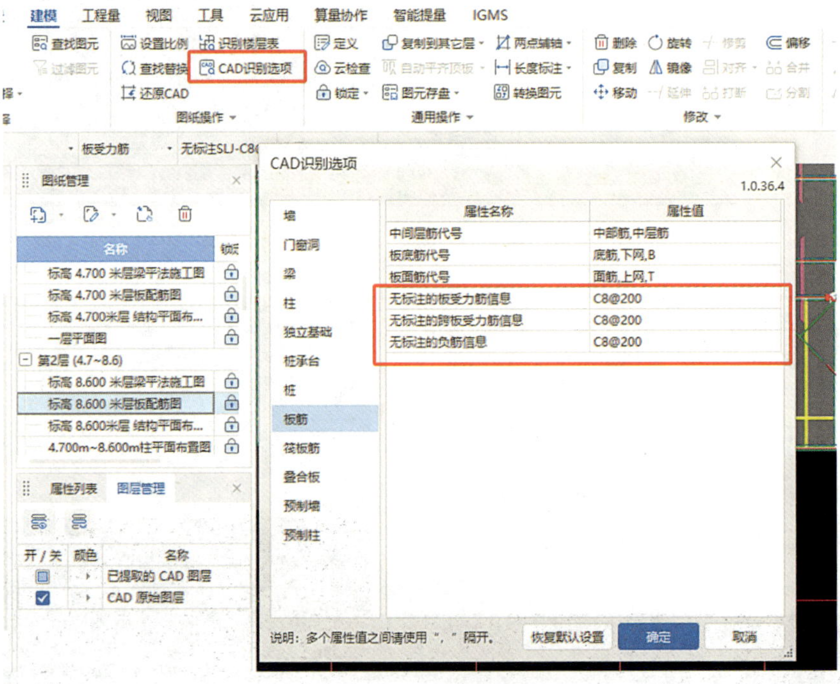

图 9.3.14　CAD 识别选项

课后练习与巩固

一、判断题

(1) 在 GTJ2025 软件中识别板受力筋的操作步骤一般是板受力筋→识别受力筋→提取板筋线→提取板筋标注→点选识别受力筋。 ( )

(2) 识别板受力筋可按照“单图元选择”“按图层选择”“按颜色选择”的功能点选或框选需要提取的板钢筋线 CAD 图元。 ( )

(3) 勾选“图层管理”下的“已提取图层”,点击“图纸操作”面板下的“还原 CAD”,拉框选择板配筋图纸范围,点击鼠标右键确认,显示已提取的 CAD 图层。 ( )

二、技能实操题

根据图纸,以 CAD 识别的方式完成二层板及板筋的创建。

9.4 CAD 识别墙

学习目标

能够运用 BIM 计量软件,通过 CAD 识别的方式创建剪力墙及砌体墙的三维模型,并基于三维模型辅助进行剪力墙及砌体墙的土建及钢筋工程量统计。

9.4.1 任务描述

(1) 正确识读二层剪力墙(4.700～8.600 m)钢筋平法及其他相关图纸信息;

(2) 正确识读二层平面图及图纸设计说明中砌体墙的相关图纸信息;

(3) 根据图纸,以 CAD 识别的方式完成二层剪力墙及砌体墙(4.700～8.600 m)的属性编辑及三维模型绘制;

(4) 完成二层剪力墙及砌体墙(4.700～8.600 m)的土建及钢筋工程量统计。

9.4.2 任务实施

师说 **案 例**

筒体结构是将剪力墙或密柱框架集中到房屋的内部和外围而形成的空间封闭式筒体。

被誉为“小蛮腰”的广州新电视塔主塔的结构体系由内外两个筒体构成,且内外筒为椭圆偏心布置,外筒圆心随塔高沿 45°偏移,外筒节点错位相交,且在塔身 2/3 高度处结构密集,呈中间“细腰”形。

广州塔由于建筑体型独特、建筑高度超限、平面功能特殊、结构体系复杂,给设计和施工都带来了诸多挑战,但通过一项项技术创新逐一予以解决,如创新了垂直交通运输系统,采用了世界最先进的双轿厢节能电梯,实现环保、高效、节能;核心筒模板采用整体自升钢平台模板体系,实现了椭圆超高核心筒的竖向和水平结构的同步施工,创新了内外筒连接方法等。

【扫码演示】

9.4.2.1　识别剪力墙

（1）识别准备

切换楼层至 2 层，在“图纸管理”中双击打开结施 06（4.700～8.600 m 柱平面布置图）。通过“设置比例”，确认 CAD 图纸比例是否为 1∶1，并查看已创建轴网与导入图纸的轴网是否重合，如果未重合，可以选择“图纸管理”下的“定位图纸”重新进行定位。

（2）识别剪力墙表

在“图层管理”中勾选原始图层，在导航栏中选择“剪力墙”构件，在“建模”选项卡下点击选择“识别剪力墙表”功能，拉框选择结施 06 中的剪力墙墙身配筋表（图 9.4.1 中黄色线框为框选的墙表范围），单击鼠标右键确认。

图 9.4.1　识别剪力墙表

在弹出的“识别剪力墙表”窗口中，核对图纸中剪力墙墙身配筋表格列表头与识别列表头的一致性，不一致时通过选择列表头下拉框进行修改，删除多余行与列。

在识别剪力墙表时应注意修改拉筋信息为ϕ 6@600×600，列表头对应拉筋，标高应修改为“4.700～8.600”，不应含有字母，否则无法识别，如图 9.4.2 所示。点击“识别”，剪力墙构件识别完成。识别完成后，核对 Q1 和 Q2 的属性定义是否与图纸一致。

图 9.4.2　修改拉筋信息

（3）识别剪力墙

在“建模”选项卡下点击选择“识别剪力墙”功能，按照提取剪力墙边线、提取墙标识、提取门窗线及识别剪力墙的顺序进行剪力墙构件的识别。

① 提取剪力墙边线：默认“按图层选择”，选择结施 06 中所有需要提取的剪力墙边线，此时，同一图层的剪力墙边线都变为蓝色，点击鼠标右键确认，剪力墙边线提取完成，如图 9.4.3 所示。

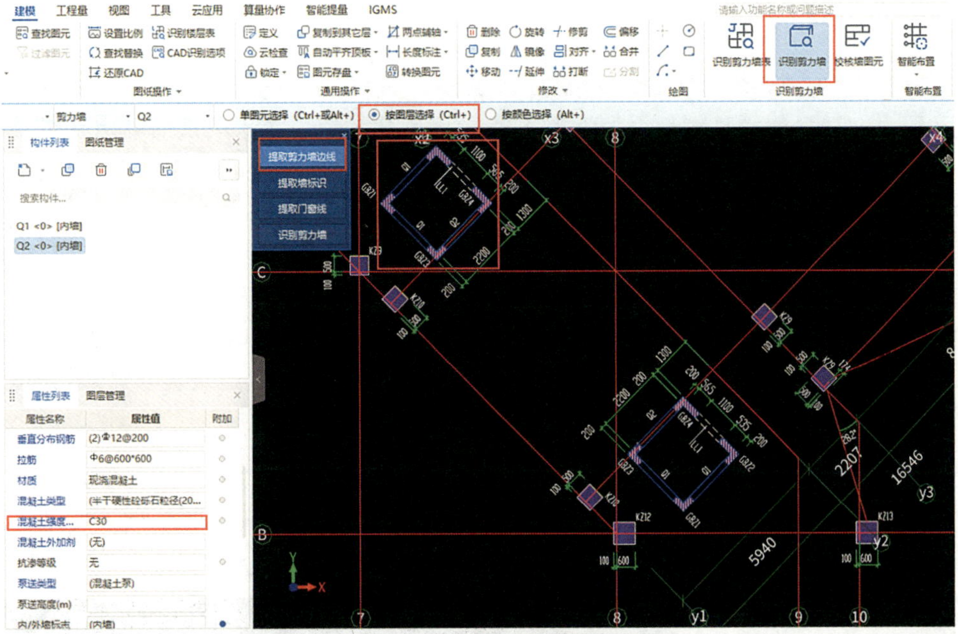

图 9.4.3　提取剪力墙边线

② 提取墙标识：利用“单图元选择”的方式，选择图纸中需要绘制的剪力墙名称 Q1、Q2，选中的标注显示为蓝色，点击鼠标右键确认。检查是否有漏提取的墙标识，如有，则重复上述操作即可，直到所有标注提取完毕。

③识别剪力墙：在弹出的“识别剪力墙”窗口中核对 Q1、Q2 的信息，多余的信息可以删除，点击“自动识别”按钮，如图 9.4.4 所示，提示“识别墙之前请先绘好柱，此时识别的墙端头会自动延伸到柱内，是否继续”，点击“是”，剪力墙识别完成。

图 9.4.4　识别剪力墙

9.4.2.2　识别砌体墙

【扫码演示】

(1) 识别准备

在“图纸管理”中双击打开建施 04(二层平面图)。通过“设置比例”,确认 CAD 图纸比例是否为 1:1,并查看已创建轴网与导入图纸的轴网是否重合,如果未重合,可以选择“图纸管理”下的“定位图纸”重新进行定位。

(2) 识别砌体墙

在“导航栏”中选择“砌体墙”构件,在“建模”选项卡下点击“识别砌体墙”功能,按照提取砌体墙边线、提取墙标识、提取门窗线及识别砌体墙的顺序进行砌体墙构件的识别。

①提取砌体墙边线:默认“按图层选择”,选择建施 04 二层平面图中的所有砌体墙边线,此时,同一图层的砌体墙边线都变为蓝色,点击鼠标右键确认,砌体墙边线提取完成,如图 9.4.5 所示。

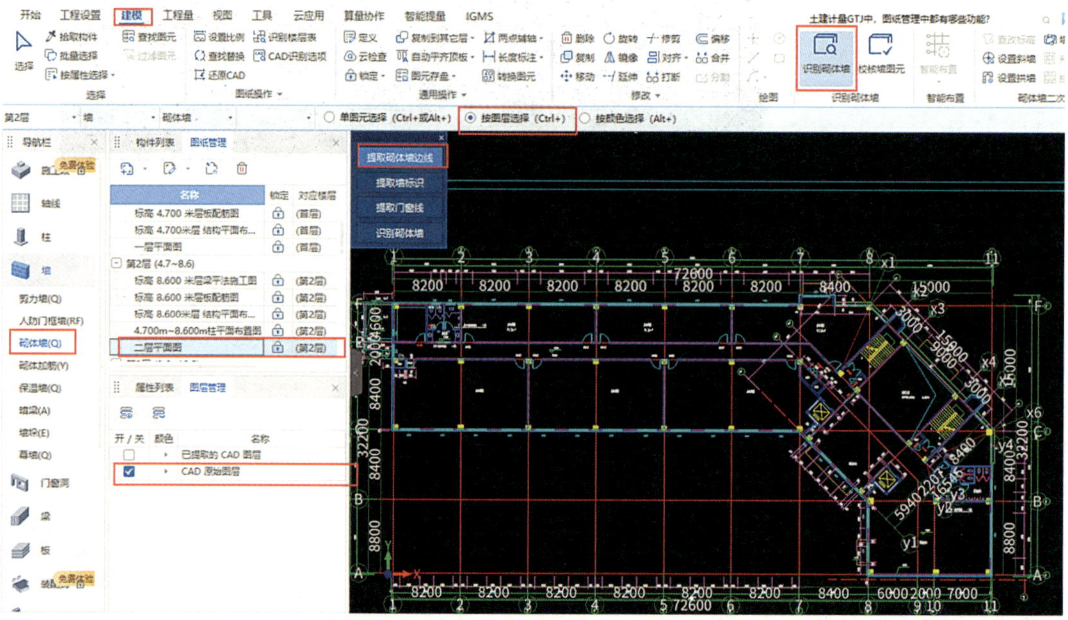

图 9.4.5　提取砌体墙边线

② 提取墙标识:如实际工程图纸中无墙标识,可不提取。

③ 提取门窗线:选择建施 04(二层平面图)中的所有门窗线,点击鼠标右键确认,门窗线提取完成。

④ 识别砌体墙:在弹出的“识别砌体墙”窗口中,核对 QTQ1、QTQ2 的信息,根据工程实际情况进行修改,根据建筑设计说明(一)中“四、墙体工程相关说明”可知,砌体墙的材质为混凝土小型空心砌块,在“识别砌体墙”窗口中将墙材质选为砌块。

根据结构设计总说明(二)第 10.1.3 条中的“后砌填充墙应沿框架柱或混凝土墙全高设置 2ф6(墙厚大于 240 mm 时为 3ф6)拉结筋,间距小于 500 mm,拉结筋沿墙全长贯通设置”,将“识别砌体墙”窗口中 200 mm 厚和 100 mm 厚墙体的通长筋都输入 2ф6@500。点击“自动识别”按钮,如图 9.4.6 所示,提示“识别墙之前请先绘好柱,此时识别的墙端头会自动延伸到柱内,是否继续”,点击“是”,砌体墙识别完成。

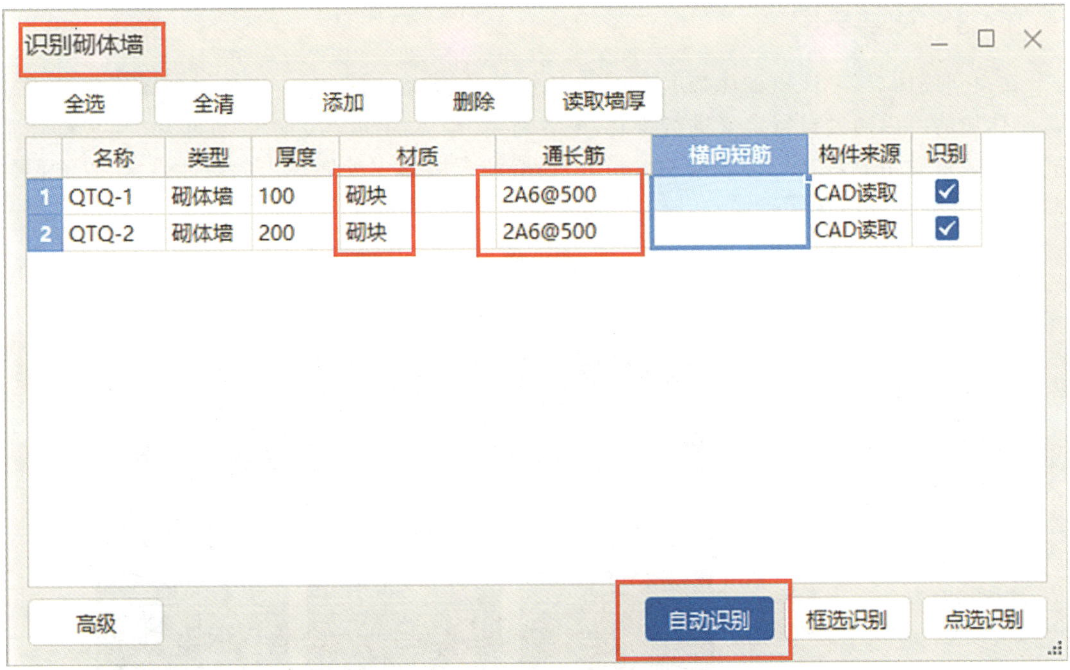

图 9.4.6　识别砌体墙

在砌体墙识别后，所有砌体墙都识别成内墙，可通过选择相应墙体修改属性或通过“砌体墙二次编辑”面板中的“判断内外墙”功能进行修改，如图 9.4.7 所示。

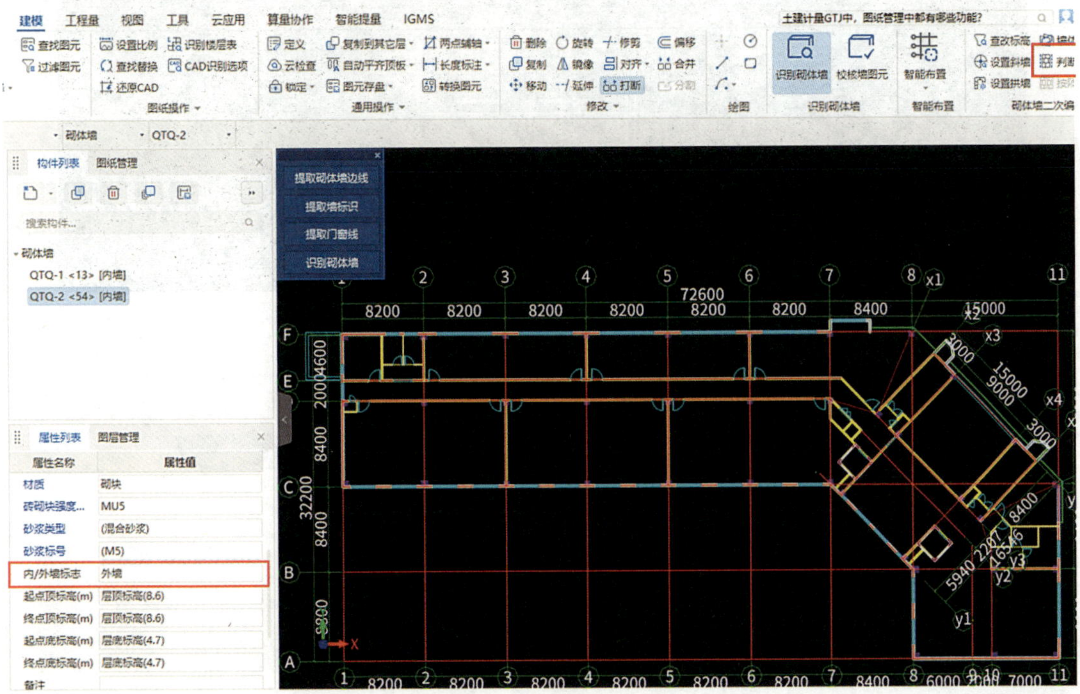

图 9.4.7　修改内/外墙

9.4.3 总结拓展

在识别墙体后，要注意砌体通长筋及砌体加筋的设置，砌体通长筋应在砌体墙属性中输入，砌体加筋可以通过自行定义进行绘制，或者利用“砌体加筋二次编辑”面板中“生成砌体加筋”的方式自动生成，如图 9.4.8 所示。另外，还要注意墙体内外墙标志的属性设定，以方便装饰装修及其他构件的智能布置。

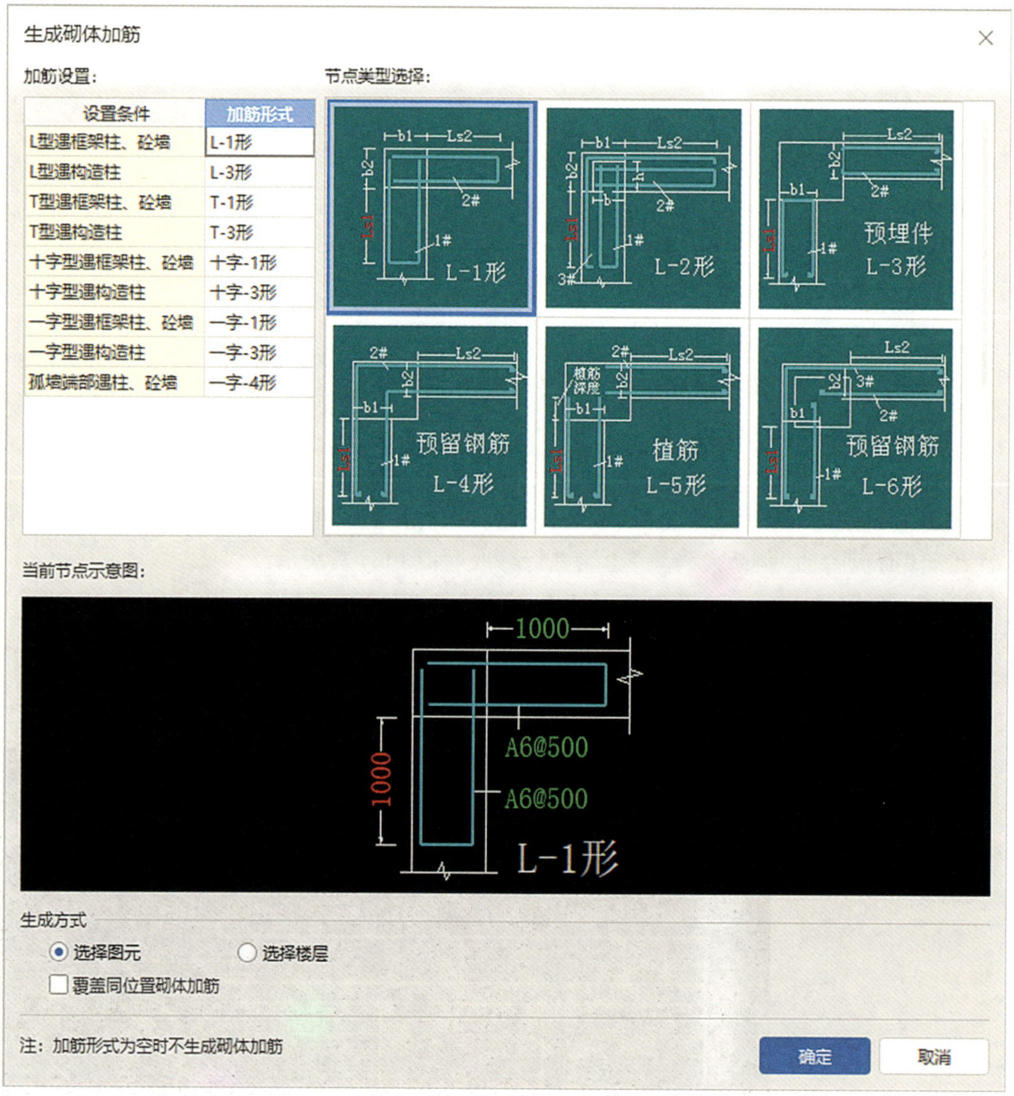

图 9.4.8 生成砌体加筋

课后练习与巩固

一、判断题

(1) 在 GTJ2025 软件中，剪力墙构件的识别顺序一般是提取剪力墙边线→提取墙标识→

提取门窗线→识别剪力墙。（　　）

(2) 软件在识别砌体墙后如将所有砌体墙都识别成内墙，可点选所有外墙，在属性列表中将内/外墙标志由内墙改为外墙即可。（　　）

(3) 在 GTJ2025 软件中，CAD 识别墙之前是否绘制好柱构件对识别墙操作无影响。（　　）

二、技能实操题

根据图纸，以 CAD 识别的方式完成二层墙的创建。

9.5 CAD 识别门窗洞

学习目标

能够运用 BIM 计量软件，通过 CAD 识别的方式创建二层门窗的三维模型，并基于三维模型辅助进行门窗工程量的统计。

9.5.1 任务描述

(1) 正确识读二层平面图及图纸设计说明中门窗洞口的相关图纸信息；

(2) 根据图纸以 CAD 识别的方式完成二层门窗的属性编辑及三维模型绘制；

(3) 完成二层门窗洞口的土建工程量统计。

【扫码演示】

9.5.2 任务实施

师说

知 识 卡

中国古代建筑的窗

向，原意指朝北开的窗户，在古代，向也指北面的窗户；

牖，会意字，本义指窗户，在墙上开的窗户称为牖，在屋内开的窗户称为囱；

轩，形声字，原指古代前顶较高且有帷幕的车子，用于形容窗户时，其含义为引申。

轩棂，也是窗户的雅称。

9.5.2.1 识别门窗表

在"图纸管理"中双击打开带门窗表的建施 21[门窗统计表及门窗放大图(一)]。在导航栏中选择"门"构件，点击"建模"选项卡下"识别门"面板中的"识别门窗表"，点击鼠标左键框选门窗统计表，点击鼠标右键确认，在弹出的"识别门窗表"窗口中，核对图纸中门窗统计表表格列表头与识别列表头的一致性，不一致时通过选择列表头下拉框进行修改，保留名称、宽度、高度、离地高度、类型及所属楼层，删除多余的行和列。点击"识别门窗表"，门窗表识别完成，如图 9.5.1 所示。

3#研发楼图纸中部分门窗离地高度在门窗统计表中列出，未列出的离地高度需要结合剖面图或立面图进行识读，如图 9.5.2 所示。

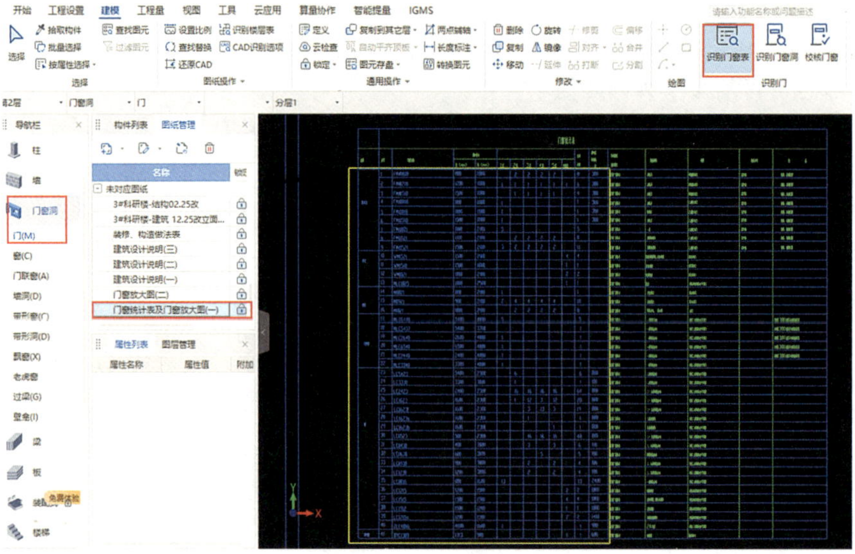

图 9.5.1　识别门窗表

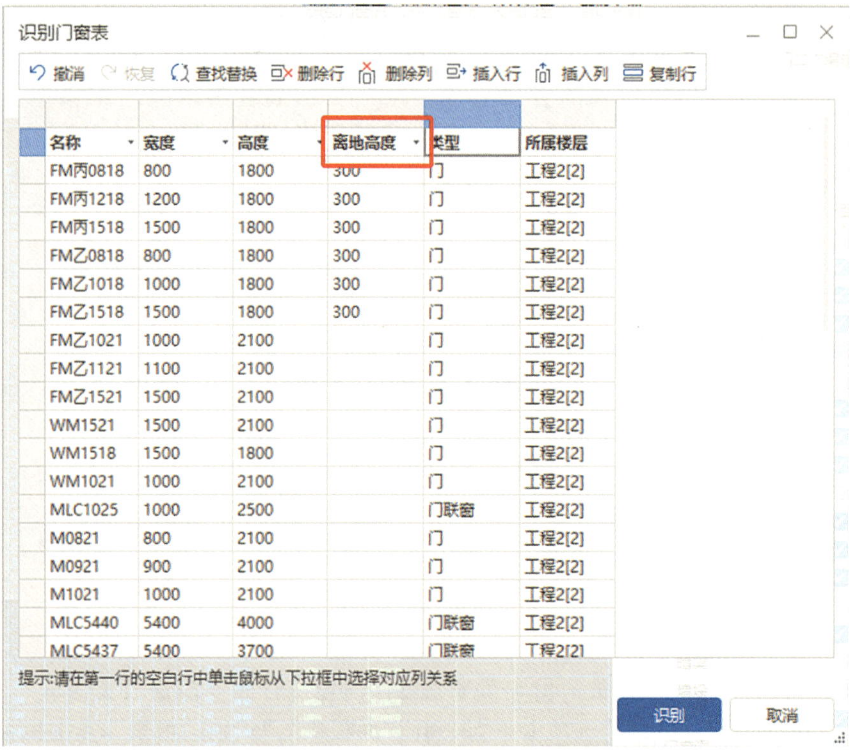

图 9.5.2　识别门窗表(离地高度)

9.5.2.2　识别门窗洞

在“图纸管理”中双击打开建施 04(二层平面图),点击“建模”选项卡下“识别门”面板中的“识别门窗洞”,按照提取门窗线、提取门窗洞标识及自动识别门窗洞的顺序进行门窗洞构件属性的识别。

(1) 提取门窗线：鼠标左键点击“提取门窗线”，由于识别砌体墙时门窗线已被提取，此处无须重复提取，直接提取门窗洞标识即可，如图 9.5.3 所示。

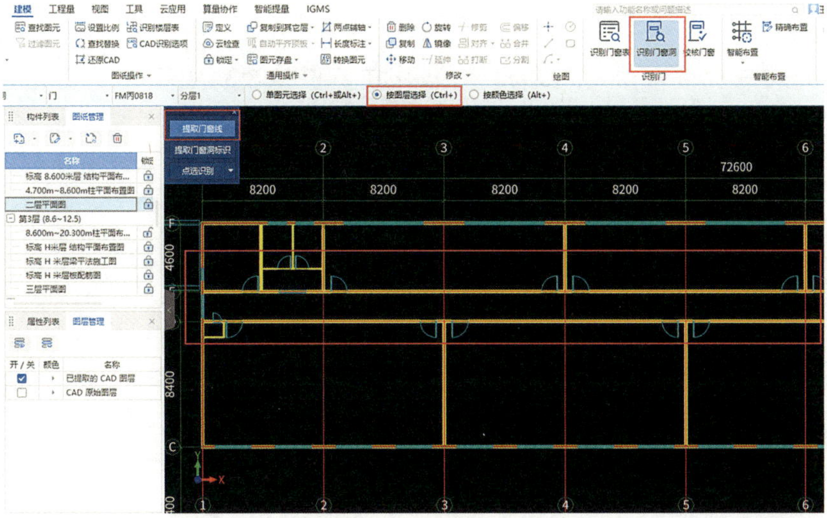

图 9.5.3　提取门窗线

(2) 提取门窗洞标识：默认“按图层选择”，点击鼠标左键选择建施 04(二层平面图)中所有门窗洞标识，可以看到图中所有的门窗线标识都变为蓝色，点击鼠标右键确认，门窗洞标识提取完成。

(3) 自动识别门窗洞：自动识别完成后，在弹出的“校核门窗”窗口显示“缺少匹配构件”及“未使用的标注”相关校核信息。如存在未创建的构件，软件可以根据名称格式进行门窗尺寸解析，如 M1123，自动反建 1100 mm×2300 mm 的门构件；对于未识别成功、缺少图元信息的问题，可双击“问题描述”手动绘制修改，修改完成后关闭“校核门窗”窗口，如图 9.5.4 所示。

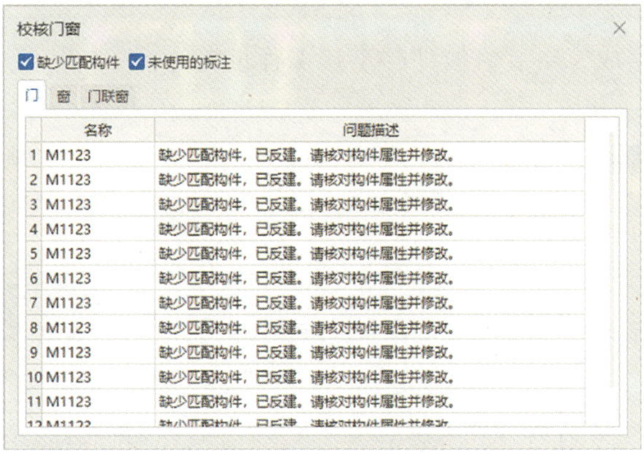

	名称	问题描述
1	M1123	缺少匹配构件，已反建。请核对构件属性并修改。
2	M1123	缺少匹配构件，已反建。请核对构件属性并修改。
3	M1123	缺少匹配构件，已反建。请核对构件属性并修改。
4	M1123	缺少匹配构件，已反建。请核对构件属性并修改。
5	M1123	缺少匹配构件，已反建。请核对构件属性并修改。
6	M1123	缺少匹配构件，已反建。请核对构件属性并修改。
7	M1123	缺少匹配构件，已反建。请核对构件属性并修改。
8	M1123	缺少匹配构件，已反建。请核对构件属性并修改。
9	M1123	缺少匹配构件，已反建。请核对构件属性并修改。
10	M1123	缺少匹配构件，已反建。请核对构件属性并修改。
11	M1123	缺少匹配构件，已反建。请核对构件属性并修改。

图 9.5.4　校核门窗

9.5.3　总结拓展

通常在识别门窗表时应增加离地高度列，尤其应注意窗的离地高度的准确设定，其高度设定会影响过梁的绘制及工程量统计，离地高度应为当前楼层底标高(结构标高)至窗底标高的距离。

课后练习与巩固

一、判断题

(1) CAD识别时若未创建门窗构件，软件可以根据名称格式进行门窗尺寸解析，如M0921，自动反建900 mm×2100 mm的门构件。 (　　)

(2) 识别门窗表时要注意修改窗的离地高度，如果门窗表里没有离地高度，要在识别完成后按照图纸修改窗构件属性。 (　　)

(3) GTJ2025软件可以识别飘窗构件。 (　　)

二、技能实操题

根据图纸，以CAD识别的方式完成二层门窗的创建。

9.6 CAD识别装修

学习目标

能够运用BIM计量软件，通过CAD识别的方式识别建筑装修构造做法表，创建二层装修构件的三维模型，并基于三维模型辅助进行装修构件土建工程量的统计。

9.6.1 任务描述

【扫码演示】

(1) 正确识读二层平面图及图纸设计说明中装修构造做法等相关图纸信息；

(2) 根据图纸，以CAD识别的方式完成二层装修构件的属性编辑及三维模型绘制；

(3) 完成二层装修构件的土建工程量统计。

9.6.2 任务实施

师说

知识卡

装饰装修其实自古就有，自从人类有了房子，人们就开始通过各种方式对室内进行装饰、配饰。在古代，大型的土木工程和装饰装修活动都隶属于"工部"，古代的装饰装修也叫修葺、修缮，主要的装修匠人有泥瓦匠、木匠、石匠、雕花匠、漆匠等。上下五千年的中华文明，也造就了多姿多彩的中式建筑历史。"雕梁画栋""亭台楼阁""雕栏玉砌"等词语都形象地展现了中华民族独特的建筑风格和气度。中式建筑的组合方式秉承均衡对称的原则，主要的建筑在中轴，次要建筑分列两厢，住宅、宫殿、庙宇的原则都是相同的，而其四平八稳的建筑空间，则反映了中国社会的伦理观念。

装修表的 CAD 识别分为按构件识别、按房间识别及识别 Excel 三种方式，3＃研发楼图纸建施 02 中的装修、构造做法以表格的形式列出，适合采用“按构件识别装修表”的方式。

双击“图纸管理”中建施 02 中的装修、构造做法表图纸，进行图纸切换，识别装修构造做法表。

在导航栏中选择“房间”构件，在“建模”选项卡下点击“按构件识别装修表”功能，鼠标左键拉框选择建施 02 中的装修构造做法表，点击鼠标右键确认。建施 02 中装修构造做法分三个表格列出，在识别时应依次进行识别。

在弹出的“按构件识别装修表”窗口中，核对图纸中装修构造做法表表格列表头与识别列表头的一致性，不一致时通过选择列表头下拉框进行修改，保留名称、类型及所属楼层，删除多余行与列。点击“识别”，装修表识别完成，如图 9.6.1 所示。

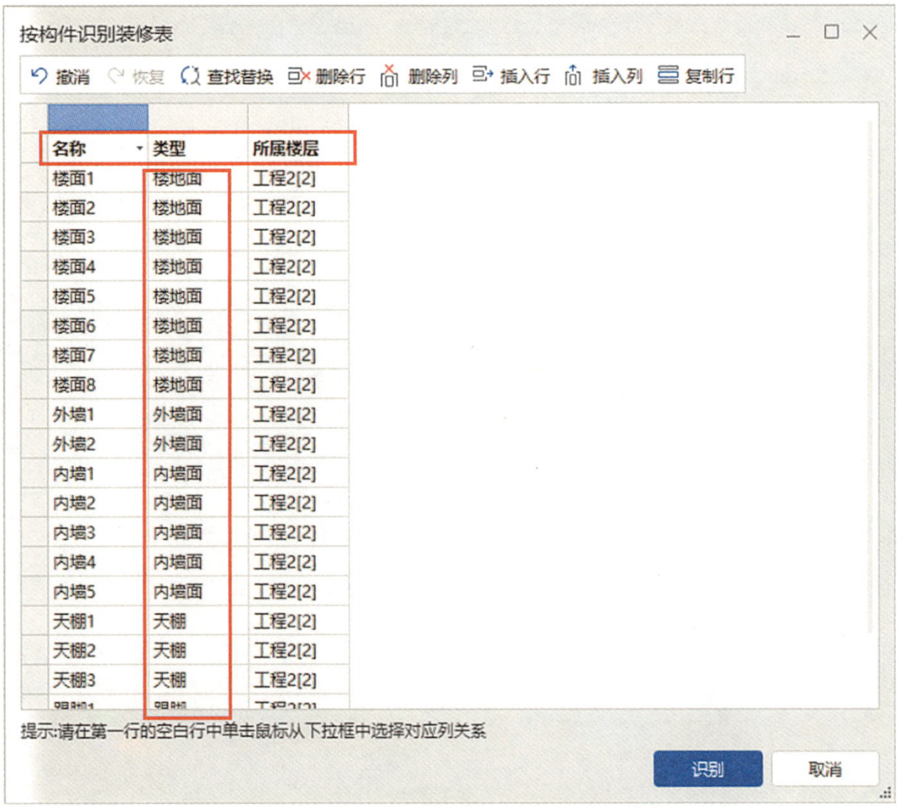

图 9.6.1　按构件识别装修表

装修构件识别完成后，需手工建立房间构件并添加依附构件，绘制方法同手工建模。

9.6.3　总结拓展

若图纸中明确了装修构件与房间的关系，可使用“按房间识别装修表”功能进行识别。需注意的是识别房间后，应在房间内手动修改各装修构件的属性，并利用“刷新装修图元”的功能进行刷新，依附于房间的装修构件属性会同步进行修改。

课后练习与巩固

一、判断题

(1) 若图纸中明确了装修构件与房间的关系,可使用“按构件识别装修表”功能进行识别。
( )

(2) 在GTJ2025软件中,装修表的CAD识别分为“按构件识别装修表”“按房间识别装修表”“识别Excel装修表”三种方式。 ( )

二、技能实操题

根据图纸,以CAD识别的方式完成二层装修构件的创建。

第四篇　工程计价

10 招标控制价编制

知识目标

(1) 掌握招标控制价文件的组成；
(2) 掌握招标控制价的编制方法。

能力目标

(1) 能够正确使用现行工程量清单计价规范及建筑工程定额；
(2) 能够运用云计价软件编制招标控制价。

素质目标

(1) 培养认真思考、严于律己的职业素养；
(2) 能够遵纪守法，勇于承担社会责任，增强专业服务意识。

10.1 招标项目结构创建

学习目标

熟悉工程计价软件的应用，掌握运用计价软件创建招标项目结构文件的方法。

10.1.1 任务描述

运用广联达云计价平台 GCCP6.0 创建 3＃研发楼招标项目、单项工程、单位工程，并完成项目信息的输入及取费设置。

【扫码演示】

10.1.2 任务实施

运用广联达云计价平台 GCCP6.0 创建 3＃研发楼工程招标项目的结构文件。

10.1.2.1 计价软件简介

广联达云计价平台 GCCP6.0 如图 10.1.1 所示，是一个利用云、大数据、人工智能技术，集成多种应用功能的平台，支持概算、预算、进度计量、结算、审核业务，实现工作高效化、数据标准化、应用智能化，达成造价数字化管理的目标。

10.1.2.2　新建项目

双击软件图标，进入登录界面，登录或单击“离线使用软件”后，进入广联达云计价平台，点击“新建预算”，如图 10.1.2 所示。

图 10.1.1　广联达云计价平台

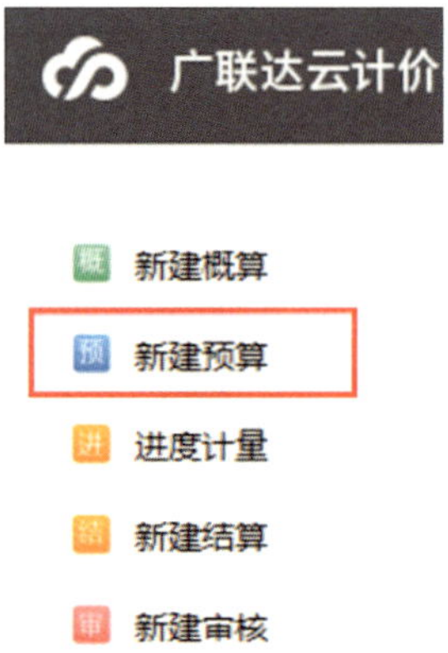

图 10.1.2　新建预算

10.1.2.3　创建工程招标项目

点击“招标项目”，进入招标项目界面，输入项目名称和编码，根据工程实际情况选择地区标准、定额标准、单价形式和计税方式。本项目建设地点在辽宁，选择“辽宁省 2017 房屋建筑与装饰工程定额”，单价形式为“综合单价”，计税方式为“增值税(一般计税方法)”，点击“立即新建”，如图 10.1.3 所示。

图 10.1.3　创建招标项目

10.1.2.4　创建单位工程

选择“单项工程”，单击鼠标右键，点击“重命名”，修改“单项工程”为“3＃研发楼工程”，如图 10.1.4 所示。鼠标左键点击“单位工程”，选择“建筑与装饰工程”，完成单位工程的创建，如图 10.1.5 所示；也可以鼠标右键单击“单位工程”，选择“快速新建单位工程”，选择“建筑与装饰工程”，如图 10.1.6 所示。

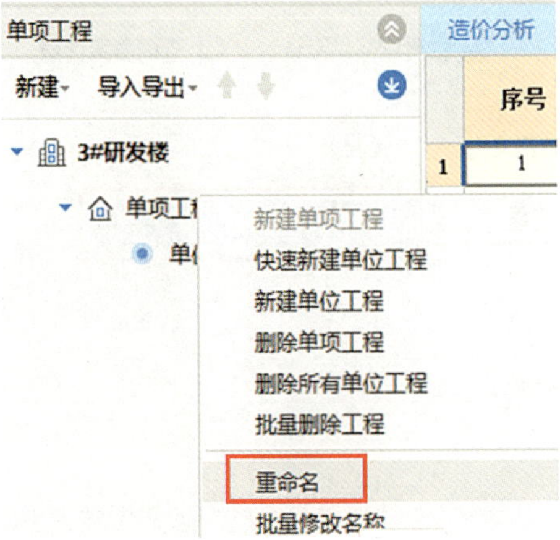

图 10.1.4 单项工程重命名

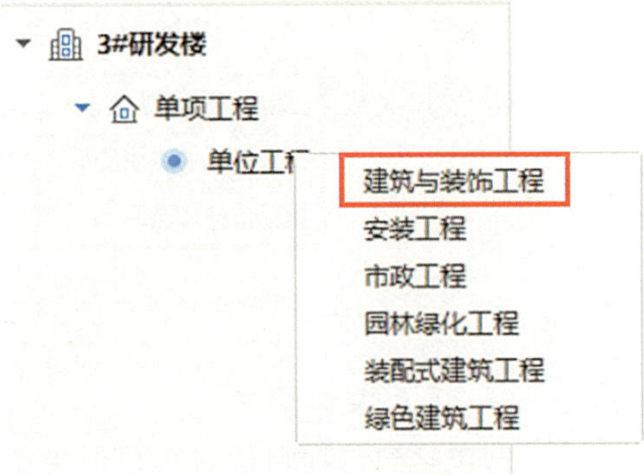

图 10.1.5 单位工程创建

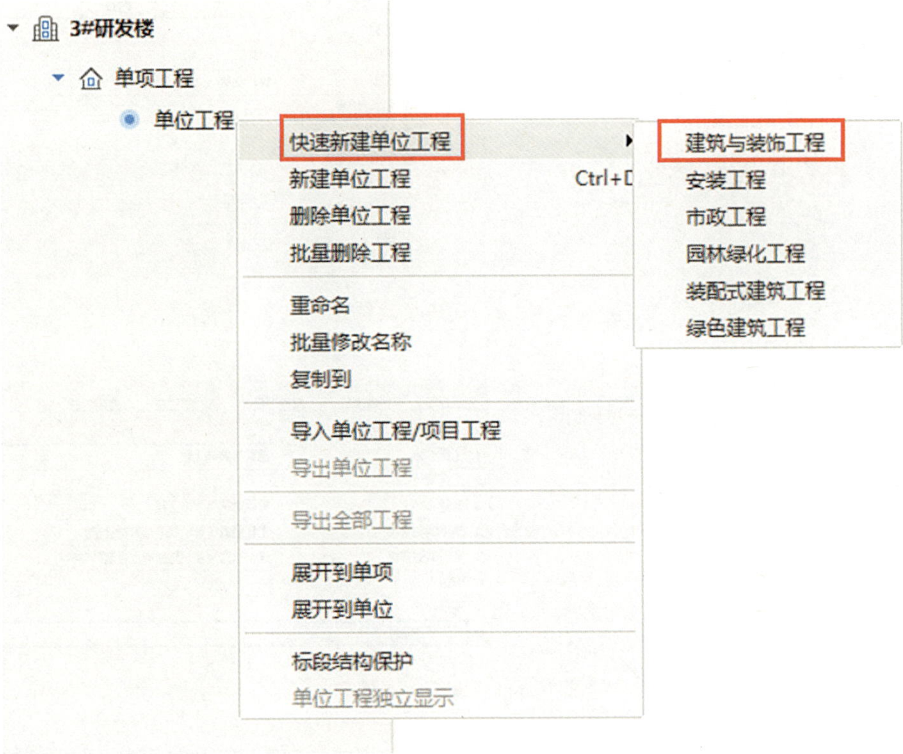

图 10.1.6 快速新建单位工程

10.1.2.5 取费设置

取费设置由软件根据新建项目的类型自动设置，费率按软件默认，也可以根据实际情况修改，如图 10.1.7 所示。

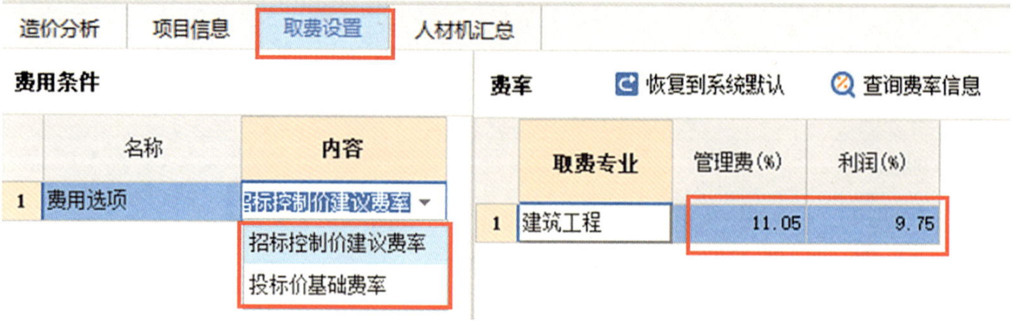

图 10.1.7 取费设置

10.1.2.6 输入项目信息

项目信息包括建设项目信息和单位工程信息，根据建设项目和单位工程的实际情况填写，其中红色字体信息在导出电子标书时为必填项，如图10.1.8和图10.1.9所示。

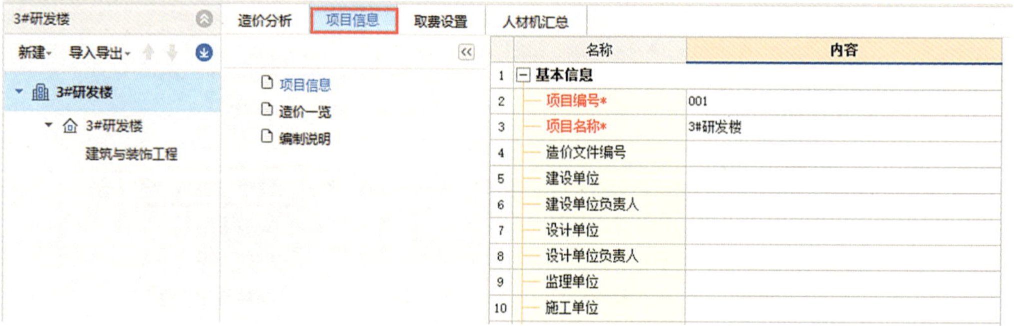

图 10.1.8 建设项目信息

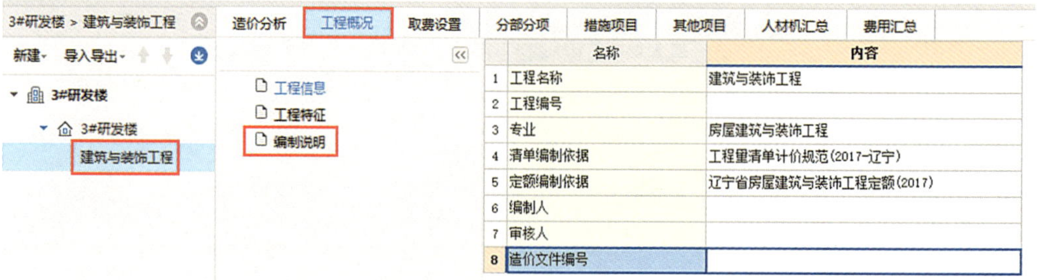

图 10.1.9 单位工程信息

招标控制价编制人需要根据工程概况、编制依据(招标文件、选用的定额、取费标准、施工图纸、其他相关材料)等信息填写建设项目编制说明和单位工程编制说明，如图10.1.9所示。

10.1.3 总结拓展

(1) 项目信息中的建筑面积应准确填写，建筑面积是造价分析的基础。

(2) 当一个建设项目下有多个单项工程时，可在建设项目下点击“新建”，选择“新建单项工程”，如图10.1.10所示，在弹出的对话框中输入单项工程名称即可。

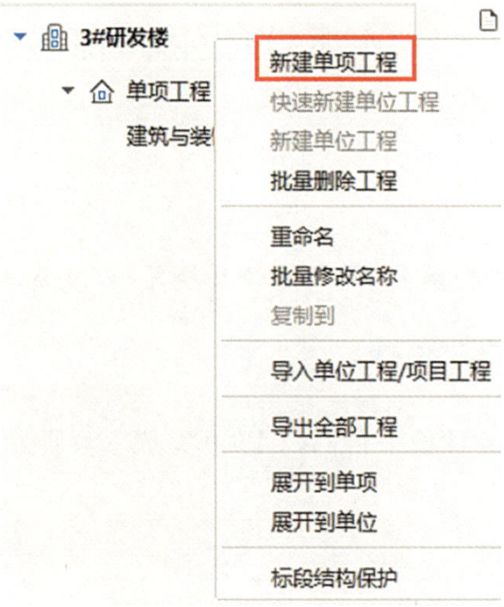

图 10.1.10　新建单项工程

师说　　**特别提示**

除《中华人民共和国招标投标法》《中华人民共和国招标投标法实施条例》外，项目在招投标阶段涉及的法律还有哪些？作为从业者，应具备相应的法律意识和职业道德。

课后练习与巩固

一、选择题

(1) 全部采用国有资金投资或以国有资金投资为主的建设项目，必须采用(　　)计价。

A. 工程量清单　　B. 定额

C. 工料单价　　D. 成本加酬金

(2) 工程量清单的准确性和完整性，由(　　)负责。

A. 招标人　　B. 投标人

C. 工程量清单编制人　　D. 设计人

(3) 根据现行建设项目工程造价构成的相关规定，工程造价是指(　　)。

A. 为完成工程项目建造，生产性设备及配合工程安装设备的费用

B. 建设期内直接用于工程建造、设备购置及其安装的建设投资

C. 为完成工程项目建设，在建设期内投入且形成现金流出的全部费用

D. 在建设期预计或实际支出的建设费用

二、技能实操题

根据图纸，在计价软件中完成3#研发楼招标项目结构的创建。

10.2 分部分项工程费计价

学习目标

掌握分部分项工程量清单的编制、定额选择及换算，以及清单、定额工程量的输入方法。

【扫码演示】

10.2.1 任务描述

运用广联达云计价平台 GCCP6.0 完成 3＃研发楼工程分部分项工程清单的编制与计价。

10.2.2 任务实施

10.2.2.1 输入清单

在“编制”选项卡下进入“分部分项”界面，点击“查询”，选择“查询清单”，根据工程图纸及施工方案进行清单项目选择，如图 10.2.1 所示。

图 10.2.1 查询清单

以 3＃研发楼工程现浇混凝土柱为例，根据“工程量清单计价规范(2017-辽宁)”，在查询窗口左侧导航栏中依次选择“混凝土、钢筋工程”→“混凝土”→“现浇混凝土柱”，双击右侧清单项“现浇混凝土柱 矩形柱”，即可输入现浇混凝土柱清单项目，如图 10.2.2 所示。

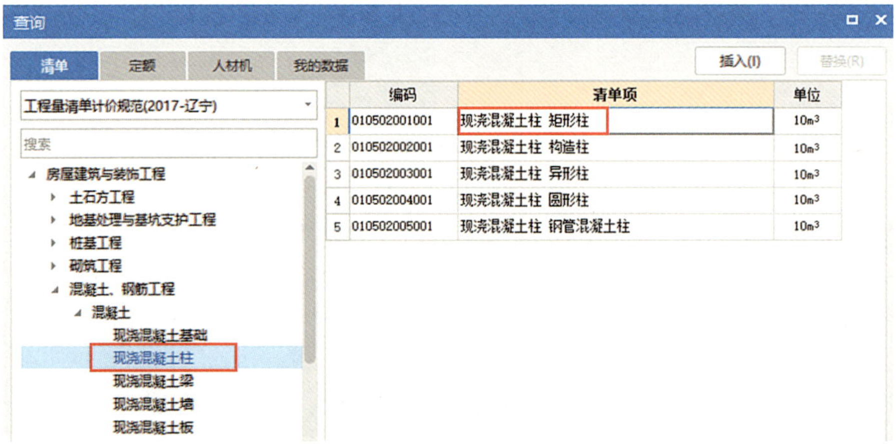

图 10.2.2 输入清单

10.2.2.2 描述项目特征

工程量清单项目特征应按《房屋建筑与装饰工程工程量计算规范》(GB 50854—2013)附录中规定的项目特征，结合拟建工程项目的实际情况予以描述。点击清单项中的“项目特征”框，填写项目特征，如图 10.2.3 所示。

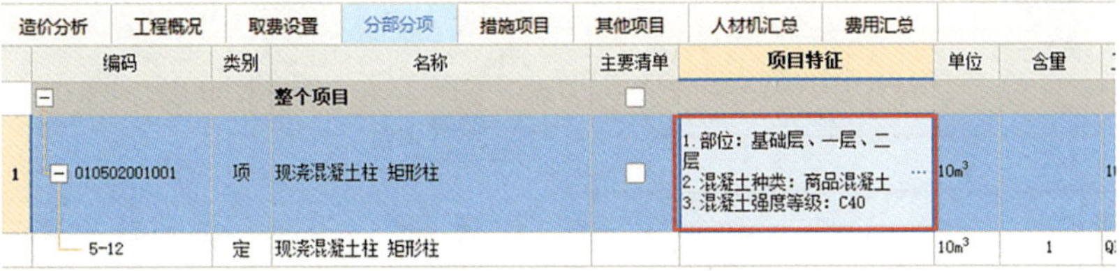

图 10.2.3 项目特征描述

10.2.2.3 补充清单及定额

对于工程中采用的新工艺，若其在清单或定额中尚未编制，则需要自行补充。单击“补充”，分别添加“清单”及“子目”项目，如图 10.2.4 所示。

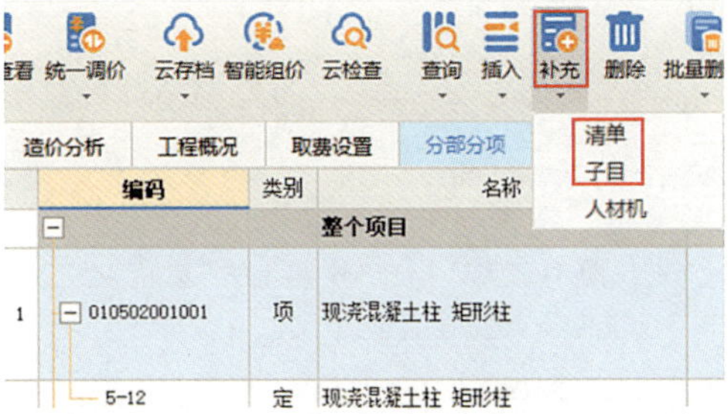

图 10.2.4 补充清单

以补充“外购土方”清单项目为例，单击“补充”，选择“清单”，补充清单编码“01B001”，清单项编码的格式一般为“专业代码+B+三位顺序码”。在弹出的“补充清单”窗口中输入清单项名称“外购土方”，在下拉菜单中选择单位“m³”，在“项目特征”中输入“1.来源：×××工地现场 2.运距：15 km”，点击“确定”，完成清单项目补充，如图 10.2.5 所示。

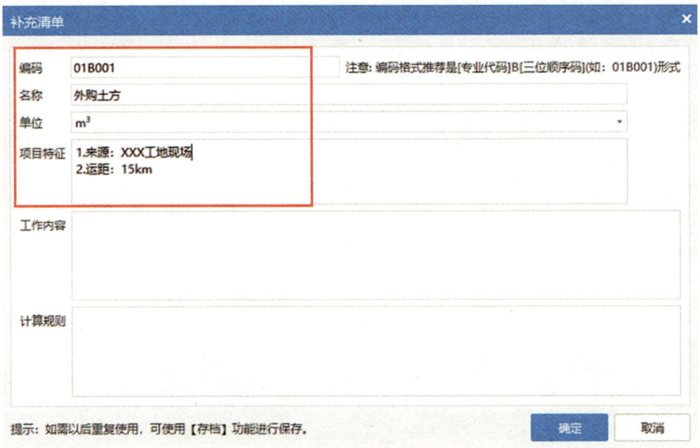

图 10.2.5 补充“外购土方”清单

在“外购土方”清单项目下，单击“补充”，选择“子目”，可直接填写“单价”，或分别填写“人工费”“材料费”“机械费”等，如图10.2.6所示，即可完成补充清单及子目，如图10.2.7所示。

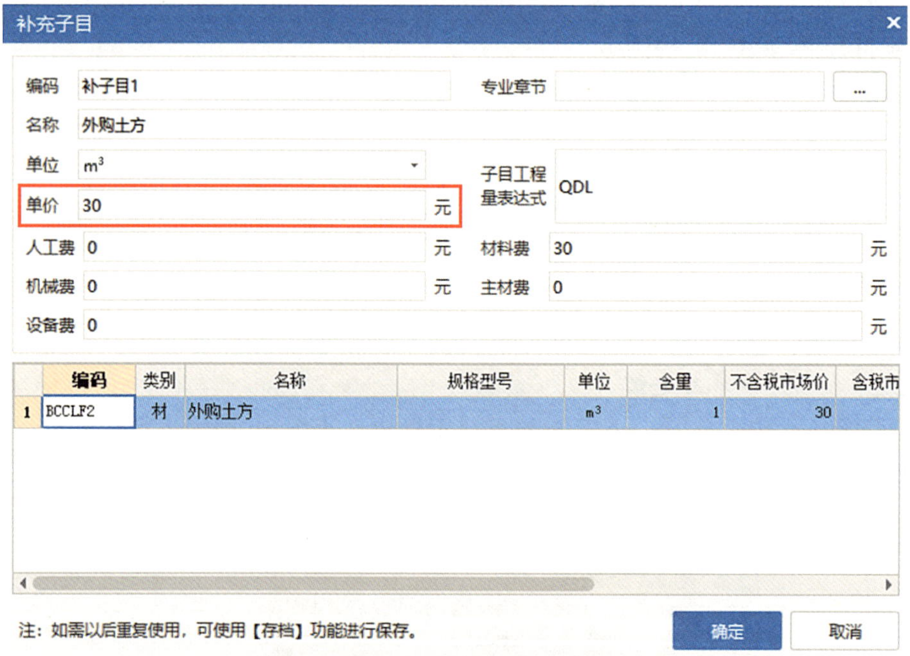

图10.2.6　补充“外购土方”单价

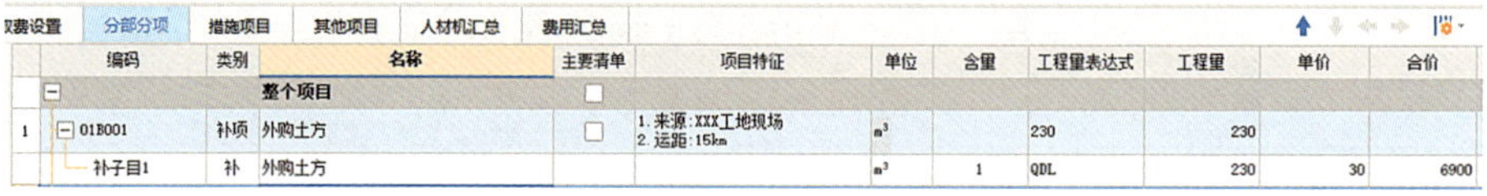

图10.2.7　补充“外购土方”子目

10.2.2.4　整理清单

为了使工程量清单更加清晰易懂，可以进行清单分类整理。单击“整理清单”→“分部整理”，如图10.2.8所示，弹出“分部整理”对话框，如图10.2.9所示，根据需要选择按专业、章、节整理，单击“确定”，完成清单整理。

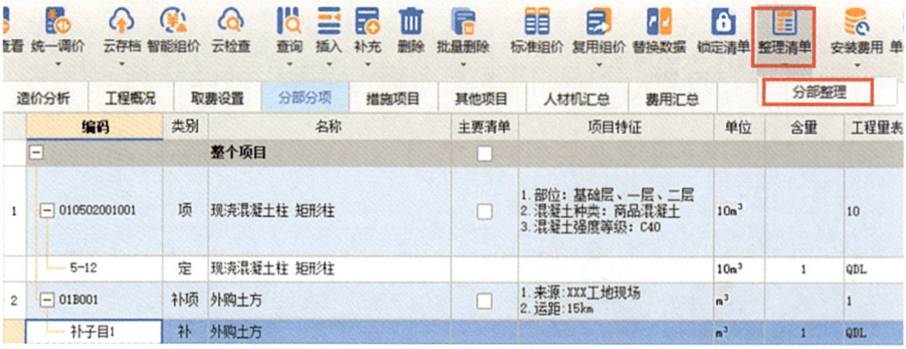

图10.2.8　整理清单

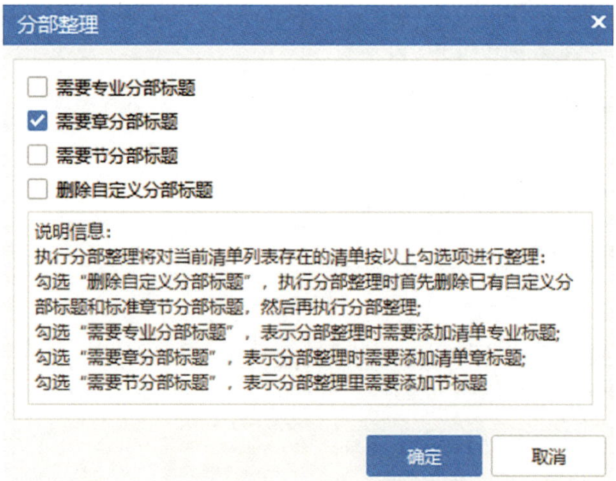

图 10.2.9　分部整理

10.2.2.5　插入清单、子目

如果清单中有遗漏的清单项目或定额子目，可以点击“插入”，选择“插入清单”“插入子目”进行添加，如图 10.2.10 所示。

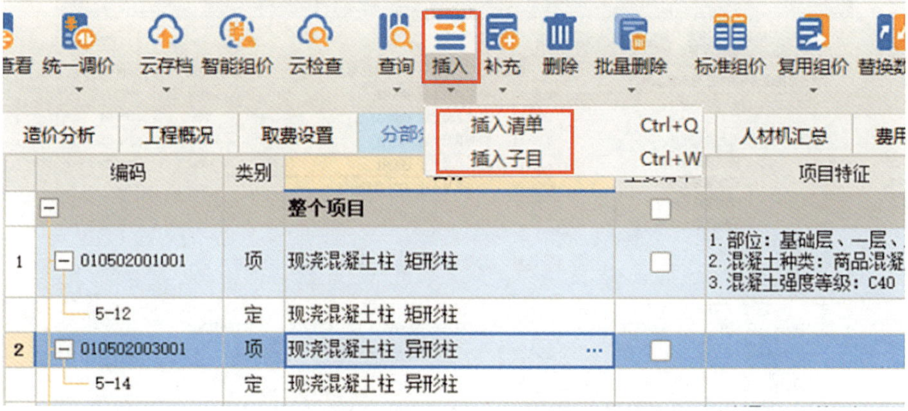

图 10.2.10　插入清单、子目

10.2.2.6　替换子目

如果发现选择的定额子目不合适，可选中该定额子目，点击鼠标右键，点击“查询”→“查询定额”，选择相应子目进行“替换”，如图 10.2.11、图 10.2.12 所示。

10.2.2.7　定额换算

当图纸设计与定额子目的内容不一致时，应进行定额换算。定额换算一般分为标准换算、批量系数换算和材料换算。

(1) 标准换算

① 混凝土、砂浆强度等级换算

根据图纸设计进行换算，例如 3＃研发楼工程中构造柱的混凝土强度等级为 C25，选择构造柱定额子目，在“标准换算”下选择“预拌混凝土 C25”，完成强度等级换算，如图 10.2.13 所示。

图 10.2.11　查询子目

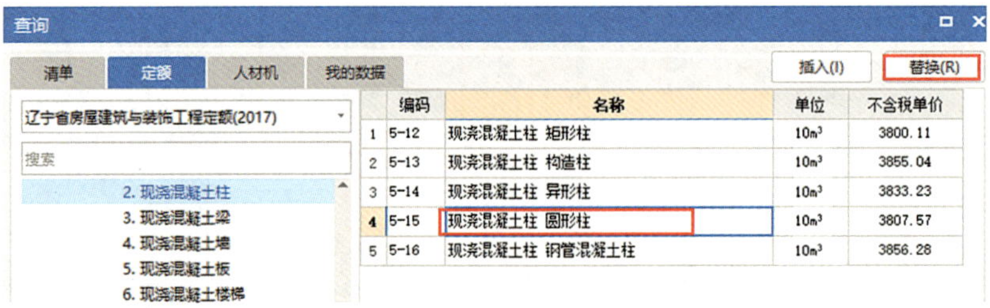

图 10.2.12　替换子目

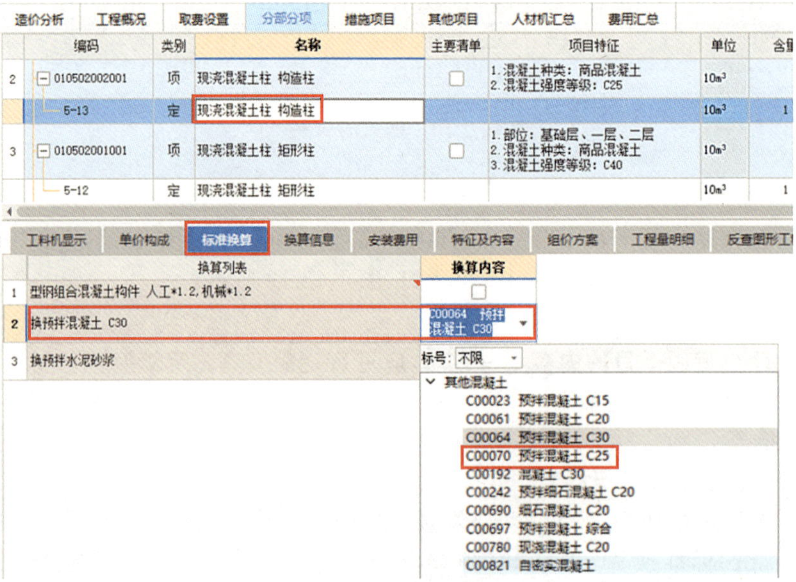

图 10.2.13　标准换算

② 人材机系数调整

如果砌体墙为弧形墙，根据辽宁省 2017 年《房屋建筑与装饰工程定额》的规定，相应人工用量应乘以系数 1.1，材料含量乘以 1.03，可以在"标准换算"下直接勾选进行换算，如图 10.2.14 所示，软件自动进行人工费、材料费调整，也可以直接在定额子目"编码"后输入"空格 R＊1.1，C＊1.03"，完成人材机系数调整。

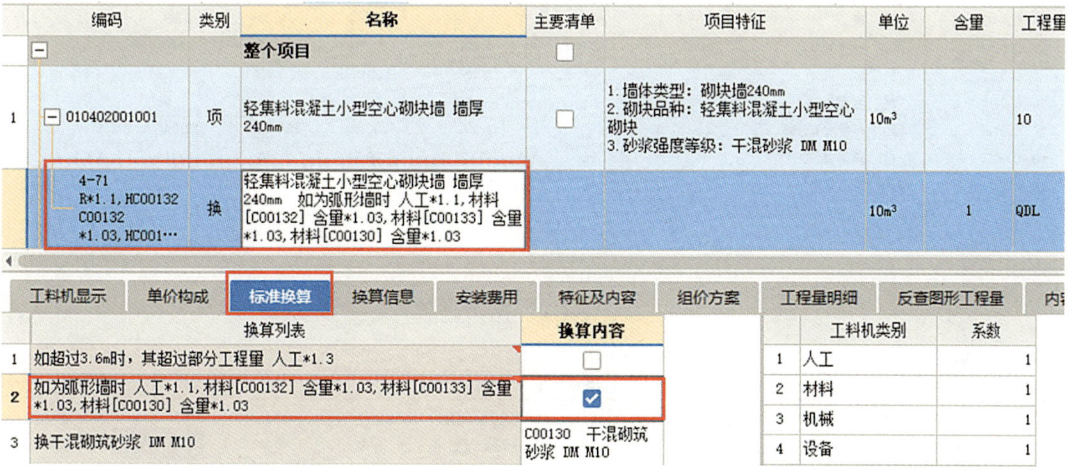

图 10.2.14　定额系数调整

实际工程中，可根据施工工艺、材料用量等需求，调整定额子目的人材机系数，如图 10.2.15 所示。

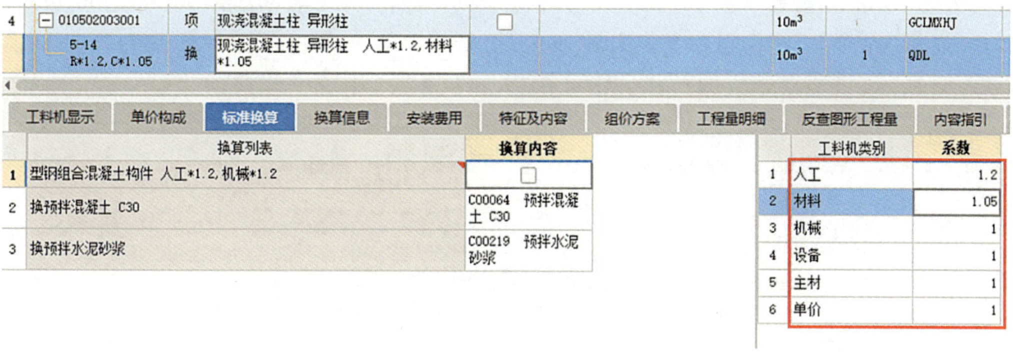

图 10.2.15　人材机系数调整

(2) 批量系数换算

若清单中的某些项目换算系数相同时，可同时选择这些清单项目，点击"其他"，选择"批量换算"，如图 10.2.16 所示，在弹出的"批量换算"对话框中进行换算即可，如图 10.2.17所示。

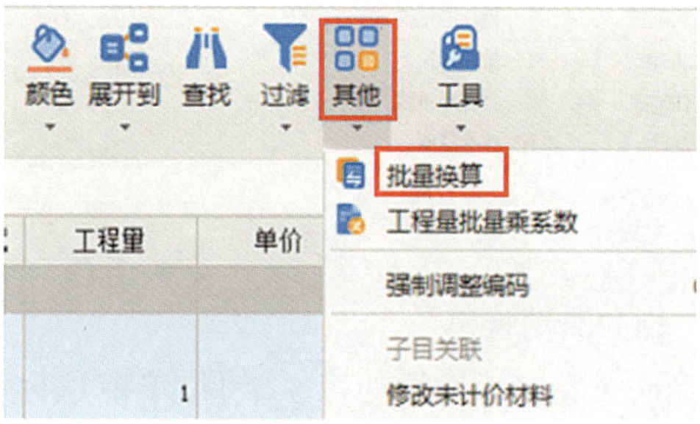

图 10.2.16　批量换算

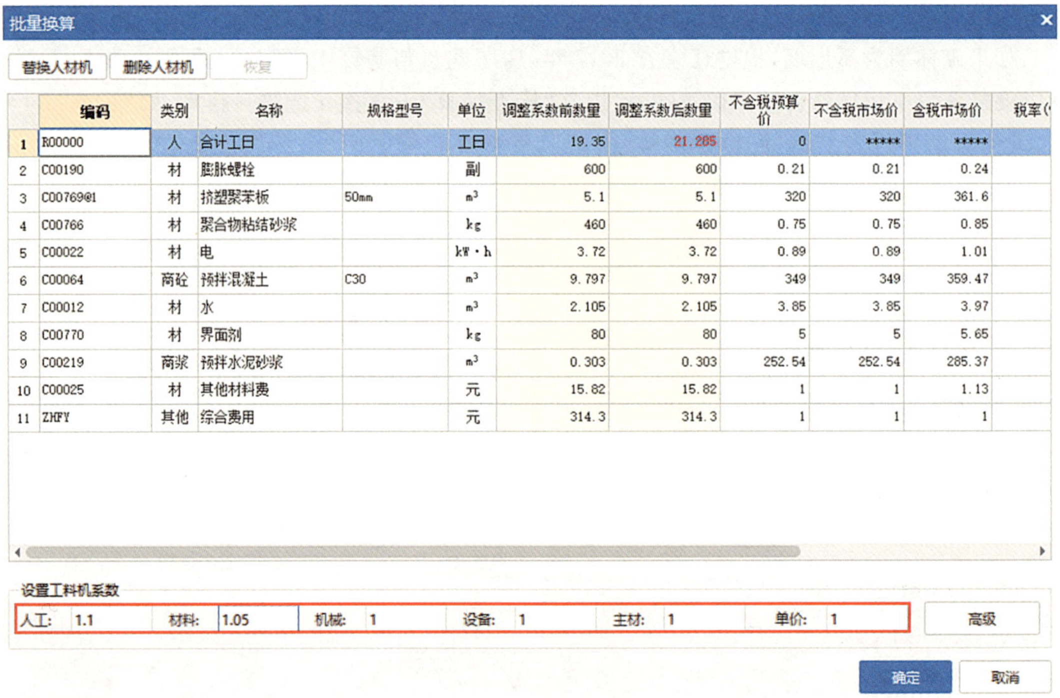

	编码	类别	名称	规格型号	单位	调整系数前数量	调整系数后数量	不含税预算价	不含税市场价	含税市场价	税率(
1	R00000	人	合计工日		工日	19.35	21.285	0	*****	*****	
2	C00190	材	膨胀螺栓		副	600	600	0.21	0.21	0.24	
3	C00769@1	材	挤塑聚苯板	50mm	m³	5.1	5.1	320	320	361.6	
4	C00766	材	聚合物粘结砂浆		kg	460	460	0.75	0.75	0.85	
5	C00022	材	电		kW·h	3.72	3.72	0.89	0.89	1.01	
6	C00064	商砼	预拌混凝土	C30	m³	9.797	9.797	349	349	359.47	
7	C00012	材	水		m³	2.105	2.105	3.85	3.85	3.97	
8	C00770	材	界面剂		kg	80	80	5	5	5.65	
9	C00219	商浆	预拌水泥砂浆		m³	0.303	0.303	252.54	252.54	285.37	
10	C00025	材	其他材料费		元	15.82	15.82	1	1	1.13	
11	ZHFY	其他	综合费用		元	314.3	314.3	1	1	1	

图 10.2.17　批量换算系数调整

(3) 材料换算

如果图纸设计中的材料与定额子目中的材料不相符,需要对材料进行换算。例如外墙保温材料为 50 mm 挤塑聚苯板,定额中没有对应子目,选择“墙面聚苯乙烯板 厚度 50 mm”,在“工料机显示”界面下,将保温材料名称修改为“挤塑聚苯板”,规格及型号修改为“50 mm”,如图 10.2.18 所示,挤塑聚苯板的材料价格可在“人材机汇总”中统一调整。

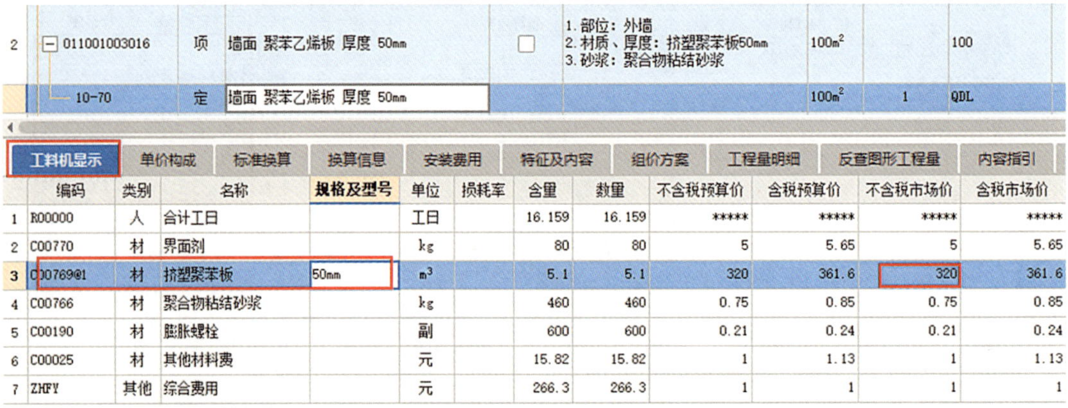

	编码	类别	名称	规格及型号	单位	损耗率	含量	数量	不含税预算价	含税预算价	不含税市场价	含税市场价
1	R00000	人	合计工日		工日		16.159	16.159	*****	*****	*****	*****
2	C00770	材	界面剂		kg		80	80	5	5.65	5	5.65
3	C00769@1	材	挤塑聚苯板	50mm	m³		5.1	5.1	320	361.6	320	361.6
4	C00766	材	聚合物粘结砂浆		kg		460	460	0.75	0.85	0.75	0.85
5	C00190	材	膨胀螺栓		副		600	600	0.21	0.24	0.21	0.24
6	C00025	材	其他材料费		元		15.82	15.82	1	1.13	1	1.13
7	ZHFY	其他	综合费用		元		266.3	266.3	1	1	1	1

图 10.2.18　材料换算

(4) 取消换算

选中要取消换算的定额子目,单击鼠标右键,选择“取消换算”,如图 10.2.19 所示;或者在“换算信息”下选中“换算说明”,单击鼠标右键,选择“删除”即可取消换算,如图 10.2.20 所示。

图 10.2.19　取消换算

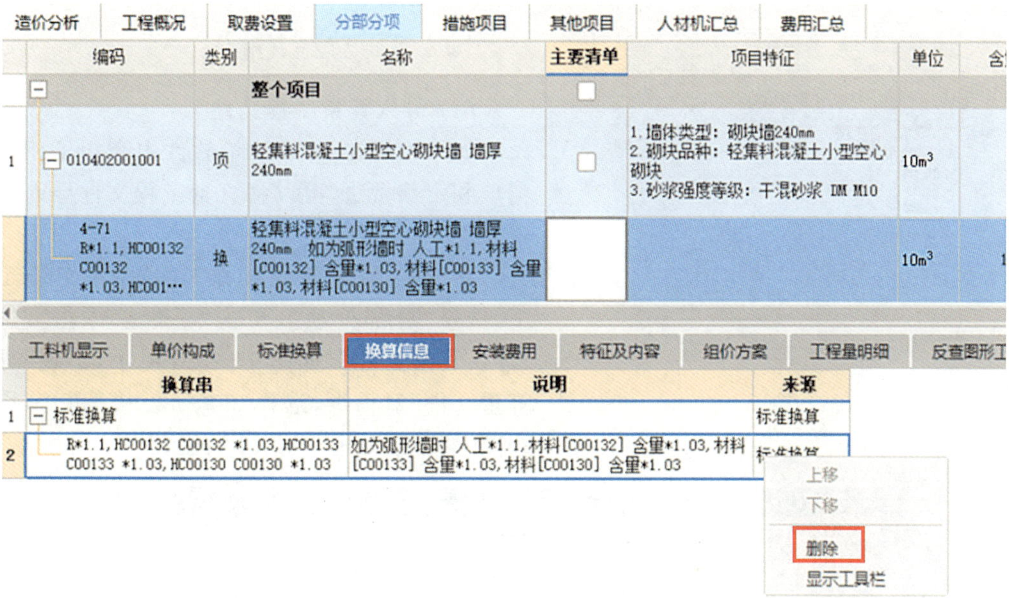

图 10.2.20　删除换算

10.2.2.8　工程量输入

在实际工作中，清单工程量一般通过算量软件提取，当所需工程量由多个部位的工程量相加而来时，可以在“工程量表达式”中输入计算式，按回车键，软件自动完成工程量计算，并将计算过程保留在清单项中，如图 10.2.21 所示；也可以在此清单项下的“工程量明细”中输入计算式，方便查看和核对工程量计算过程，如图 10.2.22 所示。

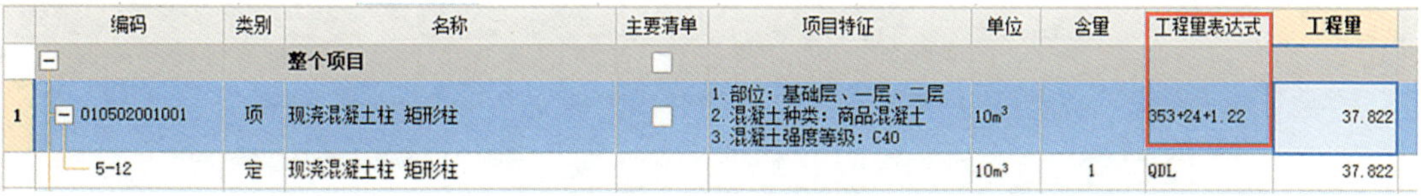

图 10.2.21　输入工程量

图 10.2.22　输入计算式

10.2.3　总结拓展

（1）导入算量工程文件

如果已经在 BIM 计量软件中套用了相应的清单和定额做法，可以将算量工程文件导入云计价软件。

在导航栏“建筑与装饰工程”中的单位工程下，选择“分部分项”，单击“量价一体化”，选择“导入算量文件”，如图 10.2.23 所示，出现“导入算量文件”对话框，选择“3＃研发楼 GTJ”，点击“导入”按钮，如图 10.2.24 所示。

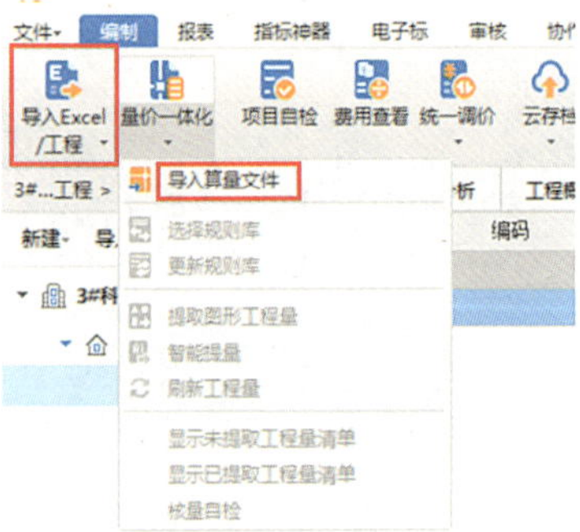

图 10.2.23　导入算量文件

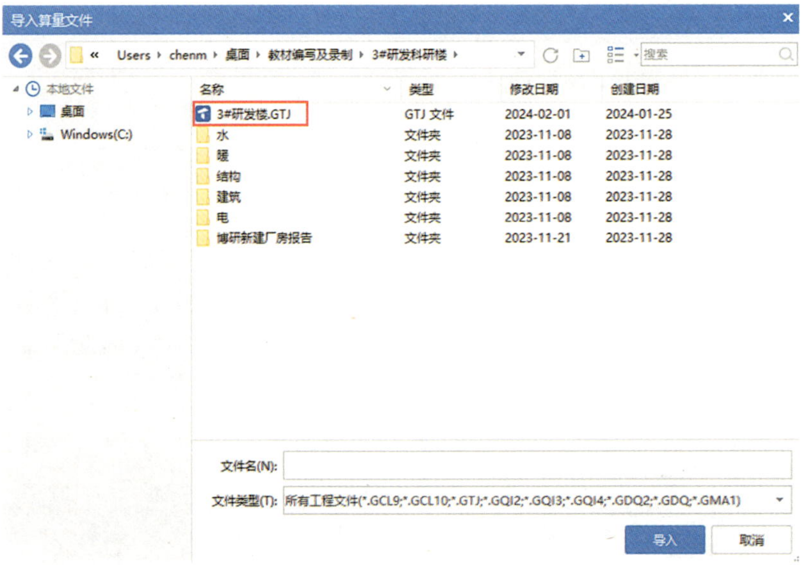

图 10.2.24　导入“3＃研发楼”

弹出“对比导入”窗口，在需要导入的“清单项目”中勾选清单和定额项目后，单击“导入”按钮，完成算量工程文件的导入，如图 10.2.25 所示。

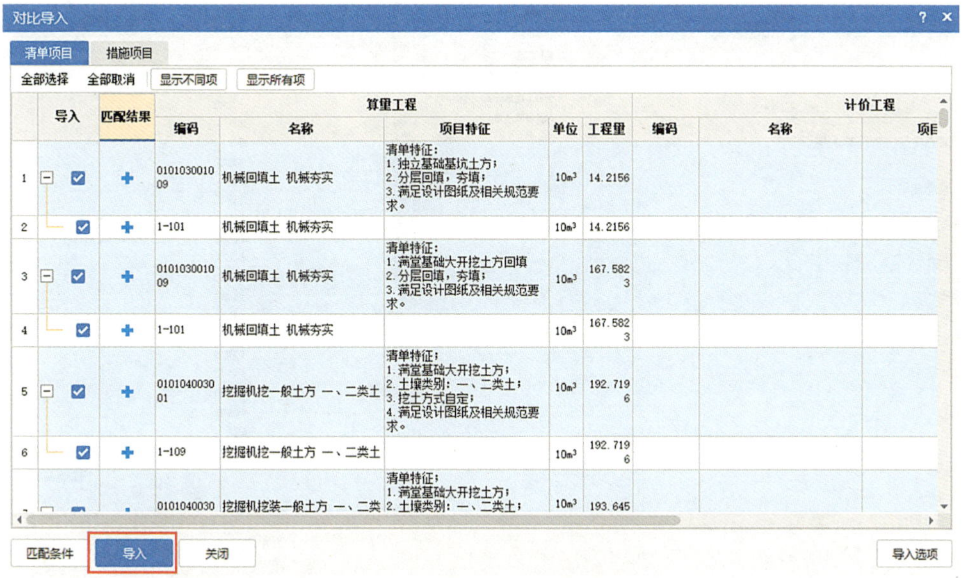

图 10.2.25　勾选清单和定额项目

（2）页面显示列设置

在“分部分项”界面下，单击鼠标右键，选择“页面显示列设置”，弹出“页面显示列设置”窗口，修改显示列选项，如图 10.2.26 所示。

图 10.2.26　页面显示列设置

（3）设置工程量精度

在“文件”下选择“选项”，如图 10.2.27 所示，在弹出的窗口中选择“清单工程量精度”，勾选“按单位设置清单工程量精度”，如图 10.2.28 所示。

图 10.2.27　选项

图 10.2.28　设置工程量精度

（4）强制修改综合单价

在“分部分项”界面下，在清单行点击鼠标右键，选择“强制修改综合单价”，弹出“强制修改综合单价”窗口，输入要调整的综合单价。要求保留组价内容时，选择“分摊到子目工程量”或“分摊到工料机含量”，不需要保留组价时去掉勾选。当有些材料不参与分摊设置时，对不参与分摊的材料进行勾选，如图 10.2.29 所示，点击“确定”，强制修改综合单价后，清单综合单价会锁定。

图 10.2.29　强制修改综合单价

师说　**特别提示**

工程计价具有多次性。作为从业者，面对繁复的造价工作时应保持什么样的工作态度？

课后练习与巩固

一、选择题

(1) 新建工程时，快速修改单位工程、单项工程名称的操作是(　　)。

A. 批量修改名称　　B. 重命名　　C. 复制　　D. 导出工程

(2) 按照专业、章、节整理清单的操作是(　　)。

A. 清单排序　　B. 整理工作内容　　C. 分部整理　　D. 分项整理

(3) 工程计价是一个逐步组合的过程，正确的造价组合过程是(　　)。

A. 单位工程造价→分部分项工程造价→单项工程造价

B. 单位工程造价→单项工程造价→分部分项工程造价

C. 分部分项工程造价→单位工程造价→单项工程造价

D. 分部分项工程造价→单项工程造价→单位工程造价

二、技能实操题

根据图纸，在计价软件中完成3#研发楼分部分项工程费计价的编制。

10.3　措施项目费计价

学习目标

掌握措施项目费的构成，掌握利用计价软件进行技术措施费、一般措施费及其他措施费计价的方法。

10.3.1　任务描述

运用广联达云计价平台GCCP6.0完成3#研发楼措施项目费的计价。

【扫码演示】

10.3.2　任务实施

10.3.2.1　措施项目费构成

措施项目费是指为完成建设工程施工，发生于该工程施工前和施工过程中的技术、生活、安全、环境保护等方面的费用。根据2017年《辽宁省建设工程费用标准》，措施项目费包括技术措施费、一般措施项目费和其他措施项目费。

(1) 技术措施费：指工程定额中规定的，在施工过程中耗费的可以计量的非工程实体项目的费用，包括脚手架费、混凝土模板及支架费、垂直运输费、超高增加费、大型机械设备进出场及安拆费、施工排水及井点降水费、临时设施费等。

(2) 一般措施项目费：指工程定额中规定的，措施项目中不包括的且不可计量的，为完成工程项目施工，发生于该工程施工前和施工过程中的非工程实体项目的费用，一般工程均有此费用，内容包括安全施工费、环境保护和文明施工费及雨季施工费等。

(3) 其他措施项目费：指工程定额中规定的，措施项目中不包括的且不可计量的，为完成工程项目施工，发生于该工程施工前和施工过程中的非工程实体项目的费用，仅特定工程或特殊条件下有此费用，内容包括夜间施工增加费、二次搬运费、冬季施工费、已完工程及设备保护费、市政工程施工干扰费等。

10.3.2.2　技术措施费计价

技术措施费计价采用分部分项工程清单计价的方式，以工程量乘以相应的综合单价计取，计入分部分项工程费，如图 10.3.1 所示。

	编码	类别	名称	主要清单	项目特征	单位	含量	工程量表达式	工程量	单价	合价	综合单价
B1	A.17		措施项目									
1	011702001001	项	现浇混凝土模板 基础垫层 复合模板		1.构件类型：垫层 2.模板材质：材质综合考虑 3.模板搭设高度：综合考虑 4.其他：符合图纸设计要求、招标文件要求，竣工验收规范标准、现场实际情况和建设单位要求等。	100m²		179.53+19.36	1.9889			4644.22
	17-123	定	现浇混凝土模板 基础垫层 复合模板			100m²	1	QDL	1.9889	4570.86	9090.98	4644.22
2	011702001025	项	现浇混凝土模板 满堂基础 无梁式 复合模板 木支撑		1.构件类型：满堂基础 2.模板材质：材质综合考虑 3.模板搭设高度：综合考虑 4.其他：符合图纸设计要求、招标文件要求，竣工验收规范标准、现场实际情况和建设单位要求等。	100m²		95.04	0.9504			4413.54
	17-147	定	现浇混凝土模板 满堂基础 无梁式 复合模板 木支撑			100m²	1	QDL	0.9504	4317.71	4103.55	4413.54

图 10.3.1　技术措施费

10.3.2.3　一般措施费计价

一般措施费计价采用费率法，以计算基数乘以相应费率计取，计入措施项目费。根据 2017 年《辽宁省建设工程费用标准》，文明施工和环境保护费、雨季施工费均以辽宁省《房屋建筑与装饰工程定额》第 1 章、第 16 章中规定的人工费与机械费之和的 35%，以及《房屋建筑与装饰工程定额》第 2～15 章、第 17 章中规定的人工费与机械费之和为取费基数，招标控制价费率均为 0.85%，如图 10.3.2 所示。安全施工措施费以建筑安装工程不含本项费用的税前造价为取费基数，房屋建筑与装饰工程的费率为 2.27%，市政工程、通用安装工程为 1.71%，该项单独计入费用汇总中，如图 10.3.3 所示。

造价分析　工程概况　取费设置　分部分项　措施项目　其他项目　人材机汇总　费用汇总

	序号	类别	名称	单位	组价方式	计算基数	费率(%)	工程量
			措施项目					
	(一)		一般措施项目费(不含安全施工措施费)					
1	011707001001		文明施工和环境保护费	项	计算公式组价	RGFYSJ+JXFYSJ-(RGFYSJ_TSFCCGC+JXFYSJ_TSFCCGC)*0.65	0.85	1
2	011707005001		雨季施工费	项	计算公式组价	RGFYSJ+JXFYSJ-(RGFYSJ_TSFCCGC+JXFYSJ_TSFCCGC)*0.65	0.85	1

图 10.3.2　一般措施项目费

造价分析　工程概况　取费设置　分部分项　措施项目　其他项目　人材机汇总　费用汇总

序号	费用代号	名称	计算基数	基数说明	费率(%)
1	A	分部分项工程费	FBFXHJ	分部分项合计	
2	B	措施项目费	CSXMHJ	措施项目合计	
2.1	B1	其中：文明施工与环境保护费	CSF_WM	文明施工和环境保护费	
3	C	其他项目费	QTXMHJ	其他项目合计	
4	D	规费	D1 + D2 + D3 + D4 + D5	社会保障费+住房公积金+工程排污费+其它+工伤保险	
4.1	D1	社会保障费	RGFYSJ+JXFYSJ	人工费预算价+机械费预算价	10
4.2	D2	住房公积金	RGFYSJ+JXFYSJ	人工费预算价+机械费预算价	3
4.3	D3	工程排污费			
4.4	D4	其它			
4.5	D5	工伤保险			
5	E	安全施工措施费	A+B+C+D+G	分部分项工程费+措施项目费+其他项目费+规费+人工费动态调整	2.27

图 10.3.3　安全施工措施费

10.3.2.4　其他措施费计价

其他措施费应根据工程实际情况计取。

(1) 夜间施工增加费和白天施工需要照明费按表 10.3.1 计算，其中工日为符合夜间施工和白天施工需要照明条件的工程量对应的定额工日数。

表 10.3.1　夜间施工增加费和白天施工需要照明费计算表　　单位：元/工日

项目	合计	夜餐补助费	工效降低和照明设施折旧费
夜间施工	32	10	22
白天施工需要照明	22	—	22

(2) 二次搬运费，按批准的施工组织设计或签证计算。

(3) 冬季施工费。冬季施工工程量为在达到冬季标准（气候学上，平均气温连续 5 天低于 5 ℃）的气候条件下发生的工程量，冬季施工费以辽宁省《房屋建筑与装饰工程定额》第 1 章、第 16 章中规定的人工费与机械费之和的 35%，以及《房屋建筑与装饰工程定额》第 2～15 章、第 17 章中规定的人工费与机械费之和为取费基数，招标控制价费率为 4.75%，本工程不涉及冬季施工，费率取 0，如图 10.3.4 所示。

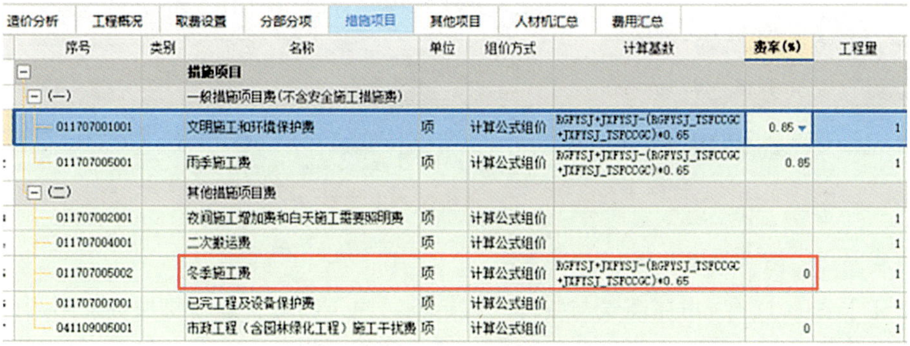

图 10.3.4　冬季施工费

(4) 已完工程及设备保护费，按批准的施工组织设计或签证计算。

(5) 市政工程(含园林绿化工程)施工干扰费，仅对符合发生市政工程干扰情形的工程项目或项目的一部分，按对应工程量的人工费与机械费之和 4%计取该项费用，本工程不涉及市政干扰情形，费率取 0，如图 10.3.5 所示。

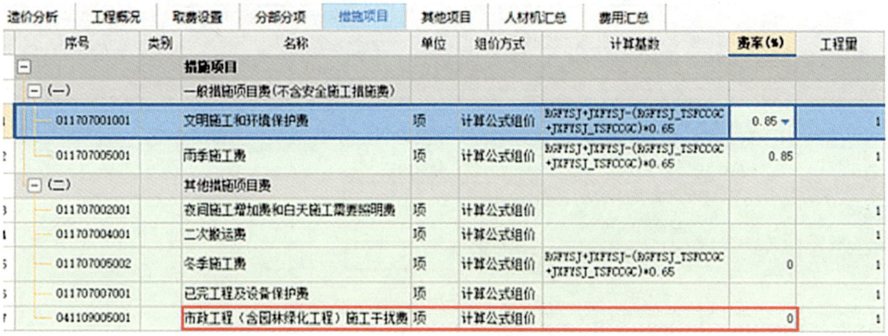

图 10.3.5　市政工程费

10.3.3 总结拓展

（1）模板超高支撑费

根据2017年辽宁省《房屋建筑与装饰工程定额》，现浇钢筋混凝土柱、梁、板、墙的支模高度是指设计室内地坪至板底、梁底，或板面至板底、梁底之间的高度，以3.6 m为超高界限。超过3.6 m部分的模板超高支撑费用，按超过部分模板面积套用相应定额并乘以1.2的 n 次方（n 为超过3.6 m后每超过1 m的次数，超过高度不足1 m时，舍去不计）计取。支模高度超过8 m时，按施工方案另行计算。本工程涉及柱、梁、板、墙的模板超高支撑费，如图10.3.6所示。

分部分项　措施项目　其他项目　人材机汇总　费用汇总

	编码	类别	名称	主要清单	项目特征	单位	含量	工程量表达式	工程量	单价	合价
20	011702033001	项	现浇混凝土模板 柱支撑 支撑高度超过3.6m每超过1m 钢支撑	☐	1.构件类型：柱超高模板 2.其他：符合图纸设计要求、招标文件要求，竣工验收规范标准、现场实际情况和建设单位要求等。	100m²		73.21	0.7321		
	17-244	定	现浇混凝土模板 柱支撑 支撑高度超过3.6m每超过1m 钢支撑			100m²	1	QDL	0.7321	455.82	333.71
21	011702033002	项	现浇混凝土模板 梁支撑 支撑高度超过3.6m每超过1m 钢支撑	☐	1.构件类型：梁超高模板 2.其他：符合图纸设计要求、招标文件要求，竣工验收规范标准、现场实际情况和建设单位要求等。	100m²		913.78	9.1378		
	17-245	定	现浇混凝土模板 梁支撑 支撑高度超过3.6m每超过1m 钢支撑			100m²	1	QDL	9.1378	467.16	4268.81
22	011702033003	项	现浇混凝土模板 墙支撑 支撑高度超过3.6m每超过1m 钢支撑	☐	1.构件类型：墙超高模板 2.其他：符合图纸设计要求、招标文件要求，竣工验收规范标准、现场实际情况和建设单位要求等。	100m²		32	0.32		
	17-246	定	现浇混凝土模板 墙支撑 支撑高度超过3.6m每超过1m 钢支撑			100m²	1	QDL	0.32	414.35	132.59
23	011702033004	项	现浇混凝土模板 板支撑 支撑高度超过3.6m每超过1m 钢支撑	☐	1.构件类型：板超高模板 2.其他：符合图纸设计要求、招标文件要求，竣工验收规范标准、现场实际情况和建设单位要求等。	100m²		958.45	9.5845		
	17-247	定	现浇混凝土模板 板支撑 支撑高度超过3.6m每超过1m 钢支撑			100m²	1	QDL	9.5845	470.14	4506.06

图 10.3.6　模板超高支撑费

（2）垂直运输费

根据辽宁省2017年《房屋建筑与装饰工程定额》，建筑物垂直运输机械费按不同建筑物结构及檐高以建筑面积计算。地下室建筑面积与地上建筑面积分别计算。地下室项目按全现浇结构30 m内相应项目的80%计算，地上部分套用相应高度的定额项目。

垂直运输层高按3.6 m考虑，超过3.6 m者，另计层高超高垂直运输增加费，每超过1 m，超高部分的相应定额增加10%，超高不足1 m按1 m计算。选择相应垂直运输定额，在“标准换算”下，填写实际层高，软件自动按定额规定换算，如图10.3.7所示。

27	011703001060	项	垂直运输 20m(6层)以上塔式起重机施工 现浇框架 建筑物檐高 30m以内	☐	1.垂直运输 2.其他：符合图纸设计要求、招标文件要求，竣工验收规范标准、现场实际情况和建设单位要	100m²		1344.39
	17-337 *1.2	换	垂直运输 20m(6层)以上塔式起重机施工 现浇框架 建筑物檐高 30m以内 实际层高(m):4.85			100m²	1	QDL

工料机显示　单价构成　标准换算　换算信息　安装费用　特征及内容　组价方案　工程量明细　反查图形工程量　内容指引

	换算列表		换算内容
1	钢屋架建筑物	单层建筑 单价*0.7	☐
2		多层建筑 单价*0.8	☐
3	实际层高(m)		4.85

图 10.3.7　层高超高垂直运输费

(3) 建筑物超高增加费

建筑物超高增加费定额适用于建筑物檐口高度超过 20 m 的工程项目，如图 10.3.8 所示。单层建筑按相应项目乘以系数 0.6 计取。建筑物超高增加费按建筑物的建筑面积计算，建筑面积均不包括地下室部分。

011704001001	项	建筑物超高增加费 建筑物檐高 30m以内	☐	1. 超高增加费 2. 其他：符合图纸设计要求、招标文件要求，竣工验收规范标准、现场实际情况和建设单位要	$100m^2$		7170.06	71.7006
17-381	定	建筑物超高增加费 建筑物檐高 30m以内			$100m^2$	1	QDL	71.7006

图 10.3.8 建筑物超高增加费

师说 **特 别 提 示**

为什么安全文明施工费不得作为竞争性费用？

课后练习与巩固

一、选择题

(1) 下列计入总价措施项目清单的是( )。

A. 垂直运输费　　B. 施工降排水费

C. 地上地下成品保护费　　D. 大型机械进出场费

(2) 根据现行工程量计算规范，适宜采用分部分项工程项目清单计价方式计价的措施项目费是( )。

A. 二次搬运费　　B. 超高施工增加费

C. 已完工程及设备保护费　　D. 地上、地下设施临时保护费

(3) 根据《房屋建筑与装饰工程工程量计算规范》(GB 50854—2013)，下列关于综合脚手架的说法错误的是( )。

A. 工程量按建筑面积计算

B. 用于屋顶加层时应说明加层高度

C. 项目特征应说明建筑结构形式和檐口高度

D. 同一建筑物有不同的檐高时，分别按不同檐高列项

二、技能实操题

在计价软件中完成3#研发楼措施项目费计价的编制。

10.4 其他项目费计价

学习目标

掌握其他项目费的构成，掌握利用计价软件进行暂列金额、暂估价、计日工、总承包服务费等其他项目费计价的方法。

【扫码演示】

10.4.1 任务描述

运用广联达云计价平台 GCCP6.0 完成 3＃研发楼其他项目费的计价。

10.4.2 任务实施

10.4.2.1 其他项目费构成

其他项目费包括暂列金额、暂估价、计日工、总承包服务费。

（1）暂列金额：指建设单位在工程量清单中暂定并包括在工程合同价款中的一笔款项，用于施工合同签订时尚未确定或者不可预见的所需材料、工程设备、服务的采购，施工中发生工程变更或合同约定调整因素出现时的工程价款调整，以及发生的索赔、现场签证确认等费用的支付。

（2）暂估价：指招标人在工程量清单中提供的，施工中必然发生但暂时不能确定价格的材料、工程设备的单价及专业工程的金额。

（3）计日工：指在施工过程中，施工企业完成建设单位提出的施工图纸以外的零星项目或工作所需的费用。

（4）总承包服务费：指总承包人为配合、协调建设单位进行专业工程发包，对建设单位自行采购的材料、工程设备等进行保管，以及提供施工现场管理、竣工资料汇总整理等服务所需的费用。

10.4.2.2 其他项目费计价

（1）暂列金额

根据 3＃研发楼工程招标文件，暂列金额为 1000000 元。选择“其他项目”界面下的“暂列金额”，名称输入“暂列金额”，计量单位选择“元”，暂定金额输入“1000000”，如图 10.4.1 所示。

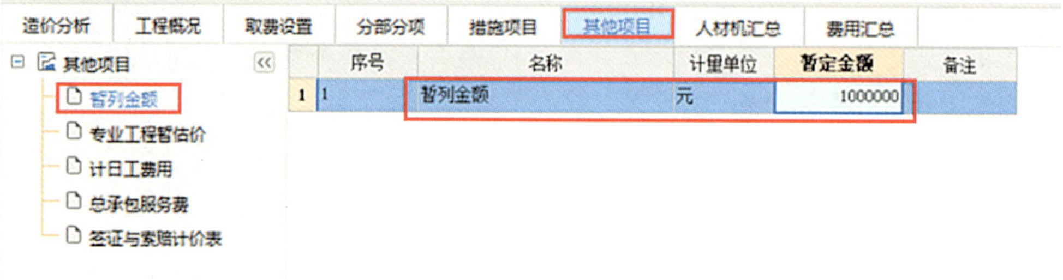

图 10.4.1 暂列金额

（2）专业工程暂估价

根据招标文件要求，幕墙工程为专业暂估工程，暂估金额为 900000 元。选择“其他项目”界面下的“专业工程暂估价”，名称输入“幕墙工程”，工程内容输入“幕墙深化设计及施工”，金额输入“900000”，如图 10.4.2 所示。

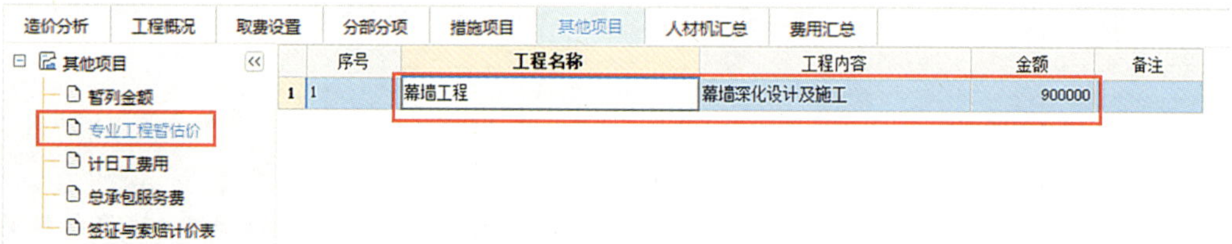

图 10.4.2 专业工程暂估价

(3) 总承包服务费

根据招标文件要求，幕墙工程计取总承包服务费，服务内容为“配合建设单位施工现场管理以及竣工材料汇总整理”，费率为1.5%。在“其他项目”界面下选择“总承包服务费”，项目名称输入“幕墙工程”，服务内容输入“配合建设单位施工现场管理以及竣工材料汇总整理”，费率(%)输入“1.5”，软件自动计算金额，如图10.4.3所示。

图 10.4.3　总承包服务费

(4) 计日工

3#研发楼工程招标文件中未涉及计日工，如实际工程中有计日工费用，需要添加计日工。在“其他项目”界面下选择“计日工费用”，依次填写计日工名称、单位、数量和综合单价，软件自动计算合价，如图10.4.4所示。

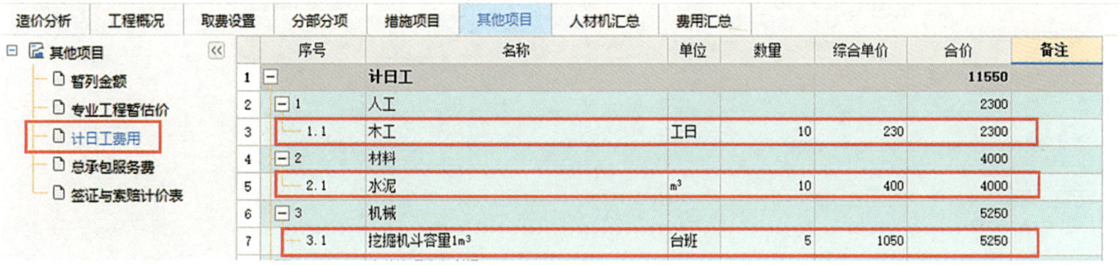

图 10.4.4　计日工费用

如需增加计日工项目，可在相应类别下点击鼠标右键，选择“插入费用行”进行添加，如图10.4.5所示。

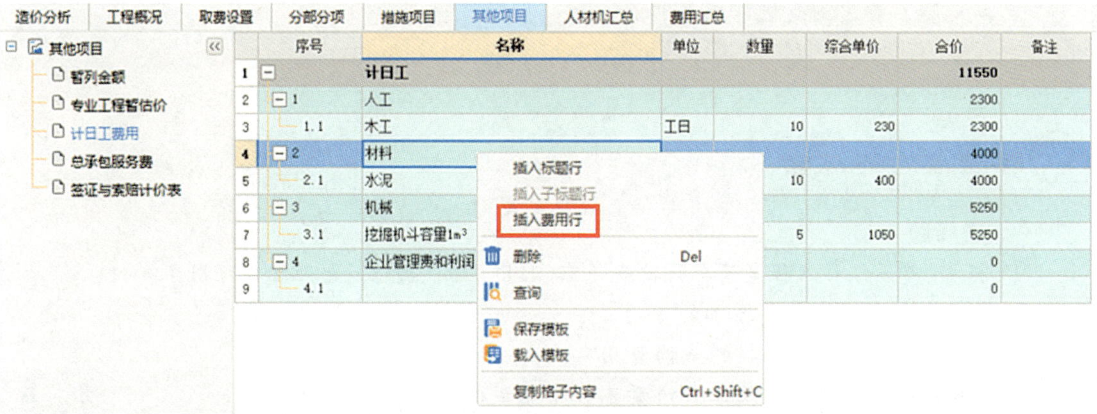

图 10.4.5　插入费用行

10.4.3 总结拓展

如果招标文件中有暂估材料,应按照相应要求设置暂估材料。

在“人材机汇总”界面下,选中需要暂估的材料,根据招标文件修改不含税市场价格后,在对应的“是否暂估”处勾选,市场价会自动锁定,如图 10.4.6 所示。

图 10.4.6 设置暂估材料

在左侧导航栏中选择“暂估材料表”,可以查暂估材料信息,如图 10.4.7 所示。

图 10.4.7 查看暂估材料

师说 **特 别 提 示**

其他项目费用列支的作用是什么?

课后练习与巩固

一、选择题

(1) 根据《建设工程工程量清单计价规范》(GB 50500—2013),暂列金额可用于支付(　　)。

A. 施工中发生设计变更增加的费用

B. 业主提供了暂估价的材料采购费用

C. 因承包人原因导致隐蔽工程质量不合格的返工费

D. 因施工缺陷造成的工程维修费用

(2) 在施工过程中,施工企业完成建设单位提出的施工图纸以外的零星项目或工作所需的费用,称为(　　)。

A. 暂列金额　　B. 暂估价　　C. 计日工　　D. 其他清单项目

(3) 在工程量清单计价中,下列关于暂估价的说法正确的是(　　)。

A. 专业工程暂估价与分部分项工程综合单价在费用构成方面应保持一致

B. 纳入分部分项工程项目清单综合单价中的材料暂估价包括暂估单价及数量

C. 材料设备暂估价是指用于支付尚未确定或不可预见的材料、设备采购的费用

D. 专业工程暂估价由投标人自主报价

二、技能实操题

在计价软件中完成3#研发楼其他项目费计价的编制。

10.5 人材机价格调整

学习目标

掌握利用计价软件进行批量载价或手动调整人材机市场价格的方法,掌握甲供材料的设置方法。

10.5.1 任务描述

运用广联达云计价平台GCCP6.0完成3#研发楼工程人材机市场价格的调整。

【扫码演示】

10.5.2 任务实施

10.5.2.1 批量载入市场价

根据招标文件要求,3#研发楼工程的人、材、机价格按照沈阳市2023年12月公布的造价信息价格调整,信息价格中没有的价格,按照2023年12月的市场价调整。在"人材机汇总"界面下,单击"载价",选择"批量载价",如图10.5.1所示。

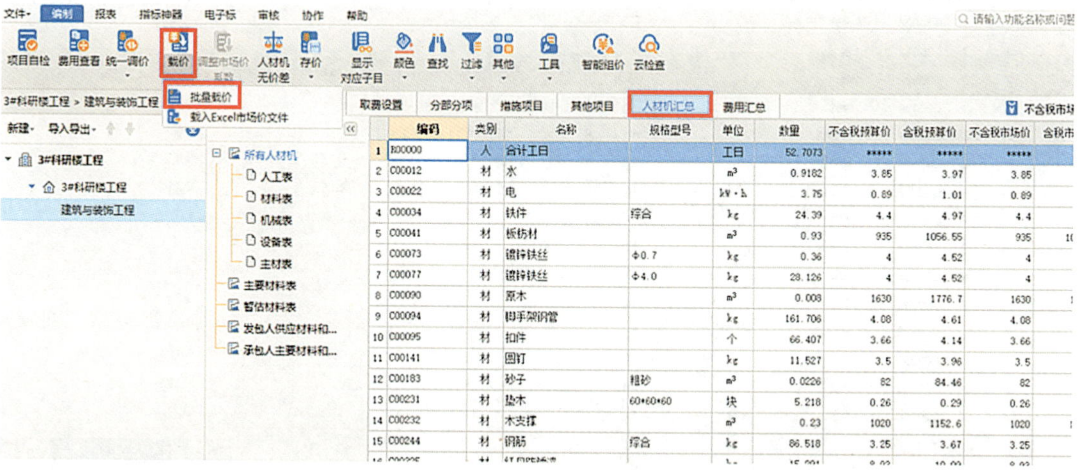

图 10.5.1　批量载价

在弹出的窗口中，选择“沈阳”“2023 年 12 月”信息价，然后单击“下一步”，如图 10.5.2 所示。

图 10.5.2 选择载入价格

在弹出的待载价窗口中，按照招标文件要求修改价格使用顺序，“优先使用”选择“信息价”，“第二使用”选择“市场价”，“第三使用”选择“无”，然后单击“下一步”，完成批量载价，如图 10.5.3 所示。

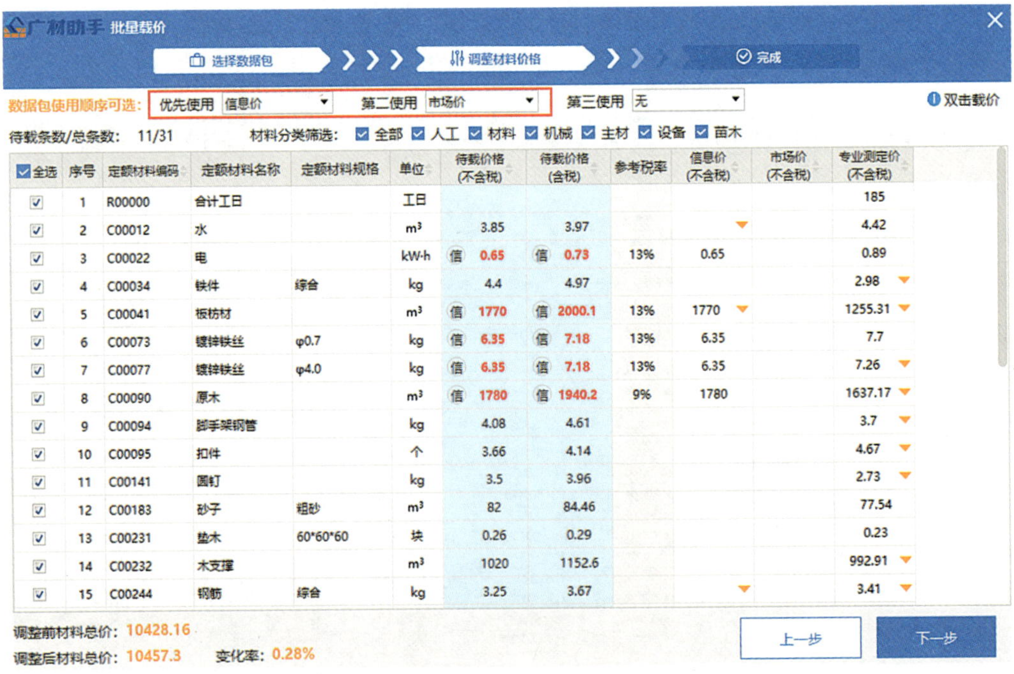

图 10.5.3 修改价格使用顺序

完成载价后，可在弹出的窗口中查看调价前后的价格对比及变化率，如图 10.5.4 所示。

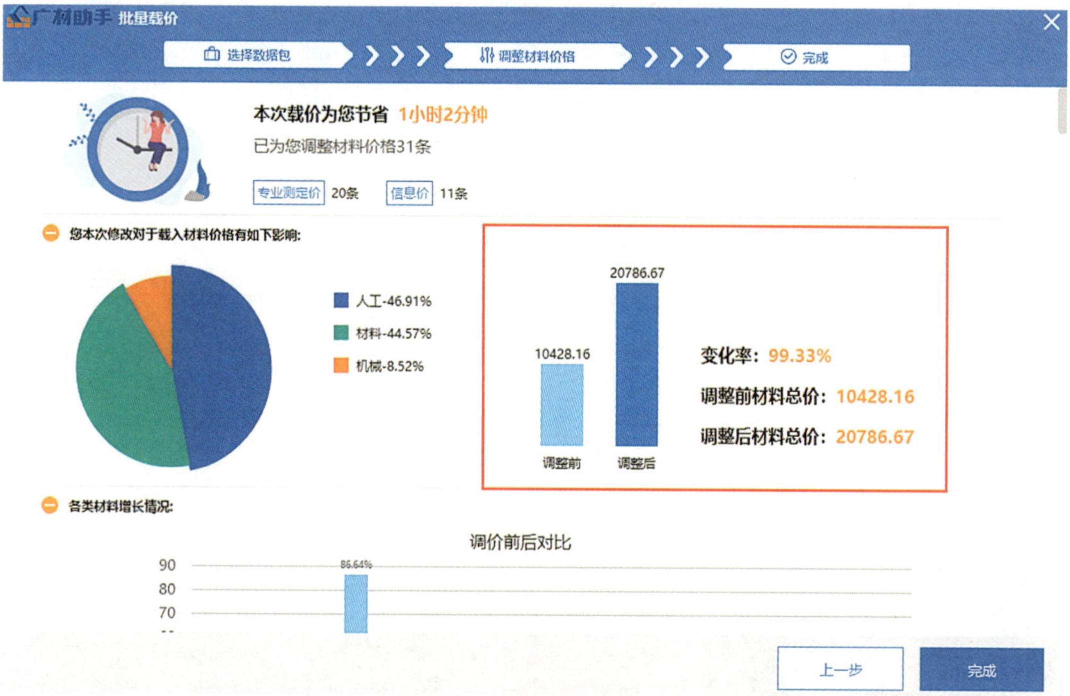

图 10.5.4　调价前后对比

10.5.2.2　手动修改材料价格

如果工程中某些材料采用市场价格，可以根据实际情况手动修改。例如，水泥不含税市场价为 0.3 元/kg，在“人材机汇总”界面下找到水泥，在其对应的“不含税市场价”处，手动修改价格为“0.3”，如图 10.5.5 所示。

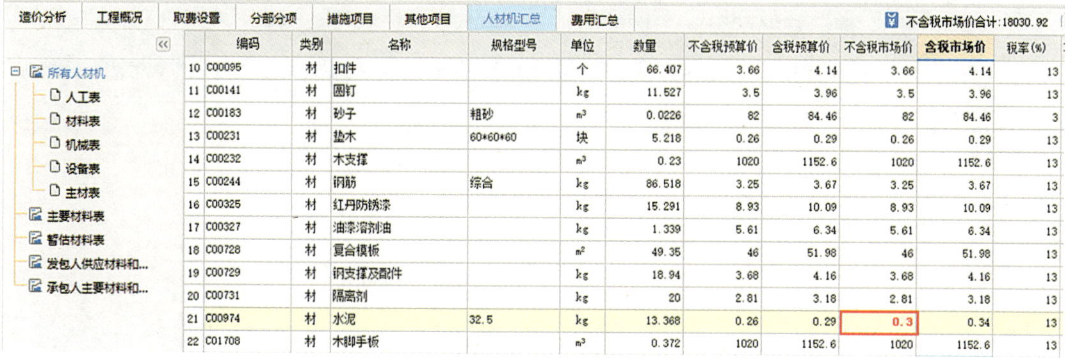

	编码	类别	名称	规格型号	单位	数量	不含税预算价	含税预算价	不含税市场价	含税市场价	税率(%)
10	C00095	材	扣件		个	66.407	3.66	4.14	3.66	4.14	13
11	C00141	材	圆钉		kg	11.527	3.5	3.96	3.5	3.96	13
12	C00183	材	砂子	粗砂	m³	0.0226	82	84.46	82	84.46	3
13	C00231	材	垫木	60*60*60	块	5.218	0.26	0.29	0.26	0.29	13
14	C00232	材	木支撑		m³	0.23	1020	1152.6	1020	1152.6	13
15	C00244	材	钢筋	综合	kg	86.518	3.25	3.67	3.25	3.67	13
16	C00325	材	红丹防锈漆		kg	15.291	8.93	10.09	8.93	10.09	13
17	C00327	材	油漆溶剂油		kg	1.339	5.61	6.34	5.61	6.34	13
18	C00728	材	复合模板		m²	49.35	46	51.98	46	51.98	13
19	C00729	材	钢支撑及配件		kg	18.94	3.68	4.16	3.68	4.16	13
20	C00731	材	隔离剂		kg	20	2.81	3.18	2.81	3.18	13
21	C00974	材	水泥	32.5	kg	13.368	0.26	0.29	0.3	0.34	13
22	C01708	材	木脚手板		m³	0.372	1020	1152.6	1020	1152.6	13

图 10.5.5　手动修改材料价格

价格调整后，可在“人材机汇总”界面查看价差及价格来源，如图 10.5.6 所示。

10.5.2.3　设置甲供材料

如果招标文件中有甲供材料，应按照相应要求设置甲供材料。在“人材机汇总”界面下，选中需要设为甲供的材料，将供货方式修改为“甲供材料”，如图 10.5.7 所示。

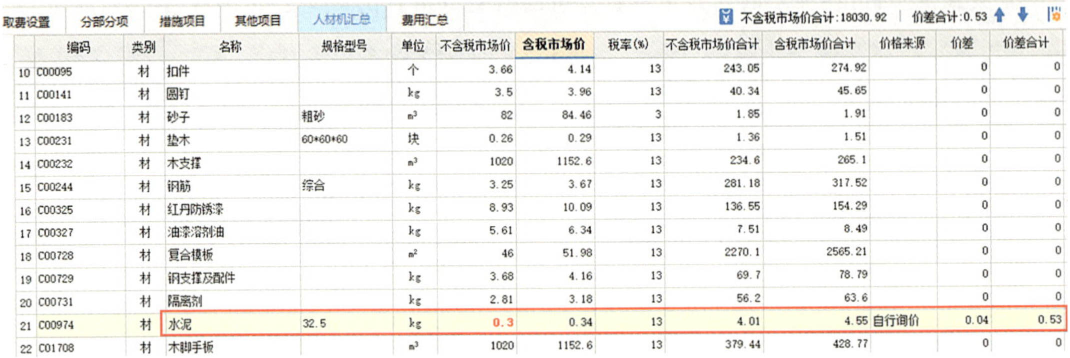

	编码	类别	名称	规格型号	单位	不含税市场价	含税市场价	税率(%)	不含税市场价合计	含税市场价合计	价格来源	价差	价差合计
10	C00095	材	扣件		个	3.66	4.14	13	243.05	274.92		0	0
11	C00141	材	圆钉		kg	3.5	3.96	13	40.34	45.65		0	0
12	C00183	材	砂子	粗砂	m³	82	84.46	3	1.85	1.91		0	0
13	C00231	材	垫木	60*60*60	块	0.26	0.29	13	1.36	1.51		0	0
14	C00232	材	木支撑		m³	1020	1152.6	13	234.6	265.1		0	0
15	C00244	材	钢筋	综合	kg	3.25	3.67	13	281.18	317.52		0	0
16	C00325	材	红丹防锈漆		kg	8.93	10.09	13	136.55	154.29		0	0
17	C00327	材	油漆溶剂油		kg	5.61	6.34	13	7.51	8.49		0	0
18	C00728	材	复合模板		m²	46	51.98	13	2270.1	2565.21		0	0
19	C00729	材	钢支撑及配件		kg	3.68	4.16	13	69.7	78.79		0	0
20	C00731	材	隔离剂		kg	2.81	3.18	13	56.2	63.6		0	0
21	C00974	材	水泥	32.5	kg	0.3	0.34	13	4.01	4.55	自行询价	0.04	0.53
22	C01708	材	木脚手板		m³	1020	1152.6	13	379.44	428.77		0	0

图 10.5.6　查看价差

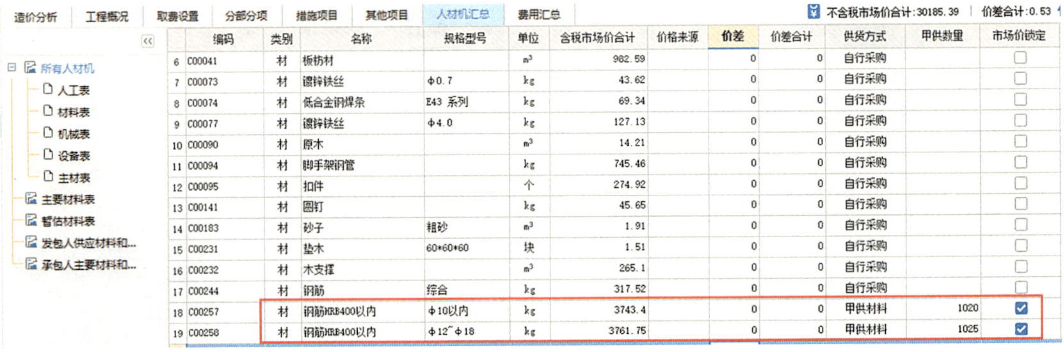

	编码	类别	名称	规格型号	单位	含税市场价合计	价格来源	价差	价差合计	供货方式	甲供数量	市场价锁定
6	C00041	材	板枋材		m³	982.59		0	0	自行采购		☐
7	C00073	材	镀锌铁丝	Φ0.7	kg	43.62		0	0	自行采购		☐
8	C00074	材	低合金钢焊条	E43 系列	kg	69.34		0	0	自行采购		☐
9	C00077	材	镀锌铁丝	Φ4.0	kg	127.13		0	0	自行采购		☐
10	C00090	材	原木		m³	14.21		0	0	自行采购		☐
11	C00094	材	脚手架钢管		kg	745.46		0	0	自行采购		☐
12	C00095	材	扣件		个	274.92		0	0	自行采购		☐
13	C00141	材	圆钉		kg	45.65		0	0	自行采购		☐
14	C00183	材	砂子	粗砂	m³	1.91		0	0	自行采购		☐
15	C00231	材	垫木	60*60*60	块	1.51		0	0	自行采购		☐
16	C00232	材	木支撑		m³	265.1		0	0	自行采购		☐
17	C00244	材	钢筋	综合	kg	317.52		0	0	自行采购		☐
18	C00257	材	钢筋HRB400以内	Φ10以内	kg	3743.4		0	0	甲供材料	1020	☑
19	C00258	材	钢筋HRB400以内	Φ12~Φ18	kg	3761.75		0	0	甲供材料	1025	☑

图 10.5.7　设置甲供材料

在左侧导航栏中选择“发包人供应材料和设备”，可以查看甲供材料信息，如图 10.5.8 所示。

	关联	发包人材料号	材料名称	规格型号	单位	数量	单价	合价
1	✓	C00257	钢筋HRB400以内	Φ10以内	kg	1020	3.25	3315
2	✓	C00258	钢筋HRB400以内	Φ12~Φ18	kg	1025	3.25	3331.25

图 10.5.8　查看甲供材料

10.5.3　总结拓展

(1) 设置主要材料

在“人材机汇总”界面下，在左侧导航栏中选择“主要材料表”，可通过“自动设置主要材料”功能设置主要材料，例如取材料价值前 20 位的材料作为主要材料，如图 10.5.9 所示。

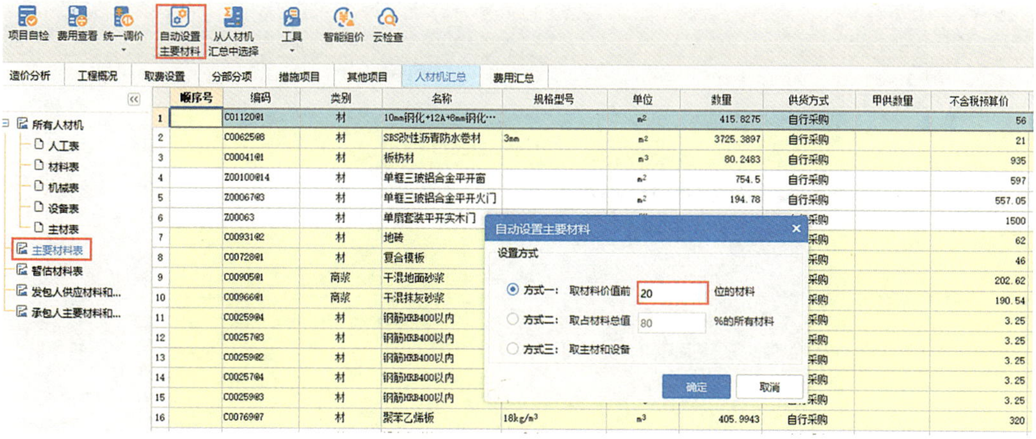

图 10.5.9　设置主要材料

(2) 显示对应子目

对于"人材机汇总"中出现的材料名称异常或数量异常的情况,可直接用鼠标右键单击相应材料,选择"显示对应子目",如图 10.5.10 所示。

图 10.5.10　显示对应子目

在弹出的"显示对应子目"窗口中对其进行查看、修改,如图 10.5.11 所示。

(3) 市场价存档

若想保存调整好的人材机价格,可利用上方功能区的"存价"功能,将本工程人材机价格以 Excel 文件格式存档,如图 10.5.12 所示。

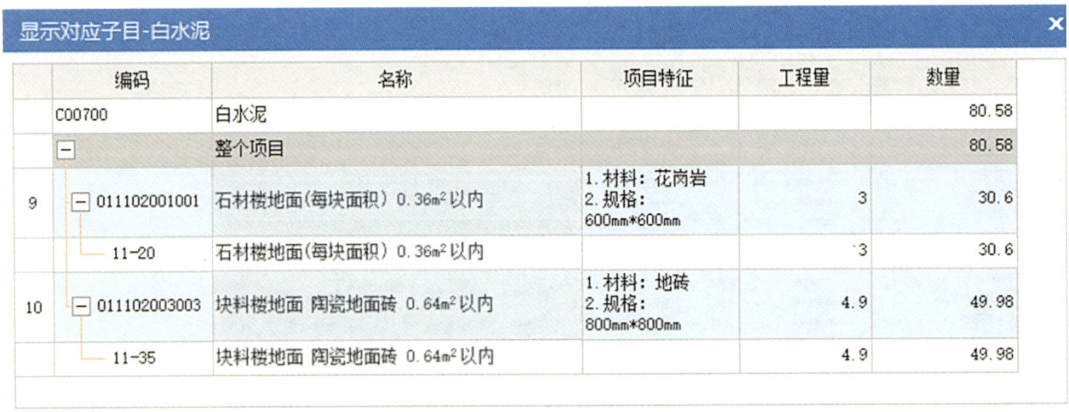

显示对应子目-白水泥

	编码	名称	项目特征	工程量	数量
	C00700	白水泥			80.58
	⊟	整个项目			80.58
9	⊟ 011102001001	石材楼地面(每块面积) 0.36m² 以内	1.材料：花岗岩 2.规格： 600mm*600mm	3	30.6
	11-20	石材楼地面(每块面积) 0.36m² 以内		3	30.6
10	⊟ 011102003003	块料楼地面 陶瓷地面砖 0.64m² 以内	1.材料：地砖 2.规格： 800mm*800mm	4.9	49.98
	11-35	块料楼地面 陶瓷地面砖 0.64m² 以内		4.9	49.98

图 10.5.11　查看对应子目

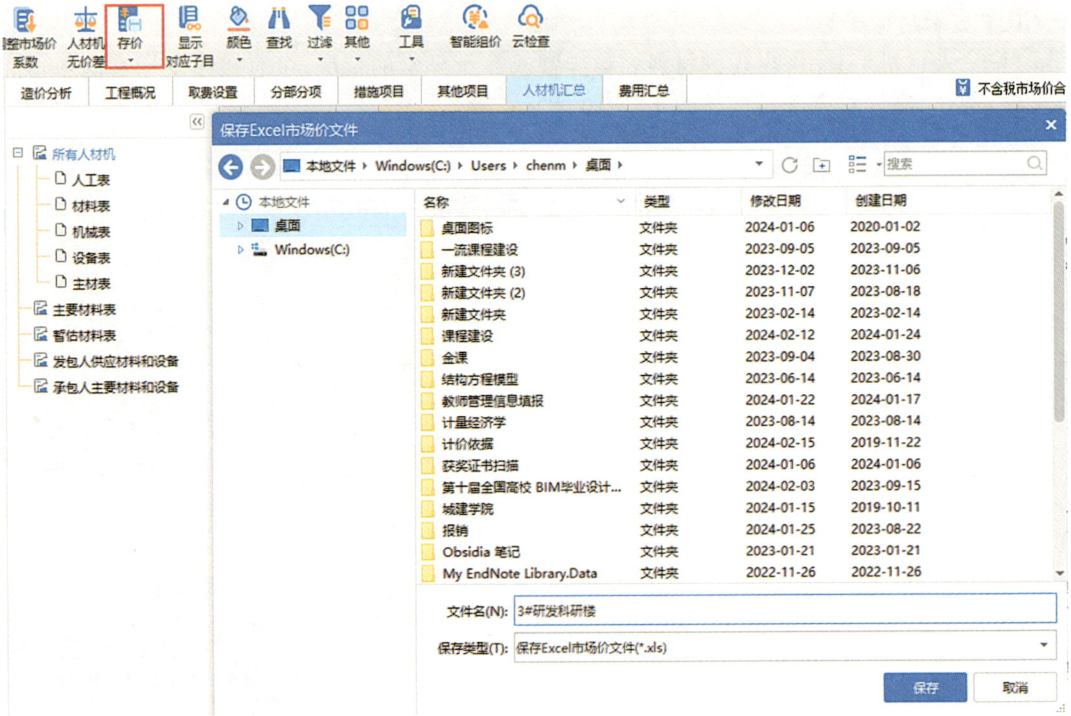

图 10.5.12　存价

若想在其他工程中使用该人材机价格，可利用上方功能区“载价”功能下的“载入 Excel 市场价文件”命令，选中已保存好的市场价文件即可，如图 10.5.13 所示。

师说　　**特 别 提 示**

近年来的人材机调整数据列表变动的原因是什么？

图 10.5.13　载入 Excel 市场价文件

课后练习与巩固

一、选择题

(1) 在 GCCP6.0 软件中，批量载价在(　　)界面操作。

A. 分部分项　　B. 措施项目　　C. 费用汇总　　D. 人材机汇总

(2) 在 GCCP6.0 软件中，自主设置主要材料默认取材料价值前(　　)位的材料。

A. 10　　B. 20　　C. 30　　D.40

(3) 在 GCCP6.0 软件中，利用造价系数调整工程造价时不可以设置的是(　　)。

A. 甲供材料不参与调整　　B. 甲定材料不参与调整

C. 已调整材料不参与调整　　D. 人工不参与调整

二、技能实操题

在计价软件中完成 3＃研发楼人材机费用的调整。

10.6　费用汇总及报表输出

学习目标

掌握利用计价软件进行费用汇总的方法，掌握设计、输出报表及生成电子标的方法。

10.6.1　任务描述

运用广联达云计价平台 GCCP6.0 完成 3＃研发楼工程的费用汇总、报表输出及电子标生成。

10.6.2 任务实施

10.6.2.1 费用汇总

在“费用汇总”界面，根据招标文件和相关计价文件，依次填写社会保障费费率、住房公积金费率、安全施工措施费费率、人工动态调整费率及税率，如图10.6.1所示。其中安全施工措施费为不可竞争费，根据2017年《辽宁省建设工程费用标准》，安全施工措施费以建筑安装工程不含本项费用的税前造价为取费基数，房屋建筑工程的费率为2.27%，市政公用工程、机电安装工程的费率为1.71%；人工动态调整费适用于定额人工价格和机械人工价格不调整，定额人工和机械人工的市场价格等于预算价格的情况，费率指数根据沈阳市2023年第四季度建设工程人工费动态指数31%填写；建筑业现行增值税税率为9%。

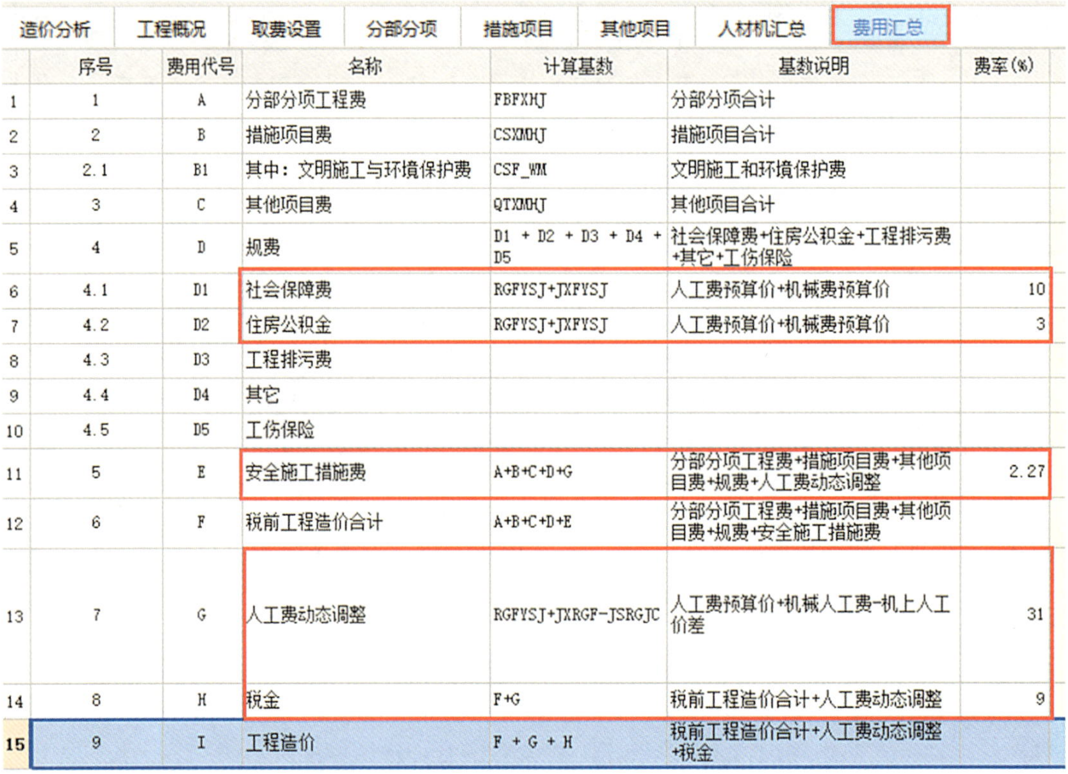

造价分析 | 工程概况 | 取费设置 | 分部分项 | 措施项目 | 其他项目 | 人材机汇总 | 费用汇总

	序号	费用代号	名称	计算基数	基数说明	费率(%)
1	1	A	分部分项工程费	FBFXHJ	分部分项合计	
2	2	B	措施项目费	CSXMHJ	措施项目合计	
3	2.1	B1	其中：文明施工与环境保护费	CSF_WM	文明施工和环境保护费	
4	3	C	其他项目费	QTXMHJ	其他项目合计	
5	4	D	规费	D1 + D2 + D3 + D4 + D5	社会保障费+住房公积金+工程排污费+其它+工伤保险	
6	4.1	D1	社会保障费	RGFYSJ+JXFYSJ	人工费预算价+机械费预算价	10
7	4.2	D2	住房公积金	RGFYSJ+JXFYSJ	人工费预算价+机械费预算价	3
8	4.3	D3	工程排污费			
9	4.4	D4	其它			
10	4.5	D5	工伤保险			
11	5	E	安全施工措施费	A+B+C+D+G	分部分项工程费+措施项目费+其他项目费+规费+人工费动态调整	2.27
12	6	F	税前工程造价合计	A+B+C+D+E	分部分项工程费+措施项目费+其他项目费+规费+安全施工措施费	
13	7	G	人工费动态调整	RGFYSJ+JXRGF-JSRGJC	人工费预算价+机械人工费-机上人工价差	31
14	8	H	税金	F+G	税前工程造价合计+人工费动态调整	9
15	9	I	工程造价	F + G + H	税前工程造价合计+人工费动态调整+税金	

图10.6.1 费用汇总

10.6.2.2 设计报表

进入“报表”选项卡，可在左侧导航栏选择修改需要设计的报表，如需对报表页面、页眉页脚、标题表眉、报表内容格式进行修改，可单击“简便设计”，如图10.6.2所示，在弹出的“简便设计”窗口中作相应修改，如图10.6.3所示。若简便设计无法满足要求，可点击“高级设计”，在弹出的“报表设计器”窗口中作相应修改，如图10.6.4所示。

若需保存修改后的报表格式，可以单击上方功能区中的“保存报表方案”进行保存，方便调用，如图10.6.5所示。

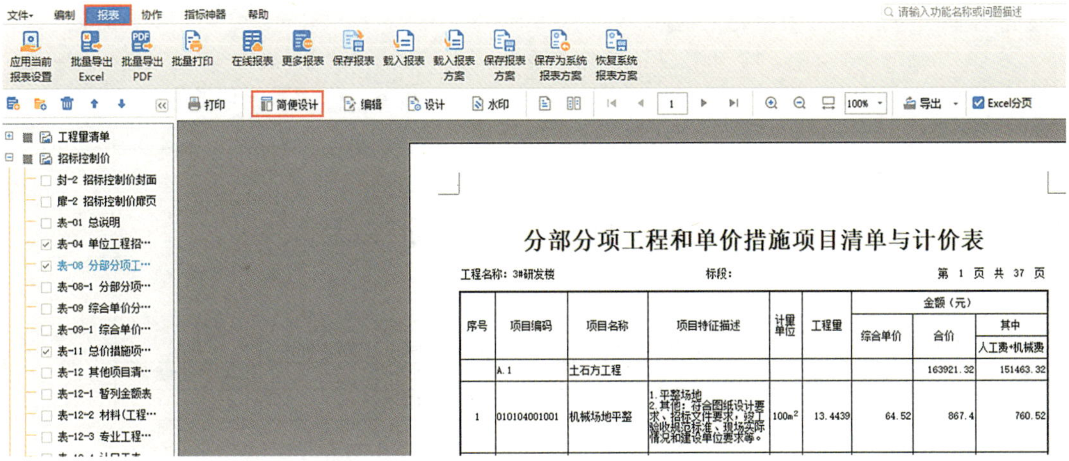

图 10.6.2　简便设计

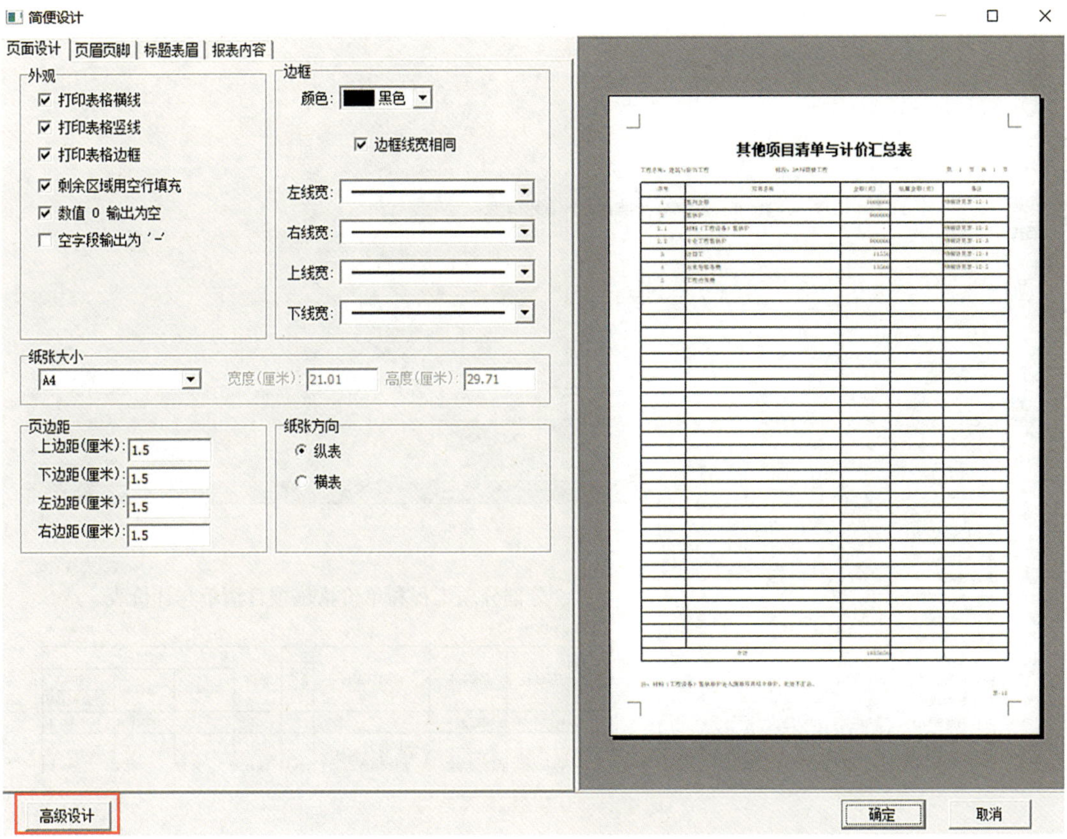

图 10.6.3　“简便设计”窗口

10.6.2.3　输出报表

在左侧导航栏“招标控制价”中，勾选需要输出的报表。根据需求，选择上方功能区中的“批量导出 Excel”“批量导出 PDF”“批量打印”，如图 10.6.6 所示。

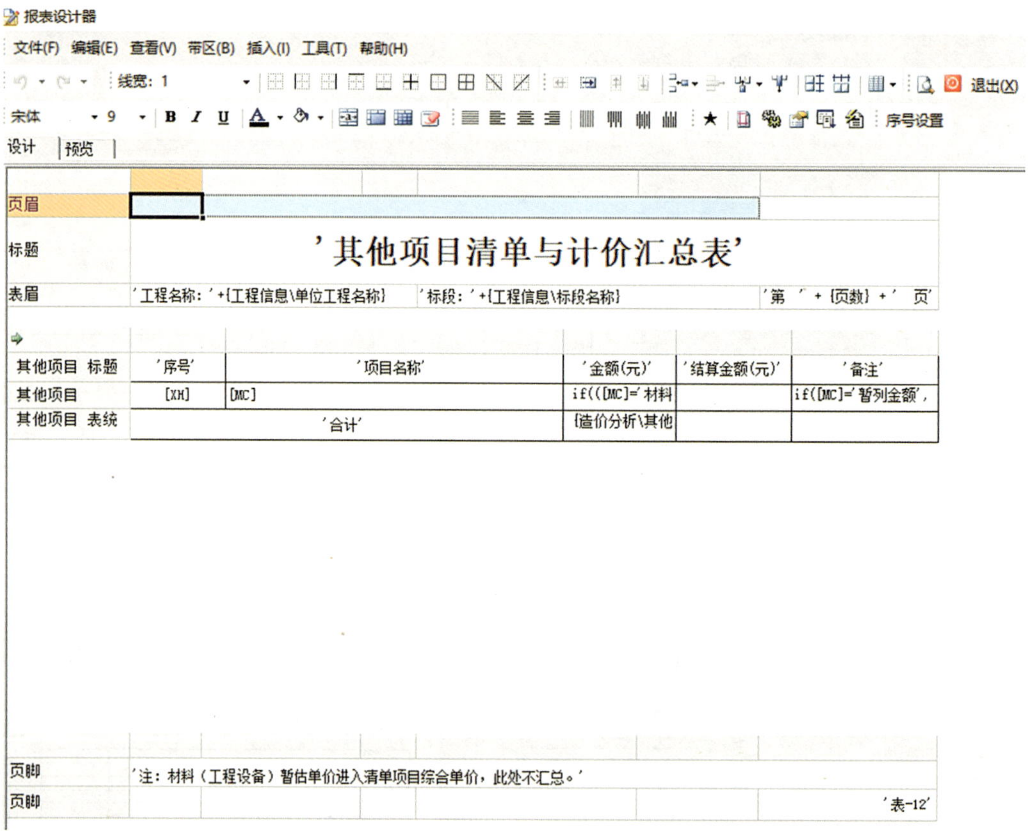

图 10.6.4　报表设计器

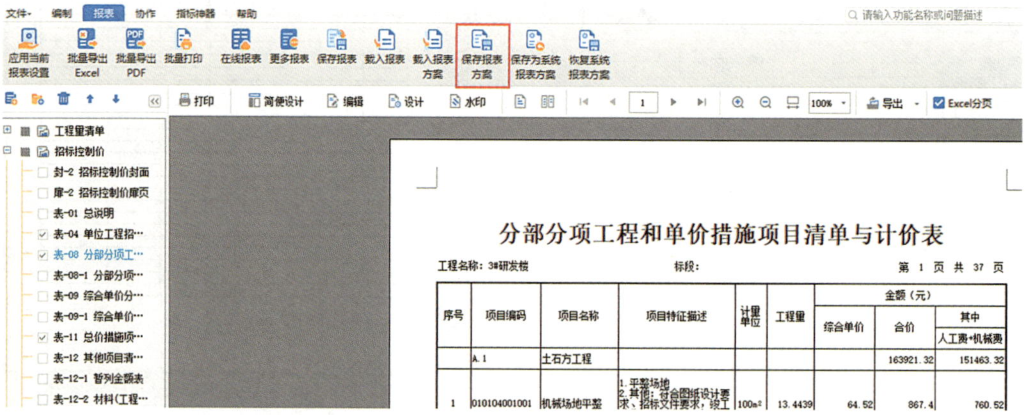

图 10.6.5　保存报表方案

图 10.6.6　输出报表

以“批量导出 Excel”为例，单击“批量导出 Excel”，在弹出的窗口中选择需要导出的报表，如图 10.6.7 所示。若需对导出的 Excel 报表进行设置，可单击“导出设置”，在弹出的窗口中进行修改，如图 10.6.8 所示。

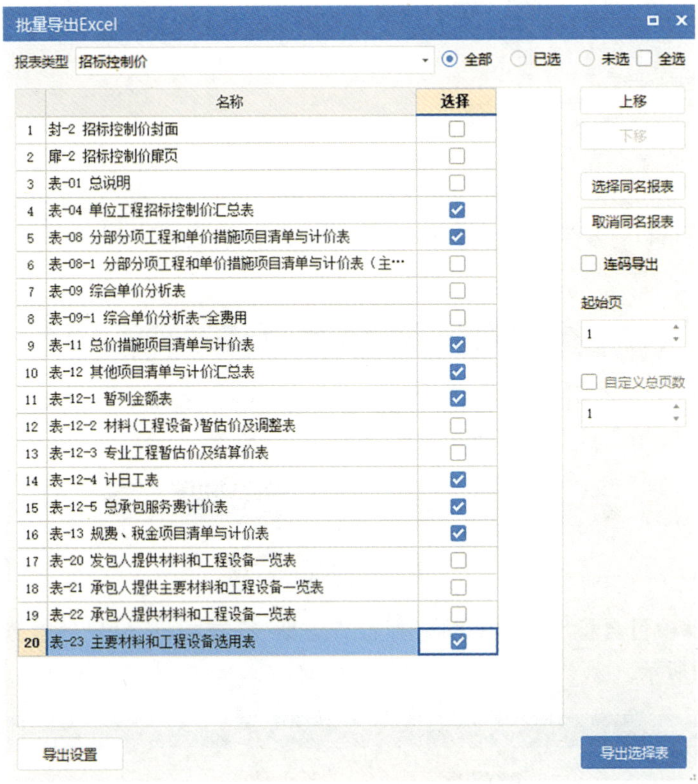

图 10.6.7　批量导出 Excel

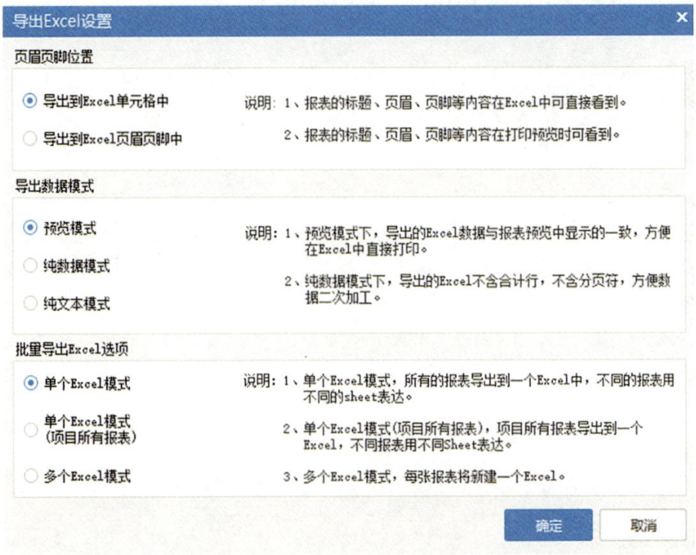

图 10.6.8　导出 Excel 设置

10.6.2.4 生成电子标

在“电子标”选项卡下，单击功能区中的“生成招标书”，如图 10.6.9 所示。

图 10.6.9 生成招标书

弹出友情提醒窗口：“友情提醒：‘生成标书之前，最好进行自检’，以免出现不必要的错误！”，如图 10.6.10 所示。

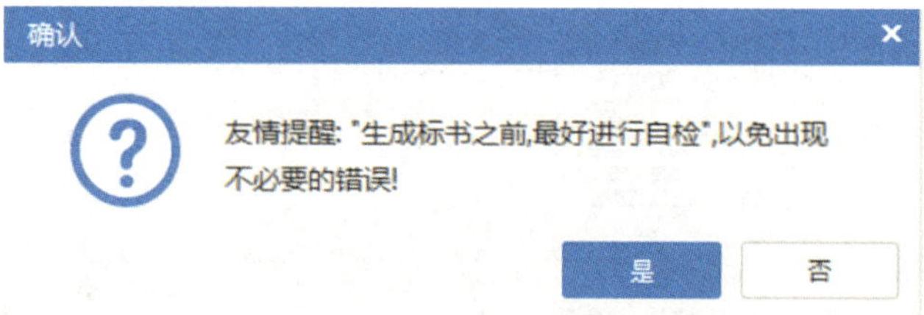

图 10.6.10 项目自检提示

单击“是”，在“项目自检”窗口中，可选择检查方案、检查项目，设置检查范围，单击“执行检查”，如图 10.6.11 所示。

图 10.6.11 项目自检

执行检查后，在窗口右侧显示检查结果，可双击定位，进行相应修改，如图 10.6.12 所示。

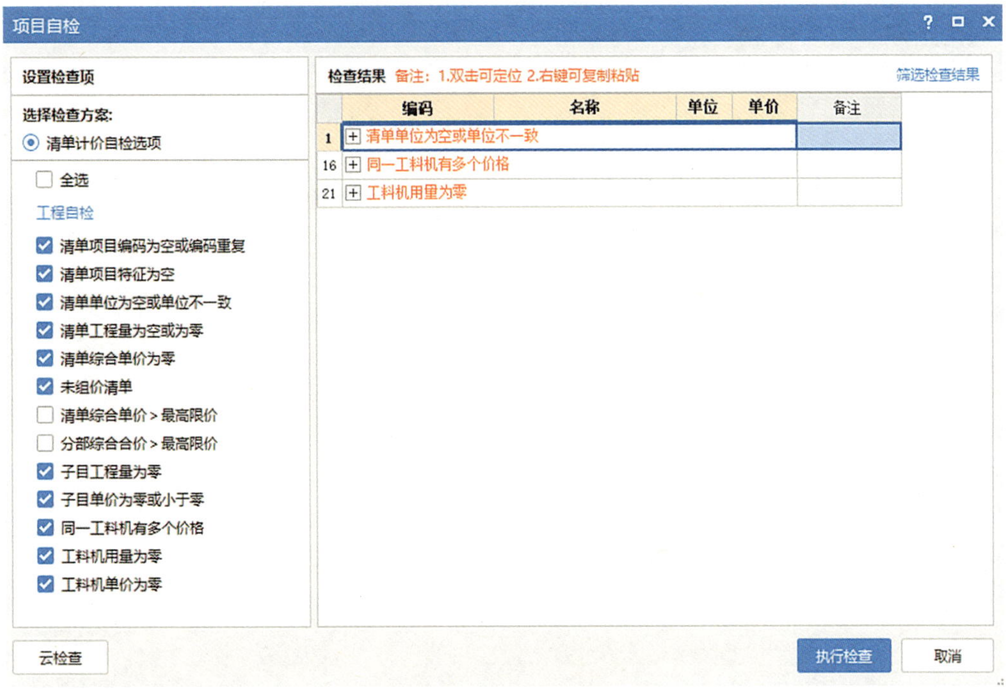

图 10.6.12　检查结果

若在编制招标控制价时已完成项目自检，在友情提醒窗口单击“否”，弹出“导出标书”窗口，选择电子标书导出位置及需要导出的标书类型，单击“确定”，生成电子标书，如图 10.6.13 所示。

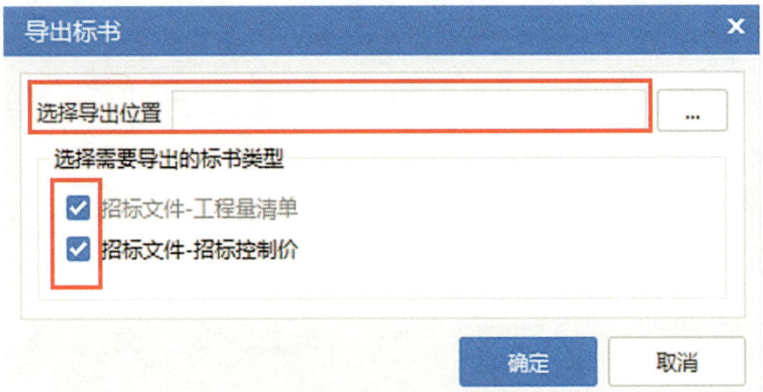

图 10.6.13　导出标书

师说　　**知　识　卡**

软件中的报表输出功能是通过建模、计算汇总工程量形成数据库，再通过从数据库中按需要提取数据，导出到 Excel 等模板中对应的数据标签来实现各种报表的输出。这一功能大大提高了生产效率和准确率，减少了误差，同时也提高了修改的便捷性。

课后练习与巩固

一、选择题

(1) 下列(　　)是报表界面不能完成的。

A. 批量生成 PDF　　B. 批量导出 Excel

C. 批量打印　　D. 批量导入

(2) 生成标书之前要进行(　　)。

A. 更新招标书　　B. 项目自检

C. 项目检查　　D. 云对比

(3) 以下(　　)的费率不是在费用汇总界面下填写的。

A. 安全施工措施费　　B. 税金

C. 雨季施工费　　D. 社会保障费

二、技能实操题

在计价软件中完成3#研发楼工程费用汇总及报表输出。

参考文献

[1] 辽宁省住房和城乡建设厅.房屋建筑与装饰工程定额[S]. 沈阳:北方联合出版传媒(集团)股份有限公司,万卷出版公司,2017.

[2] 辽宁省住房和城乡建设厅.建设工程费用标准 施工机械台班费用标准 混凝土砂浆配合比标准[S].沈阳:北方联合出版传媒(集团)股份有限公司,万卷出版公司,2017.

[3] 中国建筑标准设计研究院.混凝土结构施工图平面整体表示方法制图规则和构造详图(现浇混凝土框架、剪力墙、梁、板):22G101—1[S].北京:中国标准出版社,2022.

[4] 中国建筑标准设计研究院.混凝土结构施工图平面整体表示方法制图规则和构造详图(现浇混凝土板式楼梯):22G101—2[S]. 北京:中国标准出版社,2022.

[5] 中国建筑标准设计研究院.混凝土结构施工图平面整体表示方法制图规则和构造详图(独立基础、条形基础、筏形基础、桩基础):22G101—3[S]. 北京:中国标准出版社,2022.

[6] 中华人民共和国住房和城乡建设部.建设工程工程量清单计价规范:GB 50500—2013[S].北京:中国计划出版社,2013.

[7] 中华人民共和国住房和城乡建设部.房屋建筑与装饰工程工程量计算规范:GB 50854—2013[S].北京:中国计划出版社,2013.

[8] 黄臣臣,陆军.BIM 算量软件应用(广联达 BIM 土建计量平台 GTJ 版)[M].北京:中国建筑工业出版社,2022.

[9] 王立成.土木、水利与交通工程课程思政案例汇编[M].北京:中国水利水电出版社,2021.

[10] 兰丽,邹雪梅.BIM 建筑工程计量与计价[M].重庆:重庆大学出版社,2023.